BAOPO
XINJISHU YU ANQUAN

爆破
新技术与安全

主　编　黄文炜

副主编　陈怀宇　董云龙　厉建华

华南理工大学出版社
SOUTH CHINA UNIVERSITY OF TECHNOLOGY PRESS

·广州·

图书在版编目(CIP)数据

爆破新技术与安全/黄文炜主编. —广州:华南理工大学出版社,2023.3(2023.5重印)
ISBN 978-7-5623-7293-6

Ⅰ.①爆…　Ⅱ.①黄…　Ⅲ.①爆破技术 ②爆破安全　Ⅳ.①TB41

中国版本图书馆 CIP 数据核字(2022)第 243751 号

Baopo Xinjishu Yu Anquan
爆破新技术与安全
主　编　黄文炜
副主编　陈怀宇　董云龙　厉建华

出 版 人:柯　宁
出版发行:华南理工大学出版社
　　　　(广州五山华南理工大学 17 号楼,邮编 510640)
　　　　http://hg.cb.scut.edu.cn　E-mail:scutc13@scut.edu.cn
　　　　营销部电话:020-87113487　87111048(传真)
责任编辑:刘　锋
责任校对:王香叶　梁晓艾
印 刷 者:广州一龙印刷有限公司
开　　本:787mm×1092mm　1/16　印张:26.25　字数:653 千
版　　次:2023 年 3 月第 1 版
印　　次:2023 年 5 月第 2 次印刷
定　　价:68.00 元

序

爆破工程是土木、岩土、采矿、交通、水利、市政等工程类别涉及的关键领域，并已在教学、科研和工程应用中形成了一个独立的行业门类。随着我国经济的持续发展，特别是改革开放以来，我国爆破工程行业和爆破技术发展很快。"发展爆破事业、为经济建设服务"，工程爆破技术已广泛应用于国民经济建设的各个基础部门，成为国民经济建设中不可或缺的特种行业。据不完全统计，目前国内从事民用爆破的企业已有 4000 家之多。而具有爆破与拆除一级资质企业仅36 家。行业内大多数是小型企业，在技术力量、安全意识、企业管理上可以继续加强。

与此同时，我国坚持创新驱动发展战略。我国爆破行业依靠科技创新，开发了一批具有自主知识产权的先进技术和工艺，例如以精细爆破为理念的硐室爆破、拆除爆破等技术已居世界领先地位。爆破工程行业将科技成果写在中国大地上。本书汇集了多年的爆破工程技术方法和经验，它的出版顺应行业技术和发展趋势，对促进行业发展是一个良好的帮助。

《爆破新技术与安全》，紧紧围绕爆破工程的原理、新技术，涵盖爆破设计、爆破器材的销毁、安全管理等核心技术和内容。本书体现了爆破工程的行业发展成果，旨在加强技术的推广和应用。目前全国从事工程爆破科研、设计、教学和施工等的从业人员超过 50 万，领域包括冶金、有色、煤炭、铁道、交通、水利、电力、建设、建材、矿山、民爆器材、地矿、石油化工、地质勘探和开采。本书将为众多其他行业的高质量发展提供技术参考。

在内容上，本书体现了以下几大特点：

首先，以"安全"为红线、"新技术"为亮点、"设计"为核心的理念贯穿全文；本书旨在帮助读者和从业人员提高技术水平。改革步伐的推进，改革举措的落地，关键还是靠人才。"人才是兴国之本、富民之基、发展之源"。希望本书可以加强读者的理论知识，促进爆破工程技术人员的教育、培养、培训工作，提高人员的整体能力。

其次，本书以科学性、全面性和可操作性为宗旨。围绕爆破行业发展中遇到的技术难题或常见课题，例如爆破振动安全判据、烟囱冷却塔、桥梁爆破拆除、深孔基坑爆破和城市拆除环保爆破等，提供各种设计方案供读者参考。同时，为我国爆破行业贯彻国家安全生产方针，指导爆破工程施工，以及促进爆破行业高质量发展发挥积极的作用。

第三，突出技术与安全管理双保障。在技术方案中，均加入安全保障内容。第三篇专门阐述爆破器材的安全销毁，进一步加强爆破作业安全管理，加强民用爆炸物品公共安全管理，加强购买、运输、爆破作业安全监督管理；规范爆破作业行为，减少爆破事故，保障爆破作业安全与社会安全。加强爆破工程安全管理，维护安全和社会治安秩序，促进行业安全发展。

本书由国内爆破工程资深专家陈怀宇担任副主编，并主持审稿，融入超过56年的爆破行业经验。同时，浙江省爆破行业协会会长厉建华组织有关专家参加审核、修改，具有较强的行业实践性。相信本书的出版，能帮助爆破初、中级技术人员，更快进入爆破设计角色并能现场指导施工。本书对推动爆破工程行业发展将具有积极的意义，有望提高爆破工程的设计能力和技术水平，从而多角度促进爆破行业健康协调和可持续发展。

公安部爆破安全技术考核专家组专家
中南大学教授、博导
2022 年 5 月 8 日

前　言

随着我国改革开放和城市化发展,"一带一路"倡议以及西部大开发国家发展战略等的实施,爆破工程已经渗透到经济建设的众多领域。爆破工程在城乡建设,铁路、公路、地铁等基础设施建设,以及矿山开采、改造拆除等方面作出了重要贡献。

笔者基于多年从事爆破工程的经验,结合大量研究与实践,运用基本理论,深入浅出地阐述爆破工程施工过程中遇到的一些关键技术和方法,并用实际工程案例加以介绍。本书旨在为爆破工程初学者及中高级爆破技术人员,提供一本具有实用性和可操作性的读物。本书强调理论、技术和工程实践相结合,加入丰富的设计方案和计算,增强操作性和实践性,突出培养应用知识解决工程问题的能力。

本书由华南理工大学黄文炜主编,中钢集团武汉安全环保研究院有限公司陈怀宇、鸿基建设工程有限公司董事长董云龙、浙江省爆破行业协会理事长厉建华担任副主编。具体编写分工如下:第1、2篇由陈怀宇、黄文炜、厉建华编写;第3篇由黄文炜、陈怀宇、董云龙、厉建华编写。

本书可作为土木工程、采矿工程、安全工程专业的本科生教材,以及爆破工程技术人员继续教育培训的补充教材,也可作为岩土工程、隧道工程、道路工程、水利与水电工程、铁道工程、城市地下空间工程等研究人员、工程技术人员的参考书。

编写过程中,邀请了陈寿如、龙源、宋锦泉、高荫桐等公安部爆破专家、教授,和赵东波、蒋晓国等高级工程师参与审阅、修改、编写。设计篇多个案例选题来源于全国爆破技术人员考核试题库。本书选择了不同设计类型,收集了史雅语、顾毅成、周凤仪、张永哲、赵东波等行业优秀专家的设计内容,经编者及同仁的记录整理,结合实际经验总结而成。本书中引用了一些爆破公司的优秀设计方案和一些专家、学者的试验、研究公开发表的论文,因时间仓促,一时没能找到联系方式,没有一一征求意见,在此表示歉意,希望能得到谅解并感谢。在此,对参与编辑和在出版过程做出工作,付出辛勤劳动的未提及名字的同仁表示衷心的感谢!

由于编者水平和经验所限,书中疏漏和错误之处在所难免,敬请读者批评指正。

编　者

2022 年 6 月

目录 CONTENTS

第一篇 炸药与爆破基本原理及爆破新技术应用

1 炸药与爆炸的基本理论及应用 ·· 3
 1.1 炸药的基本理论 ·· 3
 1.2 炸药性能在工程中的应用 ·· 4
2 爆破基本原理与应用 ·· 7
 2.1 爆破作用的基本原理 ·· 7
 2.2 露天深孔爆破炸药单耗的计算 ·· 7
 2.3 炸药爆炸作用的应用 ·· 9
3 民用爆炸物品的发展及工程爆破新技术 ·· 17
 3.1 雷管的发展历程与现状 ·· 17
 3.2 炸药应用新技术与发展 ·· 25
4 爆破新技术及应用 ·· 35
 4.1 露天深孔与硐室爆破新技术 ·· 35
 4.2 露天低台阶爆破新技术 ·· 64
 4.3 殉爆在工程中的应用 ·· 78
 4.4 爆破新技术在隧道中的应用 ·· 80
 4.5 水下爆破新技术 ·· 99
 4.6 水下钻孔爆破工艺 ·· 107
 4.7 水下挤淤爆破减振新技术 ·· 109
 4.8 拆除爆破新技术 ·· 110
参考文献 ·· 133

第二篇 爆破工程技术设计

1 爆破工程技术设计概述 ·· 137
 1.1 爆破技术设计依据 ·· 137
 1.2 爆破技术设计文件 ·· 137
 1.3 爆破技术设计内容 ·· 137
2 露天深孔台阶爆破设计与案例 ·· 139
 2.1 露天深孔台阶爆破设计 ·· 139
 2.2 案例1:石灰石矿露天深孔台阶爆破 ·· 144
 2.3 案例2:露天深孔光面爆破 ·· 145
 2.4 案例3:露天深孔预裂爆破设计 ·· 146
3 城镇浅孔爆破设计与案例 ·· 148
 3.1 案例1:复杂环境浅孔爆破 ·· 148

4 基坑爆破设计与案例 ·· 154
4.1 基坑爆破设计 ·· 154
4.2 案例1:露天桥墩基坑爆破设计 ························· 154
4.3 案例2:核电项目3、4号机组取排水工程基坑爆破开挖 ···· 157
4.4 案例3:复杂环境下基坑开挖深孔爆破 ················· 170

5 沟槽爆破设计与案例 ·· 176
5.1 案例1:城镇沟槽浅孔爆破 ··························· 176
5.2 案例2:城镇沟槽浅孔爆破 ··························· 178
5.3 案例3:沟槽浅孔爆破设计 ·························· 181

6 地下爆破设计与案例 ·· 184
6.1 小断面巷道掘进爆破设计 ··························· 184
6.2 桩井爆破设计 ·· 186
6.3 案例1:巷道爆破设计 ······························ 187
6.4 案例2:隧道爆破开挖方案设计 ······················ 190
6.5 案例3:桩井爆破设计 ······························ 203

7 水下爆破技术设计与案例 ···································· 206
7.1 水下钻孔炸礁爆破 ·································· 206
7.2 水下挤淤爆破 ······································ 222
7.3 水下爆夯爆破 ······································ 226
7.4 水下岩塞爆破 ······································ 228

8 拆除爆破设计与案例 ·· 236
8.1 拆除爆破概述 ······································ 236
8.2 烟囱、水塔、筒仓、冷却塔拆除爆破 ·················· 241
8.3 楼房爆破拆除 ······································ 285
8.4 桥梁爆破拆除 ······································ 294
8.5 水压爆破设计 ······································ 309
8.6 钢筋混凝土结构拆除设计方案 ······················ 316
8.7 基坑内支撑梁爆破 ·································· 326
8.8 围堰拆除爆破 ······································ 340

参考文献 ··· 342

第三篇　爆炸物品销毁作业

1 爆炸物品的销毁 ·· 345
1.1 爆炸物品销毁的一般规定 ·························· 345
1.2 爆炸物品销毁方法 ································ 349

2 实例 ··· 359
2.1 实例1:爆炸法销毁废旧枪弹及自制爆炸物品 ········· 359
2.2 实例2:爆炸法销毁废旧炮弹及民用爆炸物品 ········· 372
2.3 实例3:爆炸法销毁废旧炮弹及燃烧法销毁子弹 ······· 381
2.4 实例4:爆炸法销毁废旧航弹及炮弹 ················· 398
2.5 实例5:水溶解法销毁危化物品、爆炸法销毁民爆物品与废旧炮弹 ·· 406

参考文献 ··· 410

第一篇

炸药与爆破基本原理及爆破新技术应用

1　炸药与爆炸的基本理论及应用

1.1　炸药的基本理论[1]

1.1.1　炸药化学变化的基本形式

炸药化学变化的基本形式分为四种：热分解、燃烧、爆炸和爆轰。这四种基本形式不是相互独立的，其性质虽有所不同，但彼此有非常密切的联系，在一定的条件下可以互相转化。炸药的热分解，当温度继续升高时，达到该成分的燃点，就可转变为燃烧；而炸药的燃烧随温度和压力的增高，达到该炸药的爆发点，就可能转为爆炸，直至过渡到稳定的爆轰。这种转变所需要的外界条件是极其重要的。了解分析这些变化形式，有目的地控制外界条件，使其按照人们的需要来"控制"炸药的变化形式而达到应用的目的。

从它们之间的密切关系和互相转化的条件，可得到启发：炸药自生产出来的那一刻起，在正常条件下就会进行缓慢的热分解。因此，在储存炸药时，要确保干燥、通风、常温的储存条件。

当温度升高、湿度加大时，炸药热分解加剧，促使炸药加速变质失效。随着温度进一步升高，炸药会产生自燃，当温度、压力上升到一定程度（到了炸药爆发点），就会转为爆炸。这不是人们愿意看到的结果，因此，当炸药产生燃烧时，得立即采取洒水降温，分散炸药，使其向热分解方面转化。

炸药生产时接近于零氧平衡，炸药燃烧时不需外界供氧，因此，为燃烧的炸药灭火时，切不可用沙土覆盖，以免更快地由燃烧转为爆炸。在进行爆破作业时，由于起爆能不足或炸药质量不好，产生不完全爆轰或爆燃，将达不到爆破效果，且同时产生大量有毒气体。因此，使用炸药爆破时，需选用合格的爆破器材，提高起爆能量，如粉状铵油炸药、浆状炸药等，需制作起爆药包或专用起爆弹进行起爆。

需要特别指出的是在合格的仓库，工业炸药的储存期一般为 6 个月（铵油炸药除外），当储存条件不符合时，可能提前失效。当密封储存条件很好，如在干燥、低温、低湿的环境中，炸药的实际储存期可延长几倍至几十倍。因此，不要认为炸药过了储存期，或超过储存期几年乃至十几年，就认为它已失效，而未按炸药处理，可能造成事故。

例如，2012 年在甘肃酒泉市，工人拆房时在砖墙内发现一包（3 kg）包装紧置的物品，将其上交给公安局（房子已建造完成近 20 年）。编者受邀去鉴别、处理。将该包物品一层层拆开，共用 16 层塑料袋包装。拆开后发现是铵梯工业炸药，药卷还很松软。用 8# 工业雷管起爆，还能正常爆炸。

另有一起案例，1993 年在福建某开发区进行硐室大爆破。硐室内装的是自制多孔粒状铵油炸药（储存期30天）。一硐室的炸药未爆，因被起爆的硐室松碴覆盖，没发现该盲炮。时隔14年后，2007年清碴时发现此盲炮，爆破技术人员到现场处理，打开堵塞物后取出袋装铵油炸药，其松散性仍保持良好，用起爆药包引爆还能正常爆轰。

这两起实例充分说明，工业炸药在密闭、干燥、低温、低湿条件下，储存期可延长几倍甚至几十倍的时间。

1.1.2　炸药的感度

炸药在外能作用下发生爆炸反应的难易程度称为炸药感度。炸药感度有热感度、机械感度、爆轰感度和静电火花感度之分。

要使炸药可靠爆炸，需给炸药施加足够的外能，否则不能使炸药稳定爆轰。当炸药的热感度、机械感度高时，说明此炸药对火焰、温度、热及冲击、摩擦特别敏感，如起爆药、黑火药，轻微的静电火花或轻微摩擦都可引起燃烧或爆炸。因此，对这类炸药要特别小心。

各种炸药都存有机械感度，只是有高、低之别，如单质炸药机械感度普遍高于工业炸药。由于有机械感度的存在，《爆破安全规程》规定，搬运爆破器材要轻拿轻放，严禁打残孔等。

1.2　炸药性能在工程中的应用

1.2.1　炸药殉爆及其应用

主动药包爆炸引起与其相邻而不相接触的被动药包爆炸的现象，称为殉爆。主动药包爆炸引起被动药包爆炸的最大距离，称为最大殉爆距离。炸药殉爆原理在工程上的应用，如盲炮处理，设计两个炸药储存库及两条炸药生产线的安全距离、深孔间隔装药，设置两间隔药包能可靠相互殉爆的安全距离或孔内分段装药，要求两个药包不能相互殉爆的安全距离，隧道光面爆破孔内两间隔药包可靠相互殉爆的安全距离等。

1.2.2　炸药的沟槽效应

沟槽效应，又称为管道效应或间隙效应，是指当药卷与炮孔壁间存在有空间时，爆炸药柱出现能量逐渐衰减直至拒（熄）爆的现象。实践表明，在小直径炮孔爆破作业中，这种效应相当普遍，是影响爆破质量的重要因素之一。随着研究工作的不断深入，人们更深刻认识到这一问题的重要性。近年来我国和美国等均已将沟槽效应视为工业炸药的一项重要性能指标。测试结果表明，在各种工业炸药中，乳化炸药的沟槽效应相应较小，即在小直径炮孔中，乳化炸药的传爆长度相应较长。表1-1列出了我国EL系列、EM型乳化炸药、2号岩石铵梯炸药和美国埃列克化学公司埃列米特系列炸药等的沟槽效应测试值。为便于比较，表1-1中还同时列出了2号岩石铵梯炸药的沟槽效应值。

表 1 - 1　一些炸药的沟槽效应值

炸药牌号及类型	中国			美国			
	EL 系列乳化炸药	EM 型乳化炸药	2 号岩石铵梯炸药	Eremite Ⅰ 型铝粉敏化的浆状炸药	Iremite Ⅱ 型乳化炸药	Iremite Ⅲ 型晶型控制的浆状炸药	IremiteM 型硝酸甲胺敏化的浆状炸药
沟槽效应值（传爆长度）/m	>3.0	>7.4	>1.9	1～2	>3.0	3.0	1.5～2.5
试验条件	取内径为 42～43 mm、长 3 m 的聚氯乙烯塑料管（或钢管），然后将 φ32 mm 的受试药卷一个连着一个地放入其中，用一只 8 号雷管起爆						

从表 1 - 1 可知，在隧道小直径炮孔中装药，应根据不同的炸药，选择相应的起爆点的位置。

1.2.3　炸药的聚能效应及其在工业上的应用

药包做成特定形状（如药包底部做成带有锥体形状），可使爆炸的能量在空间重新分配，增强对某一方向的局部破坏作用。这种底部具有锥孔（也称为聚能穴）的药包爆炸时，爆轰产物沿装药表面的法线方向朝装药轴心飞散，在焦点处，爆轰产物的密度与速度达最大值，能量最集中，局部破坏作用最大。这种因装药一端带有空穴而使能量集中的效应，对目标的破坏作用显著增强的现象称为聚能效应。

产生聚能效应的原因：药包底部制作成带锥体的形状，当爆轰波到了锥体部分，爆轰产物沿着锥孔内表面垂直的方向飞出。且飞出的速度相等，药形对称，爆轰产物聚集在轴线上，汇聚成一股速度和压力都很高的气流，称为聚能流（图 1 - 1）。它的速度、密度、压力和能量密度极高。爆轰产物的能量集中在靶板的较小面积上，形成了更深的孔，这便是药包底部锥形孔能够增强破坏作用的原因。

工业上应用炸药的这种聚能效应原理，把炸药的一端制成带锥体的药柱，用于破碎大块、孤石。把柱状炸药两侧加工成带 V 形的凹槽，可用于切割岩体，作大块体的荒料开采、金属切割爆破、光面、预裂爆破，能获得理想效果。如果在药柱锥孔表面加一个药型罩（如铜、紫铜、玻璃等）时，爆轰产物在推动罩壁向轴线运动过程中如图 1 - 1 所示，金属射流具有很高的动能，沿长度方向各质点存在一个速度梯度，端部速度很高，（每秒达 7～8 km，甚至上万米），其尾部速度则逐渐降低，直至仅为 0.5～1.0 km/s。药型罩壁的能量密度可达炸药爆轰波阵面的能量密度的 1.4 倍，而射流端部的能量密度高达 14.4 倍，可见药型罩的聚能作用是非常显著的。

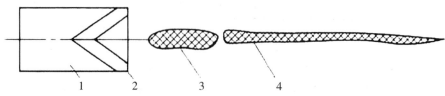

图 1 - 1　有罩聚能药包的射流与杵体
1—药柱；2—药型罩；3—杵体；4—射流

高速射流打在靶板上，可形成高达数十万乃至百万大气压（atm①）的压力，相形之下，靶板材质（钢）的强度就变得微不足道了。我们不妨将金属射流的破甲，比拟为射流在液体中的高速运动，军事上据此制成带锥体的弹体——穿甲弹，用于破坏坦克。

利用炸药的粒度越细，感度越高，在几乎密闭条件下可快速由燃烧转为爆轰的特性，发明了无起爆药雷管，整个雷管只装填不同粒度的高威力炸药。

金属加工是利用炸药爆炸可产生高温、高压的特性，使物料高速变形、切断、相互复合或物质结构发生相变的一种加工方法，如爆炸焊接、爆炸成形、爆炸硬化与爆炸强化等金属特种爆破。

---

① atm，非法定计量单位，1 atm = 101.325 kPa。

2　爆破基本原理与应用

2.1　爆破作用的基本原理

炸药爆炸时，能量以两种形式释放出来，即冲击波和爆炸气体。岩石在这两种能量综合作用下被破碎。两种作用形式在爆破的不同阶段和不同岩石所起的作用不同。爆炸冲击波（应力波）使岩石产生裂隙，并将原始损伤裂隙进一步扩展；随后爆炸气体使裂隙贯通、扩大形成岩块，并从母岩分离出来。爆炸冲击波对高阻抗致密、坚硬的岩石作用更大，而爆炸气体膨胀压力对低阻抗的软弱岩石的破碎效果更佳。因此，对坚硬、致密的岩石就选用高威力、高密度炸药，对松软岩石或风化岩，则选用低威力、低密度炸药，这就是阻抗匹配。矿、岩爆破时，要想得到好的爆破效果，必须考虑阻抗匹配。

工程爆破技术离不开爆破的基本原理，应用得灵活、恰当，可获得最简单、经济、安全的效果，可用简单的方法解决复杂的问题，以下用实例加以说明。

2.2　露天深孔爆破炸药单耗的计算[10]

1. 炸药单耗计算法一

对于标准抛掷爆破，爆破作用指数 $n=1$，爆破漏斗半径 $\gamma=W$（最小抵抗线，m），此时爆破体积 $V=W^3$。得出炸药单耗：

$$q = Q/V \tag{1-1}$$

式中，Q 为装药量，kg；V 为爆破体积，m^3。

2. 炸药单耗计算法二

$$q = 0.4RF/S \quad (1m < W < 14m) \tag{1-2}$$

式中，R 为岩石系数；f 为岩石硬度系数，$f=9\sim15$；γ 为岩石容重；S 为单位炸药计算威力（铵油炸药 $S=0.81$、乳化炸药 $S=0.9\sim0.92$）；F 为炮孔倾角。

若某爆破场地参数为：取 $f=12$；$\gamma=2.6kg/dm^3$；$S=0.9$，$F=\sin\alpha$；垂直时，$\sin90°=1$。

将以上数值代入式（1-2）计算得：

$R = f^{0.8}\gamma^{0.7}/12.5 = 14.25/12.5$

　　$= 1.14$

$q = 0.4RF/S = 0.4 \times 1.14 \times 1/0.9$

　　$= 0.5$（kg/m^3）

3. 炸药单耗计算法三

$$q = 0.083 \ (\gamma f)^{1/2} \tag{1-3}$$

取 $\gamma = 2.6 \text{kg/dm}^3$，$f = 12$ 代入式（1-3）得

$(\gamma f)^{1/2} = (2.6 \text{kg/dm}^3 \times 12)^{1/2}$

$\qquad\quad = 5.857$

$q = 0.083 \times 5.857 \text{kg/m}^3$

$\quad = 0.49 \ \text{kg/m}^3$

从以上计算结果看，式（1-2）、式（1-3）两式很接近，而式（1-3）计算简单。

4. 影响炸药单耗 q 的因素

总体而言，炸药单耗 q 与以下因素有关：岩性、自由面数量、自由面大小、巷道断面大小、孔深与孔径、药性、掘进方向等。当岩性坚硬、断面窄小、炸药爆力小时，q 值增大；孔深及孔径对 q 的影响则较复杂，应具体分析。掘进爆破的单耗比起有 2 个以上自由面的采矿单耗要大 3～4 倍。具体影响如下：

（1）抵抗线 W 与炸药单耗 q 的关系如表 1-2 所示。

表 1-2　抵抗线 W 与炸药单耗 q 的关系表

W/m	$q/(\text{g} \cdot \text{m}^{-3})$	W/m	$q/(\text{g} \cdot \text{m}^{-3})$
0.01	7350.04	10	397
0.1	1050.4	14	411
0.3	584.2	100	750.7
1.0	424	1000	4350.07
5.0	384		

由表 1-2 可知，当 $W = 1.0 \sim 14$ m 时，q 接近一个常数，$q = 424 \sim 411$ g/m³，即 $q = 0.4$ kg/m³ 左右；当 $W < 1.0$ m 或 $W > 14$ m 时，随最小抵抗线 W 越小或越大，炸药单耗 q 增大。

（2）单个或单排爆破孔装药量与炮孔倾斜度的关系为：

①倾斜度 2∶1（$\alpha = 60° \sim 65°$），其孔装药量 $Q = 0.85Q_孔$；

②倾斜度为 3∶1（$\alpha = 70° \sim 75°$），其孔装药量 $Q = 0.90Q_孔$。

式中，$Q_孔$ 为原单孔装药量。

（3）当炮孔单孔一个接一个起爆（分别等待较长时间起爆）或当炮孔处于边角位置受夹制作用较大时，炮孔装药量 Q：

$$Q = 1.1Q_孔 \sim 1.4Q_孔 \tag{1-4}$$

对于某固定的岩石，其单耗 q 基本上是一个固定值，一系列的爆破试验中，已找出脆性花岗岩的 $q = 0.2$ kg/m³（无抛掷现象）；在岩石需要松动而又想得到较好的破碎效果时，$q = 0.35$ kg/m³ ～ 0.42 kg/m³（如采用乳化炸药或铵油炸药则分别除以 0.9 或 0.85），

其试验条件是单排炮孔梯段爆破。

当在沉积岩中，其岩层不同程度地垂直于炮孔方向时，$q = 0.4 \text{ kg/m}^3$；若岩石有显著的裂缝和裂口时，q 加大 $10\% \sim 15\%$，风化岩降至 $q = 0.33 \text{ kg/m}^3$；在大多数情况下其 q 值为 $q = 0.30 \sim 0.40 \text{ kg/m}^3$（适用条件：$W = 1.4 \sim 15 \text{ m}$）。

5. 自由面数目影响

每增加一个自由面，炸药单耗减少 $15\% \sim 20\%$，如某种岩石台阶松动爆破（2 个自由面）时单耗 $q = 0.4 \text{ kg/m}^3$，爆后产生的大块，当采用钻孔爆破解大块时，此时有 6 个自由面，比台阶爆破增加了 4 个自由面，炸药单耗将减少 $4 \times (0.15 \sim 0.2) \times 0.4 \text{ kg/m}^3 = 0.24 \sim 0.32 \text{ kg/m}^3$，实际单耗仅为 $0.4 \text{ kg/m}^3 - (0.24 \sim 0.32) \text{ kg/m}^3 = 0.08 \sim 0.16 \text{ kg/m}^3$。

2.3　炸药爆炸作用的应用

2.3.1　炸药在介质内部的爆炸作用及其应用

假设介质为均质（各向同性），当炸药置于这种假设的介质中爆炸时（炸药埋置深度大或炸药量很少，爆后地表看不到破坏痕迹），在岩石中将形成以炸药为中心由近及远的不同破坏区域：压缩粉碎区、裂隙区（破裂区）及弹性振动区（图 1-2）。这就是炸药的内部作用。

1. 粉碎区及其应用

炸药爆炸压力高达几万兆帕、温度 3000℃ 以上，高温、高压爆炸气体迅速膨胀作用在孔壁上，将岩石粉碎成极细的微粒，把炮孔扩大成空腔，称为粉碎区。

当岩石为可塑性的软岩或硬土，就会被压缩形成空腔；如果岩石是弹脆性的，就会被粉碎成细小粉末形成压碎区。

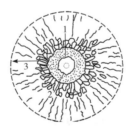

图 1-2　内部爆炸作用区的划分

(1—压缩空腔；2—粉碎区；3—裂隙区；4—振动区)

在粉碎区范围内，岩石遭受到压缩或粉碎性破坏，消耗极大能量，随后爆破作用力急剧降低，粉碎区半径一般不超过药包半径的 $2 \sim 3$ 倍。

1）粉碎区的应用

（1）用于扩壶爆破。过去许多有经验的爆破员都熟知炸药包在岩土介质中爆炸产生的粉碎区空腔半径为药包半径的 $2 \sim 3$ 倍的原理，他们利用这个原理进行扩壶爆破，在钻孔机具还十分落后的条件下，发挥了不小的作用。

中国对越反击战中的一个故事使用过这个原理。在中越交界处有一座以黄土为主的山体，为追击敌人需经过此山体。如果战士用铁锹开挖掩体，可能伤亡很大。一战士提出，用钢筋一头锤尖，垂直钻进山坡 1～2 m，用导爆索扩一大孔，在孔底装入几节炸药，爆破后形成一个大壶，用铁锹稍加修整，很快成为一个掩体，减少大量伤亡又抢得了时间。该战士由此立功。由此可见基本原理能灵活应用，十分重要。

随着钻孔机具快速发展，钻孔速度得到几倍、几十倍的提高，具有不安全因素的扩壶爆破法已被淘汰，大孔径深孔爆破技术得到大力发展。

（2）在喷锚支护中的应用。锚杆、锚索底部扩孔，注入混凝土或砂浆，可提高其抗拉抗拔力度数倍。

（3）粉碎区对实际施工的指导作用。研究表明，球形装药，粉碎区半径一般是药包半径的 1.28～1.75 倍；柱形装药，一般是药包半径的 1.65～3.05 倍。虽然粉碎区的范围不大，但能量消耗极大。因此，岩石爆破时，应尽量避免形成粉碎区，使爆炸能更多地用来破碎矿、岩，减少粉碎比例以提高矿、岩的利用率。

2）减小粉碎区的应用

（1）不耦合装药。

①光面、预裂爆破。不耦合装药是为了达到避免或减少形成粉碎区而采取的有效措施。它成功应用于光面爆破和预裂爆破，减少对孔壁周围的破坏作用，提高岩壁边坡的稳定性，保持了边坡光洁平整，减少边坡和隧道的支护费用。

②粉矿矿床的开采。在粉矿矿床和煤矿开采中，采用不耦合装药，明显减少粉矿率的产生，提高矿石利用率和产煤率。

（2）间隔装药。

在炮孔爆破中，采用间隔装药结构，可提高炸药能量利用率、降低炸药单耗，块度更加均匀、降低爆破有害效应。

2. 裂隙区（破裂区）及其应用

裂隙区的大小与药卷半径成正比，裂隙区半径 $R_{裂}$ 为药包半径的 8～10 倍，$R_{裂} = (8～10) r$，最大达 46 倍；对于爆区底部要求不受破坏或尽量少受破坏的爆破对象，应灵活应用于：

1）保护层开挖

对于严格要求爆破后岩体底层不受破坏的工程，即在大量爆破后留下部分采取控制爆破或用人工、机械开挖法，确保底层岩体的完整性，如大坝坝基爆破开挖、重要建筑物基础爆破开挖、山体的保护层爆破开挖、建筑物（如梁、柱保留部分）的控制爆破等。

（1）保护层厚度 H 的确定。

从爆破的内部作用原理看，其爆破的破坏半径，与药卷半径成正比；其次与炸药威力、岩石性质、岩石走向、炮孔与岩层的关系等有关。保护层的厚度 H 应大于破裂半径 R（即 $H > R$）；从确保爆破后，保护层安全方面考虑，根据不同岩石，保护层厚度 H，国外的取值：对于比较完整的岩石，为药卷半径 r 的 4～6 倍 $[H = (4～6) r]$，中等坚硬和有裂隙的岩石 $H = (8～11) r$，裂隙发育且有夹层的层状岩体高达 $H = (30～40) r$。

我国《水工建筑物岩石基础开挖工程技术规范》（SDJ 211—83）规定，保护层厚度与药卷直径的关系如表1-3所示。

表1-3　保护层厚度与药卷直径的倍数关系

岩石性质 保护层名称	软弱岩石 （$\sigma_压 < 30MPa$）	中硬岩石 （$\sigma_压 = 30 \sim 60MPa$）	坚硬岩浆 （$\sigma_压 > 60MPa$）
垂直保护层	40	30	25
地表水平保护层		$200 \sim 100$	
底部水平保护层		$150 \sim 75$	

（2）钻孔形式。

①水平钻孔开挖法。

当保护层厚度 $H = 0.5 \sim 0.8$ m 时，用小钻机钻水平孔，孔深 $l = 1.5 \sim 3$ m。孔距 $a = 35 \sim 45$ mm，装药密度 $P = 120 \sim 230$ g/m。

当 $H = 0.5 \sim 0.8$ m 时，用潜孔钻 $D = 80$ mm，孔深 $l = 10$ m，孔距 $a = 0.6 \sim 0.8$ m，线装药密度 $P = 320 \sim 450$ g/m。

也可参照一些光面爆破进行钻孔爆破。

②垂直钻孔开挖法，孔底装柔性材料作垫层，长度20 cm。

当 $H = 2 \sim 3$ m 时，用手风钻钻垂直孔，孔深 $l = 2 \sim 3$ m；$a \times b = 1.6 \times 1.5$ m；单孔药量 $Q_孔 = 1.5 \sim 2.5$ kg，药径 $\phi 32$ mm。

当 $H = 3 \sim 5$ m 时，用潜孔钻 $D = 76$ mm，孔深 $l = 3 \sim 5$ m，孔网 $a \times b = 2.5 \times 2$ m $\sim 3 \times 2$ m；不连续装药，用导爆索配合毫秒雷管起爆。孔底装柔性材料作垫层，长度20 cm。

2）国内保护层开挖应用现状

1973年，长科院在葛洲坝进行一次保护层爆破试验时开始应用，此后陆续推广到许多水电工程中并取得较大进展。如万安水电站的保护层厚度 $1.8 \sim 2.2$ m，用手风钻钻孔，采用孔底加柔性垫层等措施，一次爆破成功拆除保护层，爆破影响深度仅 $0.1 \sim 0.3$ m。采用的技术措施有：

①多排小梯段爆破取代平地爆破。

②用毫秒雷管取代火雷管，用小直径乳化炸药卷代替硝铵炸药卷。

③控制钻孔精度，加大炮孔密集系数。

④实行反向起爆，可使爆轰波主要用来破碎炮孔顶部岩体，减轻对底部岩体的破坏。

在药卷底部加柔性垫层。柔性垫层为一种易排水的材料，如：锯末屑或废旧棉絮、泡沫塑料等，用塑料管包装密封，垫层高度一般为 $0.2 \sim 0.4$ m。因垫层的缓冲作用，炮孔以下的岩石可消除或减弱爆破破坏范围。

3）保护性开挖实例

（1）桩头拆除爆破。

20世纪80年代末，福州市兴建了很多高楼，不少楼房下面有不同深度的地下室。由于福州处于海相沉积地带，大部分淤泥层较厚，基础桩基都较深，打好桩后露出地面的钢筋混凝土桩头长短不一，需要砍除。以往都是人工用大锤加钢钎，慢慢锤掉。当时正处夏季，天气炎热，用人工砍桩，劳动强度大，消耗体力特别大而且效率低，不能满足工期要求。

编者当时在福建省的一家爆破公司，提出用爆破法炸除桩头。多家建筑公司持反对意见，认为桩头经爆破后，会损伤桩或破坏桩的强度；大楼盖好后，经一段时间，可能会因桩受到不同程度的损伤出现楼房歪斜、破裂、倒塌。编者提出可在一根废桩作爆破试验，得到其中一家建筑公司的认可。

试验方案是找一根桩径 1.2 m 的废桩，基于保护层开挖原理，采用沿桩头自上而下垂直向下钻孔，孔径 $D = 40$ mm 的炮孔 3 个，取直径 d 为 32 mm 的乳化炸药卷，按破裂半径 L_P 为药卷半径的 15 倍计，即 $L_P = 15 \times 32 \div 2 = 240$ mm $= 0.24$ m。钻孔深度 l 打到假设保护位置以上的 40 cm 处，孔底装入长 30 cm 的缓冲材料，孔装药量按体积公式计算，采用间隔装药，药卷捆绑在导爆索上，三根导爆索捆在一起用雷管起爆。

爆破后清除松碴及破裂的钢筋混凝土，最后留下离预定保护位置以上 30 多厘米，几乎没有裂缝，用人工拆除剩余的部分后，邀请两个研究单位用仪表对处理完的桩头检测其损伤情况。检测报告显示，留下的桩体完好无损，令人满意。

从此，福州市砍桩开创了采用爆破法时代，基本结束了效率低、重体力砍桩的历史。

（2）山体爆破保护层开挖。

2006 年初，温州到台州的一段高速公路因暴雨造成山体塌方，堵塞了高速公路。留下的山体，高约 40 m。当时要求将塌方后产生裂缝的部分山体尽快清除，待处理方量约 23 000 m^3。工程要求从合同签订之日起 10 天内完成，单价高达 150 多元/立方。质量标准是爆破石碴清除后，底部山体不能产生肉眼可见裂缝。爆区环境复杂，公路正前方 30 m 有高压线，山后约 3 m 处有砖混结构民房楼（房基低于炮孔底约 10 m），爆破时需保证安全。由于单价高，多家公司竞争激烈。

当业主询问如何保证底部不受破坏时，都没能说出可靠的方案。编者当时在 A 公司参加此工程竞标，提出保护层开挖方案，采用深孔爆破方法，孔径 90 mm，高风压钻机钻孔。详细处理是炮孔超深 0.5 m，在超深部位装入 0.5 m 的缓冲材料，靠缓冲材料位置装入炸药直径 50 mm，药高 0.4 m，再往上装入炸药直径 70 mm。这样既能满足工期紧的要求，又能确保底部岩石不受破坏。方案获得认可，本工程就被 A 公司承包了，采用保护层开挖方案。编者从"谈判→设计→炮孔布置→起爆网路设计→指导施工→装药、起爆"全过程，工程按期顺利完成。爆破，经清碴完成后，检查爆后下部岩体损伤情况，结果完好无损。甲方对此非常满意。

（3）裂隙区的利用——用于扩大水井涌水量实例。

福州是个有丰富温泉的城市，到处都能勘探到温泉水源，井深常达 200 m 以上，有些水井位置勘探不够准确，钻到 200 多米后，发现不少温泉井的出水量达不到预计要求。编者对多口温泉水井，在勘探的泉源深处采用炸药包爆炸的方法，扩大破裂区半径，大部分都达到增加温泉涌水量的效果。

3. 振动区原理的应用

根据炸药在岩层中爆炸产生振动，爆炸应力波在不同矿（岩）层产生不同振动波形，据波形特性分析，利用振动区以勘探出地下矿藏的储存情况，如金属矿藏、煤层、油气等。另运用振动波形可预报爆破振动对周边保护对象的影响程度等。

2.3.2　炸药在介质中爆炸的外部作用

当炸药埋置深度较浅或炸药量相对较大时，药包爆炸后，在岩体中除产生内部破坏作用外，还会使地表产生可见的破坏作用（如地表隆起或岩石被抛离地表形成爆破坑），这种在地表产生可见的破坏作用称为炸药爆炸的外部作用。

将球形药包埋置在一个水平自由面下的岩体中爆炸，当埋置深度合适时，则爆炸后将会在岩体中由药包中心到自由面形成一个倒锥体的爆炸坑，这坑称为爆破漏斗，如图 1-3 所示。

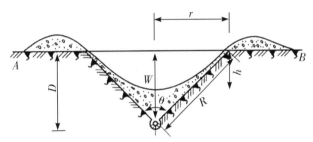

图 1-3　爆破漏斗示意图

r—爆破漏斗半径；W—最小抵抗线；R—漏斗破裂半径；
h—爆破漏斗可见深度；θ—漏斗张开角；D—爆破漏斗深度

1. 爆破漏斗的几何参数

爆破漏斗的几何参数示意如图 1-3 所示。

（1）自由面。自由面也叫临空面，指被爆介质与空气接触的交界面，也是爆后使介质发生移动的面。如图 1-3 中的 AB 所示。被爆岩体与空气接触的交界面称为自由面。进一步扩展：被爆体与松碴、水等结构面接触的交界面也属于自由面类型。

（2）最小抵抗线。药包中心或重心到最近自由面的最短距离，即爆破时岩石阻力最小的方向，这个方向是岩石破坏最充分或爆后岩石抛掷的方向，因此，控制最小抵抗线方向是控制爆破破碎作用和岩石移动、抛掷的主导方向。

①爆破漏斗半径 r 是爆破漏斗的底圆半径。

②爆破作用半径 R 是药包重心到爆破漏斗底圆圆周上任一点的距离，简称破裂半径。

③爆破漏斗深度 D，指自爆破漏斗尖顶垂直于自由面的距离。

④爆破漏斗可见深度 h，自爆破漏斗中岩堆表面最低点到自由面的垂直距离。

⑤爆破漏斗张开角 θ，指爆破漏斗的顶角。

在爆破工程中，有一个经常使用的参数，称为爆破作用指数（n），即爆破漏斗半径 r 与最小抵抗线 W 的比值：

$$n = r/W \tag{1-5}$$

2. 爆破漏斗的基本形式

根据爆破作用指数的不同，爆破漏斗有如图 1-4 的四种基本形式。

（1）标准抛掷爆破漏斗，如图 1-4a 所示。其爆破作用指数 $n = r/W = 1$，漏斗张开角 $\theta = 90°$，在确定不同种类岩土的漏斗半径的单位炸药消耗量时，或者确定和比较不同炸药的爆炸性能时，往往用标准爆破漏斗容积作为计算的依据。

（2）加强抛掷爆破漏。

漏斗半径 r 大于最小抵抗线 W，漏斗张开角 $\theta > 90°$。如图 1-4b 所示，即爆破作用指数 $n > 1.0$。加强抛掷爆破漏斗的药包称为加强抛掷爆破药包。当 $n > 3$ 时，爆破漏斗的有效破坏范围不是随 n 值的增加而明显增大。所以，爆破工程中加强抛掷爆破作用指数为 $1 < n < 3$。一般情况下，$n = 1.2 \sim 2.5$。

（3）减弱抛掷爆破漏斗。

漏斗半径 r 小于最小抵抗线 W，漏斗张开角 $\theta < 90°$，也称为加强松动爆破。如图 1-4c 所示，即爆破作用指数 $0.75 < n < 1$，漏斗张开角 $\theta < 90°$。形成减弱抛掷爆破漏斗的药包称为减弱抛掷爆破或加强松动爆破药包，它是井巷掘进常用的爆破漏斗形式。

（4）松动爆破漏斗。

药包爆破后只使岩石破裂，几乎没有抛掷作用，地表上只鼓包而看不到爆破漏斗，此称为松动爆破漏斗，如图 1-4d 所示。爆破作用指数 $0.4 < n < 0.75$。又可细分为标准松动爆破，$n = 0.75$；加强松动爆破 $0.75 < n < 1$；和减弱松动爆破，$n < 0.75$。松动爆破时采用的炸药单耗一般较小。因此，爆破时碎石飞散距离也较小，常用于井下和露天的矿石回采作业。

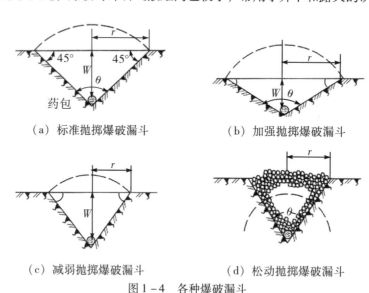

（a）标准抛掷爆破漏斗　　　　　　（b）加强抛掷爆破漏斗

（c）减弱抛掷爆破漏斗　　　　　　（d）松动抛掷爆破漏斗

图 1-4　各种爆破漏斗

2.3.3　炸药的外部作用的应用

1. 增加自由面数目

（1）采用毫秒延期爆破。

随着爆破器材和爆破技术的发展，为提高爆破效果和减少炸药单耗，基于自由面原理，在爆破中采用毫秒爆破新技术，使先响炮孔为后响炮孔创造一个或两个瞬时自由面。如排间起爆采用奇、偶数段间隔起爆，第一排（2，1，2，1，……），第二排（3，2，3，2……）以此类推。奇数段雷管先爆为偶数段创造两个侧面瞬时自由面，以提高爆破安全度和爆破效果。

（2）采用 V 形、梯形、斜线、逐孔起爆网路。

采用这些起爆网路，可更好地起到先响炮孔为后响炮孔创造 1～2 个新自由面，并可起到岩石在空中相互撞击，提高破碎度，减少大块，提高爆破效果。特别是电子雷管的推广应用，不但能起到多创造自由面的效果，还因其延时精度高，可以根据测得的频率设计各段起爆的间隔时间，达到干扰降振的目的，大幅度降低爆破振动。

（3）在同一炮孔内采用分段延期起爆。

同一炮孔采用分段间隔延时起爆，先爆药包为后爆药包多创造一个瞬时自由面，同样发挥节省炸药、改善岩石的破碎度、提高爆破效果又降低爆破振动的综合效果。

2. 自由面大小的应用

在岩石性质相同、自由面的数目相等的情况下，自由面大小不同，对炸药单耗及爆破效果也有很大影响。如隧道爆破，都只有一个自由面。大型的公路隧道，开挖断面达 130～159 m^2，而小型的隧道开挖断面只有 3～4 m^2，其炸药单耗相差数倍。

隧道（巷道）单耗 q 的估算公式：

$$q = 1.1K_0 \ (f/S)^{1/2} \tag{1-6}$$

式中，K_0 为炸药爆力的校正系数，$K_0 = 525/P$；P 为爆力，mL；f 为岩石硬度系数；S 为巷道（隧道）断面积，m^2。

从式（1-6）可见，单耗与断面积成反比。随着自由面的面积 S 增大，单耗 q 减小。

在大面积的露天台阶工程爆破中，基于自由面大小原理，为了降低单耗、提高爆破效果，炮孔布置应尽量增大爆区长度 L 以增大正面自由面的面积，尽量设计至少使爆区的长宽比 $L/B \geq 3$，B 是爆区宽度。这样爆破夹制作用小，爆破更容易，可取得更好的爆破效果。

3. 开创良好的自由面和自由空间

自由面多，自由面宽度大，振动波到达自由面后很快在自由面空间衰减，振动值大为降低。开创良好的自由面和自由面的空间，避免形成"闷炮"，可以减少爆破振动的影响。

隧道爆破开挖中，当使用楔形掏槽时：首先掏槽孔起爆，创造良好的自由面空间，后续的辅助孔和周边孔，朝自由面顺序起爆，以减少后续辅助孔和周边孔起爆时的夹制作用，达到一定的减振目的。当使用平行空孔掏槽时：加大空孔直径、增加空孔数目可有效降低各掏槽孔起爆时的振动。露天爆破中有意加大自由面，增长爆区长度，减少一次爆破排数，可以取得良好的减振效果。

深孔台阶爆破前，用炮机或采取浅孔爆破方法，清除前排炮孔底盘抵抗线的根底。同时要控制炮孔超深深度不要过大，减少夹制作用以取得减振效果。

2.3.4　最小抵抗线在工程爆破中的应用

最小抵抗线方向是岩石破碎最充分、飞散物最集中和飞石最远的方向。它在工程爆破中的灵活应用：

（1）选择最小抵抗线方向朝向安全方向。

在一般情况下，为了确保爆破效果，选择爆破方向朝着自由面最好的方向。如山体爆破，取最小抵抗线方向沿山坡下方，可获得较好的爆破效果。但是如果山坡下方有公路、铁路、建筑物或其他需要保护的重要设施，为防止飞石、冲击波、滚石破坏保护对象，往往需要牺牲爆破效果，确保爆破安全。

此时，应选择最小抵抗线避开山坡下方的保护对象，朝向与山坡线垂直的方向。例如山坡公路拓宽，山坡下方有密集的民房楼群，爆破时应从公路的某转弯处或山沟缺口处先取少量炮孔，打开缺口，创造一个与山坡线垂直的工作面，这样可使爆破堆碴方向顺着与原公路平行的方向堆积，确保保护对象安全。

（2）复杂环境中大块、孤石二次破碎，选取安全的一侧，抵抗线小，保护对象一侧，抵抗线大。

（3）孔内分段装药。

（4）采用 V 形或梯形起爆网路等。

（5）标准抛掷爆破，用于测量炸药威力的对比试验和确定炸药单耗的依据。

（6）加强抛掷爆破，用于移山填海、定向爆破筑坝、定向爆破灭火、开梯田等。

（7）减弱抛掷（简称"加强松动"）爆破。对于井巷爆破，宜选取减弱抛掷爆破，爆破时不希望爆碴抛掷过远，因为那样会破坏井巷内安装的设施，且爆碴抛掷太远时，给清碴带来困难，但若采用松动爆破，岩碴在井巷壁上难以清除或影响清碴效率。

（8）松动爆破，应用于井下和露天的矿石回采作业或露天其他建设项目工程，如交通、水电、矿山采石等工程爆破中。一方面是通过爆破，回收矿、岩；另一方面就是露天爆破的爆区周围往往有需保护的对象，决定了其爆破方式只能是松动爆破。

3　民用爆炸物品的发展及工程爆破新技术

近年来，随着爆破器材、大型爆破施工机械的发展，特别是数码电子雷管、现场炸药混装机械的出现和快速推广应用与发展，爆破工作者精心试验、研究，涌现出不少工程爆破新技术、新方法。

3.1　雷管的发展历程与现状

3.1.1　我国雷管研制发展历程回顾[2,4]

新中国成立之初，我国仅有 3 家火雷管、导火索生产企业。1950 年，该类企业增加至 5 家，年产雷管 4152 万发，工业导火索 906 万米。1953 年，我国初步研制成功导爆索，并于 1960 年开发生产毫秒电雷管。1975 年，冶金部安全环保研究院（简称"安环院"）、马鞍山矿山研究院分别研制成功抗杂电雷管，并通过冶金部技术鉴定，相关测试指标达到国际先进水平。1978 年，安环院成功研制出我国最先使用的导爆管毫秒雷管系列产品，并通过冶金部技术鉴定。

作为雷管安全性研发领域的一场技术革命，国外在 20 世纪 40 年代就开始无起爆药雷管方面的研究，希望从雷管中取消起爆药成分，以达到提高其安全性的目的，但一直未能取得大的进展。我国于 60 年代提出该研究课题并由冶金部立项，但受"文革"影响，直到 1976 年才重启该项研究。1980 年，安环院成功研制出整个雷管中只充填炸药、不含起爆药和敏感度高的点火药的无起爆药雷管第一代产品，并通过冶金部技术鉴定。该产品系列为世界首创，标志着我国无起爆药雷管研制技术已遥遥领先于世界其他国家。1984 年，该专利技术引起国际上生产和研制雷管、导爆管及炸药处于领先地位的瑞典诺贝尔公司关注，并通过技术转让方式购买了我国的该项技术。同期，诺贝尔公司代表我方就该项技术在世界 36 个国家和地区成功申请了发明专利。1992 年，该产品系列在瑞典诺贝尔公司正式大规模生产，年产量达到 2500 万发，销往世界多个国家和地区，取得了良好的经济收益和投资回报。

电子雷管研发方面，安环院也一直处于国内领先水平，于 80 年代开发生产了电子雷管。1988 年，该院成功研制出了 10 ms 等间隔电子毫秒雷管的 100 个段别，精度达到 2 ms，并通过了冶金部的技术鉴定。1990 年，安环院又先后研制出高强度导爆管、耐高低温导爆管、高精度导爆管毫秒雷管，在国内处于领先水平。但由于种种条件限制，上述自主创新技术无起爆药雷管，未能在国内正式投入生产和应用。2006 年，长江三峡围堰拆除爆破工程使用的电子雷管为国外购买。2007 年，北方邦杰公司研发的隆芯 1 号电子雷管技术通过了当时的国防科工委技术鉴定，诞生了我国自主研发的具有在线可编程功能的数码电子雷管技术，标志着我国数码电子雷管技术达到国际先进水平。

随着技术水平的不断发展和对安全环保需求的不断提升，目前，雷管生产企业已近60家，年生产炸药逾 400 万吨，各种雷管逾 24 亿发、工业索类火工品产量达 1.5 亿多米，较好地满足了国内民爆市场需求并销售国外多个国家。

3.1.2　无起爆药雷管及数码电子雷管的优点

1. 工业雷管的发展方向

工业雷管应朝向高安全性、高可靠性、高精度、环保型的方向发展，开发以导爆管数码电子雷管、无起爆药电子雷管为代表的新型高技术产品。

2. 目前工业雷管存在的问题

存在着安全和环保问题。工业雷管用的起爆药主要是二硝基重氮酚（DDNP），部分工厂采用 D·S 共晶沉淀、K·D 复盐等。其中二硝基重氮酚耐压性差，废水量大且难以治理，对环境污染严重。K·D 复盐起爆药的废水相比 DDNP 起爆药少，但其机械感度更高，生产、运输、储存、使用更不安全。一些新型起爆药和无起爆药雷管正在推广应用，但仍未完全摆脱安全性差和对环境污染的问题。我国工业雷管所用起爆药剂感度较高，在生产使用及运输等过程中容易引发伤亡事故。

3. 无起爆药雷管优点

安全性方面，无起爆药雷管拥有无与伦比的优势。该项技术的发明，消除了雷管本身的主要危险、敏感成分起爆药的影响，同时由于雷管中仅填充了猛炸药，没有起爆药和其他点火药，对机械及火焰的敏感度得到很大的降低，使雷管在生产、运输、贮存及使用过程中安全性大幅度提高。安全性测试试验显示，采用 4 kg 的落锤自落高 2 m 处对无起爆药雷管进行冲击，不会引起雷管爆炸。此外，瑞典诺贝尔公司在购买该项技术时，提出进行火烧雷管测试。该项试验将 25 发无起爆药火雷管（基础雷管）样本置于 2 kg 的劈柴上点火燃烧，当全部劈柴燃尽，雷管内壁被烧黑，甚至有的雷管起爆体被推出，受试火雷管却无一爆炸，火烧安全测试通过率 100%，得到瑞典专家的一致认可。

环保性方面，无起爆药雷管也有着得天独厚的先天优势。由于起爆药在生产过程中通常会产生大量废水，这些废水严重污染环境且难以从根本上治理，因此，无起爆药雷管的发明在生产环节就有效地避免了因生产起爆药而产生的废水污染，大大降低了雷管生产对生态环境带来的影响和破坏，是造福子孙后代的长远之计。

经济性方面，虽然无起爆药雷管具有明显的安全性和环保性优势，但其在生产工序方面与普通雷管基本相同，无须新增生产成本。相反，由于无须添加起爆药，因此可有效降低原材料成本及相关污染治理投入，为企业创造更多的利润空间。

4. 数码电子雷管的优点

数码电子雷管是采用电子控制模块（专用芯片）对起爆过程进行控制的一种新型雷管，该类雷管可以实现随意设定并准确延期起爆，具有可控性高、精度高、安全性高，降振性好等突出优点。

可控性方面，数码电子雷管对延期时间的设定具有高度灵活性，延期时间可按要求任意设定 0～16 000 ms，以 1 ms 为间隔，在线编程延期时间可调且准确。

实现在线检测方面：非电起爆电网路，无法通过通断电检测来判断每发雷管连接是否可靠。电子雷管可实现在线检测。随时了解组网情况，确保可靠起爆，因而对起爆系统的事前可测控性高。

精度性方面：数码电子雷管时差可控制在 ±0.2 ms，延期时间 ≤150 ms 时，误差 ≤±1.5 ms；延期时间 >150 ms 时，相对误差 ≤±1%；具有良好的延期精度。在复杂环境爆破中可通过逐孔起爆来避免延期时间叠加，实现高效率低成本。

组网能力强：单台起爆器最大载管量 500 发，最大网络载管量 10 000 发；可一次完成大规模爆破，采用连接线夹，网络连接快捷、可靠，加快工程进度，为爆破施工节约大量时间及人力、物力。

安全性方面：数码电子雷管对静电、射频电、杂散电流高压电感应具有固有的安全性，与传统电雷管相比，具有强大的抗交、直流电、静电、抗外来电干扰能力（抗直流电 60 V），安全性能好。

降振性方面：数码电子雷管因其段数多、延期时间可调，因此易于实现逐孔起爆并实施干扰降振，在复杂环境爆破中能大幅度降低爆破振动及飞石，降振效果理想，有效降低地震波对周围建筑物的影响。在复杂环境中实施爆破作业，减少对周边生产设备、设施、房屋等保护对象的破坏，爆破更加安全可靠。

使用带有物联网功能的专用起爆设备，实现电子雷管销售、流通和爆破监管全过程动态生命周期的实时监控。弥补使用环节的管理缺失，对雷管实行完整闭环管理，实现事前控制的管理，是对"现民爆系统"所实现管理功能的补充和完善。

5. 无起爆药雷管和电子雷管在国内应用情况

我国自主创新的无起爆药雷管发明专利虽然有显著的安全和环保优越性，并已在国外成功推广应用，但在国内，该项技术尚未得到有效推广和批量生产、应用。

向国外购买的电子雷管，在我国大规模首次应用是在 2006 年长江三峡围堰拆除爆破工程，一次使用了 2506 发电子雷管，实现了 961 段延期，取得了圆满成功。

2009 年在贵广铁路牛王盖隧道、棋盘山隧道开挖中成功应用，其中牛王盖隧道与黄田铁路水平距离为 34 m，先后在两条隧道应用 6 次，爆振减少 60%。从爆破效果看，其破碎度和均匀性显著提高。使用电子雷管后，爆振能量分布均匀，主振频率从 92.3 Hz 提高到 250.9 Hz，最大振速从 1.57 cm/s 降到 1.06 cm/s，振动持续时间从 1 s 下降到 265 ms，岩石破碎效果好，钻爆循环时间短，工程进度快。

2014 年，在福建三明市有一公路隧道，公路隧道的顶标高与开挖爆破，下穿高速铁路最近距离 6.4 m，采用数码电子雷管逐孔起爆，成功解决了爆破振动对高铁隧道的影响。

使用电子雷管结果更能体现出在爆破效果上的诸多优越性：

①岩石块度更均匀；

②爆振大幅度降低，爆破作用时间更短、频率更高，提高了建（构）筑物的抗震能力；

③有助于减少爆破根底、减少对边坡的破坏；

④在一定程度上减少炸药单耗；

⑤提高生产率。

任何事物都不可能十全十美，电子雷管也一样，例如价格较高。对于浅孔爆破、拆除爆破，雷管消耗量大，爆破成本增加。管身较长，使用不大方便、快捷。对于浅孔爆破，有时孔装药量少，药卷包不了雷管（如拆除爆破），装药时易撞击到雷管，造成雷管受损，芯片变形产生盲炮，或造成早爆事故。特别是在小断面巷道和孔桩爆破，由于孔间距小，设置延期时间太短时爆破效果差，太长（大于 50 ms）则由于先爆炮孔使岩石移动，挤压雷管，致使芯片变形、受损而产生盲炮。雷管编程也较复杂，操作人员需经专门培训，否则编错、落编都易产生盲炮，这些不足之处可在生产和使用中不断得到改进。

6. 未来雷管行业研制生产的趋势分析及预测

目前，我国工业雷管生产技术、机械化、自动化水平较低，化学药剂的延期精度不高，安全性、可靠性较差等关键问题亟待解决。有不少厂家存在不少工序还停留在纯人工操作，致使产品性能均一性差。用同一原材料、同一配比，采用等量稀释法手工混制，并将国内用半机械化一次装压延期药和瑞典用全机械化、自动化多次装压延期药相比，后者延期精度大为提高，比瑞典 VA 型同段的精度还高。这说明了提高化学药剂的延期精度，改进生产工艺和发展先进装备是提高烟火剂延期雷管精度的有效途径，实现工业雷管生产、运输、储存、使用的本质安全性、可靠性，以促进我国雷管产品技术含量的快速提升，增强我国雷管产品的国际竞争力。

发展电子延期技术可从根本上解决延期雷管精度低的问题。它可突破烟火剂延期技术在延期精度上的极限，随着微电子、计算机、信息编码等技术和封装技术的发展，电子延期为工业延期雷管实现高精度延期提供了一个有效的技术途径。

目前电子雷管的基础雷管仍有起爆药，它主要解决了延期精度高、可在线编程、提高社会公共安全问题，但其感度高，生产、运输、储存、使用的不安全问题仍未彻底解决，生产起爆药的污染问题仍然存在。

从上述无起爆药雷管的一系列突出优点看，今后发展的新型延期雷管，只有以电子元件做延期，采用没有起爆药、没有高感度的点火药、整个雷管由纯炸药的基础雷管，并与高强度、耐高、低温导爆管相结合，才能达到高安全、高精度、高可靠性、无污染的绿色环保型产品。这种雷管将是世界首创，它的生产使用将大量取代现有雷管，是历史发展的必然趋势，相信在不久的将来，这种复合型雷管将在我国诞生。

未来雷管行业研制生产的趋势包括：

（1）工业雷管的发展沿着高精度、高可靠性、高安全性、环保型的方向发展，是历史发展的必然趋势。

（2）发展电子延期技术可从根本上解决我国延期雷管精度不高的问题。

（3）发展无起爆药雷管才能实现生产高安全、无污染的绿色环保型产品。

（4）电子延期技术与无起爆药雷管、导爆管相结合是工业延期雷管的必由之路。

7. 导爆管电子雷管的研究[5-6]

《中国爆破器材行业工作简报》总第 284 期的统计数据显示：我国工业雷管总生产量达 16.64 亿发，总销售量达 16.56 亿发。我国工业雷管的种类主要分为工业电雷管、导爆管雷管、电子雷管、磁电雷管、工业火雷管（安全性低，"十一五"期间已彻底淘汰），目前我国工业雷管的种类如图 1 - 5 所示。

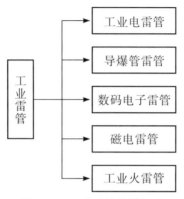

图 1 - 5　工业雷管种类组成

原工业雷管中应用广泛的导爆管雷管具有抗外来电干扰、传爆稳定、防潮耐温、组网灵活等的优点，从而在爆破领域得到广泛的应用。但由于其延期精度差，雷管联网后无法用仪表检查，以及管理上存在严重缺陷，工信部提出自 2018 年起推广应用电子雷管，按每年 20% 的速度替换原有的雷管，到 2022 年 6 月，停止其他雷管的生产，到年底所有工程爆破全部使用电子雷管替代。

原有的普通工业雷管，爆破达不到预期设计效果，还易引发安全事故。随着爆破理论和技术的发展，普通化学延时药剂型的延期雷管精度已无法满足未来爆破行业的技术要求。目前我国爆破器材企业生产的毫秒延期雷管（非数码电子雷管）的平均延时精度为：当延期标称时间为 25 ～ 100 ms 以内时，延时误差约为 ±10 ms；当延期标称时间为 100 ～ 310 ms 以内时，延时误差约为 ±20 ms；延期标称时间在 390 ms 以上时，延时误差约为 ±45 ms。与国外低段别延期雷管 ±2ms 的延时精度差距较大，而且仅前 5 段的毫秒延期雷管可以达到 25 ms 的等间隔要求。

随着社会发展及技术的进步，现代爆破技术正向着精细化、科学化和数字化的方向发展。同时，国家相关法规政策的完善及对环境的重视，使得国家及行业对爆破工程可能产生的灾害效应提出了更严格的标准。爆破工程既要达到理想的爆破效果又必须严格控制爆破产生的振动及其他对环境的影响。而要达到理想的爆破效果，主要还是依靠爆破器材性能的改进，首要解决的问题就是工业延期雷管的延时精度。

为追求爆破技术的精细化和作业安全控制，越来越多的国家将目光锁定在以电子延时电路为核心的电子延期技术上。电子延期技术摒弃了普通延期雷管中造成较大延时误差的化学延期火药，采用微型电子延期芯片作为新的延时装置，解决了传统延期部件延期时间的分散性、不确定性，能够达到高精度延时的目的。电子延期技术对改善爆破质量和控制爆破振动效应都具有重要意义。

3.1.3　电子雷管研究现状[4]

1. 电子延期技术

作为当前爆破器材领域最前沿的高新技术，电子延期技术在提高爆破延时精度、改进爆破破碎效果方面有着其他延时技术无法比拟的优势，科研工作者也对电子延期技术充满了浓厚的研究兴趣。20 世纪 80 年代中期，利用电子延期技术生产的电子雷管产品才开始进入爆破器材市场。整体而言，现在的电子雷管技术已基本成熟，但生产过程仍存在机械化、自动化水平不高，部分产品性能不够稳定，不同厂家生产产品性能不一致，起爆器没有通用性等问题，有待进一步降低产品成本，克服不足。

现阶段利用电子延期技术的雷管产品主要分成三类：

（1）电起爆可编程的电子雷管。电起爆可编程电子雷管具有现场编程的能力，爆破工程技术人员可以根据爆破区域的具体地质情况及爆区周围环境、工程要求，设定电子雷管的起爆顺序和延时间隔。

（2）电起爆非编程的电子雷管。非编程的电子雷管与可编程的区别在于延时间隔的设置。非编程电子雷管的延时间隔在工厂提前设定，无法现场编程，虽然能够在一定程度上方便工程的现场操作，但需要提前向工厂预定，这些都对工程的现场使用造成了很大的限制。AEL 公司 EletroDet 电子雷管就是其中一种。电起爆非编程电子雷管同样采用电子延期技术，与普通的化学延期药剂型延时雷管相比，延时精度得到了很大的提高。

（3）非电起爆非编程的电子雷管。非电起爆雷管的电子延期体是由非电起爆器材（导爆管或低能导爆索）引发电子延期体，然后由电子延期体引爆基础雷管，这类数码电子雷管同样是在出厂前预先设定固定的延时间隔，现场爆破时按需使用，可以方便快捷地连接起爆网路。

2. 国外研究现状

国外较早开展对电子延期技术的研究，研究机构经过大量的开发试验及几十年的技术发展，各大公司的电子雷管及其配套的起爆系统基本上都已成熟并投入使用，且取得了良好的应用效果。目前市场上技术成熟的部分产品有：

（1）旭化成化学工业公司的电子雷管：它是在瞬发电雷管的基础上在其外围增设一电子延期控制电路，它可在 1～8000 ms 的范围内以 1ms 的延时间隔任意设定，误差在 0.2ms 以内。能同时起爆 200 发雷管，抗静电性能达到 9V、2000 pF，耐冲击 300 kg/m^2 以上。

（2）Daveytronic 电子雷管：法国 Davey Bickford 公司研制生产出的这种数码电子雷管，采用双线供电/通信方式，能够实现在 1～4000 ms 内以 1ms 的延时间隔进行在线编程。该电子雷管利用 Master – Slave 系统进行控制，能够最大齐爆 3000 发雷管。

（3）I – Kon 电子起爆系统及其电子雷管：它是由德国 Dynamit Nobel 公司和澳大利亚 Orica 公司联合研制和推出的产品。其起爆系统由现场可编程电子雷管、I – Kon 编码器和起爆器三部分组成。I – Kon^{TM} 电子雷管可以在施工现场编程设定每个雷管的具体延期时间，能够以 1 ms 的间隔在 0～8000 ms 内自由设置。延期时间在 100 ms 以内时，延期精度约 ±0.1 ms；大于 100 ms 时，延期误差可控制在 ±0.1% 以内。雷管引入了静电、射频、过电压等保护及数字化功能，电子雷管起爆时间非常准确，6 s 的延期时间总误差不足 5 ms。借助内置储能元件减少起爆过程中"断线"等意外事件的发生。我国在三峡三期碾压混凝土围堰的爆破工程中，为保证主体大坝的安全，也选用了 I – Kon^{TM} 数码电子延期雷管，爆破后经检查，大坝主体未出现任何裂缝、损伤，保证了坝体的安全。

3. 国内研究现状

我国数码电子雷管的发展基础薄弱，进程比较缓慢。直到 2009 年 2 月 24 日，我国才在北京工程爆破学会会议上宣布研制成功首个数码电子雷管专用集成电路"隆芯一号"。隆芯一号数码电子雷管及其起爆系统具有我国自主知识产权，安全性高、精度高，具有双向通信的特点，能够在现场根据需要在线编程。可以实现 1 ms 延期间隔在 0 ~ 16000 ms 之间的任意时间延期，具有较高的延期精度。并且能够实现孔内编程延期数据、网络化在线监测。隆芯一号在德兴铜矿进行的爆破试验结果表明：爆堆的松散度和爆后岩块的抛掷率都得到有效的改善，减少了爆破后岩石的块度、提高了爆后边坡的平整度，降低了爆破的成本、提高了企业的经济效益。

除了北京北方邦杰科技发展公司研制成功的隆芯一号数码雷管外，国内比较成熟的数码电子雷管还有：

（1）云南燃料一厂数码电子雷管，云南燃料一厂利用抗转化和选频特征的磁环，将起爆电能首先转化为磁能，然后再将磁能再次转化为起爆所需的电能，并在雷管内部内置储存电容，成功研制出了磁电数码电子雷管。

（2）贵州久联数码电子雷管，主要由电子延时装置、刚性引火头和普通雷管 3 部分构成。该电子雷管采用固定时间间隔，包括 1 段到 30 段，相邻两段的延期时间为 20 ms，误差小于 5 ms。该雷管不能在线编程、检测、实现数据的双向传输，还有待进一步的开发。

3.1.4　导爆管电子雷管的结构选型[5]

1. 现有导爆管电子雷管结构

现有导爆管类数码电子雷管的外观与普通导爆管雷管基本一致，普通导爆管雷管由导爆管产生的冲击波能引燃化学延期药剂，从而达到延期的目的。导爆管类数码电子雷管的初始激发能量同样来自于外部导爆管的冲击波，它依靠换能装置将冲击波转换为电子雷管工作的电能，将其储存在储能电容中，用来激发电子延期芯片（延期时间已预存在电子延期模块内部），由芯片输出端设计电压调节电路，为发火元件提供充足的起爆能量来引爆起爆药。具有代表性的此类雷管包括 EB 公司的 DIGIDET 和瑞典诺贝尔公司的 ExploDet 雷管。现有导爆管电子雷管的基本原理图如图 1-6 所示。

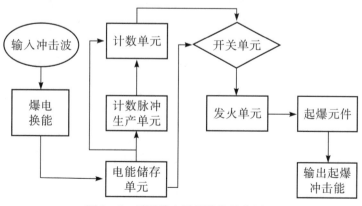

图 1-6　导爆管电子雷管的基本原理

现有导爆管电子雷管的基本结构包括：导爆管、换能装置、控制模块、储能模块、点火元件和起爆药等。电子雷管的初始起爆能量由导爆管内炸药的起爆能量提供，而电子雷管内部的延期电路需要依靠电能才能进行计时，其重难点就在于如何将冲击能转化成电能供给延时电路工作，图1-7所示为现有导爆管电子雷管结构，其工作原理是：导爆管冲击波经过爆电换能器时，压电陶瓷将冲击波产生的压力能量转化为电能；转化装置将产生的电能通过导线传输并储存在储能装置中；此时控制模块开始工作，延期开始，当达到规定延期时间后，控制模块的开关单元将打开，发火单元进行点火并引爆雷管起爆药。

现有导爆管电子雷管利用数字计时电路取代了传统的化学延期药物，能够做到精确延时。但延期时间只能由生产厂家在工厂设定，无法根据现场情况而重新编程。而且现有导爆管电子雷管连接好起爆网络后无法在线监测，施工现场的情况又是多变的，因此限制了现有导爆管电子雷管的推广使用。基于现有导爆管电子雷管的情况，开发能够自由编程，且能实现在线检测能力的导爆管电子雷管也成为爆破器材行业的一个研究方向。

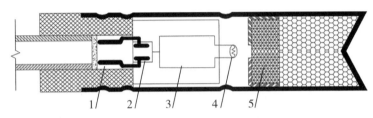

图1-7　现有导爆管电子雷管结构

1—换能装置；2—储能模块；3—控制模块；4—发火元件；5—起爆药

2. 新型导爆管雷管电子延时器[6]

导爆管雷管具有很多电雷管所无法相比的优点，因此国家鼓励推广应用导爆管雷管。而导爆管电子雷管的高精准延时性也是爆破行业努力发展的方向。现阶段的导爆管电子雷管在精确延时方面已经满足绝大多数爆破工程的要求，唯一的不足是无法在现场根据具体情况进行延期编程，一定程度上限制了导爆管电子雷管的使用。如果能充分利用我国现有普通导爆管雷管资源，又能实现导爆管电子雷管的精确延时，无疑能够促进我国爆破事业的进步。本实验中研究一种新型导爆管雷管电子延时器及其起爆系统，实现了高精确延时的目的。导爆管雷管电子延时器利用延期电路在孔外进行延期，当延期时间终止时高压电流激发起爆针，引爆普通导爆管雷管，具体原理如图1-8所示。

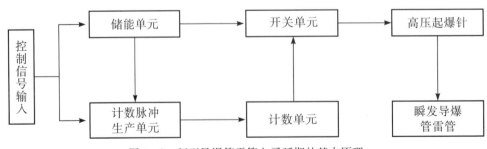

图1-8　新型导爆管雷管电子延期的基本原理

3. 电子延期控制系统的整体设计

电子延时器的控制电路通过少量的电子元件组成硬件电路，实现了安全低压到工作所需高压的转换，可以安全地实行远程控制延时激发，具有延时精度高、延时时间设置灵活、网络可测的特点。为配合电子延时器的现场应用，实现爆破现场的任意编程及起爆控制，一整套的实验装置可由电子延期控制起爆系统，由检测控制系统、编程系统、电子延期 3 部分组成。在现场实际应用中，现场技术人员可以根据组网要求及现场环境要求，利用编程器对每个起爆节点的电子延时器设定任意的延时时间；组网完成后，检测控制系统可以在线检测每个节点的连接是否正常，确认所有节点连接正常后即可对电子延时器发布充电命令，充电完成后检测控制系统还可以对所有节点电子延时器的充电电压进行检测，确认符合要求后即可发出起爆指令。

爆破网络连接时，电子延时器与普通瞬发导爆管雷管相连，电子延时器与瞬发导爆管雷管是一一对应的关系。由电子延时器控制雷管的具体发火时间，所有的电子延时器通过集线器并联接入爆破网路，最终由主控制器负责整个网路的充电、检测、起爆等指令的发出。一旦起爆命令发出后即可独立的工作，即使爆破网路的通信线路由于意外被破坏也不会出现爆破网路节点拒爆的情况。电子延期控制系统总的原理结构如图 1 - 9 所示。

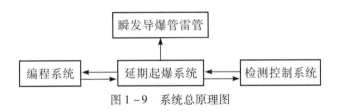

图 1 - 9　系统总原理图

3.2　炸药应用新技术与发展

20 世纪 70 年代末，我国工业炸药的品种基本齐全，与国外的工业炸药品种相当，但现场混装机械的发展仍较缓慢。大部分采用的是炸药厂生产、销售给使用单位，再运输到使用公司仓库或现场进行人工装药爆破的老办法，只有国家一些大型矿山才有现场混装机械，远远落后于国外。近几年来，国家从爆破安全、降低作业人员的劳动强度、提高生产效率、改善爆破效果方面考虑，提出工业炸药现场混装技术爆破作业一体化模式的发展与应用。

3.2.1　炸药现场混装技术现状、发展与应用前景[7]

目前炸药现场混装技术产品成熟、技术先进、绿色环保、使用安全高效，是改善爆破效果的有效措施，同时带来了社会经济效益。在全国推广应用工业炸药现场混装技术爆破作业一体化模式（简称"一体化"）是必然趋势，在全国推广应用具有广阔的前景。

1. 炸药生产及炸药现场混装技术的发展现状

新品种工业炸药正朝着安全、绿色、经济、钝感等方面发展。炸药的生产沿着从复杂到简单、从手工混制到半机械化半自动化、机械化自动化及智能化、数字化方向发展。炮孔装药也经历了"人工装药→装药器装药（半自动化）→炸药现场混装技术装药（自动化）"发展过程。

20 世纪 60 年代，山西矿山机械厂率先研制出炸药混装车的前身——粉状炸药装药器。1969 年与马鞍山矿山研究院及马钢南山铁矿，三家共同合作研制出了 YC—Z 型露天矿用粉状铵油炸药装药车，并通过冶金部鉴定；后又开发了 BC—8、BC—15 等几种装药车型号，这已接近现代炸药混装车。

20 世纪 70 年代，美国、加拿大、瑞典等国研制了乳化炸药现场混装技术车及后来研制了重铵油炸药混装车，当时我国仍使用工厂加工的成品炸药进行装药爆破作业模式。

1984 年，国家多个部委联合批准了引进国外炸药现场混装技术，1986 年和美国埃列克公司签订炸药现场混装技术和地面站配套设施合同，1990 年通过部级鉴定。至此，我国"一体化"技术实现了质的飞跃，炸药现场混装技术与发达国家达到同一水平。

2. 炸药现场混装技术"一体化"是炸药生产的必由之路

国家《民用爆炸物品安全管理条例》第九条提出："国家鼓励民用爆炸物品单位采用提高民用爆炸物品安全性能的新技术，鼓励发展民用爆炸物品生产、配送、爆破作业一体化的经营模式。"2009 年全国民爆行业安全生产工作会上提出"鼓励和推广现场混装炸药车作业方式，进一步打破地区封锁和市场垄断"，为"一体化"安全、方便、快捷、绿色、低成本的服务指明了方向。

2010 年，工业和信息化部关于民用爆炸物品行业技术进步的文件指出："鼓励工业炸药生产方式由固定生产线向现场混装作业方式发展，研究应用井下现场混装作业方式"。从统计数据看，欧美发达国家炸药产品 80% 以上是由现场混装式生产的，从而确定了"一体化"经营模式是民爆行业的发展方向。

我国炸药混装车技术从 20 世纪 60 年代开始研究，到 80 年代引进国外先进技术，90 年代已生产了 100 多台混装车，已在国内 30 多个大型矿山应用了 20 多年，收到了良好的效果。2001—2003 年，俄罗斯向我国购买了多台炸药混装车。多年来，生产企业在引进中创新，不断修改、完善原设计中的产品缺陷，不断提高产品质量，其设备、产品质量的各项技术指标均达到了世界发达国家水平。

3. 炸药现场混装技术"一体化"的特点

炸药现场混装技术"一体化"具有安全可靠、成本低、适用范围广、适用环境广、绿色环保的特点，现场混装技术能够改善爆破效果，炸药混装车具有规格多样化等特点。

（1）安全可靠。

炸药混装车混制生产炸药，地面原材料储存库安全要求低，占地面积小，建筑要求低，投资少，管理简单。省去了运送原材料，生产、包装、入库、销售炸药、再运送到购买方仓库，再从仓库领取配送到爆破现场，由爆破员领取、人工搬运到待装药炮孔口、进行人工装填等环节。

炸药现场混装生产工序是将炸药的原材料装入混装车，经运输、混制后直接装入炮孔，在炮孔内经 5～10 min 自动发泡成为炸药。特点和优点表现在该工序原材料储存、运输、混制都是针对非爆炸品，即使混制后装入炮孔内未经发泡仍不是炸药。

炸药混装车混制的炸药大多不具备雷管感度，必须用起爆体起爆，更体现了混装车混制的炸药的安全性。

（2）使用成本低。

现场"一体化"爆破作业，节省了炸药从生产到炮孔人工装药的多道工序，减少了诸多环节、大量中间环节的劳动力消耗。炸药混装车装药速度为 250～300 kg/min，是人工装药的 10 倍，克服了人工装药效率低、劳动强度大、装药过程中易发生堵孔现象、处理过程中存在危险等缺点，是目前最先进的装药方法。

俄罗斯使用我国炸药混装车后，总结得出节约炸药成本37.68%、减少钻孔量30%以上的结论[8]，说明了炸药混装车具有显著的经济效益。

（3）适用于各种环境。

对于运输道路路况差或无道路直接通达爆破现场的情况，可用管道将"一体化"炸药输送到爆区，如 1993 年三峡工程第一期和 2006 年第三期围堰拆除爆破项目，就采用了现场"一体化"爆破作业。

（4）绿色环保。

使用"一体化"爆破作业，消除了炸药厂生产炸药造成的废气、废水对环境的污染以及对生产工人的毒害。炸药配比准确，达到理想的零氧平衡，炸药无须外壳材料包装，爆炸反应毒气少，是集经济环保于一体的产品。

（5）改善爆破效果。

采用炸药混装车装药计量准确，误差仅为 ±2%，可以有效控制因超量装药造成的飞石、冲击波等爆破危害效应，也不会发生因装药量太少而导致达不到爆破效果的情况。

使用"一体化"爆破作业，可智能计算药量、炸药组分比例，实现智能化控制孔内装药密度、品种可调，实现孔底装高密度炸药，减少底部大块率，减少二次破碎工作量。另外底部平整，提高了装运效率。由于其装药密度大，相同炮孔装药量可减少钻孔工作量30%以上；对炮孔的不同部位，可设置不同装药密度，提高破碎均匀度，达到理想的爆破效果。

（6）规格多样化。

炸药混装车型号多、品种全，可混制多孔粒状铵油炸药、乳化炸药、重铵油炸药等 3 种品种；车型有 4、6、8、10、15、25 吨等 6 个型号，可供用户灵活选择、使用。

4. 以全国为例推广应用现场"一体化"爆破作业可行性分析

简单的取代复杂的、安全的取代危险的、经济的取代昂贵的、先进的取代落后的，是历史发展必然规律。现场"一体化"爆破作业的推广应用代替原始的炸药厂生产炸药→运输→储存→购买→运输→储存→领取出库→装车→运输→卸车→人工搬运→装药等 10 多道工序，具有强大优势，前景广阔。

2008 年前，宁德市民爆行业几乎处于空白，零散的爆破队伍采用传统工艺施工作业，专业技术水平不高、管理意识淡薄，给人民生命财产和公共安全管理带来极大的隐患，非法制造、使用、私藏民用爆炸物品事件时有发生，伤亡事故接连不断，政府性项目建设难以推进，给地方经济发展和工程建设带来不利的影响。

据宁德市爆破协会统计，到 2018 年为止，该市具有营业性爆破作业单位 11 家、分支机构 34 家。全市爆破作业单位主要完成乡村道路、高速公路、瞿宁铁路、港口开发和市政工程等重点项目 300 多项，年使用炸药接近 20 000 吨，与 2017 年度对比增长了 42%，爆破作业人员 2000 多人（其中：技术员 297 名、爆破三员 1380 名），每年新增 200 ～ 300 人，虽然在安全管理上实现了全年零事故，但是也给储存、运输和末端监管带来不少的压力。

若按年使用炸药接近 20 000 吨计，使用限载 3 吨炸药车（宁德地区乃至福建省内常用配送车辆）配送到爆破现场，每天（按一年 360 天计）有近 20 辆运输车，即 20 个移动危险源（这还不包括从生产厂家运送到宁德地区的危险因素）。在全国只是大海中之一滴水，如果扩大到全国，每天有上万个移动危险源，给社会造成的不安全因素难以估计。

若推广应用"一体化"，可以取消大量炸药库和临时库，可减少废气、废水污染，减少 1/2 ～ 2/3 爆破作业人员，减少大量的民用爆炸物品安全管理和爆破作业人员培训工作。

炸药混装车品种、规格较齐全，根据需要选择合适品种、规格的炸药混装车，这样民用爆炸物品流失的情况可得到有效控制，提高社会公共安全，社会更加安定。

推广"一体化"，大幅度减少工业炸药固定生产厂、成品炸药运输等危险源。工业炸药是治安管理的重点监管对象，推广炸药混装车，是矿山爆破装药机械作业的一大进步，机械化自动化水平高，极大提升爆破作业本质安全。

5. 结论

"一体化"具有符合国家提倡和鼓励的要求、设备成熟、技术先进、使用安全可靠、低成本、适用范围广、爆破效果好、绿色环保等优势，在全国推广应用是可行的，具有广阔前景，是炸药生产的必由之路。

3.2.2 第三代炸药混装车

石家庄成功机电有限公司历经 15 年研制的第三代多功能乳化炸药现场混装车（车载水油相型，车上静态乳化），体现混装技术的新探索。第一代混装系统，是一座完整的移动炸药加工厂。第二代混装系统，将炸药生产一分为二，部分工序固定在地面站，部分工序保留在混装车上。第三代混装系统，地面站简化为生产水相、油相、发泡剂；混装车简化为泵送水相、油相、发泡剂，管道内完成乳化敏化。第三代系统的爆炸危险源，由一代、二代的 3 个以上降为 0，炸药生产的安全性大幅提升。第三代混装技术，油相配方简化为柴油 3.5、斯本乳化剂 1，产品成本降低 20%，节能 20%，消除了地面站和混装车的基质污染，促进了乳化炸药现场混装模式的高质量发展。

3.2.3 混装炸药的使用[9]

1. 混装炸药的发展概况

（1）国外混装炸药的发展概况。

YC ～ Z 型露天矿用粉状铵油炸药装药车 1965 年在国外开始使用，目前已基本淘汰。

1960 年代，根据多孔粒状硝酸铵炸药工艺制作简单的特点，研制出粒状铵油炸药现场混装车。由于优点突出，得到快速广泛的推广。

1970 年代，美国、加拿大、瑞典等国家研制乳化炸药现场混装车。

1983 年，美国研制成功重铵油现场混装车。装药机械也由装药车阶段，进入了混装车阶段。

（2）国内混装炸药发展回顾。

在爆破现场混制炸药已有几十年的历史，国内最初多采用人工搅拌混制、混凝土搅拌机混制等方式，发展到推广使用现场混装车混药和装药。

1984 年，山西省特种汽车制造厂引进国外混装车制造技术。1986 年，从发明重铵油现场混装车的美国埃列克公司，引进粒状铵油炸药混装车、乳化炸药混装车、重铵油炸药混装车，以及和这三种车配套的地面辅助设施（即地面站）。自此，乳化炸药混装车在我国冶金矿山推广应用。

《爆破安全规程》（GB 6722—2003）规定允许现场混制炸药的品种很少，仅限于没有雷管感度（用 8 号工业雷管不能直接起爆）的铵油炸药和重铵油炸药（铵油炸药与乳胶基质的混合物）。这两种炸药在西方国家被称为"爆破剂"，在爆破现场混制操作简单、安全。

2. 发展优势

现场混装车炸药的优点，是能生产出适用不同孔径、不同密度、不同性能的炸药。适应不同地质条件下的爆破需求，可以在同一炮孔中随机生产，并装填不同产品、配比、性能、差异大的炸药。

混装车主要内置一套根据爆破设计，实现自动化装药、定位、识别、检测、记录存储、优化的软件。装药作业前，先将当天的爆破设计输入装药车。由 GPS 作业系统，配置现场混装车所在炮孔的编号。现场混装车自动识别炮孔。通过车载检测系统检测炮孔情况，依据网络与主控系统联系对装药量进行修正。通过机械手，将输药管送入炮孔，调用爆破设计数据中存贮的炸药类型及数量，完成装药。记录该次装药情况，存贮在计算机内，并发送到控制中心。爆破完成后，自动成像系统对爆堆拍照分析，调整爆破参数及炸药参数，为以后同类岩性提供参数支持。

地面站的自动化方面，采用计算机工作站远程监控、网络技术及设备，将原料上料、配制、输送、监测进行全过程跟踪控制，每日产量由控制中心通过网络传送到现场计算机。现场计算机根据相应数据计算上料量、监测各设备的运行情况，最终实现自动化控制。

3. 未来应用方向

现场混装炸药系统，是集原料运输、炸药混制、炮孔装填于一体的自动化产品。通俗理解为移动式微型高效炸药加工厂，是爆破装药机械化作业的一次飞跃。现场混装炸药自动化系统的应用，突破了爆破炸药装药瓶颈的一系列问题，在提高效率、降低成本、促进经济效益、降低环境污染，实现低碳、绿色环保、智能化生产等方面效果显著。

在产业层面，会推进民爆产业结构布局优化升级，提高产业集中度和健康安全水平。根据行业发展，需要出台长效机制，提升科技创新和自主创新能力，实现爆破装备与技术自主可控、协同创新、可持续发展。

4. 现场混装炸药的特点

（1）材料安全性能高。现场混装车在运输、储存上采用炸药半成品。

（2）混装过程安全。乳化炸药在入孔前，均为无敏化气泡的钝感乳胶体。在装入孔中 5～10 min 后炸药才对起爆弹敏感。泵送系统的动力均为液压系统，无静电产生，实现爆破网路安全。

（3）使用及时便捷。不受时间、运输、库存等因素的影响，能满足露天矿爆破作业的要求。

（4）减少贮存费用和危险性。使用场地只需存放非爆炸性原材料，或非爆炸性的半成品，无须贮存炸药。

（5）炸药成本低。每吨炸药与外购炸药相比，可节约 5000 元左右。混装乳化炸药装药密度高、体积威力大。孔网参数扩大，爆破方量为传统的 1.5 倍，可减少钻孔工作量 15%。降低钻孔成本，减少工作人员，降低工程施工的总成本。

（6）装药便捷流畅均匀。实现耦合装药、水孔直接装药。不发生药包卡孔现象；混装炸药与炮孔有良好的耦合性，提高装药密度和耦合系数，扩大孔网参数 20%～30%，减少穿孔 25%～30%；在深水孔装药优势明显，通过装药软管在孔底往上装药，自动排除炮孔积水，装药效率高、质量好。混装车机械化程度高，装药效率高，减轻工人劳动强度，提高劳动生产率，缩短装药时间。与手工装药相比，实际工程一般可提高装药效率 5～10 倍。

5. 现场混装炸药装药系统

现场混装炸药装药系统由地面站和现场混装车组成。地面站是在爆破现场制造炸药或制备炸药半成品的生产设备及辅助设施的总称。现场混装车是将在地面站制备的炸药或炸药半成品运送到爆破现场，继续混合后直接装填到炮孔内的混合装药设备，由混制设备、装药设备、总体设备三大部分组成。

目前现场混制炸药车主要有 4 种：

（1）粒状铵油炸药现场混装车，适用于无水炮孔，由地面站，将多孔粒硝酸铵和柴油，混制装入孔内，如图 1－10 所示。

（2）乳化炸药现场混装车，适用于有水炮孔，由地面站将水相、油相和敏化剂混制炸药装入炮孔。乳化、混合、敏化均在车上进行。

（3）重铵油炸药现场混装车，是多功能混装车，可混制乳化炸药、粒状铵油炸药和重铵油炸药。

（4）井下乳化炸药现场混装车，适用于矿山地下开采的爆破作业，公路、铁路、水利等硐室爆破作业。

7. 混装炸药的使用

（1）地面站，是现场混装车的地面配套设施，用于原材料贮存、半成品加工等。当乳胶基质在车上制作时，地面站运作水相系统（硝酸铵制备系统、油相制备系统和敏化制备系统）装置。当乳胶基质在地面站制作时，地面站还在上述三个系统的基础上，增加一套乳化装置。

（2）工艺过程。打开计算机，输入当天各种组分的制备量及炸药配方编号，计算机将自动计算出各种原料数量，发送到各工序的显示屏上。

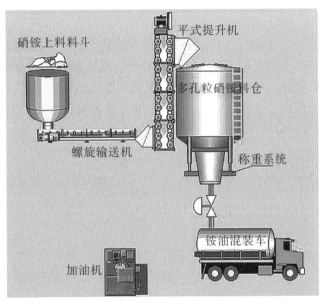

图 1 - 10　铵油混装车工作示意

（3）水相配制。计算机自动将水加入水相制备罐内，打开蒸汽阀，启动搅拌器，当加热温度达到工艺要求的温度时，自动启动上料机、破碎机、除尘器。语音提示请加硝酸铵，直至加完为止。如果材料对象是粒状硝酸铵或液体硝酸铵，加料全部由计算机自动化操作完成。当加热到工艺温度，达到水相溶液的性能要求，关闭蒸汽阀，停止搅拌器，水相制作完成，如图 1 - 11 所示。

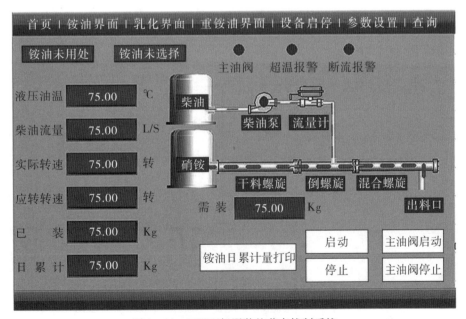

图 1 - 11　BCJ 现场混装炸药车控制系统

（4）油相配制。和水相配制相同，将各种原料加入油制备罐内，搅拌均匀，停止搅拌器，油相制备完成。

（5）敏化剂配制，和上述步骤相同。

（6）当乳胶基质在车上制作，将以上三种原料泵到车上，驶入爆破现场进行制作。

（7）混制装药作业。当乳胶基质在地面制作时，输入制作乳胶基质的命令，油相泵、水相泵、乳化器、乳胶泵按顺序启动。将乳胶基质和敏化剂泵到车上。油相和水相的比例采用闭环控制、自动跟踪，装药量完成后自动停止。现场混装炸药车工作流程和装药情况分别如图 1 - 12、图 1 - 13 所示。

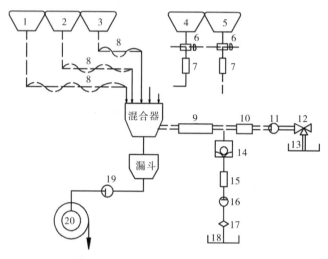

图 1 - 12　现场混装炸药车工作流程

1—氧化剂料箱；2—子混合 A 料箱；3—子混合 B 料箱；4—微量元素 I 箱；5—微量元素 II 箱；6—电磁阀；7—流量计；8—配料螺旋；9—乳化器；10—流量计；11—溶液泵；12—三通球阀；13—溶液箱；14—单向阀；15—流量计；16—燃油泵；17—滤油器；18—燃油（油相）箱；19—MONO 泵；20—输药软管卷筒

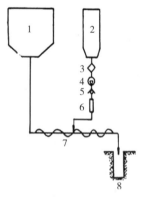

- 13　现场混装炸药装药情况

1—氧化剂料箱；2—子混合 A 料箱；3—子混合 B 料箱；4—微量元素箱；5—单向阀；6—流量计；7—配料螺旋；8—炮孔

8. 现场混装炸药的测试案例

2019 年 6 月，组织包括负责人、爆破工程师、爆破员、安全员等技术力量，再与生产厂家一起在龙昌镇金昌隆沙场混装炸药试用，并取得成功。爆破效果非常好（图 1 - 14），岩石充分破碎，无大块，几乎不用破碎，无盲炮，说明混装炸药的质量有保障。

图 1 - 14　混装炸药车和效果

9. 现场混装炸药使用的优缺点

1）混装炸药现场使用优点

（1）安全性较高。混装炸药在地面站加工、混装炸药车运输、临时储存、使用、盲炮处理等环节均较安全。由于炸药混合注入炮孔 3～10 min 才形成有爆炸危险的炸药，并设定混装炸药 3～4 h 内失效，不会因为加工、运输、使用、盲炮处理不当造成炸药爆炸、丢失或被抢等危害。

（2）对于炮孔孔壁要求不高，同时有利于消除根底、提高爆破效果。由于炸药是有一定压力注入孔底，不会因为孔壁不光滑、裂隙、树根等因素出现卡孔的现象。因炮孔采用的是耦合装药，装药威力大，有利于降低爆破块度、消除台阶根底以及控制爆破飞石。

（3）可以节约爆破施工成本。由于炸药爆速高、威力大，孔排距可以增加 50% 以上，节约钻孔费用；因破碎效果好，大块率低，降低二次破碎费用；混装炸药装药效率高，劳动强度低，可以节约爆破作业人员，降低人工成本。

2）混装炸药现场使用问题

（1）混装炸药车性能不佳，使用范围受到限制。经现场试验，一般在混装炸药车水平距离 70 m、垂直高度 5～6 m 范围内使用较好；混装炸药车行驶的临时道路要求较高，爬坡能力差（不能太陡，不超过7%的坡度），路面必须平整；车辆管路的性能不好，易出现炸管、无法输出炸药或其他故障。

（2）超装的混装乳化炸药非常难以处理。

若一旦炮孔超装炸药，由于乳化炸药为流体混合物，要重新从狭窄的孔中提出，非常困难，不易处理。混装炸药车应该设计一个能够从孔中掏出混装乳化炸药的工具，以确保炮孔按照设计装药。

（3）在混装炸药失效之前，遇到暴雨或附近有保护物不能及时撤离等情况不能进行爆破，因炸药设置失效时间为 4 ～ 5 h，装在孔内的所有炸药将过期而报废。下次爆破时需要吹出孔内的填塞物和过期的炸药和雷管，重新装药起爆。

（4）混装炸药注入孔内混合后才能变成炸药，对混合装药的质量进行检查的手段非常有限。一般靠的是目测，有时会出现炸药质量问题，如 2019 年 7 月 27 日，S103 福泉市光比至龙昌段公路改扩建工程项目路堑爆破开挖出现工程效果差的问题，原因为混装炸药质量不过关。

从后来开挖炮孔底部来看，混装炸药爆速小，威力也小。仅仅将装药部分的岩石炸开裂。从 3 天后现场剩余的炸药还在发酵来看，炮孔起爆时没有充分发酵。炮孔的孔排距 4×4m 过大。由于是路堑爆破，临空面较少，夹制作用大，单耗也仅仅在 0.35kg/m³。这些因素导致爆破效果不佳。

4　爆破新技术及应用

4.1　露天深孔与硐室爆破新技术

所谓深孔爆破是指孔深大于 5 m，孔径大于 50 mm 的爆破，称为深孔爆破。随着国家对爆破作业人员和爆破安全影响的重视，安全爆破技术不断提高和发展，加上新型爆破器材的推广应用，过去很难实施的一些复杂环境爆破工程，现在都能安全实施。

4.1.1　复杂环境深孔爆破

1. 爆区正前方有建筑楼群需严格保护

2007 年冬，杭州地区桐庐一个山坡公路扩宽爆破工程，山坡倾角约 80°～85°，扩宽部分的山坡高 18～20 m，山坡下面是一条 6～7 m 的公路，离公路 4～5 m 处是整排的三四层砖混结构民宅楼。设计打垂直孔，孔径 $D = 90$ mm，孔距 $a = 4$ m，排距 $b = 3.5$ m，炸药单耗 $q = 0.35$ kg/m^3，炮孔梅花形布置，共三排，孔深 20～22 m，一次性打到底。公路对面的民房楼离爆破点 12～15 m。第一次试炮共 15 个炮孔，每孔装药量 90～100 kg，沿山坡长度 16 m。一位持有中级爆破证的爆破技术人员为现场技术负责人。由于该工程师经验不足，照搬"最小抵抗线方向是朝着最好的自由面方向，爆破效果最好"的教条，忽视了保护对象的安全，取爆破方向对着公路对面的民房楼。起爆后，一栋三层砖混结构楼房在堆石的推动下朝公路方向倒塌，造成经济损失，所幸没造成人员伤亡。

值得强调的是，在对飞石、振动、冲击波都十分敏感的复杂环境中进行爆破，需要具有丰富经验的人员来担任现场技术负责人。对本工程的爆破事故，浙江省公安厅十分重视，后来在公安厅的推荐下，邀请了一位持有爆破高级证书的技术人员指导爆破施工，取爆破抵抗线与公路平行方向，起爆顺序是中间一孔先响，第一排的边坡孔最后一响，如图 1 - 15 所示。整个工程顺利完成，再没有出现任何问题。

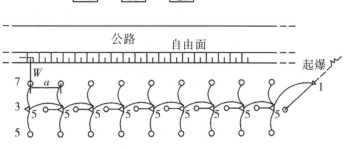

图 1 - 15　起爆网路示意图

a—孔距；W—抵抗线；数字—导爆管雷管段数；

△—孔外接力雷管；⊙—炮孔

2. 爆区附近有在运营的高速公路

浙江省台州市黄岩区高速公路出口处爆破工地，爆区北侧与高速公路只隔一条宽约 0.5 m 的排水沟和约 2 m 宽的平地，爆区与高速公路形成一陡坡，砌石护坡，坡度约 75°，高度 23 ～ 25 m，南侧距爆区 50 m 有建筑物需保护，东侧 50 m 有民房，西侧为山体。岩石为风化到中风化凝灰岩，裂隙中等发育。

采用复杂环境深孔松动爆破法，钻孔直径 $D = 90$ mm，台阶高度 $H = 8 \sim 10$ m，采用孔内延时、孔外接力的逐孔起爆网路，运用最小抵抗线原理，朝向高速公路为最后一排炮孔，取该方向最小抵抗线 $W = （1.3 \sim 1.5）b$，b 为排距。靠近公路时取三排炮孔，第一、二、三排孔内分别为 3、5、7 段，如图 1-16 所示。

从南向北起爆，孔外接力雷管为毫秒 5 段，形成斜线逐孔起爆网路，使爆破方向朝着最小抵抗线方向（南侧），利用先爆炮孔为后爆炮孔创造瞬时自由面，后爆炮孔朝向新形成的最小抵抗线方向，最后一排药量减少 20%，只作减弱松动爆破，适当增加填塞长度，确保填塞质量，保证不产生后冲和后翻。以保护高速公路的安全。爆松后用大型挖掘机挖掘，靠近公路一侧，用挖掘机将石碴爬向南侧，防止松动岩石向高速公路侧面滚落。靠近高速公路一侧，在公路边缘设置双排围挡，底部垫沙袋作缓冲，预防滚石沿陡坡滚到高速公路上。起爆顺序如图 1-16 所示。

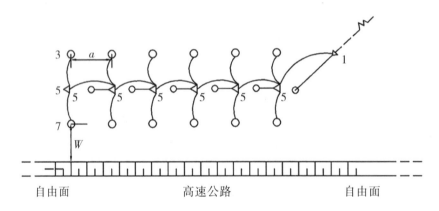

图 1-16　爆区一侧是高速公路的逐孔爆破起爆网路示意图
○—炮孔；△—孔外连接毫秒雷管；数字—雷管段数

爆破顺序从离保护对象远的一侧向保护对象一侧靠近，临近边坡时，若采用浅孔爆破，其抵抗线应为安全方向的 1.3 倍以上；先放少量炮孔，若为深孔爆破，其抵抗线应为安全方向的 1.3 ～ 1.5 倍。

通过精细爆破设计，严格施工，工程得以顺利完成。

4.1.2　获得大块岩石的开挖技术的应用

在正常台阶深孔爆破中，希望爆破后大块率低，便于挖运。有些爆破工程，岩石解理、裂隙较发育，整体性较差，用正常爆破法爆破后反而较难得到较多大块的岩石。对于一些开挖后需进行砌石护坡的工程，经机械或人工破碎后能得到较多适合用于砌坡的大块岩石，可节省外购石块及长途运输的费用。如果经爆破后大块很少，势必增加砌坡费用。

基于最小抵抗线原理，结合与炮孔间距与前排抵抗线的关系：对于某固定的岩体，当炸药单耗和装药量确定以后，药孔间距 a 与最小抵抗线 W 之间的比值就有着非常重要的作用。a/W 小，即 $a \ll W$，爆破时岩体易沿炮孔连心线产生裂缝，最小抵抗线方向的岩石不能得到充分的破碎而易成大块解体，从而产生大块，这就达到获得大块的目的。如果再结合切割爆破和群炮孔中炸药在岩体中几乎同时爆炸，应力波在两孔中心连线的叠加原理，形成一定宽度的贯穿裂缝，在爆轰气体的推动下，大块岩石就脱离母岩而倒塌下来。

另外，为使岩体经爆破后尽量少受破坏，最好采取单排炮孔爆破，以免受后排炮孔爆炸应力波与前排的应力波叠加而使岩石破碎。

总结经验，大块岩石爆破的要点是：①降低单耗 q，可取 $q = 0.2 \sim 0.25 \text{ kg/m}^3$；②孔距 a 小，抵抗线 W 大，可取 $a/W = 0.5 \sim 0.8$；③宜采用爆炸威力较低的炸药；④宜取单排爆破；⑤宜用电子雷管取同一延期时间或导爆管毫秒雷管瞬发雷管。基于此原理，钻密集炮孔，装入低威力炸药或火药，用于大块岩石的荒料开采。此原理还可以用于光面、预裂爆破。采用大孔距小抵抗线原理，可获得破碎效果好、岩石块度均匀、大块率低的良好破碎效果。

4.1.3　深孔大孔径定向爆破灭火

油井着火时，四周温度很高，人员无法靠近，此时，在着火油井口的两侧，测量相同距离的位置，用机械开挖或辅助炮孔创造出新的临空面，在临空面适当位置，用大型钻机钻 $3 \sim 5$ 个大孔，布置两侧完全对称的一排弧形炮孔，取孔径 $D \geqslant 250 \text{ mm}$，炸药单耗 $q = 2.0 \text{ kg/m}^3$，达到加强抛掷爆破目的。两侧炮孔的起爆线路接到同一个起爆器上，确保起爆时间完全一致。起爆顺序：中间炮孔首先起爆，接着两侧对称起爆。起爆顺序如图 1 - 17 所示。

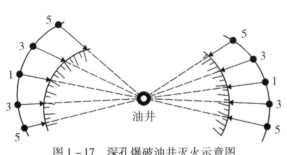

图 1 - 17　深孔爆破油井灭火示意图
（注：数字代表导爆管雷管段数）

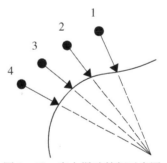

图 1 - 18　定向爆破筑坝示意图
（注：数字代表起爆顺序）

由于两侧装药孔到油井口距离相等，起爆时间相同，装药参数一致，因此，起爆后，在油井口上方碴土互相碰撞落下，覆盖在着火的油井上，安全、准确、快速、可靠地把火扑灭。

4.1.4　硐室定向爆破筑坝

在 20 世纪 60 ～ 70 年代，我国的钻孔机械还十分落后的条件下，采用小型钻孔机械，开挖装药硐室，基于最小抵抗线原理，在山沟一侧或两侧的山体中，采用多个药室分别装药，按一定顺序起爆，使碴土集中堆积到预定地点。

定向抛掷爆破工程，尽可能选择利用凹形地形合理布置药室，向山沟某一处集中抛掷堆积，如图 1-18 所示。如无此条件，可用辅助药室，首先起爆，为后面主药室创造临空面，以达到集中堆积的效果。也可同时在两个山体布置药室，可分别或同时起爆。利用先后不同的起爆顺序，运用最小抵抗线原理，先响药室为后响药室创造一个新自由面，以有助于集中、准确抛掷，用于定向爆破筑坝。

4.1.5 深孔爆破空气间隔装药技术[11]

近几年来的不少研究表明，露天深孔爆破中，在炮孔装药的不同位置采用空气、水作间隔，可达到减少炸药单耗改善爆破效果，减少爆破振动、飞石、冲击波、减少根底及孔底大块等诸多效果。

炮孔底部产生大块，是由于底部夹制作用大造成的。解决的办法有：

（1）用混合装药结构，底部装威力大、密度高、爆速高的炸药，如乳化炸药、水胶炸药等，上部装威力较低、密度低、爆速低的铵油炸药、膨化硝铵炸药等。

（2）充分利用孔底空气或水耦合间隔装药结构。使用空气间隔装药，对于台阶高度为 10～12 m 时，一般为 1.5～2 m，间隔的距离即节省炸药的距离，所以每个炮孔可以节省不少炸药，这样就为矿山开采节约能源，降低采矿成本。

孔底间隔系数（间隔长度与装药长度比为 0.15～0.25），硬岩取小值，对于间隔长度的比例问题，国内外有所不同，国外学者认为 11%～35%、15%～35%，国内学者认为 30%～40%。实际应用得出：最佳空气比例为 20% 左右。试验结果表明，空气层置于炮孔中部时，其爆堆的破碎效果最优，不仅能保证上部岩体的充分破碎，又能保证下部岩体不留根底，岩体的损伤效果最好。

谢鹰等对凡口铅锌矿所作的模拟试验及结论表明，通过变化空气间隔系数与爆后块度比例得到如图 1-19 所示的最佳间隔系数曲线。

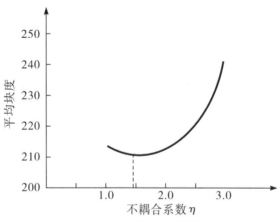

图 1-19　平均块度与间隔系数关系

由图 1-19 得出以下结论：

（1）耦合装药爆破粉矿率比空气间隔装药高，说明空气间隔装药应力峰值降低明显。

（2）当不耦合系数 η 加大时，大块大于 250 mm 所占比例减小，但继续加大 η 值时，其大块大于 250 mm 的百分比又提高，超过耦合装药。这说明不耦合系数存在一个最优值，当 η 为 1.65 左右时，平均块度最小。

（3）从综合应力波参数与爆破块度分析可知，采用空气间隔装药，可降低应力波峰值而增加正压力作用的时间，并能有效地调节炸药能量分布，控制爆破作用，使炸药能量消耗在岩石的均匀破碎上，达到最大限度，从而改善爆破效果。

当空气间隔长度 L_3、河沙间隔长度 L_2 与装药长度 L_1 之比即 L_3/L_1、L_2/L_1 均为 0.5 时，爆破效果得到较大程度的改善。如果不采用孔内微差，空气间隔 L_3/L_1 为 0.6～0.7 较合适。爆破后爆堆形状规整，前后冲击波较小、没有根底、块度均匀，大块率较正常生产时降低 60%～70%。采用底部空气垫层装药结构，爆破直接材料费在经济上也是最佳的。

4.1.6 露天石方深孔水-土复合封堵爆破新技术[12]

1. 露天石方深孔水-土复合封堵爆破技术的应用试验

在进行深孔水-土复合封堵爆破（简称"水-土复合"）的应用试验时，为了相对常规深孔爆破有可比性，其技术要求：必须保证两种试验条件基本相同：两者在同一次、同一爆区、同等条件下进行爆破对比；包括爆破器材（炸药和雷管）必须是同厂、同批产品。为了对比孔间、排间爆破效果，每次试验炮孔为 3～5 排，每排至少 2～5 个炮孔。

1）装药量变化的应用试验

最初仅改变装药量（体积不耦合装药结构）进行爆破效果对比。从 1991 年 10 月至 1993 年 8 月，分别在浙江绍兴杭甬高速公路、陕西铜川三铜公路和青岛火车站前广场开挖等工程进行了爆破应用试验。共进行 105 次试验，炮孔 2520 个，对比试验结果如表 1-4 所示。

表 1-4 装药量变化的应用试验

工程地点	爆破时间	爆破类型	孔径/mm	孔网参数/(m×m)	爆破次数	梯段高度/m	孔数/个	单孔药量/kg	单耗/(kg·m^{-3})	堵塞长度/m	充水条件	炸药种类	地质条件
绍兴工程	1991.9～1992.4	常规	110	2.5×2.0	35	6.5	2050	30	0.92	0.5+3*	—	硝铵炸药	石灰岩
		水-土复合封堵					1450	20	0.62	2.5	孔内积水		
铜川工程	1992.6～1992.9	常规	110	3.0×2.5	20	3.5	680	8	0.30	2.8	—	硝铵炸药	石灰岩
		水-土复合封堵					320	5.5	0.21	2.2	孔内积水		

（续表）

工程地点	爆破时间	爆破类型	孔径/mm	孔网参数/(m×m)	爆破次数	梯段高度/m	孔数/个	单孔药量/kg	单耗/(kg·m⁻³)	堵塞长度/m	充水条件	炸药种类	地质条件
青岛工程	1992.10～1993.8	常规1	100	3.5×3.0	20	6.5	290	15	0.22	4.5	—	乳化炸药	严重风化花岗岩
		水－土复合封堵1					210	10	0.15	2.0	孔内积水		
		常规2	100	3.0×2.5	30	3.0	460	5	0.22	2.5	—		
		水－土复合封堵2					540	3.5	0.16	2.0	孔内积水		

* 0.5＋3 为中间间隔堵塞＋孔口堵塞。

由表 1－5 可见，在达到同样爆破效果的情况下，"水－土复合"要比常规深孔爆破节省炸药 30%左右。

2）低梯段中型孔径的应用试验

1994 年 6～8 月，在南昆铁路一些工点的试验进行了低梯段（梯段高 3.1～3.3 m）、炮孔直径为 110 mm 的应用试验。改变装药量、单耗为常规深孔爆破的 40%～60%及改变不耦合系数 K（表 1－5）、K 值和堵塞长度，以及双排延时和排间微差等试验，均如表 1－6 所示。

通过 229 个炮孔的实际爆破效果可知，对于低梯段中型孔径石方深孔爆破，在达到常规深孔爆破效果的前提下，可比常规爆破节省炸药 45%～50%。对某一药量，改变不耦合系数（孔径不耦合）和堵塞长度（小变化），采取常规爆破双排延时或排间微差，爆破效果一样。

表 1－5　低梯段中型孔径应用试验（Ⅰ）

爆破时间	试验内容	爆区名称	孔径/mm	孔网参数/(m×m)	梯段高度/m	孔数/个	单孔药量/kg	单耗(kg·m⁻³)	堵塞长度/m	充水方式	不耦合系数 K
1994.7.8	改变装药量	常1	110	2×2	3.2	10	5.0	0.40	2.5	—	1.294
		水1			3.3	16	4.0	0.30			
		水2			3.2	13	3.0	0.23	1.8	积存雨水	
		水3			3.3	10	2.6	0.20			

（续表）

爆破时间	试验内容	爆区名称	孔径/mm	孔网参数/（m×m）	梯段高度/m	孔数/个	单孔药量/kg	单耗/（kg·m⁻³）	堵塞长度/m	充水方式	不耦合系数 K
1994.7.28	单耗为常规爆破的40%~60%及变化 K 值	常2	110	2.5×2.5	3.1	7	8.0	0.40	2.1	—	1.146
		水4		3.1×3.0	3.2	7	5.4	0.18	1.8	外加水	1.294
		水5		3.2×3.1	3.2	7	5.4	0.17			1.146
		水6		2.8×2.3	3.2	9	4.8	0.23			1.146
		水7		3.1×2.6	3.2	9	4.8	0.19			1.294
		水8		2.8×2.5	3.3	9	4.8	0.21			1.485

工程地点为老寨工点，地质条件为石灰岩，使用乳化炸药。

表1-6　低梯段中型孔径应用试验（Ⅱ）

工程地点	爆破时间	试验内容	爆区名称	孔网参数/（m×m）	梯段高度/m	孔数/个	单孔药量/kg	单耗/（kg·m⁻³）	堵塞长度/m	充水方式	地质条件	不耦合系数 K
老寨工点	1994.8.1	变化 K 值和堵塞长度的试验	常3	3.1×2.2	3.2	11	8.0	0.37	2.1	—	石灰岩	1.145
			水9	3.6×2.9	3.3	13	5.4	0.18	1.2	积存雨水		1.145
			水10	3.6×2.1	3.3	28	5.4	0.21	1.4			1.294
			水11	3.0×2.6	3.2	12	4.8	0.19	1.7	外加水		1.145
			水12	3.3×2.4	3.3	14	4.8	0.19	1.6			1.294
			水13	2.7×2.7	3.3	16	4.8	0.20	1.8			1.485
大起垭工点	1994.8.11	双排延时	常4	3.0×2.5	3.2	48	9.8	0.41	2.1	—	白云质石灰岩	1.100
			水14	3.0×3.0	3.3	48	6.0	0.21	1.4	外加水		1.294
老寨工点	1994.8.13	排间微差	常5	2.6×2.5	3.2	18	8.4	0.40	2.3	—	石灰岩	1.100
			水15	3.2×2.8	3.2	18	6.0	0.21	1.4	外加或存水		1.146

应用试验的孔径均为 110 mm，使用乳化炸药。

3）高梯段大孔径应用试验

1995 年 7～9 月在北京密云铁矿进行了高梯段（10.0～12.5 m）、孔径 250 mm 的深孔爆破应用试验，共试验 10 次、炮孔数 95 个。体积不耦合装药结构的试验如表 1−7 所示；体积与径向不耦合装药结构的试验如表 1−8、表 1−9 所示；试验了一次起爆多排炮孔径向不耦合装药结构（表 1−6）；多排孔体积不耦合装药结构，一次起爆 45 个炮孔，其中水−土复合炮孔 12 个，其分布如图 1−20 所示。

在达到与常规深孔爆破相同效果的情况下，高梯段、大孔径的矿山爆破可节省炸药 20%～25%。采取体积不耦合和径向不耦合装药结构，两者爆破效果相同，当采取一次起爆多排炮孔与常规爆破效果一样。矿石爆破，每方可节省爆破材料费用 18.6%～23.0%，并能有效控制振动、减小爆破后冲，保护矿山边帮稳定。

表 1−7　体积与孔径不耦合装药结构试验

爆破时间	试验内容	爆区名称	孔数/个	单孔药量/kg	单耗/（kg·m^{-3}）	不耦合系数 K_1、K_2	炸药种类	充水方式	堵塞长度/m
1995. 8.10	体积与孔径不耦合装药结构	常 4	42	600，400	0.857，0.571	$K_1 = 1.00$	乳化，铵油	—	6
		水 7	3	480	0.686	$K_1 = 1.36$	乳化	外加水柱	5
		水 8	3	315	0.450	$K_2 = 1.25$	铵油	外加空隙	5
1995. 8.13		常 5	36	600，400	0.857，0.571	$K_1 = 1.00$	乳化，铵油	—	6
		水 9	3	480	0.686	$K_1 = 1.36$	乳化	外加水柱	5
		水 10	3	315	0.450	$K_2 = 1.25$	铵油	外加空隙	5
1995. 8.28	多排孔孔径不耦合装药结构	常 6	36	600，400	0.857，0.571	$K_1 = 1.00$	乳化，铵油	—	6
		水 11	9	315	0.450	$K_2 = 1.25$	铵油	外加空隙	5

①应用试验的孔径均为 250 mm，孔网参数为 14 m×4 m，均为梅花布孔排间微差起爆网路，地质条件均为片麻岩混杂磁铁石英岩；②表格中的两种数据分别对应于乳化炸药和铵油炸药；③ $K_1 =$ （孔深−堵塞长度）/装药长度，试验梯段高度均为 12.5 m，K_1、K_2 分别为采取体积不耦合和孔径不耦合装药结构时的不耦合系数。

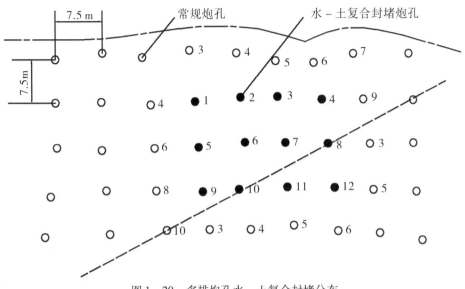

图 1-20 多排炮孔水-土复合封堵分布

表 1-8 多排炮孔体积不耦合装药结构试验（Ⅰ）

爆破时间	试验内容	爆区名称	梯段高度/m	孔数/个	单孔药量/kg	单耗/(kg·m⁻³)	不耦合系数 K_1、K_2	炸药种类	充水方式	堵塞长度/m	起爆网路
1995.8.30	体积与孔径不偶合装药结构	常 7	12.5	40	600，400	0.853，0.568	$K_1=1.00$	乳化，铵油	—	6	方形布孔
		水 12		11	480	0.683	$K_1=1.36$	乳化	外加水柱	5	斜 1 起爆
		水 13		3	315	0.448	$K_2=1.25$	铵油	外加空隙	5	
1995.9.15	多排炮孔体积不偶合装药结构	常 8	10.0	36	480，320	0.853，0.569	$K_1=1.00$	乳化，铵油	—	6	方形布孔
		水 14		12	385	0.684	$K_1=1.45$	乳化	外加水柱	5	斜 2 起爆
1995.9.19		常 9	12.0	29	600，400	0.889，0.593	$K_1=1.00$	乳化，铵油	—	6	方形布孔
		水 15		12	480	0.711	$K_1=1.36$	乳化	外加水柱	5	斜 2 起爆
1995.9.30		常 10	10.0	33	480，320	0.853，0.569	$K_1=1.00$	乳化，铵油	—	6	方形布孔
		水 16		12	385	0.684	$K_1=1.45$	乳化	外加水柱	5	斜 2 起爆

试验炮孔孔径为 250 mm，孔网参数为 7.5 m×7.5 m；地质条件为片麻岩混杂磁铁石英岩。

表 1-9　多排炮孔体积不耦合装药结构试验（Ⅰ）

爆破时间	试验内容	爆区名称	梯段高度/m	孔数/个	单孔药量/kg	单耗/(kg·m⁻³)	不耦合系数 K_1、K_2	炸药种类	充水方式	堵塞长度/m	起爆网路
1995.8.30	体积与孔径不偶合装药结构	常7	12.5	40	600, 400	0.853, 0.568	$K_1 = 1.00$	乳化, 铵油	—	6	方形布孔
		水12		11	480	0.683	$K_1 = 1.36$	乳化	外加水柱	5	斜1起爆
		水13		3	315	0.448	$K_2 = 1.25$	铵油	外加空隙	5	
1995.9.15	多排炮孔体积不偶合装药结构	常8	10.0	36	480, 320	0.853, 0.569	$K_1 = 1.00$	乳化, 铵油	—	6	方形布孔
		水14		12	385	0.684	$K_1 = 1.45$	乳化	外加水柱	5	斜2起爆
1995.9.19		常9	12.0	29	600, 400	0.889, 0.593	$K_1 = 1.00$	乳化, 铵油	—	6	方形布孔
		水15		12	480	0.711	$K_1 = 1.36$	乳化	外加水柱	5	斜2起爆
1995.9.30		常10	10.0	33	480, 320	0.853, 0.569	$K_1 = 1.00$	乳化, 铵油	—	6	方形布孔
		水16		12	385	0.684	$K_1 = 1.45$	乳化	外加水柱	5	斜2起爆

试验炮孔孔径为 250 mm，孔网参数为 7.5 m×7.5 m；地质条件为片麻岩混杂磁铁石英岩。

4）中、高、超高梯段中型孔径的应用试验

将炮孔直径 100 mm 左右、梯段高度 5 m < H < 10 m 定义为中梯段，10 m < H < 15 m 为高梯段，H > 15 m 为超高梯段。1996 年 7—9 月，在湖北五峰锁金山电站大坝基础开挖爆破中对中、高、超高梯段进行了试验。坝址坡度陡，坝基础开挖落差大，为了便于清碴，炮孔深度设计采取一次打到底的方法。对三种不同梯段与常规深孔进行了 4 次对比的试验，水-土复合封堵炮孔 98 个，采取体积不耦合装药结构，试验参数如表 1-10 所示。对于超高梯段，采取"循环段"式体积不耦合装药结构：在炮孔中装一段乳化炸药，一段长 80～150 cm，直径 80～90 mm 的塑料袋，袋内充满水，以 8 m 深为一循环段，其中炸药高度 5.4 m、充填水高度 2.6 m（图 1-21）。

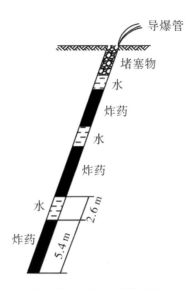

图 1 - 21　超高梯段循环段装药结构

该项技术可省炸药 30% ～ 35%，爆破每立方米岩石可节省爆破材料费用 24.7% ～ 29.7%。

从 6 个工点的应用试验结果可以看出，对不同的地质、梯段高度、炮孔直径、装药结构、炸药品种、封堵形式、堵塞长度等进行了大量的试验，使用深孔水 - 土复合封堵爆破炮孔 2942 个，累计爆破 15 万立方米。应用试验是全面、系统、深入的，所取得的成果和各种数据具有实际意义和推广价值。

表 1 - 10　中、高、超高梯段中型孔径的应用试验

爆破时间	试验内容	爆区名称	孔网参数/（m×m）	梯段高度/m	孔数/个	单耗/（kg·m⁻³）	充水方式	水柱长度/m	堵塞长度/m
1996.8.24	中、高梯段体积不偶合装药结构	常2	2.0×2.0	2.5～13	51	0.7～0.9	—	0	2.5
		水2		2.5～10	5	0.5	外加	0.8～4.0	1.5～2.0
		水3		4.5～6.5	5	0.55		1.6～2.0	
		水4		5.5～12	7	0.55		1.8～5.5	
1996.9.21		常3	2.5×2.0	2.5～12	84	0.5～0.8	—	0	2.5～3.0
		水5		3～11	46	0.5	外加	1.5～6.0	1.0～2.0
1995.9.23	超高梯段体积不偶合装药	常4	2.5×2.0	2.5～24	165	0.9	—	0	2.5～3.0
		水6		2.5～22	35	0.6	外加	1～12	0.8～2.0

试验孔径为 100 mm，用乳化炸药，地质条件为石灰岩。

2. 深孔水－土复合封堵爆破施工工艺

深孔水－土复合除了装药结构、注水和堵塞等 3 方面施工工艺与常规爆破不同外，其余相同。下面分 3 种情况叙述深孔水－土复合施工工艺。

（1）有水炮孔。有水炮孔是将抗水炸药或经防水处理的非抗水炸药按设计装药，一般采取体积不耦合装药结构。对于大孔径，也可采取径向不耦合装药结构，这样孔中的水就被挤压到孔上部。如水位超过需堵塞位置，可将多余的水汲出；如水位不到需堵塞位置，可直接注水或用塑料袋装水充填至需堵塞位置。在水与土相接之处需一隔离物，避免堵塞物进水形成饱和土。

（2）无水不漏水炮孔。对于无水不漏水炮孔，可以直接将抗水炸药或经防水处理的非抗水炸药按照设计装药，然后向孔中注水到需堵塞位置，放入隔离物后进行堵塞炮孔。

（3）无水、漏水炮孔。将抗水炸药或经防水处理的非抗水炸药按照设计装药，在塑料袋（袋径约等于炮孔直径）中充水后填入炮孔，直到需堵塞位置，后进行炮孔堵塞。

3. 深孔水－土复合封堵爆破的技术经济分析与总结

（1）该项新技术，是对爆破技术发展的突破。水－土复合技术关键是向炮孔注水，充分利用炸药能量，从而达到节省炸药、降低爆振和降低爆破费用的目的。水－土复合技术的研究与应用成功是质的飞跃，是对常规深孔爆破技术发展的突破。

（2）改善了破碎效果。采用水－土复合爆破，由于水介质的封堵作用，使得爆炸压力的作用时间延长，使孔底充分破碎，因此根底少。另一方面由于水介质的引入，炮孔堵塞长度缩短 15%～30%，但水介质将爆炸压力"无损"传递上来破碎岩石，使孔口大块明显减少，爆碴粒径远比常规深孔爆破的均匀。

（3）减小了超钻深度。爆后经出碴观察，水－土复合爆破的孔底挖深增大，比常规深孔爆破多 10%～15%，所以爆破设计时，超深度减小 10%～15% 就可达到爆破要求。

（4）提高了爆破安全程度。水－土复合爆破比常规深孔爆破降低了炸药用量，所以爆破振动强度相应降低。由于水对地质裂隙的封堵作用，使得气体不会从裂隙中过早泄漏，因此相对飞石少且抛掷近。

（5）节省了炸药。实际应用试验表明，达到同样爆破效果的水－土复合爆破节省炸药情况如下：①低梯段、中型孔径，节省炸药 45%～50%；②高梯段、大孔径，节省炸药 20%～25%；③中、高、超高梯段、中型孔径，节省炸药 30%～35%。

（6）降低了爆破费用。扣除塑料袋、注水费（人工费）外，该项技术比常规深孔爆破节省爆破材料费分别为：①低梯段、中型孔径节省 41%～46%；②高梯段、大孔径节省 18.6%～23%；③中、高、超高梯段、中型孔径节省 24.7%～29.7%。

密云铁矿矿石开采施工中使用了水－土复合技术，仅就目前的产量，一年可节省爆破材料费上百万元。

（7）注水后用土堵塞炮孔爆破效果好。从实爆效果可知，远比炮孔全用水堵塞的爆破效果好，其土堵塞长度为常规爆破的 70%～85%。

（8）以体积不耦合装药结构为好。从装药结构施工难易程度、爆破费用以及爆破效果等综合考虑，水－土复合以体积不耦合装药结构为好。

（9）易于普及推广。水－土复合和常规深孔爆破在设计、药量计算、起爆方法和起爆技术上完全相同，只是在装药结构上有变化，易于普及推广。

4.1.7　露天深孔光面、预裂爆破新技术

1. 光面爆破集中装药实践

本节介绍光面爆破集中装药实践的设计原则、试验设计、药量计算、孔网参数及试验效果，指出该项技术的应用前景，为光面爆破开辟一条快速、经济、劳动强度低的新途径，可供实施光面爆破借鉴。

1）传统光面爆破施工特点

传统的光面爆破是在光爆孔中，采取不耦合装药，按常规计算每米装药密度、求出单孔装药量，按孔底 $1.5 \sim 2$ m 为加强装药段，其装药量是正常装药段的 $2 \sim 4$ 倍，一般取 $2 \sim 3$ 倍；孔口段 $1 \sim 1.5$ m 长度为减弱装药段，其装药量是正常装药段的 $0.3 \sim 0.5$ 倍；中间为正常装药段，按计算好的装药量，将 $\phi 32$ 或 $\phi 25$ 的药卷用细绳或胶布捆绑在置有导爆索的竹片上，最后多人同时抬起捆绑好的药柱小心放入孔中，孔口导爆索采用三角形连接，连到孔口总传爆导爆索上，导爆索两头用高于最后一段主炮孔或缓冲孔 $75 \sim 110$ ms 的雷管联结起爆，形成双向导爆索起爆网路。孔口密实填塞 $1.5 \sim 2$ m。

如上所述，一次爆破 40 个光爆孔，需 4 个人以上操作才能完成，操作时必须弯腰或蹲在地上，劳动强度大，作业十分辛苦，且需消耗大量导爆索、竹片和胶布。

2）集中装药光面爆破施工法

（1）设计原则：

①确保钻孔、装药、起爆的人员、机械的安全；

②保证钻孔质量，包括孔深、孔距、倾角等符合设计要求；

③成本低、光面效果好、能满足设计要求。

（2）爆破参数设计。

孔网参数与常规光面爆破相同，如孔径 $D = 90$ mm 或 $D = 115$ mm，台阶高度 $H = 6 \sim 15$ m，孔倾角 α，光面孔不需超深，孔长 L 按坡率计算（$L = H / \sin\alpha$），当孔径 $D = 115$ mm 时，孔距 $a = (13 \sim 18) D$、取 $a = 1.5$ m，光面孔下部在台阶面上与主爆孔接近、光面层上部与主爆孔距离 $W_光$ 按坡率 $W_光 = L\cos\alpha$ 计算，在均质硬岩裂隙不发育的岩体中，半边孔率达 85% 以上，在破碎岩体中达 60% $\sim$ 70%。

（3）孔装药量 $Q_孔$ 计算（一个孔爆破的面积相当于三角形）：

$$Q_孔 = q_光 a W_光 L / 2 \tag{1-7}$$

式中，$Q_孔$ 为单孔装药量，kg；$q_光$ 为光面爆破炸药单耗，kg/m³，$q_光 = 0.25 \sim 0.35$ kg/m³；a 为炮孔间距，m；$W_光$ 为光面层上部厚度，m；L 为炮孔长度，m。

（4）装药结构。

采取孔底留空气柱装药结构（图 1-22）。间隔长度 $L_1 = (1.5 \sim 2) a = 2 \sim 3$ m，a 为光爆孔间距。接着就集中装药，起爆雷管放在装药底部第 2 节药卷中，聚能穴朝向孔口。当炮孔长度大于 10 m 时，采取分段装药，下部孔长 9 m 装 60% 药量，剩余孔长装

40% 药量，中间长度分别留空气柱，装完药后，留下 1.5 ～ 2 m 作为填塞段，其余长度作为空气柱。

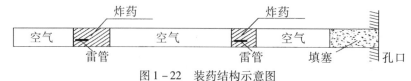

图 1 - 22　装药结构示意图

（5）起爆网路。光爆孔采用导爆管毫秒雷管或电子雷管，孔内延期起爆网路，导爆管毫秒雷管复式起爆，落后于最后一段主炮孔 110 ms。

2. 光面爆破工程实践

1）工程概况

2020 年，在福建省福清市城头镇彭洋矿区凝灰岩石方爆破工程矿山的终了边坡，坡率为 1：0.25，台阶高度 15 m，炮孔长度 $L = H/\sin\alpha = 15.5$ m。岩石为中风化到微风化凝灰岩，普氏硬度系数约 $f = 10 \sim 12$。采用炮孔直径 $D = 115$ mm，设计孔距 1.5 m（因打孔技术问题，实际打孔不规则，a 为 1.5 ～ 2.2 m，而且炮孔之间不平行且不在同一平面上）。

2）光面爆破集中装药试验

（1）爆破参数设计计算（按彭洋矿区的实际数据）。

孔径 $D = 115$ mm、孔距 $a = 1.5$ m、光面层上部厚度 $W_光$ 为（25 ～ 35）D，取 $W_光 = 3 \sim 4$ m、孔深 $l = 15.5$ m、乳化炸药 $\phi 90$ mm、炸药单耗取 $q_光 = 0.32$ kg/m³。

孔装药量按 $Q_孔 = q_光 V = q_光 a W_光 l/2$（一个炮孔实际承担的面积近似于三角形或梯形）计算：

$$Q_孔 = 0.32 \text{ kg/m}^3 \times 1.5 \text{ m} \times 4 \text{ m} \times 15.5 \text{ m} \div 2$$
$$= 15 \text{ kg}$$

每米装药量 $P = 7$ kg（乳化炸药分段集中装药）。

（2）装药结构。

孔底部留 2.5 m 空气柱，然后按计算好的孔装药量 $Q_孔$ 分段集中装药，下段装 60% 药量，上段装 40% 药量，分段集中装药长度分别为下段 $L_{e1} = 1.3$ m、上段 $L_{e2} = 0.9$ m。剩余部分均为空气间隔，孔口 1.5 ～ 2 m 密实填塞。

（3）装药操作过程。

孔深 15.5 m，第一段下部用塑料绳牢固捆绑一支 $\phi 90$ mm 乳化炸药药卷在孔底，然后回收 2.5 m，将塑料绳牢固捆绑在孔口固定的木棍上，然后进行耦合装药，起爆雷管置于药包底部第 2 节药卷中，装药量为 60% $Q_孔$，起爆雷管聚能穴朝向孔口。第二段上部用塑料绳牢固捆绑一支 $\phi 90$ mm 乳化炸药药卷放至离孔口 6 m 深处，将塑料绳牢固捆绑在孔口固定的木棍上，然后进行耦合装药，起爆雷管置于药包顶部第 2 节药卷中，装药量为 40% $Q_孔$，聚能穴朝下，装完药后用塑料绳牢固捆绑一个编织袋，拉紧塑料绳，堵在离孔口以下 1.5 ～ 2 m 处，然后进行密实填塞。待全部炮孔装填完后，连线起爆。40 个光爆孔，只需 2 名爆破员用不到 3 小时完成全部装填。全部炮孔用同一时间的电子雷管起爆，连接起爆网路，落后于主炮孔最后一响 110 ms。本案例在陈国荣工程师指导下实施，爆破效果如图 1 - 23 所示。

图 1 - 23 爆破效果

从图 1 - 23 可以看出：岩石上部未采用光爆技术。光爆孔钻孔质量差，孔间距、倾角都不规则。但从爆破结果看，露天深孔光面爆破采用集中装药，爆破效果不错，半边孔率可达 80% 左右，由于钻孔质量不好，影响了光面效果。可见在中硬岩采用此方法应适当把握光爆孔距，提高钻孔质量，方可获得理想的光爆效果。

集中装药光面爆破，整个爆区不需消耗导爆索、竹片和胶布，施工效率高、节省劳动力 50% 以上，劳动强度低，安全、快速、轻松、经济，光面效果基本能满足要求。这种集中装药方法可供今后光面爆破施工借鉴。

4.1.8 西沟矿大孔径孔底集中装药预裂爆破技术应用[13]

预裂爆破根据西沟矿以往的爆破经验及现有设备情况，结合国内外预裂爆破技术的研究与应用，为简化装药结构、降低劳动强度、提高装药工作效率，提出孔底集中装药预裂爆破的新技术方案。通过对预裂爆破参数设计与计算，对采用新方案的预裂爆破效果与之前预裂爆破进行实际对比分析。

1. 概述

西沟矿岩主要有变质凝灰岩、硅质灰岩、钙质千枚岩等，普氏硬度系数 $f = 6 \sim 8$，岩石密度 2.7g/cm^3，内部裂隙比较发育。部分地段裂隙沿三个方向发育裂隙水较多，钻孔后大多孔内水深 $2 \sim 3 \text{ m}$，台阶高度 $H = 12.5 \text{ m}$，预裂孔孔深设计为 $l = 15 \text{ m}$，预留清扫平台设计宽度为 $B = 8.5 \text{ m}$。西沟矿预裂爆破以往都常规间隔线装药结构，此法费工、费时、劳动强度大、工作效率低，还要消耗大量导爆索。

孔底集中装药预裂爆破技术，克服了以上常规预裂爆破的缺点，在国内外得到广泛应用。经验证明孔底集中装药与常规预裂爆破效果相近，在黑沟孔的应用，取得明显效果，能更好地保护西部固定帮预裂爆破效果，确保预留清扫平台完好。

2. 参数设计

据其他矿山应用的经验，对此新技术试验，采用炮孔直径 $D = 200$ mm。类比确定其他参数如下：

（1）预裂孔孔距。

预裂爆破的预裂孔距 $a = （8 \sim 12）D$。硬岩取小值，软岩取大值。经验公式为：

$$a = 14.8D（K-1）^{-0.523} \qquad (1-8)$$

式中，a 为预裂孔孔距，cm；D 为钻孔直径，cm；K 为不耦合系数，一般取 $2.4 \sim 5$，经验公式为：$K = 1.125（D^3/10^4）+14.3\sigma_y^{-0.26}$，$\sigma_y$ 为岩石抗压强度，Pa。

经计算：$K \approx 3.6$，$a = 14.8 \times 20 \text{ cm} \times （3.6-1）^{-0.523} \approx 2.0$ m。

（2）预裂孔装药量计算。

按线装药密度计算，对 $f = 6 \sim 8$ 的矿岩，孔径 $D = 200$ mm $= 20$ cm，一般应取 $q_x = 1.2 \sim 12.5$ kg/m，不包括底部加药。经验公式：

$$q_x = 78.5D^2K^{-2}\rho \qquad (1-9)$$

式中，ρ 为炸药密度，g/m（铵油炸药密度 $\rho = 1$ g/cm^3）；D 为炮孔直径，cm。

即：$q_x = 78.5 \times （20 \text{ cm}）^2 \times 3.6^{-2} \times 1 \text{ g/m} \approx 2400$ g/m

取相同的孔网参数时，单孔集中装药量大于等于线装药量乘以孔长加底部加强药量之和。

$Q = （10 \text{ kg} \sim 20 \text{ kg}）+2.4 \times 15 \text{ kg} = 46 \sim 56$ kg，此处取 50 kg。10 kg $\sim$ 20 kg 为底部增加药量；2.4×15 kg 为按线装药密乘以孔长。

（3）空气层比例。

计算表明，不同空气层位置及比例 R_a，爆破效果不同，并用于不同的爆破目的。空气层比较大时用于预裂或光面爆破。

空气层比例 R_a 按下式计算：

$$R_a = L_a /（L_a + L_e） \qquad (1-10)$$

式中，L_a 为空气柱长度；L_e 为装药长度。

预裂孔深 $l = 15$ m、填塞高度 $L_d = 2$ m、装药高度 $L_e = 1.43$ m、空气柱长度 $L_a = 11.57$ m，经计算得空气层比例 $R_a = 89\%$。

合理的空气层比例：在深孔爆破中上限值，$R_a = 0.35 \sim 0.45$；在预裂爆破中上限值，$R_a = 0.65 \sim 0.80$。

（4）缓冲孔。

缓冲孔的目的是减小主爆孔对固定边坡帮的冲击破坏，在主爆孔和预裂孔间加一至两排缓冲孔，其孔网参数值一般为主爆孔的 $1/2 \sim 2/3$，取为 $a \times b = 3.5 \times 2.5 \sim 5 \times 3.5$。西部岩石比较破碎，因此取大值 5×3.5。缓冲孔孔深为 14 m，与预裂孔的距离为 3 m，每孔装药量 110 kg。

主爆孔孔距 $a = 7$ m、排距 $b = 5$ m、平均孔深 $l = 15.5$ m，每孔装药量 $Q_孔 = 240$ kg。主爆孔、缓冲孔、预裂孔三者炮孔的位置及装药示意图量如图 1-24 所示。

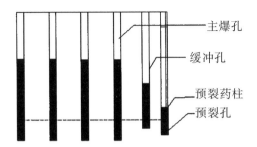

图 1-24　主爆孔、缓冲孔、预裂孔及装药量设计图

（5）预裂深孔集中装药参数计算。

孔距 a：

$a = (8 \sim 12) D$，$a = 1.6 \sim 2.4$ m；

$a = 14.8 \times D (K-1)^{-0.523}$，计算得 $a = 1.791$，取 $a = 1.8$ m；

$a = 1.8$ m $= 9D$，符合经验公式 $a = (8 \sim 12) D$。

线装药密度 a_x：

$$a_x = 78.5 D\rho K^{-2} \tag{1-11}$$

式中，D 为炮孔孔径；K 为不耦合系数；ρ 为炸药密度，取 $\rho = 1$。

$$K = 1.125 (D^3/10^4) + 14.3/\sigma^{0.26} \tag{1-12}$$

取 $D = 20$ cm，$\sigma = 600$ MPa 代入式（1-12），得

$$K = 1.125 \times 20^3/10^4 + 14.3/(600\text{MPa})^{0.26} = 3.6$$

代入式（1-11）计算，得：

$$a_x = 78.5 D\rho K^{-2} = 2400 \text{（g/m）}$$

3. 施工过程中采取的其他技术措施

（1）确保预裂孔超前主爆孔起爆。为防止缓冲孔与主爆孔爆破时破坏边坡岩体，影响边坡的稳定性和损坏下一台阶穿孔，预裂孔长度必须超前缓冲孔与主爆孔范围 $5 \sim 10$ m。预裂孔采用导爆索起爆网路，沿预裂孔铺设一条主爆导爆索线，各孔的导爆索均搭接在主爆线上，最后雷管起爆主爆导爆索，起爆雷管连入爆破总线（图 1-25）。

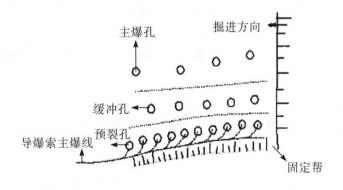

图 1-25　布孔及连线方法

预裂孔应超前主爆孔 100～150 ms，或单独爆破，超前主爆孔数日爆破。

（2）应保证预裂孔的钻孔精度。预裂孔布置在设计的边界线上。为了获得较平整的预裂壁面，预裂孔的精度必须保证：所有预裂孔应落在同一平面上，孔底落在设计标高上，偏差不应超过 15～20 cm。软岩预裂带装药高度较高，硬岩预裂带装药高度较低，填塞长度在 1.5～3 m。

4. 实施情况

该新技术在西沟矿西部 3336～3348 m 台阶预留清扫平台应用，工期 30 天，共实施 6次，预裂 120 个，其中一次采用常规预裂孔线装药方式，在相同条件下进行对比试验。两种预裂爆破效果没有明显差别，在相同情况下，常规线装药预裂爆破，装药时间超过 8 h，加工预裂袋需 2～3 天；而采用孔底集中装药方式，装药时间为 6 h，不需要加工预裂袋。

经过几次试验，采用孔底集中装药预裂爆破时，缓冲孔孔排距取 $a \times b = 4.5$ m $\times 3.5$ m，预裂孔填塞高度取 2 m 时预裂效果最佳。

西部 3336～3348 m 台阶岩石较为破碎，8.5 m 宽的清扫平台得到保护，达到预期预裂爆破效果，如在地质结构较好的地带半壁孔率可达 60% 以上。

5. 集中装药结构与其他装药结构预裂爆破对比分析

采用孔底集中装药方式，可节约吊装麻绳，节省药串加工成本，减小劳动强度；保护预留平台完好，保证 8.5 m 宽的清扫平台不受破坏。

该技术的主要特点是降低劳动强度，减少加工药卷过程，节约穿孔及爆破成本，同时能有效缩短预裂爆破工期；在相同情况下与以往预裂爆破方式相比，集中装药结构穿孔数量减少 10%，总炸药用量是常规方案的 92%，工期比原方案缩短 1/2。间隔装药、连续装药及集中装药结构对比如图 1-26 所示。

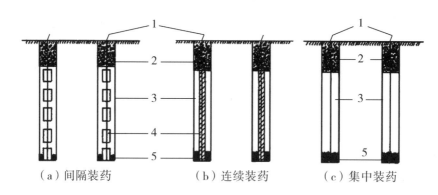

图 1-26 预裂爆破不同的装药结构示意

1—导爆索；2—填充料；3—空气间隔；4—预裂带炸药；5—底部加药

6. 结论

该施工技术的成功应用，为预裂爆破提供了参考。采用这种新技术，可降低预裂爆破成本，促进预裂爆破技术的进步和发展。

4.1.9　光面爆破装药结构空气柱长度理论计算[14]

采用轴向空气柱间隔装药时，装药单元最大长度取决于炸药爆轰速度、岩体的断裂速度和孔间距。对于水胶炸药，爆速为 4500 m/s 时，下部空气柱最大长度 X 是孔距 S 的 2.25 倍（$X \leqslant 2.25S$）；而装药长度 L_e 和其上部的空气柱长度 Y 之和不应大于炮孔间距的 4.5a 倍（$Y + L_e \leqslant 4.5S$）。在工程实践中应用取得了良好的光面爆破效果，对类似工程有参考价值。

1. 概括

在光面爆破中，装药结构是十分重要的研究课题。由于孔内药量少，因此光面爆破设计时，装药结构是否合理，决定了光面爆破的成败。在我国目前的光面爆破中，常用的装药结构有径向不耦合装药和轴向不耦合装药两种，如图 1 - 27a 所示。在这两种基本形式上演变出的另外两种形式如图 1 - 27b 所示。

由于各装药单元之间空气间隔长度大于炸药的殉爆距离，因此每装药单元都需要雷管分别起爆或采用导爆索起爆。径向不耦合装药和轴向不耦合装药都涉及不耦合系数问题，不耦合系数太大时将失去其均衡孔壁压力的作用，甚至在孔口部位出现"挂口"等不良效果；不耦合系数太小，装药分段单元增多，装药工艺复杂、费用增加，失去推广价值。在光面爆破中，炮孔的装药量根据孔网参数和岩石性质来确定，没有考虑到装药的具体形式。为此，原淮南矿业学院对单孔底部空气柱装药模拟试验和双空气柱（图 1 - 26c）装药结构模拟试验研究，均取得了良好的爆破效果。但对最佳空气柱长度没有进行较深入的研究。本节将探讨装药的空气柱长度。

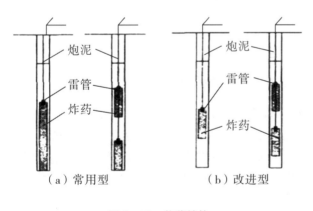

（a）常用型　　　　　（b）改进型

图 1 - 27　装药结构

图 1 - 28　装药结构

2. 空气柱长度计算

为了便于讨论，将空气间隔装药分为若干个装药和空间隔均匀分布。每个装药和相应的空气柱作为一个单元，如图 1 - 28 所示，L 为一个装药单元长度，各装药采用反向起爆。集中装药段基本属全耦合装药，因此本节将装药爆炸后的爆轰产物在炮孔轴向的运动近似为一维流动[15-16]。经过一系列的复杂计算（此处略）后得到如下结果：

一般认为爆生裂缝的平均扩展速度 $C_c = 400 \sim 500$ m/s，对于水胶炸药，爆速 $D = 4500$ m/s 下部空气柱最大长度 X[17]：

$$X \leqslant 2.25S \tag{1-13}$$

即下部空气柱最大长度一般是炮孔间距的 2.25 倍。

在一个装药单元之内，除了下部空气柱以外，还包括装药上部的空气柱 Y 部分。装药从起爆点开始，爆轰波以波速 D 向上传播，爆轰结束后爆轰产物向上膨胀，在装药上部的空气柱内产生压缩波。直到当起爆点处光爆裂缝贯通时，此波不能继续传播。设装药上部空气柱长度的极限值为 Y，本单元之内的装药长度为 L_e，经计算后得：

$$\frac{S}{2C_c} \geqslant \frac{Y + L_e}{D}, \qquad Y + L_e \leqslant \frac{SD}{2C_c} \tag{1-14}$$

如果采用水胶炸药，爆速 $D = 4500$ m/s，经计算后得[18]：

$$Y + L_e \leqslant 4.5S \tag{1-15}$$

即装药和其上部的空气柱长度之和不应大于炮孔间距的 4.5 倍。

一个装药单元的总长度

$$L = X + Y + L_e \tag{1-16}$$

由式（1-14）、式（1-15）和式（1-16）得

$$L \leqslant 6.75S \tag{1-17}$$

式（1-17）即为空气间隔装药时装药单元的总长度极限。通过上述分析可知，采用空气间隔装药时，装药单元最大长度取决于炸药爆炸速度、岩体的断裂速度和孔间距的大小。

在装药单元长度确定后，根据炮孔深度即可确定装药单元的数量

$$N = L_b/L \tag{1-18}$$

式中，N 为装药单元数量；L_b 为炮孔深度。

4.1.10 深凹高边坡露天矿大孔径水压预裂爆破技术[19]

国内露天矿靠帮常采用控制爆破技术（光面预裂爆破）来减少爆破振动对边坡的影响。但随着开采深度加深，孔内大量渗水，炮孔堵塞常因水的存在出现冲孔甚至拒爆现象，导致形成的预裂缝（带）不理想，致使生产爆破对边坡的影响严重，常引起滑坡等严重安全事故。因此，开展靠帮的含水炮孔控制爆破技术研究，对于占矿石总产能80%以上的深凹露天矿而言具有直接的现实意义。

1. 水压预裂爆破的提出

在露天矿控制爆破较为有效的是预裂爆破。由于爆破距边坡较近，降雨及地下水使炮孔内积水，尤其是南方地区在雨季，炮孔积水更多。对于积水较深的炮孔，排水费时费力，效果不理想。随着露天开采深度的不断延伸，炮孔积水的问题更加突出。

常规的预裂爆破，当炮孔积水较多时，爆轰压力的控制和相邻炮孔之间的裂隙导向作用大为削弱，岩石致裂的机制发生变化。此外孔内的水还会影响孔内爆轰的传播，易出现

拒爆或残爆现象。水的存在易产生冲孔现象，使破裂效果严重恶化。

炸药爆轰在空气中与水中的传播是不同的。根据基尔克乌特 – 别泽理论，炸药爆炸后产生的压力峰值 P_m 为

$$P_m = K \left(\frac{Q^{\frac{1}{3}}}{R} \right)^\alpha \tag{1-19}$$

式中，K 为与炸药有关的系数；Q 为炸药量，kg；R 为药包半径，mm；α 为压力峰值系数，其值与炸药、孔内介质有关。水介质与空气的 α 系数不同，水的介质密度远远高于空气，因此，压力峰值系数 α 也大。

在有水的炮孔中应该充分利用这个基本原理，最大限度地发挥其作用，通过确定合理爆破参数和适当的技术，实现靠帮控制爆破良好的效果。

2. 水压预裂爆破技术参数的确定

在深水炮孔中，炸药爆炸时产生的爆轰压力直接作用于水中。由于水介质的不可压缩性，炮孔中的水瞬时获得了巨大的压力，并直接传递到炮孔壁上。炸药在炮孔充满水且孔口密实堵塞约束的水介质时，孔壁上所受到的压力为式（1 – 19）所示的 P_m。在炸药品种确定的条件下，取决于药包 Q 的大小。为现场应用方便，在充满水的炮孔中，预裂爆破采用药包与炮孔等直径的连续柱状装药，则沿炮孔长度其装药段用线装药密度来衡量装药量的大小。

根据爆破炮孔受内压 P_i 作用的情况，式（1 – 19）可简化为

$$\sigma_\theta = \frac{a^2}{r^2} P_i \tag{1-20}$$

炸药在岩石中爆炸时，σ_θ 应为岩石的动抗拉强度 σ_t；P_i 为炸药爆炸经水介质作用在孔壁岩石上的压力 P_m。根据坚硬岩石试件在加载速率为 103 MPa/s 的三轴 SHPB 实验研究结果，岩石的动抗拉强度 σ_t 约为静态抗拉强度（18.2MPa）的 2.5 倍。初始裂纹的破裂范围 d_0 为：$d_0 \approx 34r$。

对于炮孔直径 $D = 250$ mm，即半径 $r = 125$ mm。初始破裂半径 $r_0 = d_0/2 = 4.25$ m，最大孔间距 $a = 2r_0 = d_0 = 8.5$ m。设计时为了确保裂隙缝能相互贯通，孔间的岩石破裂充分，参照理论计算结果，进行了一系列现场试验，确定在角闪斜长片麻岩中预裂孔间距 $a = 5 \sim 6$ m 较为合理。

3. 预裂孔的装药结构

线装药密度及装药结构水压预裂爆破与常规的空气不耦合装药的预裂爆破不同，根据首云铁矿的钻孔直径（250mm），确定药柱的直径为 $90 \sim 110$mm。

试验用乳化炸药药卷，其初始密度 $\rho_0 = 1190$kg/m^3，则线装药密度 ρ_i 为

$$\rho_i = \pi R^2 L \rho_0 \tag{1-21}$$

式中，L 为炮孔装药长度，m，取单位长度，即 1 m；R 为药包的半径，m。据式（1 – 21）理论计算的结果为 $\rho_i = 11.3$kg/m，经现场试验确定 $\rho_i = 12.5$ kg/m。

装药结构既要方便现场施工，又要便于控制装药高度。为便于克服孔底夹制作用，减少致裂阻力，在炮孔底部采用集中装药方式。现场试验结果，底部装药取 15 kg。矿山自加工的乳化炸药，可以保证底部岩石的充分致裂和适当破碎。主药包采用 2 根导爆索并联外加 1 根绳索，并用宽胶带捆扎固定连续的乳化药卷。在主药包的底部放置 1 个配重物，防止药包柱悬浮。在孔口将绳索系于短木棒上固定药包在设计的位置，装药结构如图 1 – 29 所示。

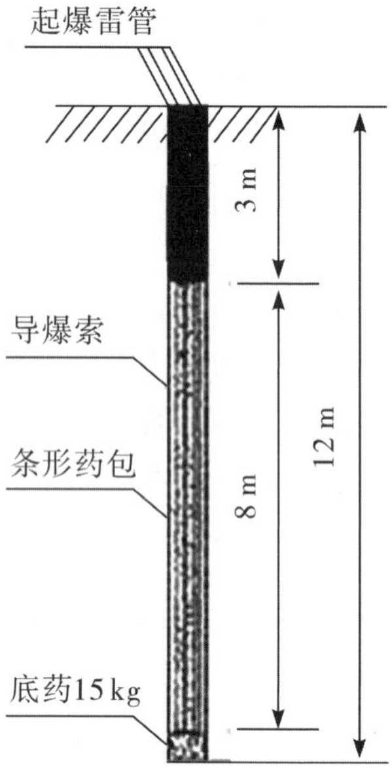

4. 大孔径预裂水炮孔填塞

填塞长度要考虑：①保证不冲孔，这是基本要求；②控制装药高度，配合邻近预裂孔的缓冲爆破，形成最终的露天边坡。在预裂爆破时，要求对炮孔进行堵塞。

首云铁矿预裂爆破时，炮孔内一般水深 8 ～ 9 m，雨季达 9 ～ 10 m，有时水可至孔口，出现外溢的泉水。

图 1 – 29　水压预裂爆破装药结构

炮孔内的水易出现冲孔现象。试验爆破炮孔填塞时先用炮棍将草绳（袋）团送至孔口 3.5 m 处，再用粗沙堵塞，防止炮轰气体、高压水泄漏。

通过高速摄影观测，填塞长度为 3.5 m，相较不填塞时可以延长爆炸产物在孔内作用时间 23%，减少冲出物平均速度 37%，破碎带上移，提高爆炸能量利用率，改善预裂孔上部岩石破碎质量，确保贯通于地表的破碎带。

5．结论

（1）水压预裂爆破通过恰当的施工技术可以获得良好的预裂效果。利用水介质的不可压缩性和良好的能量传递性，可以增大预裂炮孔的间距，节省钻孔量。

（2）预裂与缓冲爆破相结合，可以实现露天边坡爆破 1 次成帮。预裂孔爆破后形成一条贯通的破裂带，有效地阻隔爆破振动对最终边坡的影响。缓冲爆破可以实现边坡设计的倾斜坡面。

（3）大孔径预裂爆破通过降振率和后冲破裂距离来衡量爆破效果，符合靠帮爆破保护最终边坡的目标。在首云铁矿采用水压预裂爆破达到降振率 65% 以上、后冲破裂范围减少 38.5% 的良好效果。

（4）大孔径水压预裂爆破的装药和填塞技术仍需改进，研究结构更简单、便于大面积推广的工艺技术是广泛推行的有效保证。

4.1.11　减弱深孔爆破的振动技术

从《爆破安全规程》的振动计算公式 $v = k \left(Q^{1/3}/R \right)^{\alpha}$ 可见，v 与单响药量 Q 成正比、与爆源中心到测点距离 R 成反比，振动速度与振动频率 f 有关，f 越高，振速相同，对建（构）筑物的破坏越小，与振动持续时间 t 成正比，持续时间越长，破坏越大。因此主动防护措施应是：

（1）减少单响药量 Q、控制一次爆破规模总药量 $\sum Q$。

（2）提高振动频率 f，以减少破坏程度，如变硐爆为深孔爆破→浅孔爆破，变集中装药为分散装药，可提高振动频率。

（3）改变起爆网路，用分区起爆网路替换"V"形起爆网路，使爆破频率发生变化。如图1-30所示，两炮的几何位置接近，地质条件基本相同。从两炮的幅值谱看，地表延期分区起爆较"V"形起爆有以下特点：主频有明显的提高；出现多峰，说明爆破振动较为分散。

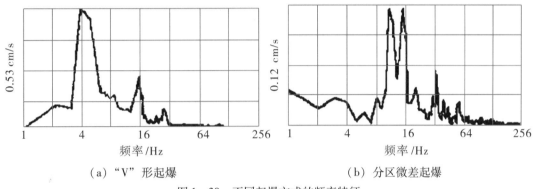

（a）"V"形起爆　　　　　　　　　（b）分区微差起爆

图1-30　不同起爆方式的频率特征

（4）选择毫秒雷管的合理时间间隔，提高爆破频率，可减振20%～40%。经试验得：台阶深孔爆破，选用普通非电毫秒雷管1、7、11、13段，爆破振动波形拉开没有叠加，频率较高（$f > 20 \sim 30\ \text{Hz}$），相应提高了房屋的抗震强度。

（5）除了采用常规的减振措施外，通过改变起爆位置以切断地震波的传播。如支撑梁爆破，首先将与周边圈梁连接的支撑梁切断，阻碍、切断地震波向外传播。如在靠近保护对象的一侧用小药量首先起爆，使后爆炮孔利用先爆炮孔形成的松碴作为破碎带减振。

（6）对保护对象采取直接加固和对建筑物周围地基加固的措施，提高建筑物的抗震强度：如20世纪90年代，福州市内有一古塔，离爆源中心不足20 m，要求允许振速控制 $v \leqslant 0.3$ cm/s，其单响最大段药量按公式：$Q = R^3 (v/K)^{3/\alpha}$ 计算。取 $v \leqslant 0.3$ m/s，$R = 20$ m，$K = 150$，$\alpha = 1.5$ 代入公式计算得 $Q \leqslant 32$ g。因单响药量太小，用爆破法很难实施，就是用机械开挖法，也难以保证控制 $v \leqslant 0.3$ m/s 以下。在此情况下，采用综合减振措施：①打双排密集降振孔；②对古塔下部 $0.5 \sim 0.7$ m 的高度护一层铁丝网，高压喷水泥砂浆；③在古塔半径 10 m 范围内，钻孔径 90 mm 钻孔，深度超过开挖设计标高 1.5 m，向钻孔内注入高标号水泥砂浆，待凝固后进行城镇浅孔爆破。结果表明，古塔得到很好的保护。

4.1.12　建基面保护层开挖爆破技术[20]

在水利水电工程建设中，如大坝坝基、高陡边坡、导流隧洞、地下厂房、溢洪道及渠道开挖等均离不开爆破技术。钻爆法施工具有施工灵活、安全高效、作业简单等优点，是当前岩石开挖中最为常用的施工手段。但同时也存在着诸多问题，由于施工管理水平不高、钻孔精度偏低、爆破质量差等，建基面问题带来爆破超欠挖严重、爆破事故频发、施工质量不合格等不足，甚至会增加工程投资、拖延工期。随着爆破理论和爆破技术的飞速发展，爆破开挖正在向现代化、精细化、数字化方向发展，炸药能量的精细控制成为可能。精细爆破技术已经被逐步推广应用，在基坑开挖、厂房开挖、矿山开采、高陡边坡开挖等方面已取得不错的工程效果。张冬结合精细爆破技术在水利水电工程岩石边坡爆破的应用，重点研究了保留岩体的精细爆破参数的设计方法，一方面要注意控制对岩体的损伤，另一方面又要提高爆破作业效率，节约施工成本。在工程中取得了良好的效果。本节针对建基面保护层的开挖，一方面要注意控制对岩体的损伤，另一方面又要提高爆破作业效率，节约施工成本。随着精细爆破理论研究的不断深入，岩石基础开挖精细爆破施工技术发展极大，并在逐步推广。针对建基面保护层开挖爆破技术的发展现状，本节系统介绍几种常用的岩石基础开挖爆破成型技术，具体包括传统的分层爆破开挖技术、预裂爆破和光面爆破相结合的轮廓爆破开挖技术，及垫层爆破开挖技术，并详细介绍一种最新的聚－消能复合垫层爆破技术。

1. 传统爆破开挖技术

1）建基面开挖步骤

在水利水电工程中，对于岩石建基面的开挖包含以下几个步骤（图1－31）：①清除表层土层和风化岩体；②用常规爆破法开挖保护层以上的岩体；③岩石建基面保护层开挖；④清理和保护建基面。在以上步骤中，保护层岩体的开挖是整个施工方法中的重点。根据规范，保护层的厚度应通过现场试验损伤监测成果确定。如果爆破试验监测的条件不具备，建议根据保护层以上开挖时的爆破参数来确定，具体方法如表1－11所示。根据已有的工程经验，建基面保护层厚度通常为3～6 m，具体应根据保护层顶面爆破的损伤深度来确定，国内部分大型水利水电工程的坝基保护层厚度取值如表1－12所示。在传统的爆破作业中，对建基面的开挖通常采用"预留基岩保护层，浅孔爆破分层开挖"的方法。

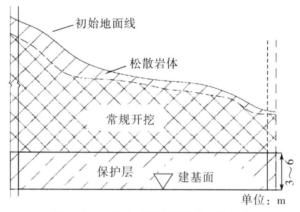

图1－31　基建面保护层爆破开挖方法

表1－11　规范建议的保护层厚度和药卷直径的比值

岩石特性	节理不发育、坚硬岩体	节理发育、中硬岩	节理极度发育、软岩
保护层厚度/药卷直径	25	30	40

表 1-12　部分大型水利水电工程的坝基保护层厚度

工程名称	装机容量/MW	保护层厚度/m	坝址岩体特性
溪洛渡	14 000	5.5	玄武岩、角砾熔岩
锦屏 I	6000	5.0	板砂岩、大理岩
龙滩	6300	3.0	砂岩、粉砂岩
三峡	16 000	5.0	柱状节理玄武岩

2）分层爆破开挖

目前最为稳妥可靠的开挖方法是保护层分层爆破开挖法。保护层分为 3 层进行开挖，并严格控制各层爆破参数，典型的分层爆破开挖方法如图 1-32 所示。

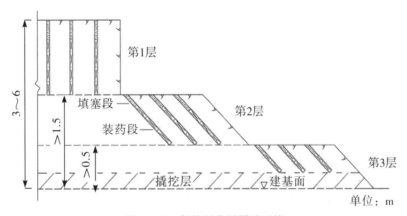

图 1-32　保护层分层爆破开挖

第 1 层采用垂直浅孔台阶爆破开挖，台阶高度 H、炮孔直径 D、单孔药量 $Q_孔$ 等参数都低于常规爆破，台阶高度一般为 $H=3\sim4$ m，药卷直径应不大于 40 mm。

第 1 层开挖后，剩余保护层厚度应不小于 1.5 m。第 2 层开挖采用倾斜孔爆破，钻孔倾角宜大于 $60°$，装药直径不大于 32 mm。第 2 层爆破开挖之后剩余保护层厚度：当岩性较好时不小于 0.5 m，岩性较差时不小于 0.7 m。第 3 层开挖采用手风钻钻孔爆破，对于较完整的岩体，钻孔不能超过建基面；对于节理岩体以及裂隙较为发育的岩体，孔底距离建基面不小于 0.2 m，最后预留 0.2 m 的撬挖层。浅孔分层爆破开挖法采用低台阶、小装药的爆破方法，能大大保证建基面岩体的完整性。但是，这种方法工序繁琐、效率低，施工速度慢，在大规模开挖中仍然存在着诸多问题。

2. 轮廓爆破一次成型技术

该技术是当前建基面保护层开挖中最为广泛应用的施工技术。在进行建基面开挖时，采用光面或预裂爆破，通过严格控制径向不耦合装药参数、提高钻孔精度等方法，对开挖轮廓面一次爆破成型，同时降低对基岩的损伤，提高施工效率。随着我国水利水电事业的发展，众多学者和工程师在工程应用中不断改进轮廓爆破技术，逐步提出了水平光面、预裂爆破、双层水平光面爆破以及光面、预裂组合爆破技术。

1）轮廓爆破损伤机理

预裂爆破和光面爆破的成缝原理相似，其不同之处是起爆顺序（图1-33）。预裂爆破中，预裂孔率先起爆，在主爆孔和缓冲孔起爆之前先形成一个预裂面，从而很好地起到隔振效果；而光面爆破中，光面孔在主爆孔和缓冲孔起爆之后起爆，由于临空面的存在，能够形成更加平整的开挖面。由于起爆顺序不同，其对基岩面的损伤破坏程度也不相同。

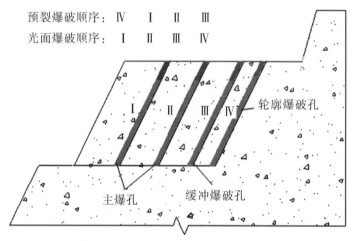

图1-33　预裂爆破和光面爆破起爆顺序

为了研究两种轮廓控制爆破对基岩面的损伤情况，并分析其对不同岩石条件下的适用性，胡英国等基于ANSYS有限元动力分析软件进行岩石爆破累计损伤效应的二次开发。通过自定义岩石爆破拉压损伤模型，对两种不同爆破方式下的开挖损伤全过程进行数值仿真，重点分析两种爆破开挖方式对围岩的损伤机制。结果表明：预裂爆破孔先于主爆孔和缓冲孔起爆，预先形成一条预裂缝，隔振效果好，降低主爆孔和缓冲孔爆破对围岩的损伤。但是预裂爆破没有临空面，炸药能量完全作用在基岩上，爆破本身会形成一定范围的高度损伤区。而光面孔最后起爆，主爆孔和缓冲孔爆破时对保留岩体造成明显的累计损伤；形成大片的轻度损伤区，主爆孔累计损伤最严重；同时光爆孔在起爆时已经形成了爆破临空面，抵抗线小，对基岩造成的损伤较小。通过分析两种爆破的损伤机理，可以根据岩石的特性及对基岩面的要求，在不同的工程条件下组合选择合适的轮廓爆破方法。

2）水平预裂爆破法

水平预裂爆破开挖方法是在建基面高程布置水平预裂孔的施工方法，采用浅孔台阶爆破与水平预裂爆破相配合，保护层一次开挖成型。其炮孔布置如图1-34所示，包括水平预裂孔和垂直主爆孔。该方法可以在建基面预先形成一条预裂缝，降低主爆孔对基岩面的损伤，起到保护基岩的作用。这种方法自首次应用于东江水电站坝基开挖以来，在三峡引水隧洞、岩滩水电站等水电工程中得到了广泛的应用。

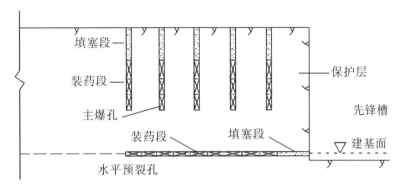

图 1 - 34　水平预裂爆破施工方法

它适用于岩石结构完整性较好的基岩面，可获得较平整的地基表面。但此方法在施工时要安装水平预压孔钻机钻水平孔，必须要有完整的临空面，施工较麻烦。

3）水平光面爆破法

水平光面爆破法是保护层开挖的另一种轮廓爆破一次成型技术，施工方法如图 1 - 35 所示。它包括主爆孔、缓冲孔和光爆孔 3 种水平钻孔。其起爆顺序是"主爆孔→缓冲孔→光爆孔"。

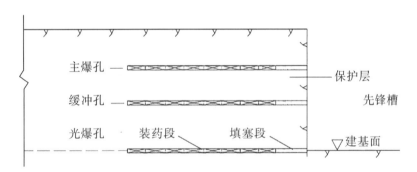

图 1 - 35　水平光面爆破施工方法

此方法已能够控制爆破引起的破坏，并获得平整的地基表面。工程实践表明，这种方法的钻进效率要比垂直孔低得多，控制不好则水平孔的钻杆很容易漂移。有些项目也采用与预裂爆破相似的钻孔工艺，主爆孔采用竖直钻孔的方法。

4）双层水平光面爆破法

研究表明，预裂爆破会对基岩面产生一定程度的损伤，而光面爆破由于不具有隔振效果，主爆孔会对基岩造成累计损伤。对于完整性较好的基岩面损伤可以忽略，而对于裂隙较发育的岩体，这种损伤不容忽视。对此，有学者提出改进方法——双层光面爆破法，并在溪洛渡水电站工程中进行了应用。该方法针对坝基底板建基面薄层角砾熔岩，预留保护层厚度 5.5 m，并分为 2 层开挖，首先采用浅孔台阶爆破开挖上层 3.5 m，之后下层 2 m 采用垂直孔配合双层光面爆破孔开挖。第一层光面孔位于底板建基面，第二层距离建基面 0.5 m，垂直孔距离第二排光爆孔 0.8 m。该方法在溪洛渡水电站河床坝基底板保护层开挖中得到了成功的运用，薄壳状角砾熔岩基本被完整地保留了下来，建基面岩体完整性较好。

5）预裂－光面组合爆破法

为做到保护层一次开挖成型，对裂隙较为发育的建基面，有学者提出预裂－光面组合爆破开挖方法。在建基面第1层布置水平光面爆破孔；第2层为水平预裂孔，距离光面爆破孔 0.5 m；上部为浅孔台阶爆破层。首先起爆预裂孔，可以减小对基岩面的损伤。之后起爆主爆孔，由于预裂孔预先形成一条预裂缝，可以阻断爆破振动向基岩面传播，减小主爆孔的累计损伤。最后起爆光爆孔，形成平整的基岩面。该方法在白鹤滩水电站坝基开挖中得到成功的应用，有效地解决了柱状节理玄武岩的开挖问题。

3. 垫层爆破开挖技术

为克服光面（预裂）爆破法存在的诸多缺点，众多爆破工程师逐步提出了空气垫层、水垫层、柔性（软弱）垫层等爆破技术，及一种最新的聚－消能爆破技术，用以改善爆破效果，提高对岩石基础开挖面的保护。

1）空气垫层爆破

林德余等认为，通过调整装药结构能有效改善炸药能量的分布，进而提高岩石爆破效果，并提出了炮孔底部空气垫层装药结构，通过空气间隔器将柱状药包与孔底岩石隔离开（图1－36），孔底垫层的高度一般等于钻孔超深。柱状药包起爆时，爆炸冲击波不是直接作用在孔底岩石上，而是先剧烈压缩孔内空气柱，从而降低爆破峰值压力，同时波阵面到达孔底岩石面时会发生反射，形成反射冲击波。波阵面显著增强，增强的压力对孔底岩石产生剧烈的压缩作用，从而破坏岩石。由于空气柱的存在，爆轰压力更加均匀地作用在炮孔壁上，增加爆破作用时间，提高炸药能量的利用率，降低大块率，改善岩石破碎效果。该技术在赤峰平庄矿山进行了工程应用，取得不错的爆破效果。

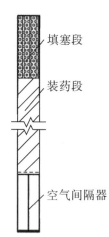

图1－36 空气垫层装药结构

填塞段

装药段

空气间隔器

2）水垫层爆破

深孔台阶爆破在遇到地下水或雨季时，往往在炮孔内会存有积水，从而形成水耦合爆破。针对这一情况，宗琦、林德余等认为炮孔内水的存在会对爆破冲击波起到缓冲作用。水的可压缩性远小于空气，水中冲击波压力、作用时间都要高于空气。根据这一原理，林德余等提出一种与空气垫类似的爆装药结构，该结构将其中空气垫层换成水垫层，深孔台阶的爆破水垫层的高度一般为 1.0 ~ 1.5 m。在工程应用孔底放置间隔器，并注水至设计深度；对于有裂隙的透水炮孔，一般采用密封的水袋子。

3）柔性（软弱）垫层爆破

柔性垫层爆破相比于空气垫层和水垫层，在工程应用中的可操作性更强。根据波阻抗理论，一般认为炸药与岩石的波阻抗相匹配时，炸药在岩石界面上冲击波的入射和反射效应更强，能量利用率最高。柔性垫层爆破的基本原理是在炮孔底部填充波阻抗小于炸药爆轰产物的材料作为缓冲垫层，以降低孔底的爆炸峰值压力，同时利用爆炸应力波在垫层与岩石之间的透射和反射，增强反射波的压力，改善孔底岩石的破碎效果。王学兵等在防城港核电项目的核岛爆破开挖中，采用预留保护层孔底设柔性垫层爆破技术，浅孔台阶一次爆破成型，建基面未产生裂隙，岩体质量完好，取得了良好的爆破效果。根据工程经验，常用的垫层缓冲材料有泡沫、锯末、竹筒、岩屑等，软弱垫层的厚度、布置位置和材料选择要根据保护层厚度、岩石强度及炸药特性等多方面因素共同确定。

4）聚－消能复合垫层爆破

传统的空气、水及柔性垫层爆破方法，均能通过应力波的透射和反射增强孔底岩石面反射应力波的压力，有效地改善孔底岩石的破碎效果，但保留基岩仍然会受到较大的损伤。卢文波、胡浩然等在深入研究坝基开挖方法的基础上，提出一种在竖直炮孔中设置聚－消能复合垫层的装药结构，形成一套基于损伤控制理论的聚－消能爆破开挖一次成型技术。

根据应力波理论和波阻抗匹配理论，在爆轰作用面上 2 种介质的波阻抗对透射波与反射波的强弱起着重要作用。胡浩然等由此提出一种在竖直炮孔中设置聚－消能复合垫层的装药结构（图 1－37）。该结构由以铸铁或高波阻抗混凝土为材料的圆锥形聚－消能装置和以松砂为材料的柔性垫层组合而成。当爆轰作用发生时，爆炸冲击波首先会在高波阻抗材料的锥形界面发生一次反射和透射，反射波将会呈水平向，从而加强对孔底水平向岩体的破碎作用，有利于形成平整的开挖面；透射波穿过锥形高波阻抗材料后到达低波阻抗的柔性垫层界面时，将会发生强烈的二次反射，仅有少量能量透射入垫层。爆炸冲击波的能量经过多次透射和反射，大部分被高波阻抗材料、孔底松砂垫层及水平向岩石吸收，从而改善孔底岩石的破碎效果。该技术能够充分利用爆炸冲击波在高波阻抗材料界面之间的反射，将爆炸应力波能力导向水平向，并利用松砂垫层吸收透射的冲击波，从而实现对岩石基础的快速开挖及对基岩面的保护。

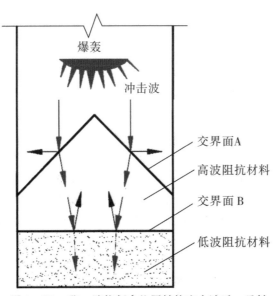

图 1－37　聚－消能复合垫层结构应力波透、反射

为验证聚－消能复合垫层爆破技术的可行性，该技术在白鹤滩水电站坝基开挖中得到了大规模推广应用。对开挖过程进行跟踪监测、开挖后的岩石损伤声波监测及建基面平整度测量、超欠挖测量，结果显示，各个坝段的平均爆破损伤深度、平整度及超欠挖情况均

满足设计要求。利用该技术进行白鹤滩水电站建基面的开挖，加快了施工进度，直接和间接经济效益明显。

4. 结论

预留保护层开挖是保护建基面最有效的方法。传统的保护层开挖方法将保护层分为3层。采用浅钻孔、小装药的施工方法，存在着工序繁琐、效率低下等诸多问题。工程中最为常用的是轮廓爆破一次成型技术。该方法采用预裂爆破、光面爆破及二者的组合使用，充分利用预裂缝的隔振作用及光面爆破成型平整的优点，高效快速地完成基础面的开挖。对于垂直孔爆破开挖，通常采用垫层爆破开挖技术。该方法包括空气垫层、水垫层、柔性垫层爆破技术，及最新的聚－消能复合垫层爆破技术。聚－消能复合垫层爆破技术利用应力波在不同介质面的透射和反射原理，在炮孔底部安装聚－消能座和柔性垫层，充分利用爆炸冲击波在高波阻抗材料界面之间的反射，将爆炸冲击波能量导向水平方向，从而实现对岩石基础的快速开挖及对基岩面的保护。

4.2　露天低台阶爆破新技术

4.2.1　露天低台阶爆破

所谓低台阶爆破是指台阶高度小于 5 m（$H \leqslant 5$ m）的台阶爆破。以往，这种爆破多数选择小型风动凿岩机分台阶钻孔爆破，对于较均质岩体，钻孔还比较顺利，但钻孔效率较低，中硬岩定额是 40 米/（台·班），遇到破碎岩层，钻孔难度大，有时一个台·班钻不到 20 m，而且夹钎严重，劳动强度大，效率特低。特别遇到上层已用过爆破法开挖剩下高低不平的地坪清底爆破，小型凿岩机钻孔更加困难。而且钻孔时噪声、粉尘污染严重，爆破时，飞石难以控制。为提高效率，加快施工速度，就产生了不同的爆破方法。

4.2.2　露天低台阶大孔径爆破实践

1. 低台阶大孔径爆破的背景

随着城镇建设的发展和人民生活水平的不断提高，住房条件也不断改善，房地产开发如雨后春笋。在城镇周围兴建住宅楼，大面积的房基开挖遇到岩层，用爆破开挖是快速、经济的最佳方案。过去对于开挖高度小于 5 m、周围爆破环境复杂的情况下，大多采用城镇浅孔松动爆破法或静态破碎法开挖。前者劳动强度大、施工环境恶劣、进度慢、成本高飞石控制难度大；后者虽没有振动和飞石的忧虑，但仍存在着劳动强度大、施工环境恶劣、效率极低、成本高等问题。对于工程量大、工期紧的工程，难以实施。随着大孔钻孔机械不断更新发展和广泛应用，钻孔速度快，且可采用吸尘器排尘，钻孔时对环境污染少，钻孔成本不断降低，每米钻孔价格与小孔径价格相当，其钻孔速度比小直径高 5～6 倍，因此，大孔浅孔爆破将会部分或大部分代替城镇浅孔松动爆破。

城镇浅孔（小孔径）松动爆破的主要优点是机动、灵活、爆破振动强度便于控制，但其飞石不易控制。而大孔径钻孔爆破，振动较难控制，随着爆破器材、爆破技术的发展，特别是电子雷管的普遍推广应用，随着干扰降振技术的不断熟练应用，逐孔起爆可很大程度上降低爆破振动，特别是数码电子雷管的逐步推广应用、逐孔起爆技术的普遍使用，使得真正的干扰降振技术得以实现，爆破振动可得到有效控制；大孔径浅孔爆破，炸药集中装在炮孔底部，其装药长度仅为炮孔深度的 10%～25% 范围内（炮孔越浅比例越小），其飞石比小孔径爆破更易控制，因此大孔径浅孔爆破将愈发显出强大的生命力，势必将越来越多地代替城镇浅孔（小孔径）松动爆破。

2. 设计原则

（1）确保安全。炮孔爆破主要是振动和飞石的控制，特别是飞石，因此能否控制住飞石是此方法成败的关键。

（2）爆破后岩体基本松动、大块尺寸等能满足机械清碴的要求。

（3）施工进度快，能满足工期要求。

（4）成本低，经济效益好。

3. 爆破参数设计原则

（1）炮孔直径的选择尽量与现场深孔爆破的钻孔机械相同。

（2）炮孔直径、深度、装药高度三者必须严格匹配。

（3）严格控制炮孔填塞高度 L_d 和填塞质量，满足

$$L_d \geqslant （20 \sim 30）D \text{ 和 } L_d \geqslant 1.2b（W） \tag{1-22}$$

式中，D 为炮孔直径，mm；b 为炮孔排距，m；W 为最小抵抗线，m。

（4）大孔径浅孔爆破大部分属于地坪开挖或负挖，炸药单耗 q 应比相应岩石台阶爆破单耗大 15%～25% 以上。

4. 爆破参数设计与试验

1）工程概况

2017 年 4 月，三明万达广场 A 地块地基爆破开挖工程，环境十分复杂，爆区与万达楼群平行，距离万达楼群 16 m。其中有一块面积约 7 800 m² 的空地，没建万达广场楼群之前，山体采用深孔爆破开挖，留下 1.0～3.5 m 高度地坪，岩石为中风化花岗岩。由于原先已爆破过，岩石已经破碎。若用小型手持机械钻孔，难度很大，效率低，需投十台以上小型钻机钻孔机械，人工多费用大，噪声、粉尘大，对环境污染严重。开挖方量约 20 000 m³，需在半个月内完成，工期难以保证。因此，只有采用大孔径浅孔爆破法施工，才能满足工期要求。

2）爆破参数设计选择及计算

（1）孔径 D，选用与现场深孔相同的孔径，$D = 115$ mm。

（2）孔深 l，取 $l = H + h$，式中：H 为需开挖深度，m；h 为超深，m，取 $h = 0.5$ m。

（3）孔距 a，取 $a = 2 \sim 2.5$ m。

（4）排距 b，取 $b = 1.5 \sim 2.0$ m。

（5）装药高度 L_e，m。

（6）填塞高度 L_d，m。

（7）炸药单耗 q；深孔台阶爆破 $q = 0.35$ kg/m³，地坪爆破（只有一个自由面）炸药

单耗按增加20%计，即 $q = 0.35 \text{ kg/m}^3 \times 1.2 = 0.42 \text{ kg/m}^3$。

3）参数计算

（1）经试验得：孔深 l 与装药长度 L_e 的关系，如表1-13所示。

表1-13　孔深与装药长度 L_e 的关系

l/m	≤2.5	2.5～3.5	3.5～4.5	≥5
L_e 占 l 百分比/%	≤10	10～15	15～20	20～25

（2）炸药单耗 q，地坪爆破比台阶爆破增加20%。

（3）单孔装药量 $Q_孔$：$Q_孔 = qV = qabl = PL_e$。

（4）每米炮孔装药量 P：$P = \pi R^2 \gamma$，按集中耦合装药计算。式中，π 取3.14；R 为炮孔半径，$R = 115/2 = 57.5 \text{ mm}$；$\gamma$ 为炸药密度，乳化炸药 $\gamma = 1.1 \sim 1.2 \text{ t/m}^3$，取 $\gamma = 1.15 \text{ t/m}^3$。

对于 $D = 115 \text{ mm}$ 的炮直径，经计算得：

$$P = \pi R^2 \gamma = 11.94 \text{ kg/m}，取 P = 12 \text{ kg/m}$$

即对于 $D = 115 \text{ mm}$ 的炮孔装乳化炸药，取耦合装药，每米炮孔可装12 kg炸药。

（5）孔深与孔装药量 $Q_孔$、孔装药系数 K（$K = L_e/l$），如表1-14所示。

表1-14　孔装药量 $Q_孔$ 与装药长度 L_e 的关系

l/m	2.5	3.5	4.5	5
$K/\%$	10	15	22	26
$Q_孔/\text{kg}$	3	6.3	10.8	15
装药长度 L_e/m	0.25	0.53	1.0	1.3

（6）根据孔装药量 $Q_孔$、炸药单耗 q，计算孔距 a、排距 b。以孔深 $l = 5.0 \text{ m}$ 为例计算如下：

$$Q_孔 = qV = qabl \tag{1-23}$$

式中，$Q_孔 = 15 \text{ kg}$；$q = 0.42 \text{ kg/m}^3$；$L_e = 1.33 \text{ m}$；$l = 5 \text{ m}$。计算得：堵塞长度 $L_d = l - L_e = 5 \text{ m} - 1.3 \text{ m} = 3.7 \text{ m}$。

根据 $Q_孔 = qV = qabl$，计算 a、b 的值：

$$ab = Q_孔/ql = 15 \text{ kg}/(0.42 \text{ kg/m}^3 \times 5 \text{ m})$$
$$= 7.14 \text{ m}^2$$

令 $a > b$ 并取 $b = 2.5 \text{ m}$，由 $ab = 7.14 \text{ m}^2$，得

$$a = 7.14 \text{ m}^2/2.5 \text{ m}$$
$$= 2.856 \text{ m}，取 a = 3 \text{ m}$$

据此结果细调爆破参数：$a = 3 \text{ m}$、$b = 2.5 \text{ m}$、$l = 5 \text{ m}$、$V = abl = 37.5 \text{ m}^3$、$q = 0.42 \text{ kg/m}^3$、$Q_孔 = qV = 15 \text{ kg}$，装药长度 $L_e = Q_孔/P = (15/12) \text{ m} = 1.3 \text{ m}$；堵塞长度 $L_d = 5 - 1.3 = 3.7 \text{ m}$，满足 $L_d \geq 1.2b = 3 \text{ m}$，同时也满足 $L_d \geq (20 \sim 30) D = 2.3 \sim 3.45 \text{ m}$。

5. 生产试验

在面积为 7800 m², 开挖深度为 1.5 ～ 4 m 的地坪爆破中, 取炸药单耗 $q = 0.42$ kg/m³ 进行控制爆破, 孔网参数按上述方法计算, 超深取 $h = 0.5$ m, 孔装药量按 $Q_{孔} = qV = qabl$ 计算进行装药。实际孔深 $l = 2$ m、2.5 m、3.2 m、3.5 m、4.5 m 等 5 种, 爆破参数如表 1 – 15 所示 (耦合装药), 对于炮孔直径 $D = 115$ mm, 每米装药量为 11.5 kg 左右。

表 1 – 15　不同炮孔深度爆破参数表

l/m	a/m	b/m	Q/kg	L_e/m	L_t/m	$K/\%$
2	2	1.4	2.4	0.2	1.8	10
2.5	2	1.4	3	0.26	2.24	10
3.2	3	1.4	5.64	0.49	2.7	15
3.5	3	1.4	6.2	0.54	2.96	15.4
4.5	3	2	11.35	1	3.5	22

按表 1 – 14 参数进行耦合装药, 采用每孔两块竹笆三袋沙 (土) 袋, 每孔沙 (土) 袋总重量在 150 kg 以上, 经爆破, 总炮孔数在 1400 个, 爆破后, 个别最远飞石在 10 m 内。

当孔深 l、孔距 a、排距 b、孔装药量 $Q_{孔}$ 等参数与表 1 – 15 相同, 对 $L = 3.2$ m、3.5 m、4.5 m 三种不同深度, 装药长度按药卷直径为 $\phi 90$ mm 的自然包装在 $D = 115$ mm 的炮孔未经压缩, 实际为不耦合装药, 炮孔装药量同表 1 – 14, 每米装药量 $P = 7.3$ kg。炮孔装药长度 L_e 与孔深 l 的百分比 K (%) 如表 1 – 16 所示。

表 1 – 16　炮孔深度、孔装药量、装药长度表

l/m	$Q_{孔}/kg$	L_e/m	L_d/m	$K/\%$
3.2	5.76	0.8	2.4	25
3.5	6.24	0.85	2.65	24.4
4.5	11.35	1	2.95	34.67

由表 1 – 15 可知, 覆盖条件相同, 爆破结果都发生不同程度的过远飞石; 孔深为 3.5 m、4.5 m 的, 个别飞石达 70 ～ 80 m; 孔深为 3.2 m 的, 个别飞石达 50 ～ 60 m。

当装药长度、孔距、排距与表 1 – 14 相同, 按自然药卷不经压缩, 实际为不耦合装药, 孔装药量如表 1 – 17 所示。

表 1 – 17　孔装药量、装药长度表

l/m	L_e 占 l 百分比/%	$Q_孔$/kg	L_e/m
2	10	1.46	0.2
2.5	10	1.83	0.25
3.2	15	3.5	0.48
3.5	15	3.8	0.52
4.5	22	7.3	1

按表 1 – 16 的装药长度，每米装药量 P 从 12 kg 减少为 7.3 kg。以孔深 4.5 m 为例，炸药单耗从 0.42 kg/m³ 降到 $q = Q/V = 9.1$ kg/37.5 m³ = 0.27 kg/m³。在此情况下，岩石自然松动不了且部分炮孔产生冲炮，有小块岩石从孔口冲出飞石远达 40～50 m。为了达到松动爆破目的，满足单耗为 0.42 kg/m³ 的要求，采取药卷直径为 ϕ90 mm 的自然包装装药，药卷不经压缩的不耦合装药，又要确保装药长度不超比例系数 K，必须调整孔网参数（加密孔、排距），此时 $a = 2.5$ m、$b = 1.5$ m，孔网参数增加了 60%，否则就会出现个别过远飞石或炸而不动。

2017 年 9 月，在福州长乐绕城公路八标的路基清底的地坪爆破中，岩石为中风化花岗岩，裂隙发育，硬度系数 f 约为 10～16，炸药单耗为 $q = 0.4$～0.45 kg/m³；开挖高度 1.5～6.5 m，采用孔径 $D = 90$ mm、药卷直径为 ϕ70 mm、耦合连续装药结构，超深取 $h = 0.4$～0.6 m，进行了 166 个炮孔试验，试验结果如表 1 – 18 所示。

表 1 – 18　孔装药量 $Q_孔$ 与装药长度 L_e 的关系

l/m	$Q_孔$/kg	L_e/m	K/%
1.8～2.5	2～3	0.3～0.5	17～20
2.5～3.5	3～6	0.5～0.9	20～26
3.5～4.5	6～8	0.9～1.7	26～38
4.5～5.0	8～10	1.7～1.9	38
5.0～6.5	10～14	1.9～3.2	38～49

装药时，应用炮棍将药卷压紧，每米装药量 $P = 6$～6.5 kg/m，遇到水孔时，$P = 5$～5.5 kg/m。应尽量做到耦合装药，以保证填塞长度。该环境较好，孔口只压 2 袋沙（土）袋。因个别水孔填塞质量较差，有个别炮孔冲炮，个别孔最远飞石达 35 m。

6. 结论

（1）不同岩石都有不同固定的炸药单耗，小于某固定单耗值，爆破后岩石达不到预定松动目的，清碴困难。

（2）浅孔大孔径爆破，不同孔径和不同孔深，装药长度 L_e 与孔深 l 存在一合理比例关系。随着孔径的增加，此比例长度 K 的百分比减小；随着孔深加大，K 加大。对于中硬岩石，孔径 $D = 115$ mm，表 1 – 16 装药长度 L_e 与孔深 l 比例关系是合理的；超过此比例，爆破时将会产生个别过远飞石；对于较硬的岩石且炮孔直径为 ϕ90mm 时，按表 1 – 17 的比例系数比较合理。

（3）在复杂环境中采用大孔径浅孔爆破，必须做好直接覆盖。

（4）采用大孔径浅孔爆破可大大提高工作效率、缩短工期、节约成本、改善工作条件、减小劳动强度、减少环境污染，它具有强大生命力，今后可供浅孔爆破参考。对于 ϕ90 mm 炮孔，试验次数少，在今后的实践中应进一步试验补充完善，对不同的岩石应进一步扩大试验范围。

三明市万达广场 A 地块 7800 m² 的低台阶高度 2 ～ 4 m，总结出：要想达到爆破松动，必须满足不同岩石的基本炸药单耗。采用浅孔大孔松动爆破控制飞石，应控制孔径、孔深、装药长度三者的匹配关系，加上对炮孔适当直接覆盖，就可控制飞石距离。可为今后相同类型的爆破提供参考。

4.2.3　大型露天矿山低台阶大孔径浅孔爆破设计原则及参数选择[21]

目前，大中型矿山多采用孔径为 200 ～ 300 mm 的牙轮钻机或潜孔钻机，公路、铁路及一般采石场多为孔径 90、110 ～ 140 mm，仅二次破碎采用手持式凿岩机外很少配备 50 mm 以下的钻孔设备。

为有效利用大孔径的牙轮钻、潜孔钻穿孔，在新水平开拓、小台阶等爆破中实施浅孔爆破，总结大孔径浅孔爆破的设计原则及参数选择方法，拓展大孔径穿孔设备的用途，节约爆破费用，为矿山生产和其他土石方工程爆破提供借鉴。

露天爆破孔径小于 50 mm、孔深小于 5m 为浅孔爆破；大于以上数值为深孔爆破。大中型矿山多采用孔径为 200 ～ 300 mm 的牙轮钻机或潜孔钻机，公路、铁路及一般采石场多为孔径 90、110 ～ 140 mm，除二次破碎采用手持式凿岩机外很少配备 50 mm 以下的钻孔设备。目前，浅孔爆破采用小孔径浅孔爆破，效率低、耗费大、安全性差，已逐渐被大孔径浅孔爆破所代替。

1. 爆破参数的设计[22-24]

（1）孔网参数的设计。露天大孔径浅眼爆破孔网参数与露天深孔爆破参数基本相同，主要包括最小抵抗线 W、孔距 a、排距 b、孔深 l 及装药结构等，孔网参数设计及药包布置是否合理，对控制爆破的安全及效果的影响很大。

（2）最小抵抗线。与露天深孔爆破相同，采用底盘抵抗线 W_d 代替最小抵抗线，它与岩石的硬度、孔深、岩石的可爆性等的关系密切。由于孔径大，参考小台阶浅孔和台阶深孔爆破，取 $W_d = (15 ～ 20) D$，并用台阶高度 H 来修正，即小台阶爆破 $W_d = (0.4 ～ 1.0) H$，双壁路堑掏槽爆破 $W_d = (0.6 ～ 0.9) H$。实践证明，在此取值范围内能较好地控制破碎块度和飞石。

（3）孔距 a 和排距 b。习惯设计参数 $a = W$，$b = (3^{0.5}/2) a$，当 $a < W$ 时，易形成切割爆破，大块率增加。孔距选择原则为：$W_d < a < L$，L 为孔深、W_d 为底盘抵抗线。参考深孔爆破经验，一般选取 $a = (1.2 ～ 1.5) W_d$，且 $a = (0.5 ～ 1.0) L$。在只有 1 个自由面

的双壁路堑掏槽爆破时，掏槽孔的孔距为正常孔的 0.8 倍。根据岩性、孔深及单耗，孔距一定，每个孔有一个适宜的负担面积，则 $b = S/a$ 或 $b = (S/m)^{0.5}$。提倡三角形大孔距小抵抗线布孔，可起到降低大块率的作用。

（4）炮孔深度 l 及填塞长度 L_0。合理的孔深及装填结构能充分利用爆破能量，保证控制爆破效果，避免过远飞石。由于是浅孔爆破，宜采用孔底集中耦合装药。一般的，$L_0 = (1.2 \sim 1.5) W$，并且在一切情况下保证 $L_0 > W$，填塞长度 $L_0 \geq 1.2W$，可利用单耗 q 计算出炮孔装药长度 L_e，$L_e = (0.1 \sim 0.25) l$ 验算，孔深大取大值，否则需要调整 W、a、b 的关系重新布孔。

（5）装药量的计算。与多排深孔爆破类似：前排孔：$Q = CqWaH$；后排孔：$Q = CkqabH$。式中，Q 为单孔装药量，kg；C 为药量控制系数，$C = 0.2 \sim 0.5$；W 为底盘抵抗线，m；a 为孔距，m；b 为排距，m；H 为台阶高度，m；q 为标准抛掷爆破炸药单耗，kg/m^3；k 为药量调整系数，$k = 1.2 \sim 1.3$。

2. 实例：东山采场的大孔径浅孔爆破

东山采场垂直采掘深度达 130 m 的椭圆形盆状采坑，设计底标高为 -107 m，台阶高度 $H = 12$ m，现在已延伸至 $-83 \sim -71$ m 台阶。矿床为岩浆后期高温热液型，主要分布于与火山岩接触的闪长玢岩内。铁矿石主要为磁铁矿，次为赤铁矿，$f = 8 \sim 12$；岩石主要为闪长玢岩、安山岩及凝灰岩等，$f = 4 \sim 8$。裂隙构造十分发育且纵横穿切交错，含水矿、岩体的富水性与渗透性较强，矿床与岩、矿以碎裂为软硬相间，工程地质条件为差至较差。由于采用地表排水疏干方法排水，掘沟期间地下涌水量达 4000 t，加之上部台阶钻孔超深，造成穿孔工作面岩石破碎严重。在潜水面以下新水平开拓未形成集水坑之前的 2 个爆区，含水基本处于饱和的严重破碎的岩层上穿孔极难成孔。穿孔时极易跨孔，穿孔时间越长，成孔率越低。现场统计比较，孔深 5m 时废孔率约为 20% ~ 30%，7.5 m 时废孔率达 40% ~ 50%，缩小单孔穿孔时间是提高成孔率的有效途径。2000 年，$-11 \sim -23$ m 台阶固定斜坡路开拓中采用孔深为 4 m 和 5 m 的大孔径浅孔爆破。至今已在开拓中爆破 18 次，排水泵池 7 次，共 5.8 万立方米，近 15 万吨。爆破采用过如图 1-38 所示的中间直线掏槽浅孔爆破、图 1-39 所示的 V 形掏槽浅孔爆破（图 1-38 和图 1-39 中序号为雷管段别）和图 1-40 所示的逐孔掏槽浅孔爆破。

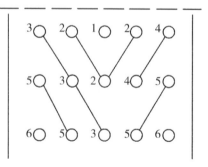

图 1-38　中间直线掏槽浅孔爆破　　　图 1-39　V 形掏槽浅孔爆破

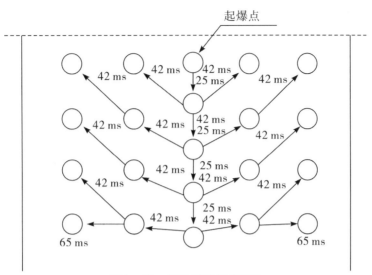

图 1-40　逐孔浅孔掏槽爆破

在 -83～-71 m 台阶固定斜坡路开拓采用大孔径浅孔爆破，固定斜坡路长为 170 m，上口宽为 30 m，下口宽为 20 m，纵坡坡度为 7.5%，在岩体中开拓，5 个爆区分别采用孔深为 4 m、5 m 浅孔和 7.5～14 m 中深孔爆破。表 1-19 为Ⅰ、Ⅱ爆区 4 m 和 5 m 浅孔爆破参数及爆破量，爆破网路连接采用图 1-32 中的 ORICA 高精度雷管，实现逐孔掏槽浅孔爆破。爆破时孔内雷管延时为 $\Delta t = 400$ ms，中间掏槽孔作为主控排，$\Delta t = 25$ ms，排间 $\Delta t = 42$ ms，65 ms，取得了良好的爆破效果。

表 1-19　 -83～-71m 台阶大孔径浅孔爆破参数

孔深 l/m	台阶高度 H/m	最小抵抗线 W_d/m	孔距 a/m	掏槽孔距 a/m	排距 b/m	爆破孔数/个	爆破量/万立方米	炸药量/kg	炸药单耗/kg·m³
4	3.5	3.5	3.5	3	3	41	0.27	1 200	0.46
5	4.5	4.5	4.5	4	3.5	21	0.29	1 250	0.43

结论： 2000—2006 年，东山采场 25 次大孔径浅孔爆破，爆堆控制集中，后冲、侧冲较小，大块率较低，很少留有底根，铲装效率较高，保持着较低的炸药单耗和爆破成本，且无过远飞石。并在新水平开拓中减少近 10 万吨的爆破量，节约爆破成本近 5 万元、穿孔成本近 3 万元。

爆破总结探索了大孔径浅孔爆破的设计原则和设计参数，在大中型露天矿和土石方工程爆破中有着较大的应用空间。这项技术还需进一步完善和优化，以进一步推广和应用。

4.2.4　大孔径浅孔爆破和深孔爆破在工程中的运用[25]

大孔径浅孔爆破和深孔爆破作为最普遍的爆破形式，使用频繁。本节以实际案例为蓝本，浅析大孔径浅孔爆破和深孔爆破的实施运用。

1. 工程概况

（1）工程规模及周边环境。该工程位于济南市高新区，爆破区域为场内建筑的楼槽和场地平整，石质为石灰岩，爆破深度为 3～12 m，爆破石方约 13 万立方米。周边环境：爆区东北面 120 m 为混凝土搅拌站，其他方向为山体，无须保护对象，爆破环境较好。

（2）施工要求：

①爆破产生的振动不能对四周建筑物造成损坏；

②爆破产生的飞石、冲击波等不得对周围的人员和被保护物造成伤害；

③爆破后的场地楼槽几何尺寸及标高符合设计要求。

2. 爆区地形、地貌、地质条件

爆破区位于两山之间的山坳中，爆破下挖深度约为 3～12 m。爆破体石质为石灰岩（无风化），岩石硬度等级 $f = 6～10$。爆区地形较起伏，有一个自由面。节理裂隙发育，无地下水。坚固系数 $f = 6～10$；极限抗压强度为 80～100MPa。

3. 爆破方案的选择

根据该工程的环境、石质等情况，确定采用大钻浅孔爆破和深孔爆破相结合的方式进行爆破。

（1）大钻浅孔爆破方案。爆区石层厚度在 5 m 以内的，采用大孔径浅孔爆破。将最小抵抗线控制在避开建筑物的方向。选用潜孔钻机在被爆体上钻垂直炮孔，炮孔直径 $d = 90$ mm。大区多排采用三角形布孔；装药采用耦合装药结构，采用孔外延时起爆方法。

（2）深孔爆破方案。爆区石层厚度在 5 m 以上的，采用深孔松动爆破方法施工。选用潜孔钻机在被爆体上钻垂直炮孔，炮孔直径 $d = 90$ mm。大区多排采用三角形布孔；装药采用耦合装药结构，采用孔外延时起爆方法。

4. 爆破参数及单孔装药量计算[26-29]

大孔径浅孔药量计算公式与深孔爆破基本相同，都是最普遍的体积公式：$Q = qWaH$ 或 $Q = kqabH$。公式 $Q = qWaH$ 适用于单排孔的爆破，公式 $Q = kqabH$ 适用于多排孔的爆破。式中，Q 为单孔装药量，kg；q 为炸药单耗，kg/m³；a 为孔距，m，$a = (1.0～2.0) W$（用于大孔径浅孔），$a = (S/0.866)^{1/2}$（用于深孔）；b 为排距，m，$b = 0.85a$（用于大孔径浅孔），$b = 0.866a$（用于深孔）；W 为抵抗线，m，$W = (0.4～1.0) H$（在坚硬难爆的岩石中或台阶高度较高时，取较小的系数）；H 为爆破深度，m；L 为钻孔深度，m，$L = H + h$；k 为考虑受前面各排孔的矿岩阻力作用的增加系数，$k = 1.1～1.2$；具体爆破参数如表 1 - 20、表 1 - 21 所示。

表 1 - 20　大孔径浅孔爆破参数表（孔径 90 mm）

参　数	高度 H/m			
	2	3	4	5
炮孔直径 D/mm	90	90	90	90
底盘抵抗线 W/m	1.5	1.8	2.0	2.3

（续表）

参　数	高度 H/m			
	2	3	4	5
炮孔超深/m	0.5	0.5	0.5	0.6
炮孔深度/m	2.5	3.5	4.5	5.6
装药长度 L_e/m	0.5	1.3	2.2	3.2
填塞长度 L_0/m	2.0	2.2	2.3	2.4
每米炮孔装药量 $q/(kg \cdot m)$	6.0	6.0	6.0	6.0
单孔装药量 Q/kg	3.0	7.8	13.2	18.8
炸药单耗 $q/(kg \cdot m^{-3})$	0.5	0.5	0.5	0.5
每炮负担体积/m³	6.0	15.6	26.4	37.5
每炮负担面积/m²	3.0	5.2	6.6	7.5
炮孔间距 a/m	1.9	2.5	2.8	3.0
炮孔排距 b/m	1.7	2.1	2.4	2.5

表 1 - 21　深孔爆破参数表（孔径 90 mm）

参　数	高度 H/m					
	6	7	8	9	10	12
炮孔直径 D/mm	90	90	90	90	90	90
底盘抵抗线 W/m	2.5	2.5	2.6	2.6	2.8	3.0
炮孔超深/m	0.5	0.5	0.6	0.6	0.8	0.8
炮孔深度/m	6.5	7.5	8.6	9.6	10.8	12.8
装药长度 L_e/m	3.7	4.7	5.6	6.6	7.8	10
填塞长度 L_0/m	2.8	2.8	3.0	3.0	3.0	3.0
每米炮孔装药量 $q/(kg \cdot m)$	6.0	6.0	6.0	6.0	6.0	6.0
单孔装药量 Q/kg	19.2	26	31.4	38	46.8	58.8
炸药单耗 $q/(kg \cdot m^{-3})$	0.4	0.45	0.45	0.45	0.48	0.47
每炮负担体积/m³	48	58	70	84	97	126
每炮负担面积/m²	8.0	8.3	8.77	9.3	9.7	10.5
炮孔间距 a/m	3.0	3.1	3.2	3.3	3.3	3.5
炮孔排距 b/m	2.6	2.7	2.8	2.8	2.8	3.0

以上参数为经验数据，须通过试炮进行调整。

5. 炮孔布置、钻孔要求和爆破器材

爆破布孔时，自爆区自由断面开始，由外向里逐排布置，炮孔间距、排距按设计标定，炮孔深度是台阶高度和超钻深度之和。选用潜孔钻机在被爆体上钻垂直炮孔，炮孔 $d = 90 \, mm$，大区多排三角形布置。

爆破器材：深孔爆破和大孔径浅孔爆破选用袋装硝铵类炸药，非电毫秒延时雷管和瞬发电雷管。

6. 起爆网路

（1）连接方式。深孔爆破和大孔径浅孔爆破采用孔外非电毫秒延时起爆网路，逐段起爆技术，每个炮孔使用 $1 \sim 2$ 枚高段位非电毫秒延时雷管，将各炮孔引出的导爆管分别用 2 枚低段位非电毫秒延时雷管连接成孔外毫秒延时接力起爆网路。

（2）起爆顺序。多炮孔同时起爆时，按照先外后里、先低后高的顺序依次起爆。前后排之间起爆时差应控制在 $50 \sim 110 \, ms$；炮孔之间起爆时差应控制在 $25 \sim 50 \, ms$。

7. 结论

（1）效率高，是浅孔爆破 4 倍以上。

（2）劳动强度低、噪声小、绿色环保。

（3）爆破效果好，块度满足机械清碴要求。

（4）爆破有害效应能有效控制。

4.2.5 低台阶免覆盖无飞石浅孔爆破法[30]

免覆盖无飞石浅孔爆破拓宽既有路堑施工方法是采用低爆速、低密度、低威力弱性炸药（"三低"炸药），是在普通硝铵炸药的基础上加入适量木粉，称为改良炸药，它必须在正规生产厂配制而成。采用台阶法浅孔松动爆破技术，是一种不需覆盖，不出现飞石的爆破方法，免去了大量的覆盖等防护和迁移工作，爆破更加安全、经济。

1. 施工方法特点

（1）使用"三低"炸药，成本比普通炸药低，爆破中因无产生飞石的炸药能量消耗，炸药的单耗更低，又因爆破时免去了炮口覆盖工作，使爆破成本很低。

（2）取爆破的台阶高度为 $2 \sim 4 \, m$，爆破块度适中，便于机械挖装；钻孔直径为 $32 \sim 42 \, mm$，孔距一般为 $3 \, m$，施工机械化程度较高，施工进度快。

（3）爆破网路简单灵活。

（4）采用松动爆破理论，结合试爆资料，参数计算公式简单，便于爆破设计和现场校核控制。

（5）应用范围广。本方法既适用于既有路堑爆破，又可用于复杂条件下的市区爆破，其"三低"炸药尤其适合光面（预裂）爆破。

2. 工艺原理

本方法是在小台阶法浅孔松动爆破技术的基础上，采用"三低"炸药。其爆速在

2000 m/s 以下，炸药在标准爆破漏斗中不形成压缩粉碎圈，主要能量用于破坏岩石做功，无过多能量用于产生飞石。同时在试爆资料的基础上，提出单位耗药量与孔口单耗计算公式相互验证的以孔深定孔距的计算公式，杜绝了理论设计与实际放样计算的偏差，使现场放样复核更容易操作，避免了飞石发生的可能。

3. 设计要点

1）单孔耗药量计算

经在多种岩石中试爆，以"三低"炸药为例，无飞石爆破单位耗药量为：

$$k'' = 0.165k \tag{1-24}$$

普通炸药标准松动爆破漏斗单耗 $k' = 0.33k$

因此

$$k'' = 0.165k = 0.5k' \tag{1-25}$$

单孔药量

$$q = k''W^3 \tag{1-26}$$

式中，k 为标准抛掷爆破漏斗单耗，kg/m^3；W 为最小抵抗线，m。

2）孔口单耗计算公式

$$q = (L - l) \times \gamma \tag{1-27}$$

式中，L 为孔深；l 为堵塞长度；γ 为线装药密度。

利用式（1-27）计算的耗药量应与式（1-26）计算的实际单耗 k'' 相适应，否则应采取修正孔距的方法进行调整。

3）孔距计算

单排炮孔孔距 a：

$$a = q / (W^2 k'') \tag{1-28}$$

双排或多排炮孔（孔距 a = 排距 b）：$a = b = q / (Wk'') \tag{1-29}$

孔距大于排距时：

$$a = 2q / [k''W^2 (1 + b/W)] \tag{1-30}$$

4）内排炮孔距新边坡坡面的距离

对竖直孔：

$$e = (l - h) / n \tag{1-31}$$

式中，l 为孔深；h 为超钻值，一般为 0.1l；n 为新边坡坡度。

对光面或预裂爆破，其边孔按一般光面爆破炮孔布置法布置。

5）外排孔距既有边坡距离

$$w = l - L/2 \tag{1-32}$$

式中，l 为孔深；L 为药柱高度。

6）安全质量要求

（1）测量地形、断面图必须准确，放样必须精确，尺寸偏差不得大于 3 cm。

（2）爆破器材必须是合格产品，改良炸药一般在有生产许可证的厂家进行，亦可在征得当地公安部门同意后现场配制。

（3）正式开工前应选地形、地质条件相同的岩石作爆破试验，以对各种爆破参数进行校核修正。

（4）装药和堵孔应严格按照设计进行。

（5）为防止发生意外，爆区 30 m 以内（或公安部门要求距离内），非爆破人员应撤离。对地形、地质条件有变化的，为防意外，炮孔可用编织袋装土（一般使用废水泥袋）盖压，以防冲炮。

（6）进行爆破的施工队必须具备相应的资质，并建立严格的爆破器材管理制度，严格执行国家有关爆破安全规程。

4. 工程实例

蓝烟复线 K147 + 100 ～ K158 + 900 段，共有 4 个石方路堑需要拓宽，按照设计开挖石方处炮孔距离既有线最近仅 4 m，路堑垂直高度 5 ～ 38 m，原边坡坡度 1:0.5 左右，岩石成分主要为花岗岩、片麻岩，节理较发育，沿爆区内走向有地方及铁路 10 kV 高压线 2 条，另有通信光缆 2 条和地方电缆穿过，其中爆区距烟青一级公路最近只有 25 m，施工区域近侧均为果园，施工条件较差。

采用本方法，利用 3.5 m 小台阶法，使用 $\phi36 \sim \phi42$ cm 钻孔直径，炮孔间距 2.0 ～ 3.5 m，排距与间距相同的 3 ～ 5 排炮孔并按梅花形布置，选用具防水性能的铵松蜡炸药，掺入木粉等成分改良炸药，共松动岩石 72 800 m^3，耗用炮孔 4662 孔，共计 10 679 m，炮孔耗用炸药 5465 kg，炸药单耗为 75 g/m^3，比定额节省了 2/3，耗用炮孔单耗 0.15 m/m^3，仅为细药卷炮孔单耗 3 ～ 4 m/m^3 的 1/20。岩石均被爆破成易于挖装的粒度，杜绝了飞石的出现，减少了大量的防护工作，保证了既有线和附近人员的生活及财产的安全。烟青一级公路的交通未受到丝毫影响，起爆站距炮孔的安全达到了 10 m 之内。

4.2.6　低台阶大孔径水平深孔爆破法[31]

普通小直径（孔径 38 ～ 42 mm）浅孔爆破存在以下缺点：钻孔速度低（中硬岩钻孔定额 40 m/台班），劳动强度大，爆破效率低、成本高，钻孔时噪声、粉尘大，环境污染严重，飞石难以控制。采用低台阶大孔径水平深孔爆破法可克服以上缺点。

1. 原理

水平深孔控制爆破原理和光面、预裂爆破类似，不同的是光面爆破为保证爆破面的平整，减小对围岩的损伤，对不耦合系数有较严格规定，如孔径 62 ～ 200 mm 时，不耦合系数为 2 ～ 4；当孔径 38 ～ 45 mm 时，不耦合系数为 1.5 ～ 2，光爆层厚度一般在爆破时确定。而水平深孔平基或沟槽爆破、平基厚度或沟槽深度由现场条件决定，只要在孔径允许的最小抵抗线 $W = （25 \sim 40）D$ 范围内即可。通过调整线装药密度来满足要求，抵抗线过大时，采用分层或垂直（倾斜）深孔爆破。对不耦合系数无严格要求，但它们的施工工艺基本相同，光面爆破重在对围岩的保护，水平深孔爆破重在对底板的超欠挖。

2. 装药密度的确定

水平深孔爆破设计的重点是确定线装药密度。线装药密度的确定主要是通过爆破相似律、爆破地质，以及与在该区域采取其他爆破方法相比的情况，主要通过下面两种方法。

（1）理论计算法。

水平深孔爆破的爆破漏斗可近似看成一个三棱柱（图 1 - 41），炸药位于三棱柱的一条棱上 OO'，另两条棱 AB、CD 为爆破漏斗的上口边。设最小抵抗线为 $OP = W$，爆破作用指数为 n，漏斗半径 R 为 nW，$AP = PC = W$。设孔深为 l，则漏斗体积 $V = nW^2 l$，炸药单耗 q，线装药密度 $q_{线}$，则有如下关系式：$qV = q_{线} l$，即 $qnW^2 l = q_{线} l$，$q_{线} = qnW^2$，式中，$q_{线}$ 和 n 可通过有关资料查得。

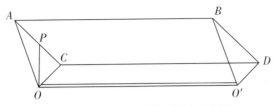

图 1-41　条形药包爆破漏斗示意图

（2）经验类比法。

在某一特定区域进行爆破，q 和 n 一般为定数，由理论计算法 $q_{线} = qnW^2$ 可知，$q_{线}$ 和 W^2 成正比。如在该区域进行浅孔或深孔爆破，都能找到相应条件下的最佳 W 值，由比例关系就可求出 $q_{线}$。

3. 爆破参数的确定

水平深孔爆破参数的设计，孔径 $D = 64 \sim 105$ mm，孔长 L 与填塞长度 L_d 的关系如表 1-22 所示。

表 1-22　孔长 L 与填塞长度 L_d 的关系

L/m	L_d/m
≤6	0.5L
6～10	(0.5～0.4) L
≥10	(0.4～0.33) L

一般情况下，$L = 6 \sim 8$ m。填塞长度按 $2 \sim 3$ m 并满足 $L_d \geqslant (30 \sim 40) D$。孔径 D 大则取小值，反之取大值。

4. 爆破实例

1）工程概况

某工程设计道路净宽 60 m，设计双向六车道，其中有 300 m 左右从城区边缘穿过，路基边缘与建筑物最近距离约 30 m，原开山形成的地势高低不平，需要降低 $1.5 \sim 2.5$ m。爆区内岩石 $f = 3 \sim 8$，岩体可爆性好。需爆破岩体总量约 1.2 万 m^3，其中平基约 9000 m^3，沟槽约 3000 m^3，沟槽底宽 $2 \sim 4$ m，深度比平基开挖后低 2 m 左右。

2）爆破参数选择

根据地形、地质和岩性，浅孔爆破法选择 7655 气腿式凿岩机。对于沟槽爆破，如果采用浅孔爆破法，需超深较大，且爆破飞石难以控制，底板超欠挖量较大，难以达到业主要求。若在厚度 $1.5 \sim 2.5$ m 厚的岩体上钻直径 $D = 90$ mm 的垂直或倾斜孔进行爆破，显然不合适。若采用 $D = 90$ mm 潜孔钻机打水平炮孔，采用光面或预裂爆破的装药结构，既可确保安全又可提高施工效率。厚度 $1.5 \sim 2.5$ m，对于 $D = 90$ mm 炮孔而言，恰好在光爆层厚度 $W = (25 \sim 40) D$ 的范围内，采用药卷直径 32 mm，线装药密度调整范围较大。

根据现场岩石的 $f = 3 \sim 8$，查表（《工程爆破实用手册》）得单耗 $q = 0.5$ kg/m^3，取爆

破作用指数 $n=1$，则 $q_线 =0.5W^2$ kg/m^3。孔距 a 按计算的孔装药量反推法计算。

表 1－23 所示为根据不同方式和不同抵抗线条件下求得的 $q_线$ 值。

表 1－23　最小抵抗线 W 与线装药密度 $q_线$ 的对应关系

W/m	1	1.5	2	2.5	3	3.5	4
$q_线$/(kg·m^{-3})	0.5	1.125	2	3.125	4.5	6.125	8

爆破实践表明此施工方法可得到较好效果。

3）施工技术

钻孔必须保证炮孔水平，以便从剖面图上得出炮孔不同深度的准确抵抗线，确定该范围的线装药密度。

为保证爆破后底盘平面满足要求，钻机要摆放在低处；对于山坡地，钻机摆在开挖基准面位置。如果山坡起伏较大，需沿炮孔全长各段测定不同厚度以便较准确地计算药量。对于地坪平整的平基爆破，需在钻孔前开出或爆出一条先锋槽，其深度低于开挖地基的基准面，以便摆放钻机进行钻孔（图 1－42）。

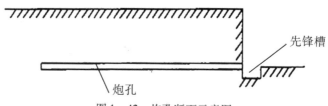

先锋槽
炮孔
图 1－42　炮孔断面示意图

4）结论

现场观察水平深孔爆破开挖厚度小于 5 m 的基础，未发现个别飞石现象，比普通小直径浅孔爆破个别飞石大为改观。清碴后底板平整，清碴速度快，爆破效率提高 4～6 倍，成本降低 30% 左右。采用浅孔垂直或倾斜炮孔爆破，防护工作量大，劳动强度大，防护工作时间长，覆盖材料损耗率大，改为水平深孔则不需覆盖防护，省时省力省材料。

实践表明，水平深孔不耦合装药微差爆破，用于平基或沟槽爆破工程切实可行，特别是对于爆区周围环境复杂的工程爆破，是一种安全、高效、经济的方法。

4.3　殉爆在工程中的应用

1. 处理盲炮

《爆破安全规程》（GB6722—2014）第 6.9 节规定，浅孔爆破的盲炮处理，可钻不小于 0.3 m 的平行孔装药爆破。深孔盲炮处理，可在距盲炮孔口不少于 10 倍炮孔直径处另打平行炮孔装药起爆。这里所说的与盲炮孔口的距离就是根据殉爆的安全距离考虑的。换言之，当所打的炮孔小于这个规定的距离，新打的炮孔装药起爆时可能引起盲炮内的炸药殉爆，其引爆的炸药量就增加了一倍，将会变成抛掷爆破，造成大量飞石、冲击波事故。

2. 间隔装药

1) 炮孔中装同一段雷管

在一个炮孔中，采用间隔装药时，装同一段雷管，上下两个药包不管哪一个药包爆炸，另一个药包即使雷管没有爆炸，这个装药也要求能够爆炸。这就要求爆炸的药包能殉爆未爆药包，要求药包间的间隔长度必须小于炸药在炮孔中的殉爆距离，否则可能留下残药。

2) 同一炮孔中装不同段雷管

当同一炮孔中装两个间隔装药药包，各装不同段雷管，要求它们之间各响各的，互相不能殉爆，目的是减少单响起爆药量，以降低爆破振动，这时要求间隔长度必须大于该种炸药在炮孔中的殉爆距离，否则，如果造成殉爆，将因振动加大破坏保护对象。

以上这两种情况，两个药包的最少距离，在《爆破安全规程》处理盲炮时已有说明。但炸药在炮孔内，其殉爆距离要大得多。在此可参照下式[32]计算：

$$M = K_m/2 \left[(2m+d)^2 \ (L+2m)/D^2 - L \right] \qquad (1-33)$$

式中，M 为药卷在炮孔中的殉爆距离，cm；K_m 为折减系数，$K_m = 0.8 \sim 0.9$；m 为药卷在露天验收时的标准殉爆距离，cm；d 为药卷直径，cm；D 为炮孔直径，cm；L 为药卷长度，cm。

乳化炸药药卷直径 $d = 32$ mm，炮孔直径 $D = 40$ mm，药卷长度 $L = 22$ cm，取折减系数 $K_m = 0.8$，殉爆距离 $m \geqslant 3$ cm。将以上数值代入式（1-33）进行计算：

$$M = 0.8/2 \times \left[(2 \times 3 + 3.2)^2 \times (22 + 2 \times 3)/4^2 - 22 \right]$$
$$= 50.4 \text{cm}。$$

在上述条件下，炮孔中的殉爆距离 M 可达 50.4 cm。同一种炸药，同一个规格，在不同岩石中，它们的殉爆距离不同。在坚硬、裂隙不发育的条件下，殉爆距离大，在软岩裂隙发育时，殉爆距离小。在大的炮孔中用大直径药卷可参照式（1-33）计算殉爆距离。

3) 在隧道光面爆破的应用

2007 年 7 月，在浙江台州市温岭一条长 80 多米的隧道中进行多组试验。隧道围岩为Ⅲ级（普坚石），用乳化炸药药卷直径 $d = 32$ mm，炮孔直径 $D = 40$ mm，药卷 $d32$（200g/卷），长度 $L = 22$ cm，试验结果；一卷药卷可靠的殉爆距离为 45 cm、半卷药卷可靠的殉爆距离为 40 cm、1/4 卷药卷可靠的殉爆距离为 35 cm，比理论计算的略小，原因可能是岩石为Ⅲ级围岩。

运用炸药在炮孔中的殉爆距离计算公式，在隧道周边孔的光面爆破中，比传统光面爆破的装药方式，可节约大量导爆索，节省大量人工费，降低劳动强度，加快施工进度。

这种情况下，要求一个炸药库房发生爆炸，另一个库房不能引起殉爆，粗略计算其殉爆的安全距离，按下式计算：

$$R = kQ^{0.5} \qquad (1-34)$$

式中，R 为殉爆距离（m）；k 为物质间隔系数，空气时 $k = 0.25$，沙、土、石、混凝土 $k = 0.15$。本公式适用于硝铵类炸药。

式（1-34）的计算结果代表在露天情况下的炸药殉爆距离。可以看出，当建两个炸药库房时，为了缩小占地面积，可选择沿两个相邻的山包或两个库房之间垒土堤，高度大于库房高度，长度与药库同长，这是改变物质间隔系数，以减少殉爆距离。

4.4 爆破新技术在隧道中的应用

4.4.1 复杂环境隧道减振爆破技术

如上所述，露天爆破减振的方法很多，而且可取到良好效果，而隧道掘进爆破的减振方法要少得多。以下介绍一种减振的有效方法——干扰降振。此原理简单，但要达到好效果却不易。

在此选用延时精度高的电子雷管，延期间隔时间 Δt 选择在：

$$nT + T/3 < \Delta t < nT + 2T/3 \tag{1-35}$$

式中，n 为任意奇数；T 为波形振动周期，$T = 1/f$；f 为振动频率，Hz。

从理论上讲，当选择的间隔时间 Δt 为 $T/2$ 或其奇数倍（$\Delta t = nT + T/2$）时，前后两振动波的波峰与波谷正好叠加，此时对外产生的理论振动幅值基本为 0。但由于地形、地质的复杂多变，每个炮孔爆破的频率不会完全相同。因此，即使在同一个爆区选择同一间隔时间，也不可能每次都使波峰与波谷正好叠加。对于同一个爆区选择 $nT + T/3 < \Delta t < nT + 2T/3$，可使相互干扰的振动波大部分落在这个区域内，对降低爆破振动十分有利。

电子雷管的推广应用，给干扰降振提供了有利的条件。按照保护对象的距离测出振动频率，计算出合理的间隔时间 Δt，使其尽量满足式（1-35），即可达到理想的降振效果。例如，2015 年 4 月在福建三明的南垄铁路斑竹垄隧道，拟开挖的隧道距离既有高速铁路最近为 6.4 m，原设计需在距离上跨高铁隧道前后各 100 m 范围内采用静态破碎法或机械开挖，工期满足不了要求，而且费用极高。根据隧道浅孔爆破的振动特点和经验，按电子雷管干扰降振法设计，取雷管起爆间隔时间 $\Delta t = 5 \sim 8$ ms，并设计炮孔超深 0.3 m，在孔底装入 0.3 m 的缓冲垫层后进行正常装药和炮孔堵塞，试验爆破测振结果如表 1-24 所示。

表 1-24 试验参数[33]

测点	单孔药量/kg	总药量/kg	距离/m	径向/(cm·s⁻¹)	主频/Hz	切向/(cm·s⁻¹)	主频/Hz	垂向/(cm·s⁻¹)	主频/Hz
1			19.0	0.004	200	0.017	142.8	0.023	100
2			19.0	0.006	58.8	0.007	125.0	0.026	83.3
3			21.0	0.009	90.9	0.006	76.9	0.019	100
4	0.6	50	19.0	—	—	0.022	16.1	0.050	66.6
5			19.0	—	—	—	—	0.03	55.5
6			21.0	0.010	95.2	0.024	72.7	0.015	80.0

该工程于 2015 年 4 月 28 日 13 点 40 分开始装药，18 点 38 分试爆，炮孔布置如图 1 - 43 所示，孔网参数与装药量如表 1 - 25 所示。

表 1 - 25　隧道洞身Ⅲ级围岩爆破参数表（上台阶）

炮孔类别	炮孔深度/m	炮孔数/个	单孔药量/kg	装药量/kg	起爆顺序
掏槽孔	1.20	9	0.60	5.40	1
辅助孔	0.85	79	0.40	31.60	2
周边孔	0.85	31	0.20	6.20	3
底　孔	0.85	12	0.55	6.60	4
合　计	—	131	—	49.8	

本次爆破振动检测数据最大值 0.050 cm/s，对应主振频率 66.667 Hz，现场观测被保护隧道无任何异常。

表 1 - 24 中垂向主频 $f = 55 \sim 100$ Hz，一个周期 $T = 10 \sim 18$ ms，根据式（1 - 35）计算两炮孔起爆时间间隔为：3.3 ms $< \Delta t <$ 12 ms。

本试验的时间间隔 $\Delta t = 8$ ms，正好落在上述间隔时间的范围内且较合理，非常接近 1/2 周期（5 ~ 9 ms）之间，基本达到最优的降振效果。

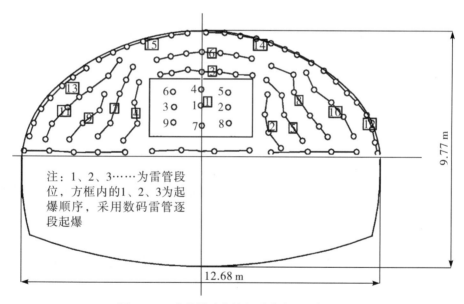

图 1 - 43　南垄铁路斑竹垄隧道炮眼孔布置图

4.4.2　隧道光面爆破

4.4.2.1　隧道光面爆破新技术

隧道光面爆破。常规光面爆破施工方法是按计算好的炮孔内，底部装加强药量，中间为正常装药量，采用 $\phi 32\text{ mm}$ 药药卷捆绑在装有导爆索的小竹片上，再把整个药串装入孔内，这种施工方法费工、费时、劳动强度大、效率低，还要消耗不少昂贵的导爆索。2007年7月，根据炸药卷在炮孔内殉爆距离公式（1-33）计算：在浙江台州市温岭一条长80多米的隧道中进行多组试验。隧道围岩为Ⅲ级（普坚石），用乳化炸药药卷直径 $d = 32\text{ mm}$，炮孔直径 $D = 40\text{ mm}$，药卷 d32（200g/卷），长度 $L = 22\text{cm}$。

在上述条件下，炮孔中的殉爆距离 M 可达50.4 cm。同一种炸药，同一个规格，在不同岩石中，它们的殉爆距离不同。在坚硬、裂隙不发育的条件下，殉爆距离大，在软岩裂隙发育时，殉爆距离小。在大的炮孔中用大直径药卷可参照式（1-33）计算殉爆距离。

隧道围岩为Ⅲ级（普坚石），用乳化炸药药卷直径 $d = 32\text{ mm}$，炮孔直径 $D = 40\text{ mm}$，药卷 d32（200g/卷），长度 $L = 22\text{ cm}$，在该隧道中进行多组试验。试验结果：一卷药卷可靠的殉爆距离为45 cm、半卷药卷可靠的殉爆距离为40 cm、1/4卷药卷可靠的殉爆距离为35 cm，比理论计算值略小，原因可能是岩石为Ⅲ级围岩。

运用炸药在炮孔中的殉爆距离计算公式，在隧道周边孔的光面爆破中，比传统光面爆破的装药方式，可节约大量导爆索、人工费，降低劳动强度，加快施工进度。

4.4.2.2　隧洞开挖光面爆破新技术[36]

1. 基本装药结构及主要设计参数

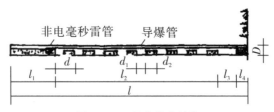

图1-44　基本装药结构

基本装药结构（即常规隧道装药结构）如图1-44所示。图中，l 为钻孔深度，l_1 为孔底连续装起爆药段长度，l_2 为正常装药段长度，l_3 为不装药段长度，l_4 为孔口堵塞段长度，d_1 为空气间隔长度，d_2 为间隔装药药卷长度，d 为控制装药间隔所用的标尺长度（$d = d_1 + d_2$），D 为钻孔直径。为达到良好的光爆效果，必须正确确定上述各参数，并根据围岩变化情况及时调整。

2. 影响光爆孔内间隔装药传爆的因素分析

试验证明，基于图1-44所示装药结构，下述因素对光爆孔内间隔装药传爆有较大影响。

1）岩体性质

自然界的岩体大多为非均质体，岩体的均质与非均质对光面爆破孔内间隔装药传爆的影响有很大区别。

（1）均质岩体的影响。岩体的完整性、强度或 f 值影响光爆孔内间隔装药传爆。完整性越好，强度越高或 f 越大，就越有利于间隔装药传爆，装药间隔可以适当增大。

（2）非均质岩体的影响。主要以节理、层理影响为主。闭合的节理、层理面，对传爆的影响就小一些，张开的节理、层理面对传爆的影响大，间隔长度小。

2）炸药性能

炸药本身殉爆距离的大小，在一定程度上反映了炸药对爆炸冲击波的敏感度。炸殉爆距离越大，越有利于孔内的间隔装药传爆，在孔内的殉爆距离也越大。因此，在条件允许的情况下，应尽量选择殉爆距离大一点的炸药。

3）炸药外包装

外包装强度越大且一头带有聚能穴的包装，殉爆距离大。如一头带有聚能穴的纸包装比目前用塑料薄膜"火腿肠"式的殉爆距离大。

4）光爆层厚度

光爆层厚度过小，当孔底炸药起爆后，爆炸能量首先从光爆层最薄、抵抗力最弱的部位冲出，影响爆炸冲击波向前传播，导致间隔装药传爆中断。实践证明：光爆层与孔距的比值至少在1.0以上。

5）装药空气间隔

药卷直径为32 mm、药量200 g、长度20 cm，标准殉爆距离一般为3～5 cm在孔内则可达到8 cm以上，而且随着岩体均质性和强度的提高而提高，最大可达到14 cm以上。药卷为牛皮纸浸蜡一头带有聚能穴的包装。在直径为40 mm、裂隙不发育的炮孔中，殉爆距离可达45 cm。因此装药空气间隔的大小，除满足光爆线装药密度的要求外，还应视炸药本身性能和岩体性质、炮孔直径进行适当调整。间隔过小，难以取得较好的光爆效果；间隔过大，可能影响间隔装药传爆。应通过现场试验确定空气间隔长度，才能保证稳定传爆。

6）孔底起爆药量、药径

实践证明，随着孔底起爆药量和药径的加大，孔内主发药包的冲击波强度大大提高，这对克服非均质岩体中较为发育的节理、层理对孔内间隔装药传爆的影响是非常大的，这一点已被大量工程试验所证实。

7）吹孔

装药前验收炮孔，并对孔内的岩碴、岩粉、水等清理干净，对于传爆影响至关重要。

8）孔口填塞

对光爆孔内间隔装药，孔口填塞段不宜太长、太密实，因为若填塞太长、太密实，孔底起爆药包起爆后，冲击波迅速抵达填塞段，必然发生反射，并且填塞越长、越密实，反射波越强。反射波迅速返回，与正在传播中的爆炸冲击波相遇，从而减弱爆炸冲击波的冲击能量，造成传爆中断，产生拒爆。因此，应对孔口采用轻填塞，并且减小填塞长度，以减轻填塞对传爆的影响。

3. 装药结构设计

1）孔径

根据目前试验与应用情况，暂定钻孔直径 $D = 40 \sim 43$ mm，钻孔工具采用 YT 27、YT 28 型气腿式手风钻。

2）孔深

根据试验情况，将孔深暂定为 $l = 2.0 \sim 4.2$ m。

3）装药量控制

（1）孔底起爆药量对于均质岩体，可采用 ϕ25 mm 药卷连续装填，装药长度 $l_1 = 0.8 \sim$ 1.2 m，重 400～600 g，对于非均质岩体，可采 ϕ32 mm 药卷装填，装药长度 $l_1 = 0.60 \sim$ 0.85 m，重 600～800 g。增大孔底起爆药量，不只是为了克服孔底岩石的夹制作用，更重要的是为了增大起爆能量，从而加强孔内间隔装药的稳定传爆能力。

（2）正常装药段药量采用 ϕ25 mm 药卷间隔装填，装药长度 $l_2 = l - l_1 - l_3 - l_4$，装药量 $Q_{正} = q \times l_2 / (d_1 + d_2)$，$q$ 为每节 ϕ25 mm 炸药重量（d_1 为空气间隔长度，d_2 为间隔装药药卷长度）。

实际操作中，药卷在孔内定位由炮棍和标尺长度 d 来控制，无须将药卷绑扎于竹片上。

4）装药空气间隔

对于均质性较好、强度较高或 f 值较大的岩体，可取 $d_1 = 10 \sim 14$ cm，根据炸药本身性能及传爆效果与光爆效果好坏，可以适当增大，在满足光爆要求的前提下减少药量，降低成本；对非均质岩体，可取 $d_1 = 6 \sim 10$ cm，有条件时尽量选用标准殉爆距离较大的炸药，适当加大 d_1 值，来满足光爆线装药密度的要求。

以上数据是在大量试验的基础上取得的，试验炸药为浙江利民化工厂生产的 ML 1 型乳化炸药和浙江永新化工厂生产的 HLC 型乳化炸药，两种炸药标准殉爆距离均≥3 cm；猛度≥12 cm；爆速分别≥3 200 m/s 和 3 000 m/s。

5）孔口非装药段长度 l_3

建议取 $l_3 = 30 \sim 60$ cm，当孔口部位光爆层较薄，岩体完整性较差时，取小值；反之，取大值。

6）孔口填塞段长度 d_4

建议取填塞段长度 $d_4 = 10 \sim 15$ cm，填塞材料可选用炸药纸壳箱或炸药内包装纸、塑料等。

7）火工材料选用

（1）炸药尽量选用标准殉爆距离大、猛度小、密度低、爆速快的防水炸药，孔底连续装药段药径取 25～32 mm，正常装药段药径取 25 mm。

（2）雷管可选用 1～14 段毫秒塑料导爆管雷管中的任意一个段位。试验中所用雷管均为 14 段。

4. 施工中应注意的问题

（1）开挖方式。尽量采用预留光爆层的开挖方式。这样，光爆层的自由面上没有岩渣阻挡，夹制作用小，对提高光面爆破质量有好处。另外，这种开挖方式，光爆层可以最先起爆，可以选用最低段位的雷管，对光爆孔同时齐爆非常有利。

（2）炸药的装填方式。在装填炸药过程中，尽可能使药卷平头端朝向孔底，药卷聚能穴端朝向孔口。

（3）雷管的装填方式。光爆孔内的起爆雷管布置于孔底连续装填的几只药卷中，雷管聚能穴朝向孔口。

5. 生产应用情况

许吞隧洞中水五局施工的进口段，在近 2000 m 洞挖中，没有一根为施工安全而设置的锚杆（包含洞口段 31 m 的 V 类围岩开挖），这都是光面爆破的效果。表 1-26 所示为工程实际应用的装药结构设计参数，可供同类工程施工参考使用。

表 1-26　光面爆破装药结构设计参数表

地质条件	孔径/mm	孔深/cm	孔底起爆药		正常装药段			非装药长度/cm	孔口堵塞长度/cm	半孔残留率/%
			药径/mm	药量/g	药径/mm	药量/g	空气间隔/cm			
完整性好 $f \geqslant 8$	40～43	330	ML 1型 25	500	ML 1型 25	500	14	55	15	>90
	40～43	420	ML 1型 25	600	ML 1型 25	800	14	27	15	>90
完整性好 $f \geqslant 6$	40～43	330	ML 1型 32	600	ML 1型 25	800	8	30	15	>80
	40～43	420	HLC型 32	700	HLC型 25	1250	8	42	15	>80

从爆破后半孔残留情况看，孔底连续装药段（起爆药）光爆效果均比正常装药段差，正常装药段装药部位炮后多呈白色，且装药部位爆破裂隙较空气间隔部位发育，但从总体上看，该项技术产生的光爆效果完全可以满足工程施工要求。

6. 工程经济效益分析

采用改进后的光面爆破新技术后，简化了光爆药串加工工序，节约了开支，省掉了加工药串用的胶布、竹片、导爆索。表 1-27 中将改进后的装药方式与传统的竹片、导爆索法进行了经济效益对比（以孔深 4.2 m 的非均质岩体为例）。从表中不难看出，改进法与传统法相比，每个光爆孔可节约 6.4 元，降低成本 28.6%。可见，这一光爆技术的改进，具有重要的经济价值。

表 1-27　经济效益比较法

材料	改进法			传统法		
	数量	单价/元	合价/元	数量	单价/元	合价/元
炸药	2.0kg	6.6	13.2	1.8	6.6	11.88
非电雷管	1 只	2.78	2.78			

				5 m	1.8	9.0
导爆索				5 m	1.8	9.0
竹片				1 根	1.0	1.0
胶布				1 条	0.5	0.5
合计			15.98			22.38

4.4.3 隧道掘进聚能水压光面爆破

4.4.3.1 隧道掘进聚能水压光面爆破新技术[34]

1. 地下爆破特点

隧道、巷道、孔桩多为浅孔爆破，与露天爆破相比，其明显的特点包括：

（1）工作空间比较狭小，爆破规模小，爆破频繁。

（2）地质条件影响更大，在施工过程中，岩体的性质和构造是选择开挖方式、开挖程序、爆破方式与支护手段的基本依据。

（3）爆破所采用的凿岩、装载机械，因受作业空间的限制，比露天矿山生产能力小，自动化程度低。

（4）只有一个自由面，自由面大小有限，爆破夹制作用大，炸药单耗高。

（5）隧道、巷道长度一般，穿过的岩层多，地质条件复杂；周围环境往往复杂。

2. 隧道掘进聚能水压光面爆破新技术应用

光面爆破在隧道开挖中得到了广泛的应用，与普通爆破相比，其成型质量及安全方面有较大改观。但常规光面爆破的不足之处是：炮孔间距小，仅为 40～50 cm，打孔过多、打孔占用时间过长；炮孔中有药卷部位极易造成围岩产生裂缝或洞穴，影响围岩稳定，甚至会造成塌方；常会出现超挖，混凝土衬砌量增加，施工成本提高；造成隧道爆破开挖亏损。为此，在四川成兰铁路Ⅱ标金瓶岩隧道工程中，采用了聚能水压光面爆破技术，成功解决了常规光面爆破的不足，取得了良好的技术、经济效果。

1）聚能水压光面爆破技术

（1）原理。聚能水压光面爆破就是炮孔中采用了聚能管装置炮孔的底部和上部有水袋，用专用设备加工成的炮泥填塞。

常规光面爆破炮孔中的炸药爆炸后，在光爆炮孔连线两侧产生应力超过了岩石抗拉强度，使炮孔之间的岩体形成初始裂缝比其他方向厉害得多，此外，炸药爆炸生成的高压气体膨胀产生的静力作用使初始裂缝进一步延伸扩大。而聚能水压爆破除上述应力波作用外，聚能槽产生的高温高压射流以及光爆孔中的水在爆炸作用下产生的"水楔"效应，岩石初始裂缝进一步延伸扩展加大。光爆炮孔使用水袋炮泥复合填塞，有力地将爆炸生成的膨胀气体控制于炮孔中，其静力作用比常规光面爆破不填塞强得多，更有利于裂缝再加长、加大。

此技术由于聚能管的高温高压射流、"水楔"作用及增强了膨胀气体的静力作用，弥补了常规光面爆破的不足，因在光爆炮孔中放置了水袋，爆破过程中产生的水雾起到了降尘作用，改善了作业环境，保护了施工人员的身体健康。

（2）聚能管装置装药技术。

①聚能管参数。聚能管采用一种抗静电阻燃的特种塑料管，形状为异形双槽，管长2 m、2.5 m、3 m不等。它可根据孔深设置，由两个相似半壁管组成，管壁厚2 mm，半壁管中央有一个凹槽，称为"聚能槽"。聚能管截面尺寸：聚能槽顶角70°，顶部距离17.27mm，半壁管宽度24.18 mm，两半壁管相扣成的聚能管宽度为28.35 mm。为调节聚能槽对准开挖轮廓面，两半壁管可调聚能方向8°～10°。管中的炸药为乳化炸药，其内部尺寸形成的截面就是炸药的截面（图1－45）。

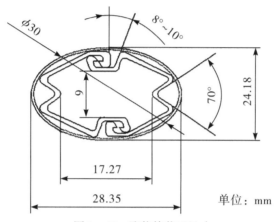

图1－45　聚能管截面尺寸

②聚能管装置的组装方法。在聚能管中，传爆线和雷管是通用起爆器材。它的雷管段别，与常规光面爆破相同。向半壁管注药，需要使用注药枪和空压机等设备。注药枪的长度是45 cm，重约0.8 kg。小型空压机，使用功率800 W，重23 kg。

聚能管组装的步骤是：第一步，注药枪加药。在药卷一端和沿药卷的纵向，切开包装皮。将两药卷沿着纵向切开面，合并装入注药枪筒中，拧紧旋转盖。第二步，对注药枪加压。压力值为0～2个大气压。第三步，半壁管加药。手持注药枪，顺着半壁管从头到尾移动，使炸药由枪口连续不断流入半壁管中。第四步，聚能管组装。将注好炸药的两个半壁管相扣之前，在其中一片半壁管放置一根传爆线，合并装在一起，装上起爆雷管。第五步，为保证聚能管装置，聚能槽可以对准隧道轮廓面和防止转动，需要在聚能管装置的两端，套上塑料套圈。至此，聚能管组装完毕。

出于安全考虑，在聚能管装置组装房内，最好不要安装起爆雷管。建议运输到掌子面时再安装。整个注药过程操作简便快捷，一个循环光爆炮眼所需要的聚能管装置数量可在1小时左右组装完毕（图1－46～图1－47）。

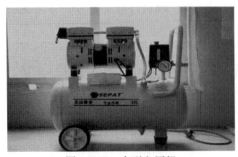

图1-46 小型空压机

图1-47 注药枪

2）聚能水压光面爆破技术要点

（1）周边孔参数的确定。布孔凿岩工具和工艺均与常规光面爆破相同。不同之处在于周边孔的间距比常规光面爆破大一倍，由40～50 cm，增大至80～100 cm，起拱线、围岩节理发育处可根据现场情况适当缩小孔间距（图1-48）。

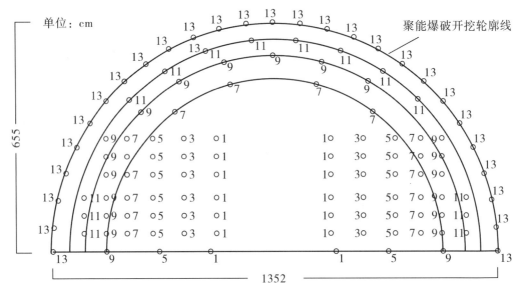

底板孔8个；周边孔23个；掏槽孔12个；辅助孔73个

图1-48 聚能水压光面爆破炮孔布置

（2）装填步骤：第一步，往炮孔最底部填装一个水袋；第二步，装填聚能管装置，聚能管长2.5 m，是炮孔深度的70%，聚能管要紧靠炮孔最底部水袋，聚能槽与轮廓面一致；第三步，装填两袋水袋；最后一步，用专业设备加工成的炮泥填塞至炮孔口，填塞过程，不断用木质炮棍捣固坚实（图1-49）。所有炮孔填过后，进行连线起爆。

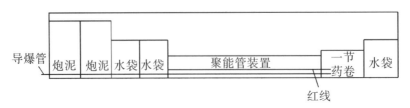

图1-49 聚能水压光面爆破装药结构

（3）聚能爆破各工序性能分析。应用聚能水压光面爆破技术，在 51 m 金瓶岩隧道掘进案例应用中，针对地质条件、机械设备、气候条件等，对钻孔、装药、出渣、排险、支护、喷浆等过程耗费时间及喷射混凝土量进行记录。开展初支喷射混凝土设计、实际消耗量对比分析。记录显示，单个循环作业时间平均为 16.07 h。

各工序平均作业时间如下：钻孔、装药（3.22 h），周边孔钻孔（18 min），钻孔、装药（比常规光面爆破减少 30 min）；出渣（4.033 h）；排险（0.305 h，排除拱部危石）；支护（3.866 h，立拱架、打锚杆）；初支（4.65 h，喷射混凝土）。但喷射混凝土实际用量增加为设计量的 213.07%。

3）技术经济效果分析

（1）技术效果。与常规光面爆破的技术效果对比如表 1-28 所示。

①成型效果好。开挖轮廓线平顺整齐，超欠挖明显改善，有利于支护工序施工，同时混凝土回填成本大为降低。

②钻孔率减少 50%，大大降低了劳动量，钻孔时间缩短 30 min。打孔少，出渣量减少，节约炸药、雷管、钢钎等，降低了材料成本，减少工时消耗，劳动效率明显提高。

③（光面）爆破成本降低 30% 以上。

④半孔保留率达到 85% 以上。

表 1-28　技术效果对比

项　　目	常规光面爆破	聚能水压光面爆破
周边孔直径/mm	42	42
周边孔间距/cm	50	100
药卷直径/mm	32	32
周边孔个数/个	42	23
炮孔深度/m	3.5	3.5
炸药消耗/kg	29.4	24.84
雷管消耗/枚	42	23
最大超挖/mm	250	165
循环进尺/m	3	3.3
半孔痕保留率/%	60	85

（2）经济效果。通过对常规光面爆破与聚能水压光面爆破应用取得的数据进行对比分析，聚能水压光面爆破经济效果显著（表 1-29）。

表 1 – 29　经济效果对比分析

项目名称	单价/元	常规光面爆破		聚能水压光面爆破		成本节约
		消耗量	合价/元	消耗量	合价/元	/%
钻孔（m/孔数）	12.33	155.4/42	1916.08	85.1/23	1049.28	45.2
炸药/kg	8.7	29.4	255.78	24.84	216.1	15.55
雷管/枚	5.37	42	225.54	23	123.51	45.2
导爆线/m	2.74	189	517.86	59.8	163.85	68.36
聚能管/m				57.5	402.5	
合计			2915.26		1955.24	32.9

①节约爆破材料。聚能水压光面爆破具有明显的节约成本优势，尤其是周边孔钻孔减少 50%，炸药节约 15.55%，导爆索约 68.36%。唯一成本增加的就是聚能管的费用，每个循环 402.5 元。但总体而言，仅周边孔爆破成本就降低 32.9%，如考虑超挖减少出渣量、支护量，施工成本降低更多。

②降低支护费用。由于成型质量较好，超挖得到有效控制，喷射混凝土支护费用降低 15%～20%。

③提高劳动生产率。周边孔钻孔时间减少 30 min，循环时间缩短，有利于加快施工进度。

4）结论

（1）聚能水压光面爆破技术集聚能、水压、光面爆破三者的优点于一身，充分利用了炸药聚能爆破产生集中爆破能的原理，较好控制聚能射流面与光爆面吻合，因此显著增大预裂光面爆破的孔距，即减少钻孔工作量；聚能光爆还减少了围岩扰动，提高保留岩体的完整性和稳定性，保证开挖轮廓线的圆顺、整齐，残孔保留率高，超挖减少，支护混凝土成本降低。

（2）施工进度快，且施工质量明显提高，显著降低了生产成本，有效地提高了经济效益和社会效益。操作时严格按照施工方案布设周边孔、严格控制聚能管的开口方向，并使用水袋、炮泥填塞，达到"定向断裂"的理想效果。

4.4.3.2　隧道掘进水压爆破技术发展与创新[35]

1. 隧道掘进水压爆破技术基本概念

隧道爆破掘进常规采取炮孔无堵塞爆破（简称"常规爆破"），即炮孔仅装药卷和起爆雷管，如图 1 – 50 所示。这种装药结构存在不能充分利用炸药的有效能量和严重污染环境等两大问题，何广沂教授于 1990 年代末研发了"隧道掘进水压爆破"。

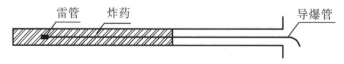

图 1 – 50　隧道掘进常规爆破炮眼装药结构

隧道掘进水压爆破方法，是往炮孔位置注入定量的水，如图 1 – 51 所示。考虑到隧道爆破掘进炮孔是水平的，炮孔有可能漏水。为解决炮眼注水问题，将水装入塑料袋中（水袋），再把水袋填入炮孔中。

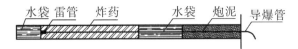

水袋　雷管　炸药　　　水袋　炮泥　导爆管

图 1 – 51　隧道掘进水压爆破炮孔装药结构

隧道掘进水压爆破与隧道常规爆破，在钻爆设计与施工方面有 7 点相同之处，包括开挖形式（全断面或台阶）、掏槽种类、炮孔分布、孔数、孔深、起爆顺序和起爆间隔时间等，施工不增加任何工作量。唯一的不同是在炮孔中增添了水袋。

隧道掘进水压爆破基本原理和优势是减少爆轰波能量损失，产生水楔、水雾使爆破效果更佳。常规爆破炮孔的上部位置是空的，充满空气。当药卷爆炸产生爆轰波传到炮孔中上部空气时，空气可以压缩，损失爆轰波能量。而水压爆破的炮孔中上部位被水充满，爆轰波传到水中，水不可压缩，爆轰波能量不损失，这样比常规爆破更有利于围岩破碎。利用在炮孔最底部一定量的水在爆破过程中延长对围岩作用时间，其爆破效果比有药卷更佳。炮孔中的水在爆炸作用下产生的"水楔"效应进一步破碎围岩并可防止岩爆。炮孔上部位用水堵塞，有效利用药卷爆炸生成的膨胀气体对围岩再破碎。此外，爆破产生的"水雾"起到很好的降尘作用，在有瓦斯的爆破地点，还可以防止瓦斯爆炸。

隧道掘进水压爆破与常规爆破相比，实现了"节能环保"的创新，即水压爆破具有"三提高一保护"作用效果。"三提高"：①提高炸药有效能量利用率，节省 20% 炸药；②提高施工效率，加快施工进度，每循环进尺提高 30 cm；③降低成本提高经济效益，每延米可省钻爆成本几百元。"一保护"：粉尘浓度降低 90%，大大改善隧道施工环境，保护隧道施工作业人员身体健康。

2. 隧道掘进水压爆破初始研发历程

1）露天深孔水压爆破

露天深孔水压爆破，是改变露天深孔炮孔装药结构，将土堵塞炮孔转为"水与土"复合堵塞炮孔。水与土的堵塞深度为 1∶1，先水后土堵塞到炮孔口。炮孔最底部 0.5 m 不装药而注入水。

此技术于 1995 年开始研发，为原铁道部科技项目。经过两年研究和应用，于 1997 年通过部级鉴定。在露天深孔水压爆破基础上，继续深化到隧道掘进水压爆破。

2）隧道掘进水压爆破特征

应变测试结果表明：炮孔底部切向拉应变水压爆破，比常规爆破增加 13%；炮孔中、上部切向拉应变，分别增加 7% 和 34%。切向拉应变是破碎围岩主要参数，即切向拉应变越大越有利于围岩破碎，水压爆破切向拉应变大，是水压爆破不留或少留炮根、围岩破碎率高且不出现大块的原因。

3）水压爆破技术实用效果

2002 年 6—12 月在渝怀铁路歌乐山隧道进行了隧道掘进水压爆破应用试验，验证了应变测试结果。

隧道出口于2001年3月开始，直到2002年5月，隧道掘进均采取常规爆破，Ⅲ级围岩全断面（断面59.4 m²）开挖，采取复式楔形掏槽，全断面炮孔数为117个，其炮孔分布和起爆顺序如图1-52所示，设计掘进深度为3.8 m，总装药量248.9 kg，实际进尺3.2～3.5 m，平均进尺3.36 m，平均炮孔利用率为86.2%，单位耗药量1.247 kg/m³。

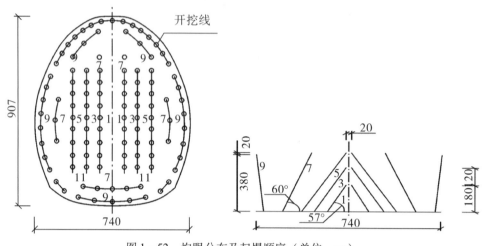

图1-52　炮眼分布及起爆顺序（单位：cm）

从2002年6月动工至2002年12月16日隧道贯通，一直采取水压爆破。水压爆破炮孔分布及起爆顺序与常规爆破图1-50所示的一致，仅改变了炮孔装药结构，从炮孔底至炮眼口依次为药卷、水袋和炮泥，如图1-53所示，总装药量为228.7 kg。

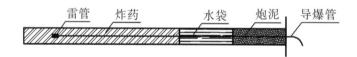

图1-53　歌乐山隧道水压爆破炮眼装药结构

需要说明的是，炮孔中水袋长与炮泥长之比约1:1，每袋水袋长30 cm，直径3.5 cm。人工灌水和扎口，制作耗费时间和人力。

2002年6—12月在歌乐山隧道施工现场，连续采取水压爆破开挖整整200个循环，共计掘进了740.1 m。在Ⅲ级围岩（灰岩）地段，设计掘进深度3.8 m，每循环实际进尺3.5～3.8 m，平均每循环进尺为3.70 m，平均炮眼利用率达97.4%，单位耗药量1.041 kg/m³。爆破后粉尘浓度下降42.5%。水压爆破每循环平均进尺3.7 m，采取水压爆破200个循环实际进尺740.1 m，如仍采取常规爆破则需220个循环，推迟隧道贯通10天。

相比其他方法，水压爆破每循环多掘进0.34 m，节省炸药20.2 kg。工程经济方面，当时每吨炸药成本约10 000元，钻爆按75元/m³，经计算水压爆破比常规爆破节省费用每延米400多元。如把因通风、装渣时间缩短及项目管理费考虑进去，每延米节省费用约500元。

综上所述，水压爆破在歌乐山隧道出口的应用试验，体现水压爆破"三提高一保护"的作用效果。

4）水压爆破技术的试点推广

2004 年初，进行有计划的推广试点。选择不同单位承建的不同隧道、不同开挖断面、不同地质作为试点。参与试点单位和项目包括：中铁十一局承建的宜（昌）万（州）铁路马鹿箐隧道和金沙江溪洛渡水电站大河湾公路隧道；中铁十五局承建的宜万铁路齐岳山特长大隧道和浙江台（州）金（华）高速公路苍山岭隧道。两座铁路隧道和两座公路隧道，不同的隧道断面，有铁路单线隧道断面 60 m^2 和公路隧道断面 80 m^2；不同的地质结构，有Ⅲ～Ⅴ级不等的岩石种类，其中石质有灰岩、砂岩等。

在 4 个推广试点中对常规爆破炮孔装药结构和其他四种炮孔装药结构（图 1 - 54），进行爆破效果对比。实验结果是：水压爆破节省炸药17%～24%；提高了施工效率，每一循环提高进尺 0.30 ～ 0.60 cm；爆渣破碎，爆堆集中，加快装渣速度；每延米节约成本 500 ～ 600 元；粉尘浓度下降67%，改善隧道作业环境。

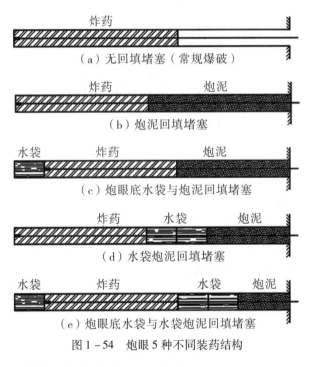

（a）无回填堵塞（常规爆破）

（b）炮泥回填堵塞

（c）炮眼底水袋与炮泥回填堵塞

（d）水袋炮泥回填堵塞

（e）炮眼底水袋与水袋炮泥回填堵塞

图 1 - 54 炮眼 5 种不同装药结构

3. 隧道掘进水压爆破变化发展创新历程

隧道掘进水压爆破在示范工程基础上，不断变化发展提高，变革创新。爆破技术发展分为 3 个阶段，分述如下。

1）隧道掘进水压爆破创新发展第一阶段

第一阶段改变炮眼装药结构，比常规爆破大幅提升了爆破效果及降尘效果，从山岭隧道推广到城市地铁暗挖隧道，适用范围扩大且实现了实用性与节能环保性的创新。

其装药结构为：光爆炮孔以内的所有炮孔，炮孔装药结构分四步进行：①往炮孔最底部装一袋水袋。②装药卷，药卷数量比常规爆破少一卷。③装水袋，每个水袋长 0.4 m，确定需装水袋数量 N：将装完药卷后，炮孔剩余长度采取 1/2 计算法即如上所述水泥比为 1:1 和四舍五入规则确定装水袋数量（例如装完药卷之后，炮孔的 1/2 长度为 1.2 m，装 3 袋水袋；剩余长度 1.3 m，也装 3 袋；剩余长度 1.4 m，就装 4 袋）。④堵塞炮泥到炮口。

光爆炮孔装药结构比较简单。在常规爆破光爆炮孔间隔装药前提下，往炮眼最底部装填 1 袋水袋，在炮眼口顶部装填 1～2 袋水袋，最后用炮泥回填堵塞到炮眼口，如图 1-55 所示。爆破中借助水的不可压缩性，使爆破对结构产生冲击波分布更加均匀，起到更优的爆破效果。

在第一个阶段推广过程中对粉尘浓度进行实测，它比常规爆破粉尘浓度下降67%，说明对改善施工环境效果好。另外，还使用炮泥机和塑料袋封口机提高了工作效率。

图 1-55　封口机

水压爆破方法，自 2011 年 10 月至今，已在东莞、广州、深圳、贵阳、重庆、青岛和厦门等多个城市推广。

地铁暗挖隧道采取水压爆破方法，除了具有"三提高一保护"作用效果外，还起到六个"有效控制"作用效果：

（1）爆破振动有效控制在安全范围以内，确保保护对象的安全。

（2）有效控制冲击波强度，不扰民、不影响人们正常工作与生活。

（3）有效控制粉尘浓度，不但改善作业环境，保护施工人员身体健康，而且确保地面环境不被污染。

（4）有效控制爆破后掌子面前的温度，不但不会上升，反而会下降，对夏季施工，尤其在重庆、广州、深圳等城市，尤为有益。

（5）有效控制爆破后岩石粒径，块度小，破碎均匀，解决地铁出碴困难、出碴不方便等问题。

（6）有效控制爆破后围岩稳定，不会产生新的裂隙，不会渗水。

2）隧道掘进水压爆破创新发展第二阶段

采用隧道爆破掘进方法，光爆破炮孔设计过密，打孔过多，打孔占用时间过长。减少光爆炮眼数量，同时保障光爆质量，成为隧道掘进水压爆破技术发展的又一个问题。

　　为了解决这一问题，经过研究创新，"聚能管装置"应运而生。使用"聚能管装置"代替光爆炮眼间隔装药，经在中铁十局施工的拉（萨）林（芝）铁路米林隧道横洞等几个隧道实际应用，光爆孔间距由常规光面爆破 40～50 cm 增大到 80～100 cm，且提高了光爆质量。

　　将具备聚能爆破作用的聚能管装置，与第一阶段中的水压爆破技术结合，减少光爆炮眼数量、降低施工成本的同时，进一步提高了光爆质量。隧道掘进水压爆破技术也实现了第二阶段的创新。光爆炮孔采取聚能水压光面爆破，而所有炮孔仍采取第一个阶段炮孔装药结构，这两种炮孔装药结构的爆破，定义为"隧道掘进水压聚能爆破"。

　　（1）聚能管装置（摘录）。

　　聚能管的截面尺寸如图 1-56 所示。聚能管是由魏华昌同志设计，而聚能管装置安全准爆由何广沂教授设计。

（a）聚能管　　　　　（b）定位圈　　　（c）使用聚能管装置的炮眼装药结构　　（d）聚能管截面尺寸

图 1-56　聚能管组成及结构图

　　（2）聚能水压光面爆破基本原理（略）。

　　装药结构示意及截面如图 1-57～图 1-58 所示。

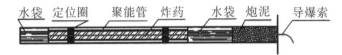

图 1-57　聚能水压光面爆破炮眼装药结构

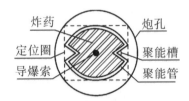

图 1-58　聚能水压光面爆破炮眼装药结构截面

　　（3）隧道掘进水压聚能爆破实际应用（略）。

　　3）掘进水压爆破创新发展第三阶段

　　隧道掘进水压爆破第三个阶段技术应用重点是光爆炮眼新型装药结构。该结构的光爆炮眼无须导爆索，所有炮眼无须炮泥回填堵塞。结构优化的同时降尘效果和光爆质量也得到进一步提高。

（1）光爆眼新型装药结构。

2019 年 4 月 16 日，珠海市兴业快线石溪山隧道进行光爆眼新型装药结构的第一次爆破。石溪山隧道常规爆破光爆炮孔深 3.8 m，其装药结构为第一步往炮孔最底部装 1 袋水袋，紧接着装 1 卷药卷；第二步装 10 袋水袋，紧接着装 1 卷药卷；第三步装 3 袋水袋；第四步炮泥堵塞到孔口。这种光爆炮眼新型装药结构的光爆质量比常规光爆更好。关键是光爆炮孔不再使用导爆索，装药结构如图 1－59 所示的光爆炮孔采取新型装药结构，光爆炮孔以内所有炮孔仍采取第一、第二阶段装药结构。与此同时进行了粉尘浓度监测，监测结果如表 1－30 所示。

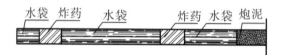

图 1－59　石溪山隧道炮眼装药结构

表 1－30　粉尘监测浓度表

监测日期	测定地点	工种	工种及状态	样品（滤膜）编号	采样/（mg/L）	采样前滤膜重量/mg	采样后滤膜重量/mg	浓度/（mg·m⁻³）
2020－05－22	距掌子面 25m	常规爆破	爆破后未通风	1	30	44.26	49.65	35.93
2020－05－23				2	30	46.23	51.21	33
2020－05－24				3	30	45.95	52.2	41.67
平均值								36.93
2020－05－29	距掌子面 25m	水压爆破	爆破后未通风	9	30	42.26	43.96	4.67
2020－05－30				10	30	45.82	46.65	5.53
2020－05－31				11	30	44.95	45.62	4.47
平均值								4.89

2020 年 9 月 19 日在云南省巧家县复建等级公路新塘坪隧道实现堵塞可以不用炮泥。新塘坪隧道光爆炮孔 3.8 m 深，其装药结构为第一步往炮孔最底部装 1 袋水袋，紧接着装 1 卷药卷；第二步装 11 袋水袋，紧接着装 1 卷药卷；第三步装 4 袋水袋到炮眼口，无须炮泥堵塞。换言之，光爆炮孔以内的所有炮孔装药结构为第一步往炮孔最底部装填 1 袋水袋；第二步比常规爆破每个炮眼少装 1 卷药卷；第三步用水袋堵塞到炮眼口。装药结构如图 1－60 所示。

图 1－60　新塘坪隧道新型炮眼装药结构

隧道爆破掘进，光爆炮孔一般最深 3.8 m。光爆炮孔深度如果小于 3.8 m（如 3.6 m），那么光爆炮孔装药结构如何计算？解决办法是装药结构第二步少装 1 袋水袋，以此类推。

上述炮孔装药结构的显著特征是光爆炮孔不用导爆索，所有炮孔不用炮泥堵塞，操作更简单快捷，"三提高一保护"作用效果更显著，尤其是降尘效果更好。这对川藏铁路隧道爆破开挖尤为重要，因为川藏铁路地处高原，本身就缺氧，隧道常规爆破后粉尘浓度大，而采取水压爆破可解决此问题。

上述炮眼装药结构的推广使隧道掘进水压爆破的发展创新达到第三个阶段。

（2）爆破新型装药结构推广应用。

新塘坪隧道开始推广第三阶段炮眼装药结构。紧接着陆续在杭（州）温（州）高铁香山岭隧道和朱店隧道、沈（阳）白（山）高铁吉林段枫叶岭隧道和辽宁段新宾隧道、（四）川（西）藏铁路康定 2 号隧道、彭（水）西（阳）高速公路中巴隧道等进一步扩大推广范围。

在彭（水）西（阳）高速公路中巴隧道的推广，取得很好的爆破效果。数据表明，设计每循环进尺 3.8 m，实际进尺 3.8 m，炮眼利用率 100%，节省炸药 17%；光爆炮眼半眼痕保留率 80% 以上，不欠挖更不超挖；爆破后可立即装渣，大大缩短通风时间，等等。

在青岛地铁 6 号线工程实践时，离爆破点最近的居民楼有震感，但未有显著震动响应。实测振速仅为 0.29 cm/s，较常规爆破振速的 0.49 cm/s 降低了 40.8%。

综上所述，经过隧道掘进水压爆破技术的发展，隧道掘进常规爆破将逐渐减少。

4）隧道掘进水压爆破技术回顾

隧道掘进水压爆破技术推广应用历经三个阶段近 20 年。以下对隧道掘进水压爆破技术进行回顾：

（1）第一阶段。利用水的不可压缩性，借助"水楔"效应，比常规爆破提升爆破质量，同时爆破产生的"水雾"有效降低粉尘浓度，改善施工环境，达到绿色建造、节能环保的效果。

（2）第二阶段。聚能水压光面爆破炮眼装药结构，在水压爆破的基础上，利用高温高压高速射流及增强膨胀气体静力的聚能作用，降低爆破对于围岩的扰动，减少光爆炮孔数量，降低施工成本，保证爆破质量。

（3）第三阶段。光爆新型装药结构取消导爆索及堵塞采用的炮泥，提升"三提高一保护"作用效果。

（4）隧道掘进水压爆破技术的发展创新，未来仍需在炮孔装药结构的参数设计、结构构造组成等方面结合理论分析开展更深层次的研究。例如炮孔用水袋炮泥堵塞，与炮孔只用水袋堵塞，爆破效果无差别，理论如何提供支撑；为提高炮眼装填水袋效率，水袋口径和长度需不需要改变，等等。

4.4.4 隧道控制爆破新技术[37]

1. 瓦斯隧道爆破技术

针对含有瓦斯隧道无法进行全断面掘进的问题，应用短毫秒间隔爆破技术，可以实现隧道的全断面爆破掘进，解决瓦斯隧道爆破中起爆延期时间与全断面掘进的矛盾。这是瓦斯隧道爆破技术的一种新尝试。

（1）短毫秒间隔爆破作用机理：在掌子面的某个区域同时起爆炮孔，其周围的炮孔以短毫秒间隔爆破，在爆生气体的挤压作用下，岩石被破碎、抛出。

（2）如果隧道断面尺寸较大，全断面的炮孔同时爆破，单响药量过大，冲击波、振动、飞石等爆破危害加大，采取短毫秒间隔爆破试验。在掌子面合适区域内的炮孔同时爆破形成槽腔，为周围炮孔的爆破提供临空面，实现隧道的全断面掘进。

实例：华蓥山隧道掘进爆破。①采用 5 段电雷管延期起爆整个断面的炮孔，爆破延迟时间为（105±15）ms，不仅减少了全断面掘进爆破的雷管使用段数，而且实现了 130 ms 内隧道的全断面掘进爆破。②炮孔深 $l=2.8$ m、孔网参数为（14～18）F，其余炮孔按常规掘进爆破设计。试验结果证明，爆破参数选择是合理的，炮孔利用率达到 93.6%。

2. 隧道断层破碎带控制爆破技术

断层破碎带的爆破除采用短进尺，控制装药量外，关键是设计周边部位的钻孔、装药参数及结构，尽可能避免对隧道围岩的扰动破坏、维护隧道轮廓线以外围岩的原始状态，除要求良好的成型外，还要求爆破产生的地震强度最小。采取适宜的掏槽形式，钻爆参数及起爆顺序，减轻地震动控制爆破技术。

3. 减振爆破新技术

（1）爆破参数选择：采用理论计算法、工程类比法与现场试爆相结合，在保证爆破振动速度符合安全规定的前提下，提高隧道开挖成型质量和施工进度。按规定炮孔间距 $E=$（8～12）d（其中，d 为炮眼直径）；抵抗线 $W=$（1.0～1.5）E。为降低爆破地震强度，循环进尺根据开挖部位不同来确定。当炮眼直径为 35～42 mm 时，抵抗线与炮眼深度有如下关系式：$W=$（15～25）d 或 $W=$（0.3～0.6）dl，在坚硬难爆的岩体中或炮孔较深时，取小值，反之取大值。

（2）单孔装药量的计算：炮眼的装药量可按下列公式计算：$q=kaWl\lambda$，式中，q 为单孔装药量（kg）；k 为炸药单耗（kg/m³）；a 为炮眼间距（m）；W 为抵抗线（m）；l 为炮孔深度（m）；λ 为炮孔部位系数。

（3）工程实例：本技术应用于临江门车站隧道的减振爆破施工。炮孔利用率的高低与爆破设计、施工均有直接关系。在此工程爆破设计中，由于掏槽孔增加了减振孔、周边眼增加了导向孔，采取隔孔装药方式，同时严格控制炮孔深度、角度，提高堵塞质量，从而提高炮孔利用率。掏槽的炮孔利用率达 95% 以上；由于扩槽孔、掘进孔的间距、抵抗线设计合理，钻孔偏差小，炮孔利用率均在 92% 以上。

4. 特大断面隧道开挖技术

特大断面隧道采用正台阶弧形导坑法 6 步成巷，可以提高施工速度、降低成本。本方法在北京鹰山特大断面隧道开挖中得到实践，在施工中采取"超前锚，短进尺，弱爆破，强支护，勤量测，快封闭"的 18 字施工原则，正台阶弧形导坑法 6 步成巷技术在特浅埋三线隧道中应用是成功的。不但确保了安全生产，还缩短了工期。

5. 数字技术对隧道控制爆破新技术的推动

目前，在隧道施工过程中采取新的数字技术，通过使用地质雷达、红外线探水等数字设备，研制出弱爆破技术，实现了在居民密集区安全、顺利施工的目的。针对隧道施工诸如安全平稳地穿过居民密集区、河底、高速公路等"下穿"难关，隧道按信息化施工，进行信息化反馈设计和动态管理，做到及时反馈、修正，确保施工安全和质量。

4.5　水下爆破新技术

本案例为水下钻孔爆破工程[38]。

1. 概况

在水下钻孔工程爆破中，由于各种因素的影响，水下礁石经钻爆清挖后往往留有根底或大块石等达不到预期爆破效果的浅点（简称"浅点"），这是水下钻孔爆破工程中常出现的也是最难处理的问题。形成的浅点不规则，位置和形状很难摸清，给浅点补炸带来很大麻烦。处理浅点作业难度大，材料消耗、机器损耗也特别大，大大增加了工程成本并严重影响工程进度。改善和提高爆破效果，应尽量避免浅点的产生。

2. 施工前覆盖层的清理

覆盖层薄则几厘米，厚则数米。在水下炸礁工程中，由于覆盖层对爆破效果的影响认识不足，给施工带来很大麻烦。岩石中爆破产生强烈冲击波，冲击波在岩石中传播形成岩体内传播的体积应力波和体表传播的表面应力波。爆破时体积波特别是压缩波能使岩石产生压缩和拉伸变形，造成岩石破裂。岩石在应力波作用下的破碎效果主要取决于应力波在遇到交界面时反射回来所形成的反射拉伸应力波的强弱。当岩石表面覆盖一层淤泥等可压缩性大的介质时，炸药爆炸产生的应力波将大部分通过交界面形成透射压缩应力波而进入外覆介质中，而从交界面反射回来所形成的反射拉伸应力波则相对减小，因而不利于岩石的破碎，即炸药爆炸产生的能量很大一部分将消耗在松软的覆盖层中，从而降低爆炸能的利用率，影响岩石的有效破碎，产生大块或留有根底，形成不规则浅点。当岩石表面没有覆盖层时，水很难被压缩，所以爆炸应力波在遇到岩石与水的交界面时，其反射回来的拉伸应力波就会大大增强，从而更有利于岩石的破碎。

综上所述，水下礁石在钻爆施工前必须进行覆盖层清理，并且要尽量清理干净、彻底，以更好地提高爆破效果。

3. 采用微差起爆方法

微差时间可采用经验公式计算：

$$\Delta t = K_{\mathrm{p}} W \ (24 - f) \qquad\qquad (1-36)$$

式中，Δt 为微差时间，ms；f 为岩石硬度系数；K_{p} 为岩石裂隙系数，裂隙小时取 $K_{\mathrm{p}} = 0.5$，裂隙中等取 $K_{\mathrm{p}} = 0.7$，裂隙发育时取 $K_{\mathrm{p}} = 0.9$；W 为最小抵抗线，m。

采用微差起爆方法后，一方面，炸药爆炸和产生的地震波能量在时间上和空间上都分散，使地震强度大大降低；另一方面，两组地震波间还会产生相互干扰，只要微差时间选取合理，地震波强度会大大削弱。

在炸礁施工中，如果爆区附近有需要保护的建筑物，必须控制一次起爆药量。为赶进度，1 天就需要起爆多次。这样，用于连线、起爆、警戒及移船重新定位的时间耗费很多，影响纯工作时间。因此，合理采用微差爆破，增加一次起爆的总装药量，从而可以大大减少起爆次数，有效改善和提高爆破效果，加快工程进度。

4. 少产生空孔

在水下钻孔爆破工程中，常会出现钻好孔后却未能装上药的情况，即出现空孔。在爆破中，由于空孔存在，会产生空孔效应。炮孔爆破时，周围的装药孔将沿着空孔方向产生应力集中，且相邻两个炮孔越靠近，应力集中现象也越显著。换言之，在空孔效应下，周围装药孔的爆能将集中消耗在空孔方向上，从而消耗装药孔的爆能，降低爆能的利用率，容易产生大块和根底，形成浅点。因此，不能忽视空孔对爆破效果的影响。为了避免和减少空孔的产生，需要提高钻孔及装药的技术水平、改进钻机性能。更重要的是当空孔出现后必须及时用砂石填塞等。

5. 避免过失造成不耦合装药

水下钻孔爆破工程中如没有其他特别要求，一般均应采用耦合装药。但是如果水下岩石节理裂隙等发育或是风化半风化，在这些岩石中钻孔，孔径会被冲大；或者是由于钻孔技术问题而使孔径被人为刷大；也可能由于炸药加工的原因而使药径变小。以上几种因素都可能造成孔径与药径不符，形成不耦合装药。

爆破试验证明，随着装药不耦合系数的增大，作用在孔壁上的压力呈指数衰减，急剧下降。不耦合情况越严重，孔壁压力降低得越厉害，岩石就越难以破碎，有时甚至只产生裂缝。不耦合装药的影响更多地表现为爆能大量从孔口冲出。人们在起爆时有时会看见水面上冲出高高的水柱，即冲天炮。这就是不耦合装药形成的。

不耦合装药造成了大量爆能的损失，严重影响爆破效果，需要设法避免这种情况的发生。在施工作业中必须做好以下两点：①提高钻孔和药卷加工水平；②装药后沿孔壁倒入小碎石填堵。

6. 水下钻孔爆破的炸药单耗

一般的资料认为水下钻孔爆破炸药单耗由以下几部分组成：

$$q = q_1 + q_2 + q_3 + q_4 \qquad\qquad (1-37)$$

式中，q_1 为基本单耗；q_2 为爆区上方水压增量，$q_2 = 0.01 h_2$；h_2 为水深，m；q_3 为爆区上方覆盖层增量，$q_3 = 0.02 h_3$；h_3 为覆盖层（淤泥或土、砂）厚度，m；q_4 为岩石膨胀增量，$q_4 = 0.02 h$；h 为梯段高度，m。

通常情况下水下钻孔爆破单耗为陆域梯段爆破的 3 倍以上。水下钻孔爆破的炸药单耗参照表 1 - 31 选取。

表 1 - 31　水下钻孔爆破单位炸药消耗量 q 值[39]

岩石类别	炸药单耗/（kg·m^{-3}）
软岩或风化岩	0.6～1.0
中等硬度岩石	0.8～1.2
坚硬岩石	1.0～1.4

还有另一个瑞典的设计方法供参考：

$$q = q_1 + q_2 + q_3 + q_4 \tag{1 - 38}$$

式中，q_1 为基本装药量，是一般陆地梯段爆破单耗的 2 倍。对水下垂直钻孔，再增加 10%。例如普通梯段爆破平均单耗 $q_1 = 0.45$ kg/m^3，则水下孔 $q_1 = 0.9$ kg/m^3，水下垂直孔 $q_1 = 1.0$ kg/m^3。q_2 为爆区上方水压增量，$q_2 = 0.01h_2$。h_2 为水深，m。q_3 为爆区上方覆盖层增量，$q_3 = 0.02h_3$。h_3 为覆盖层（淤泥或土、砂）厚度，m。q_4 为岩石膨胀增量，$q_4 = 0.03 h$。h 为梯段高度，m。

超钻 $\Delta l = W$，即超钻值等于炮孔最小抵抗线，但至少不小于 0.8 m，有时实际超钻 Δl 达到 2 m 或更大，炮孔深度 $l = h + \Delta l$。

7. 炸药单耗及装药量

炸药单耗除了上述采用公式计算的方式外，还可以参考《水运工程爆破技术规范》（JTS 204—2008）经验数值，如表 1 - 32 所示（比表 1 - 31 可以高一些）。

表 1 - 32　水下爆破单位炸药消耗量

底质类别	炸药单耗/（kg·m^{-3}）
软岩石或风化岩	1.72
中等硬度岩石	2.09
坚硬岩石	2.47

注：表中单位炸药消耗量为 2 号岩石硝铵炸药综合单位消耗量的平均值，采用其他炸药时应进行换算；水深超过 15 m 时，单位炸药消耗量可根据水深变化适当调整。根据工程实践来看，上述经验值偏大。

8. 水下钻孔爆破超深参数

（1）超深长度（表 1 - 33）

表 1 - 33　钻孔直径 90mm 水下钻孔超深[39]

梯段高度/m	超深 ΔH/m			
	岩石等级			
	4～6	7～10	11～14	15 以上
1.0	0.30	0.40	0.50	0.65

（续表）

梯段高度/m	超深 ΔH/m			
	岩石等级			
	4～6	7～10	11～14	15 以上
2.0	0.40	0.50	0.60	0.80
3.0	0.55	0.70	0.85	1.10
4.0	0.70	0.90	1.10	1.40
5.0	0.90	1.10	1.30	1.70
6.0	1.10	1.35	1.60	2.10
7.0	1.30	1.60	1.90	2.50
8.0	1.50	1.85	2.20	2.90

该表是针对 $\phi90$ mm 孔径的，对其他孔径，应乘以 $\dfrac{\phi}{90}$ 进行修正。

（2）孔网参数

延米装药量：

$$Q_1 = \frac{1}{4}\pi\, d^2 p \qquad (1-39)$$

炮孔负担面积：

$$S = \frac{Q_1}{q} \qquad (1-40)$$

孔网参数：

$$S = a \times b \qquad (1-41)$$

若 $a = b = W$，则 $a = b = W = \sqrt{\dfrac{Q_1}{q}}$。

（3）不装药段（填塞段）长度：

$$h_0 = \frac{1}{3}W \qquad (1-42)$$

（4）考虑水深影响的单孔装药量 Q 的计算：

$$Q = KWaH\left(1.45 + 0.45\,\mathrm{e}^{0.33\frac{H_0}{W}}\right) \qquad (1-43)$$

式中，W 为最小抵抗线，m；a 为孔间距，m；H 为梯段高，m；H_0 为水深，m；ρ 为炸药密度，kg/m³。K 为岩石的单位炸药消耗量，kg/m³，可参考图 1-61 选取。

（5）堵塞长度按（0.8～1.0）W 考虑。

（6）根据钻孔实际可能的装药量 Q，由式（1-43）可算出 aW 乘积。

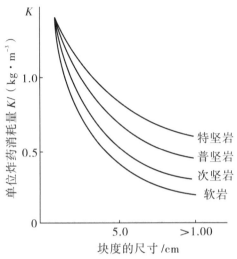

图 1 - 61　单位炸药消耗量与岩石等级和破碎块度关系曲线

9. 装药结构

根据孔深采取如下装药结构：当孔深小于 4 m 时，装 1 个起爆体；当孔深 4～8 m 时，装 2 个起爆体；当孔深大于 8 m 时，装 3 个起爆体。装药结构示意如图 1 - 62 所示。

起爆体的位置与爆破冲击波、地震波的关系如下：

产生水中冲击波由小到大：顶端→两端→中间→底端起爆；

产生振动由大到小：底端→中间→顶端起爆。

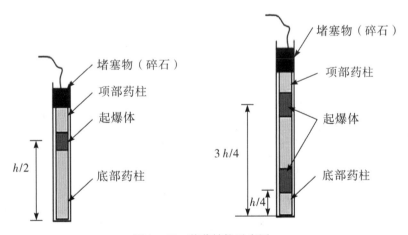

图 1 - 62　装药结构示意图

10. 计算案例

垂直炮孔直径 70 mm，装药直径 51 mm，延米装药量 2.6 kg/m，水深 15 m，覆盖 0 m，梯段高 6 m，垂直孔。

（1）单耗（q）计算：

对一般露天梯段爆破 $q_1 = 0.45$ kg/m^3，则水下钻孔爆破：

$$q_{1水} = 0.45 \times 2 + 0.09 \approx 1.0 \ （kg/m^3）$$

单耗 $\quad q_{垂} = 1.0 + 0.01 \times 15 + 0.02 \times 0 + 0.03 \times 6 = 1.33 \ （kg/m^3）$

（2）孔网

$$a = b = \sqrt{\frac{Q_1}{q_{垂}}} = \sqrt{\frac{2.6}{1.33}} \approx 1.4 \ （m）$$

（3）超深 $\Delta l = W \approx 1.4 \ m$。

（4）填塞段 $h_0 = \dfrac{1}{3} W \approx 0.5 \ m$。

（5）重要数据如表 1-34 所示。

表 1-34　设计数据表

梯段高 /mm	炮孔深 /m	抵抗线 /m	间排距 /m	延米装药 /（kg·m^{-1}）	单孔装药 /kg	实际单耗 /（kg·m^{-3}）
6.0	7.4	1.4	1.4	2.6	18.0	1.53

（6）如果水下钻 3∶1 斜孔，则计算单耗为

$$q_{斜} = 0.9 + 0.01 \times 15 + 0.03 \times 6 = 1.23 \ （kg/m^3）$$

如果水下有 5m 深淤泥，其他条件不变，则

$$q_{垂} = 1.0 + 0.01 \times 15 + 0.02 \times 5 + 0.03 \times 6 = 1.43 \ （kg/m^3）$$

（7）瑞典手册中的推荐参数参见表 1-35。

表 1-35　瑞典爆破参数

炮孔直 径/mm	梯段高 度/m	炮孔深 度/m	水深/m	抵抗线/m	炮孔间 距/m	装药量		理论比 装药量/ （kg·m^{-3}）
						kg	kg/m	
30	2.0	2.9	2.0～5.0	0.90	0.90	2.1	0.9	1.14
	5.0	5.8	2.0～5.0	0.85	0.85	4.8	0.9	1.20
	2.0	2.8	5.0～10.0	0.85	0.85	2.1	0.9	1.16
	5.0	5.8	5.0～10.0	0.85	0.85	4.8	0.9	1.25
40	2.0	3.2	2.0～5.0	1.20	1.20	4.5	1.6	1.11
	5.0	6.2	2.0～5.0	1.15	1.15	9.3	1.6	1.20
	7.0	8.1	2.0～5.0	1.10	1.10	12.3	1.6	1.26
	7.0	8.1	5.0～10.0	1.10	1.10	12.3	1.6	1.31

（续表）

炮孔直径/mm	梯段高度/m	炮孔深度/m	水深/m	抵抗线/m	炮孔间距/m	装药量		理论比装药量/（kg·m⁻³）
						kg	kg/m	
51	2.0	3.2	2.0～10.0	1.20	1.20	5.0	2.6	1.16
	3.0	4.5	2.0～10.0	1.50	1.50	10.4	2.6	1.19
	5.0	6.5	2.0～10.0	1.45	1.45	15.6	2.6	1.25
	10.0	11.5	2.0～10.0	1.35	1.35	26.0	2.6	1.40
70	2.0	3.2	2.0～10.0	1.20	1.20	10.0	4.9	1.16
	3.0	4.5	2.0～10.0	1.50	1.50	19.0	4.9	1.19
	5.0	7.0	0.2～10.0	1.95	1.95	30.4	4.9	1.25
70	10.0	11.9	2.0～10.0	1.85	1.85	55.4	4.9	1.40
	10.0	11.8	20.0	1.80	1.80	55.4	4.9	1.50
	15.0	16.7	20.0	1.70	1.70	78.9	4.9	1.65
100	2.0	3.2	5.0～10.0	1.20	1.20	16.0	6.4	1.16
	3.0	4.5	5.0～10.0	1.50	1.50	23.7	6.4	1.19
	5.0	7.3	5.0～10.0	2.25	2.25	42.2	6.4	1.25
	10.0	12.1	5.0～10.0	2.10	2.10	73.0	6.4	1.40
	15.0	17.0	5.0～10.0	2.00	2.00	103.7	6.4	1.55
	15.0	17.0	20.0	1.95	1.95	103.7	6.4	1.65
	20.0	21.9	25.0	1.85	1.85	136.3	6.4	1.85

备注：此表适用于垂直炮孔。

11. 实际工程数据

（1）水下钻孔布置主要参数如表 1-36 所示。

表 1-36　水下钻孔布置主要参数

工程地点		孔径/mm	间距/m	排距/m	孔深/m	垂直钻孔或倾斜钻孔	超深/m
国内水下爆破	广东黄埔航道整治工程	91	2.5～3.1	1.7～2.5	4.5～7.5	垂直钻孔	1.0～1.5
	广东新丰江隧道进水口工程	91	2.0	2.0	5.0～8.0	垂直钻孔	1.5～2.2
	辽宁港池工程	91	2.5	2.5	2.0	垂直钻孔	0.45～0.90
	湖南沅水石滩	30	0.8～1.2	0.8～1.2	1.0～1.5	倾斜75°～85°	0.20
	湖南大湾航道	50	2.0	2.0	2.5	垂直钻孔	0.80～1.20
	南方某码头工程	91	2.0	2.0	6	垂直钻孔	1.2～1.5
国外水下爆破	日本三号桥爆破	50	2.0	2.0	2.56～3.10	垂直钻孔	—
	日本种市港爆破	75	2.6	2.5	4.0	垂直钻孔	—
	英国美尔福德港扩建工程	76	1.3～1.5	1.3～3.0	4.5～8.0	垂直钻孔	—
	香港开挖隧洞基础爆破工程	70	1.8～2.0	1.8～2.0	9.0	垂直钻孔	1.8
	诺尔切平港	51	1.50	1.50	4.6～8.4	倾斜50°～60°	1.5
	第拉瓦尔河	152	3.00	3.00	2.4～7.2	倾斜45°～60°	—
	朴次茅斯港	64	0.60	1.20	3.1～4.6	垂直钻孔	—
	热那亚港	64	2.25	2.25	8.0	垂直钻孔	—
	安加拉河	43	1.00	1.00	—	垂直钻孔	0.3～0.4
	巴拿马运河	76～101	3.00	3.00	—	倾斜60°～70°	—
	法里肯贝尔港	51～70	1.5～2.0	1.5～2.0	—	垂直或倾斜70°～75°	1.5
	摩泽尔河	43	1.5	1.5	—	垂直钻孔	1.0

（2）国内外水下爆破工程中的主要技术指标如表1-37所示。

表1-37 国内外水下爆破工程中的主要技术指标

工程名称		爆破工程量/m³	平均水深/m	钻孔数量/个	钻孔长度/m		总炸药消耗量/kg	总雷管消耗量/个	炸药单位消耗量/(kg·m⁻³)	雷管单位消耗量/(个·m⁻³)
					总延米	平均深度				
国内水下爆破	黄埔航道整治	200 000	8.5	4200	18 950	4～5	106 000	76 100	0.53	0.38
	新丰江进水口	28 000	27	1150	6330	5.5	24 000	25 500	0.85	0.91
	辽宁港池工程	9900	4.5	706	1774	2.5	3993	14 800	0.40	1.5
	黄埔航道整治A	97 000	6.1	4329	17 665	4.0	55 220	39 800	0.57	0.41
	黄埔航道整治B	12 5000	5.7	8390	43 155	5.2	5860	36 210	0.47	0.29
	黄埔航道整治C	78 000	6.6	4732	20 492	4.3	4150	24 173	0.53	0.31
国外水下爆破	日本天草三号桥脚	1800	10	156	446	2.87	954	—	0.54	—
	加拿大进水口爆破	20 800	12.2	1520	8600	5.7	33 100	—	1.59	—
	香港开挖隧道基础	125 200	20.0	6995	75 330	9.0	140 800	—	1.11	—
	诺尔切平港工程	1 474 008		10 601	57 995	5.5	142 150	27 372	0.97	0.19

4.6 水下钻孔爆破工艺

1. 水上作业辅助设施

（1）固定支架平台。固定支架平台适用于靠近岸边且水深小于10 m，水流速度较小的小规模水下爆破工程，有悬臂式工作平台和浮船傍岸式工作台，如图1-63所示。

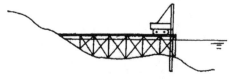

图1-63 钻孔平台示意图

（2）钻孔船。最简单的钻孔船可临时用驳船改装。钻孔船适用于10～20 m水深，流速1.0 m/s，浪高1m以下的水域。因其移动方便，对爆破点分散、工程量大的爆破工程，优势更明显。

（3）自升式水上作业平台。自升式水上作业平台实际上是在船体四角装有大型立柱的平底船。由牵引船拖到工作点后，用自身动力把4个立柱放到水底，船身支在立柱上抬离水面。平台可在水深50 m、流速4 m/s、风速60 m/s和浪高6 m的条件下作业。

（4）潜水员水下钻孔。该方法一般用于水深不超过 30m 的水下作业。

2. 水上作业钻机

我国用的水上作业钻机有 XJ – 100 和 XU – 300 型地质钻、100B 型航道钻机、DPP – 100 型汽车钻及 CZ – 301、CZ – 500、CL – 1 型风动钻机。对于水深小于 10 m，水流速度较小、淤泥少的工作地点也可使用分体式的潜孔钻机。

3. 炸药起爆

国外有多种水下爆破专用炸药和雷管，其特点是耐高水压（100 m 水深，30d 以上）。

我国用胶质炸药、乳化炸药、水胶炸药以及铁皮桶密封包装的硝铵炸药。起爆雷管用电雷管、电子雷管和导爆管雷管。

装药方法有通过塑料软管的装药器装药和人工装药。人工装药又分用炮杆装药、绳吊装药、竹竿插装和潜水员协助水下装药。填塞一般用海砂、碎石。

4. 爆破法施工要点

在瑞典，OD 爆破法也称为林德爆破法，其施工要点如下：

（1）钻孔：孔径一般是 51 ～ 100 mm。先下套管到硬基岩几十厘米（穿过淤泥、覆盖层或直接下到基岩），然后在套管内进行钻孔。

（2）装药：可以通过套管装柱状药包；也可以在拔出钻杆时，通过套管往孔内插入一根塑料软管，然后拔出套管。塑料软管将炮孔连接到水面之上，通过塑料软管进行装药。

（3）起爆：每个炮孔至少装两发雷管。两发雷管分别接到不同的串联组中。全部雷管分成几个串联组支路（每个支路的电雷管个数是起爆器在非水下起爆允许串联数的一半），再以串并联方式连接起爆。水下雷管不得有接头。

5. 水下钻孔爆破变成陆地作业的方法

（1）当水深小于 4 m 时，可采用堆石钻孔爆破法（图 1 – 64）。

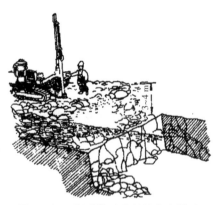

图 1 – 64 穿过堆石进行钻孔和爆破

（2）在海边建筑岸壁式码头时，可以用扇形孔取代水上钻孔（图 1 – 65）。

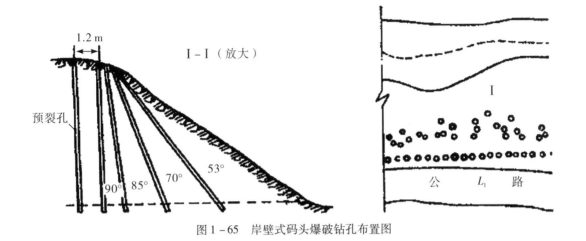

图 1 – 65　岸壁式码头爆破钻孔布置图

4.7　水下挤淤爆破减振新技术

水下挤淤爆破，是水下软基处理的一种方式。它是指利用炸药的爆炸能量在软土中实现置换，以淤泥、混合石料为对象，将炸药爆炸为主要手段，达到改良软土地基的目的。目前广泛应用于重力式防浪堤、护岸、围堰、滑道等水工工程中，是一项既成熟又不断发展的技术。

在水下淤泥的一定深度，埋入药包。爆炸时，将淤泥向海中一定方向抛掷推移，在抛掷推移瞬间形成空腔。利用岩石比重大于淤泥的特性，滑落速度大于淤泥，在炸药爆炸抛掷推移淤泥瞬间，将堆石置换在下层。

要取得好的爆破置换效果，最好是只取一排药包且一次布置的所有药包同时起爆。因此，挤淤爆破为起爆瞬时性好且起爆可靠，起爆网路多采用每个药包双根导爆索。炸药量应设计合理。如果单响炸药量大，振动也就大，给爆破振动带来负面影响较大。单响炸药量太小，振动虽可以减小，但爆破置换的效果差。质量差且爆破次数多对社会公共安全不利，且工程进度慢。

2012 年夏季，浙江某地一水下挤淤爆破工程，离对面海边砖混结构民房 1500 m，单响炸药量（也是一次起爆药量）620 kg。爆破后，不少房子外墙贴砖隆起，甚至脱落。引起纠纷，老百姓反应强烈，不允许再进行爆破，并反映到当地公安部门。公安人员经现场察看，确认老百姓反应情况属实。编著者参考厦门爆破公司肖绍清博士"导爆索起爆降振"的专利，采用现用的双根导爆索复式起爆网路，指导施工单位改将两根导爆索在药柱一侧为将双根导爆索并拢全部布置在同一方向且全部在保护对象一侧，改变原方案装药导爆索在各孔传爆方向的随意性为传爆方向一致性，保持原方案的单响药量 620 kg。在公安人员的监督下进行装药、起爆。起爆后，当地居民反应良好，同意保持不再增加起爆药量的前提下，用这种爆破方法进行施工。后来，直到该工程完工，再没有与居民发生纠纷。事实证明用导爆索按以上介绍的布置方法，爆破减振是行之有效的。

4.8 拆除爆破新技术

拆除爆破技术是指对废弃的或违章建（构）筑物进行拆除的控制爆破技术。它是利用少量炸药把需要拆除的建（构）筑物按所要求的破碎度进行爆破，使其塌落解体或破碎。这种爆破往往环境复杂，需严格控制爆破可能产生的有害效应，如振动、冲击波、飞石、粉尘、噪声等的影响，保护周围建（构）筑物和设备的安全。

烟囱拆除爆破法是应用炸药爆炸破坏烟囱的局部结构，造成失稳，使其倾倒或塌落。

4.8.1 温州 210 m 烟囱拆除爆破钻孔技术应用

随着爆破器材的发展和爆破技术的提高，拆除爆破难度减小。在技术提高前的 2007 年，浙江某市有一座高 150 m 的钢筋混凝土烟囱，全国进行投标，中标价 300 多万元，平均 1 m 报价达 2 万多元。考虑到周围环境较复杂，采用折叠爆破方法拆除。邀请国内知名爆破专家当顾问，爆破结果还算成功。烟囱 150 m 的高度在当时国内的爆破拆除中算比较高的，称得上是高难度工程。

2012 年，温州需要拆除一座 210m 高的钢筋混凝土烟囱。它布筋粗且密，相对薄壁。工程特点是钻孔难度大，有时钻一个孔，需调换多个位置；劳动强度大；噪声、粉尘污染严重，且很难保证钻孔质量。特别是两侧钻孔对称性差，给高烟囱准确倾倒造成不可估量的影响。

承接施工的企业，选取水磨钻机钻孔。不管遇到什么样的钢筋，都能按设计位置钻进。炮孔打得十分标准，尽管钻孔速度慢，但每个孔都能顺利钻进。因此，节省了风动凿岩机遇到钢筋钻不进去而换位钻孔的时间，而且劳动强度相对减小，环境污染改善。对于这种周围环境较复杂，但有一个方向可以倒塌的情况，水磨钻机钻孔给高烟囱准确倾倒提供了有力保证。设计从靠烟囱底部钻孔，形成梯形切口，设置导爆管毫秒雷管网路，起爆顺序从倒塌中心向两侧延时起爆。最后爆破十分成功，周围保护对象完好无损。

以上两个案例，高耸钢筋混凝土烟囱，采取水磨钻的钻孔技术，钻孔顺利，按设计孔位钻孔质量高，又减少钻孔时粉尘和噪声的污染，烟囱倒向准确。

4.8.2 绿色环保拆除烟囱

烟囱拆除爆破，从机械进场施工开始打孔就存在着高噪声、高粉尘污染。从爆破器材出库就存在着危险；爆破时，高噪声、高粉尘污染、高危险三者同时存在。

厦门鼓浪屿最后一座砖结构烟囱，高 44 m，底座直径达 3.8 m。2000 年决定拔掉岛上这最后一座烟囱。厦门鼓浪屿就像一个大花园，清静、优雅，连机动车辆都不允许进驻。在这样的环境中，没法采取打孔爆破的方法。如果用人工拆除方法，工期长，自上而下把高 44 m 直径 3.8 m 的砖头一块块用大锤打下来，噪声、粉尘污染仍然十分严重，且高空作业，危险性高。

经方案比较，最后选择了最原始最绿色环保的拆除方案——火烧倒塌方案。要确定拆除的切口形状大小、切口高度，定向窗形状、闭合角等，仍然离不开定向倾倒的基本设计原理。参数确定后在烟囱外侧把切口画上。首先在倒塌中心两侧切口最底部对称开直角三角形（定向窗），顶点在梯形切口上底的左右两点。画垂直线与梯形，下底相交。用人工开出对称的两个定向窗。在倒塌中心线两侧各 0.5 m 共宽 1 m，高至切口顶部开一长方形槽腔。取一块与槽腔大小相同的木材，紧紧顶在拆除的空位上。接着向中心对称的两侧各开一条宽 1.25 m、高同前，开好后仍采用长、宽、高与开口一样大的木材，紧紧顶。最后剩余左右对称的两块烟囱筒壁，各长 1.25 m。宽、高与第二次相同。开完后，同样用木材紧紧顶住。最后在木材上浇灌汽油，做好安全警戒，同时向各块木材点火。确认全部点燃后，点火人员立即离开，撤出警戒线外。烟囱于 2000 年 3 月 22 日上午 9 点 52 分轰然倒下，只用了 3 天时间，达到保护环境、安全、快速、顺利拆除烟囱的目的。

4.8.3　危险烟囱爆破拆除——覆土接触爆破拆除砖烟囱技术[40]

目前，国内烟囱的拆除一般采用钻孔爆破法，这项技术非常成熟。覆土接触爆破拆除砖烟囱的报道则不多见。

覆土接触爆破拆除，又称为填埋药包爆破法。它是裸露爆破的发展和延伸。用这种方法拆除烟囱是将药包紧贴在砖烟囱的支撑内壁给定位置上，然后用适量的沙土覆盖。既能提高爆破能量利用率，又能大大降低空气冲击波、噪声、飞石的危害，使爆破有害效应控制在安全范围内。此方法所用药包数量少，拆除效率高。特别是在烟囱上部开裂、风化严重等危险条件下，钻孔时极不安全，采用覆土接触爆破拆除砖烟囱更有实际意义。

1. 药包的布置

试验证明只需布置单排单层药包，如图 1-66 所示。

（1）药包布置高度。药包的布置高度是指药包中心至地面的垂直距离。为了降低烟囱底部夹制作用，药包布置不能过低。药包布置过高又会加大药包下部及外侧覆盖沙土的工作量。实践证明，合理的装药高度为 $h \geqslant 1.0W$（W 为砖烟囱的壁厚）。

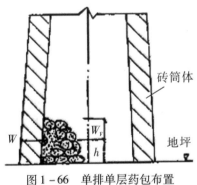

图 1-66　单排单层药包布置
（W_F—覆土厚度）

（2）药包间距。在各药包共同作用将所炸部分切口范围内的砖块全部推出烟囱外壁，不留任何支撑，以便烟囱顺利倾倒。同时不造成过量的抛掷和飞石，通过爆破实践检验，较为合理的药包间距 a 是：

$$a = (1 \sim 1.2)\,W \tag{1-44}$$

（3）覆盖沙土厚度：

$$W_F \geqslant W$$

式中，W_F 为覆盖沙土厚度，m。

（4）切口范围。切口范围为布药位置烟囱周长的 3/5～1/2 倍。切口角度 210°～240°（稍比钻孔爆破法大）。

2. 药量计算

可按下式计算：

$$Q = K_1 W^2 + K_2 W^3 + K_4 W^4 \qquad (1-45)$$

式中，$K_4 W^4$ 是与抛掷有关的药量，拆除爆破应尽量避免，且该量较小。该项可忽略，为此药量计算式为

$$Q = K_1 W^2 + K_2 W^3 \qquad (1-46)$$

经试爆及爆破检验，公式调整为

$$\begin{cases} K_1 = (2.4 \sim 2.8)\ /W\ (\text{kg/m}^2) \\ K_2 = 2.0 \sim 2.2\ \text{kg/m}^3 \\ W \leqslant 0.75\ \text{m} \end{cases} \qquad (1-47)$$

式中，W 为砖烟囱壁厚，m。

3. 施工工艺

（1）药包的定位。药包按设计高度布置在同一水平线上，按设计间距和位置布置，宜用乳化炸药紧贴砖烟囱砖内壁上。若内壁有隔热层，应在药包处清除隔热层，让药包紧贴砖烟囱支撑内壁，用黏土密封药包外侧厚度 20～30 cm。

（2）药包覆盖。药包周围用黏土密封后，外侧用装满沙、土的编织袋覆盖，覆盖厚度按设计确定。

（3）防护。为了防止个别飞石造成的危害，应在距烟囱爆破切口外壁 50 cm 左右搭竹排进行防护或距外壁 1.0 m 外码沙袋防护。

4. 工程实例

（1）珠海红旗矿山有一条高 50 m、外径 5.0 m、壁厚 75 m 的砖烟囱，内壁有 0.12 m 隔热层。烟囱下部有烟道和出灰口各一个，顶部风化多处开裂。周围环境较好，东面是山坡，南面 16～18 m 是民房，西面 3 m 是香蕉园，北面是空地，选择向北面倾倒。共布置 4 个集中药包。主要参数为：$W = 0.75$ m；$a = 1.2$ m；$h = 0.75$ m；$W_F = 0.75$ m；$Q = 3$ kg；总装药量 12 kg。

内衬人工处理，将药包紧贴烟囱内壁上，如图 1-67 所示。

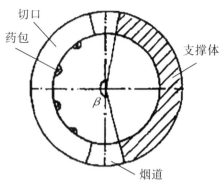

图 1 - 67　药包紧贴烟囱内壁

（β—切口角）

采用电雷管齐发爆破起爆后，烟囱按设计方向倾倒，后座 1.0 m，解体效果很好。爆破倾倒解体后，松散砖块堆积长 52.7 m，宽 10～15 m。距烟囱 16 m 处民房旧裂缝未见扩展，房屋门窗玻璃未破裂。空气冲击波及爆破振动在控制范围内，与钻孔爆破相比，覆土接触爆破有以下差异：

①爆破后烟囱顶部开裂，并出现个别飞块。初步分析认为是烟阁顶部砖体爆前已多处开裂，强度低。然后在覆土接触爆破产生的冲击波作用下破碎，并形成飞石，飞石范围离烟囱中心 10 m。

②起爆后，切口垮落高约 5 m，说明覆土接触爆破破坏力较大。

③向后垮落砖块范围比钻孔爆破大。

（2）珠海市斗门区乾务砖厂有一条高 36 m、外径 2.7 m、壁厚 0.5 m 的砖烟囱，无内衬。因用地需要决定采用爆破拆除。该烟囱周围环境很好，东面 6 m 是砖厂（需保护），其余三面是菜地。采用向南定向倾倒的爆破拆除方案。共设置 4 个覆土接触药包，主要参数：$W = 0.5$ m；$a = 0.5$ m；$h = 0.55$ m；$W_F = 0.6$ m；$Q = 1.5$ kg，总装药量 6.0 kg。其中一个为试爆药包。爆破后烟囱偏离设计中线约 5 m 处倒塌。砖块堆积长 26 m，后座 2 m。烟囱外侧未进行防护，飞石在 50 m 范围内。

5. 结论

以上两个实例证明，覆土接触爆破拆除砖烟囱更为安全、经济、快捷。只布置单层药包即可，切口范围与钻孔爆破相同，为烟囱周长的 3/5～2/3，即可保证烟囱按设计可靠地定向倾倒。振动、飞石和冲击波等影响都能得到很好的控制。上述两个实例均是在爆破环境条件较好的地段完成，爆破参数及施工工艺仍需在实践中继续完善，特别是对爆破冲击波经覆盖沙土后的传播规律需进一步测试及研究。

4.8.4　爆破拆除烟囱新工艺[41]

1. 工程概况

用爆破法拆除的水泥砂浆砖砌烟囱结构的参数列于表 1 - 38，周围环境如图 1 - 68 所示。

图 1-68　3 个烟囱的周围环境示意图

表 1-38　3 个烟囱的结构参数

烟囱	高度/mm	底部外径/mm	壁厚/mm	内衬厚/mm	间隙/mm
1#	35 000	4800	700	240	80
2#	50 000	5400	700	240	80
3#	28 000	3200	600	120	50

备注：①1#烟囱，砌体外每隔 2000 mm 有抗震环和抗震竖筋；②2#烟囱，+4000 mm 处有一道钢筋混凝土圈梁，以上每隔 2000 mm 有抗震环；③3#烟囱，+15000 mm 至顶端有一宽 20 mm 的裂缝。

2. 爆破方案设计

（1）倒塌方向。烟囱倒塌方向是用爆破法拆除烟囱成败与否的关键。根据烟囱的结构特点和周围环境，经过精确测量和分析比较，确定 3 个烟囱倒塌方向分别为 EN15°、ES90°和 WN10°。

（2）爆破方法。对 1#和 2#两个烟囱，在倾倒方向两侧开窗，中间开预留门，留下两个支撑体；对 3#烟囱，在倾倒方向两侧开窗，中间留支撑体。炸掉支撑体后，烟囱就能按设计方向倒塌（图 1-69）。

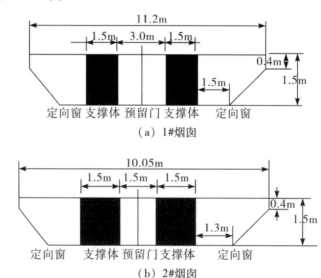

（a）1#烟囱

（b）2#烟囱

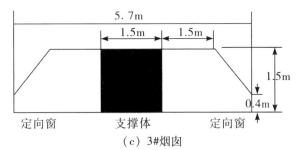

（c）3#烟囱

图 1 - 69　爆破切口展开图

（3）爆破切口。3 个烟囱均采用水平切口，爆破切口展开图如图 1 - 70 所示。

（4）炮孔参数。在支撑体中布设炮孔，具体参数如表 1 - 39 所示。

表 1 - 39　3 个烟囱的炮孔参数

烟囱	外　壁					内　衬				
	孔径 /mm	孔深 /mm	间距 /mm	抵抗线 /mm	孔数 /个	孔径 /mm	孔深 /mm	间距 /mm	抵抗线 /mm	孔数/个
1#	27	750	300	350	20	20	600	400	12	14
2#	27	800	300	350	18	20	600	500	12	10
3#	27	650	300	300	8	20	650	350	6	6

（5）安全性分析。对于爆前开窗、预留支撑体、爆时只炸支撑体而使烟囱定向倾倒的新工艺，最重要的是要对预处理后的结构进行强度和稳定性分析，以保证施工安全。

①强度核算。爆破切口中支撑体的截面面积符合下列不等式：

$$A \geqslant P/[\sigma] \tag{1 - 48}$$

式中，A 为承载截面面积，m^2；P 为截面上的载荷，N；$[\sigma]$ 为砌体材料的抗压强度，MPa。

取爆体的密度为 $2.4 \times 10^3 kg/m^3$，抗压强度为 5 MPa，计算得到 3 个烟囱的载荷和最小承载面积，如表 1 - 40 所示。按图 1 - 70 爆破切口数据，根据对称静力平衡原理，3 个烟囱的实际承载截面面积为表 1 - 40 中第 4 列数据。比较计算和实际的承载截面面积的大小可知，后者远远大于前者，所以采用本文的爆破切口是安全可靠的。

表 1 - 40　强度核算结果

烟囱	载荷/kg	承载截面面积/m²	
		计算值	实际值
1#	7.37×10^5	1.47	4.2
2#	1.04×10^6	2.08	4.2
3#	3.10×10^5	0.62	1.8

②稳定性检验。如图 1 - 70 所示，BO_1C 为爆破切口，对应角为 2β，BO_2C 为预留支撑体，对应角为 2α。支点选在 Z_1Z_2 轴上，则转动轴 Z_1Z_2 右侧受重力为 $\beta mg/\pi$，左侧所受重力为 $(1-\beta/\pi)mg$，左右侧重力作用中心到转动轴的距离分别为 L_1、L_2，则有：

$$L_1 = \frac{2(R^2+Rr+r^2)}{3\beta(R+r)}\sin\beta - \sin\beta \qquad (1-49)$$

$$L_2 = \frac{2(R^2+Rr+r^2)}{3(R+r)(\pi-\beta)}\sin\beta + \sin\beta \qquad (1-50)$$

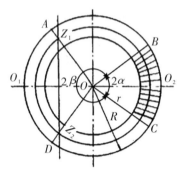

图 1 - 70　爆破切口

爆前稳定性分析的思路是先假定发生正向倾倒，则必有：

$$J\omega > 0 \qquad (1-51)$$

式中，J 为转动惯量；ω 为转动角加速度。

如果计算结果得 $J\omega < 0$，则说明不会发生正向倾倒。若发生正向倾倒，AO_1D 部分的抗力为 $(\pi-\beta)(R^2-r^2)\sigma_{ex}/2$，$\sigma_{ex}$ 为抗拉强度，1.6 MPa。BO_2C 部分的抗力为 $\beta(R^2-r^2)\sigma_{ey}/2$，$\sigma_{ey}$ 为抗压强度，5.0MPa。

转动方程为：

$$J\omega = \frac{\beta}{\pi}mgl_1 - (1-\frac{\beta}{\pi})mgl_2 + \frac{\beta}{2}(R^2-r^2)\sigma_{ey}l_1 - \frac{1}{2}(\pi-\beta)(R^2-r^2)\sigma_{ex}l_2$$

$$(1-52)$$

分别将 3 个烟囱的数据（表 1 - 38 和图 1 - 70）代入式（1 - 49）、（1 - 50）和（1 - 52），计算结果列于表 1 - 41。3 个烟囱的 $J\omega$ 值都小于零，说明按本文的预处理方法，烟囱不会发生倾倒，是稳定的。当然，在必要时要进行由于强振动而引起的偏心和由强风而引起的弯矩分析计算，以便确定这些情况下烟囱预处理后的稳定性。

表 1 - 41　$J\omega$ 计算结果

烟囱	L_1/m	L_2/m	β	a	$J\omega/$（kg·m²·s⁻²）
1#	0.782	2.033	71/3	0.199	-1.044×10^6
2#	0.826	2.308	71/3	0.556	-4.640×10^6
3#	0.474	1.325	71/3	0.469	-5.502×10^6

3. 装药量计算

控制爆破的药量计算依据是兰格弗尔斯（U. Langefors）的基本公式，当抵抗线 W 大于 1.0 m 时，可由爆破体积来确定炮眼装药量：

$$Q = qW^3 = KV = KWHa \qquad (1-53)$$

式中，Q 为每个炮眼的装药量，g；q 为孔装药量，g/m^3；K 为介质单位体积的炸药消耗量，g/m^3；V 为每个炮眼爆破介质的体积，m^3；W 为抵抗线，m；H 为爆破的高度，m；a 为炮眼的间距，m。

对于本节的布孔参数而言，

$$W = \delta/2 \qquad (1-54)$$

式中，δ 为烟囱砌体厚度，m。

3 个烟囱外壁和内衬的 W 值如表 1-38 所示，其值都小于 1.0 m，所以不适宜采用式（1-54）的方式计算装药量，而应采用如下公式：

$$Q_t = (q_1 A + q_2 V) f(n) \qquad (1-55)$$

式中，q_1、q_2 分别为单位剪切面积和破碎体积的用药量，水泥浆砌砖墙分别取 100 g/m^2 和 100 g/m^3；A 为被爆裂的剪切面积，m^2；V 为被破碎的体积，m^3；$f(n)$ 是定位系数，两个临空面时取值为 1.00。

总药量计算公式为

$$Q = n_1 Q_{V外} + n_2 Q_{V内} \qquad (1-56)$$

式中，Q 为总药量，g；n_1、n_2 分别为外壁和内衬中的钻孔数。

表 1-42　3 个烟囱的用药量

烟囱	计算的用药量/g			实际的用药量/g		
	外壁	内衬	总药量	外壁	内衬	总药量
1#	4516.0	1087.8	5603.8	1003	266	1269.2
2#	4082.4	792.0	4874.4	820.8	171	991.8
3#	813.6	124.2	937.8	364.8	114	478.8

按式（1-55）和式（1-56）计算得到的 3 个烟囱的用药量如表 1-42 所示，所用炸药品种为 2 号岩石硝铵炸药。根据多年实践经验，采用 38 g/m 的导爆索线型装药时，3 个烟囱的实际用药量也如表 1-42 所示。由表 1-42 的炸药消耗量可知，采用爆破拆除烟囱新工艺所需用的炸药量少，是按式（1-55）计算药量的 30.6%、27.5% 和 70.5%。

4. 爆破施工工艺

根据设计的倾倒方向，在烟囱外壁上确定倾倒轴线。按图 1-70 切口设计的要求，采用专用器械先开出预留门、定向窗，留出支撑体；在支撑体（包括内衬）的两侧中心处相向钻孔，具体钻孔参数如表 1-39 所示。根据表 1-42 实际的数据装药，堵塞长度 150～200 mm，每孔两枚 8 号瞬发电雷管，并串联网络。在支撑体的外侧和两侧缚上旧棉，外面再包一层塑料彩条布。在距离 3 号烟囱 3.6 m 的直升机实验室窗外，采用近体防护措施。

5. 爆破结果与分析

起爆后，3个烟囱均按设计的倾倒方向倒塌，解体充分，无后坐现象；个别飞石在10～15 m范围内；3#烟囱旁边的直升机实验室安然无损；烟囱倒塌触地振动很小，距1#烟囱21.5 m处倒置的酒瓶未倒。

分析采用爆破新工艺成功地拆除3个烟囱的方法可知，正确的倾倒轴线是爆破成功的先决条件；其次是爆破切口的设计、线型装药结构和轻型防护。

与目前常用的爆破切口相比，爆破切口具有以下特点：切口形状呈类梯形，切口长度均为切口处外径的2/3，高度为1.5 m。由爆破结果可知，这种爆破切口对控制倾倒方向、防止后坐现象的发生起到关键作用。3个烟囱切口中支撑体面积分别占整个切口面积的32.5%、29.8%、25.5%。支撑体面积越小，所需爆破的砌体越小，相应的钻孔量、用药量、爆破噪声、振动和飞石距离也越小，但合理的支撑体面积必须考虑烟囱本身的结构、特点，并且必须进行强度校核和稳定性分析，以确保施工安全。

传统的爆破拆除烟囱、水塔等都是采用径向钻孔集中药包装药。此种工艺的钻孔工作量大、药包数量多、起爆网络复杂、对防护的要求高。本方法采用在支撑体的两侧中心处相向钻孔，钻孔工作量分别是径向钻孔的47%、31%、51%。更重要的是，侧向相向钻孔能充分利用自由面，变集中装药为线型装药；切取一定长度38 g/m的导爆索再绑上起爆雷管，就实现了这种线型装药。总之，新工艺钻孔量少，装药简便易行，爆破效果好。

轻型防护是利用废旧棉被紧紧地缚在支撑体的外壁和两侧的特点，再在其外面覆盖一层塑料彩条布。传统的防护材料一般采用荆笆、草袋等，这些材料难以固定到位，防护效果取决于施工人员的责任心。从摄像资料和爆破后残留的防护材料碎片可以看到，起爆后爆破砌体碎石按既定方向飞出时旧棉被被挡在前面，然后落在地面。1#烟囱倒塌后残留一部分防护材料纷落在10～15 m范围之内；2#烟囱倒塌后残留的防护材料散落在3～5 m内，而且几乎无破损。由此可见，爆破拆除3个烟囱时所用的轻型防护是可行的，达到了安全防护的目的。

6. 结论

采取本方法爆破拆除烟囱、水塔，其核心内容是正确确定倾倒轴线。采用类梯形水平切口，开预留门、窗，留支撑体，侧向钻孔，线型装药和轻型防护。对于爆破拆除高耸薄壁结构，尤其壁厚小于0.5 m的烟囱、水塔具有重要的参考价值。

4.8.5 双曲线结构冷却塔爆破拆除新技术研究与实践[42]

1. 工程概况

华润（锦州）电力有限公司为了落实国家"节能减排"的相关政策，已将原有的1～3号机组关停，需要将上述机组的3座冷却塔彻底拆除。

（1）周围环境。待拆除的3座冷却塔位于厂区内的西南部，周边环境较为复杂（图1－71）。

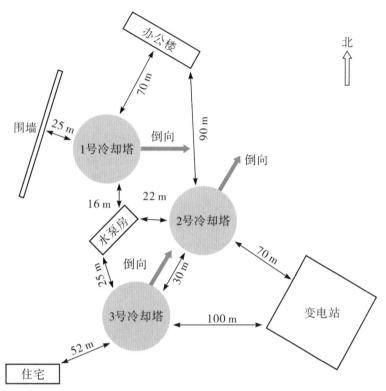

图 1-71　待爆的冷却塔周围环境

（2）工程结构。待拆除的 3 座冷却塔同属一种结构，即双曲线钢筋混凝土结构。冷却塔淋水面积 3500 m²，塔高 90 m，基础面直径 73.5 m，通风筒喉部直径 38.8 m，顶部出口直径 43.1 m。冷却塔为高耸薄壳结构，钢筋混凝土环型基础，基础设计标号 300 号，基础底面埋深 -3.00 m。塔筒下部有 40 对钢筋混凝土人字柱支撑，人字柱截面为八边形，平行面之间的距离为 50 cm，垂直高度 5.8 m，塔筒壁厚由下至上依次减小，下部为 500 mm，上部为 140 mm。设计强度为 C30 混凝土，钢筋混凝土总方量约为 5600 m³。

2. 爆破设计

1）总体拆除方案

根据待拆除冷却塔的结构特点和周边环境情况，确定以下总体拆除方案：

①对 3 座冷却塔地面以上塔体部分采取定向爆破的方法进行拆除。

②采取在冷却塔塔体上开高减荷槽的措施，有利于筒壁折断塌落。

③为减少爆破次数，对 3 个冷却塔采取一次性定向爆破拆除，按 1、2、3 号的顺序依次起爆，各冷却塔间起爆时间延时为 1000 ms。

④1 号冷却塔倾倒方向为正东方向；2 号冷却塔倾倒方向为北偏 20°方向；3 号冷却塔倾倒方向为北偏东 30°方向（图 1-71）。

2）爆破切口

切口的设计直接关系到冷却塔能否顺利倒塌，传统设计一般采用底部大爆破切口，切口的形状一般有正梯形、倒梯形、三角形和复合型。爆破切口的选择至少要满足以下几个条件：

①爆破切口部位的冷却塔筒壁厚度、结构，受力、材料强度等沿切口轴线对称，防止预处理后，筒身偏心失稳；

②切口部位预留截面，应具有安全的抗压强度，保证定向倾倒；

③爆破切口的高度应满足筒身倾倒所需的重心失稳角度；

④尽量降低切口高度，避免高空作业。

本工程拟采用只爆破人字形结构的方法。为了确保冷却塔向拟定方向倾倒，预留部分的抗压强度需足够大，爆破切口长度定为周长的53%，沿倒塌方向（即爆破21对人字支撑柱结构）对称分布。为了确保人字形切口爆破后形成的倾覆力矩能够使冷却塔的筒体触地后充分破碎、解体，并减小倒塌触地振动，减荷槽的开挖非常关键，即必须保证一定面积和高度的减荷槽。本工程采用液压锤破碎的方式开设 10 组高减荷槽。减荷槽高 8～12 m，宽 0.5～1 m，分布在倒塌中心线两侧，中间两个和两边的减荷槽最高为 12 m，其他减荷槽的高度以倒向中间向两侧依次为 10.8 m（图 1−72）。

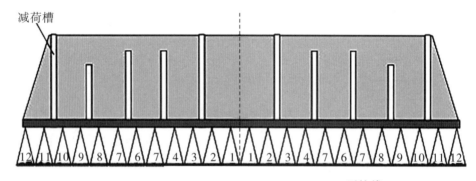

图 1−72 减荷槽

3）爆破参数设计

采用钻孔爆破的方法对人字形立柱实施爆破，爆破部位从底部向上 1.8 m 和从圈梁处向下 1.8 m 连续钻孔装药炸毁，中间部分不爆破。炮孔直径为 38 mm，使用风动凿岩机钻孔。最小抵抗线为 25 cm，孔距取 40 cm，孔深为 33 cm（切口范围内立柱截面厚度的2/3），单柱孔数为 10 个（上下各 5 个），总孔数 420 个，单耗 $q = 1000 \ \text{g/m}^3$，单孔药量为 100 g，3 个冷却塔合计孔数为 1260 个，总药量为 126 kg。

支撑柱的布孔采用"中心剪切式"即沿立柱中轴线一左一右 23 cm 依次布孔，装药使用 ϕ32 mm 乳化炸药卷。

4）起爆网路设计

（1）爆破器材选择。采用孔内延时起爆方式，起爆元件使用半秒塑料导爆管延期雷管（HS2、HS4、HS6），传爆元件由毫秒导爆管雷管（MS1）、导爆管和四通连接件组成，击发元件使用击发枪。

（2）爆区划分和网路连接方法。为降低冷却塔的塌落振动，将每个冷却塔的起爆时间延时 1s，使每个冷却塔最大的触地振动时间错开。按 1、2、3 号的先后顺序依次起爆，各冷却塔之间的起爆间隔用半秒塑料导爆管延期雷管控制。各区段的划分及延时时间如表 1-43 所示。

表 1-43 冷却塔爆破延时分段

起爆部位	孔内雷管段别	传爆雷管段别	延迟时间/ms
1 号冷却塔	HS2	MS1	500
2 号冷却塔	HS4	MS1	1500
3 号冷却塔	HS6	MS1	2500

用导爆管雷管、导爆管及四通元件把起爆网路连接成复式加强起爆网路，连接方法为：

①将立柱炮孔中的导爆管雷管每 20 发抓为一把，绑扎 2 发毫秒 1 段非电导爆管雷管起爆；

②用导爆管和四通元件将孔外传爆的导爆管雷管连成复式加强起（传）爆网路，保证导爆管传爆网路的可靠性；

③采用能够产生高能火花的击发装置作起爆能源，激发导爆管，进而引爆用于传爆和起爆炸药的雷管及整个网路。

3. 安全设计与防护

1）爆破振动

根据《爆破安全规程》（GB 6722—2003）要求，民房所允许的地面质点振动速度为 2.0 cm/s，电厂控制中心室设备振动速度为 0.5 cm/s。根据中科院力学研究所提出的立柱拆除爆破经验数据，可以算得距离冷却塔 170 m 处的变电站继电器设备处，爆破振动速度 $v = 0.07$ cm/s。距离冷却塔 120m 处的民房，爆破振动速度 $v = 0.13$ cm/s，远小于规程允许的振动速度。

2）塌落振动

由于冷却塔为高耸构筑物，爆破倾倒时会对地面产生冲击振动，振动大小及频率与其质量、重心高度和触点土层的刚度有关。根据中国科学院力学研究所提供的经验公式，单个冷却塔圈梁以上的质量约 6500 t，重心高度为 30 m，但根据以往的冷却塔塌落振动结论，冷却塔的圈梁触地时的振动值最大，后续的筒壁塌落过程的振动较小，依据此结论，取重心高度为 8 m（圈梁至池底的高度），可算得在不同距离产生的振动（表 1-44）。

表 1-44 不同距离上塌落触地振动

距离/m	触地振动速度/（cm·s⁻¹）	距离/m	触地振动速度/（cm·s⁻¹）
50	2.05	200	0.2
100	0.65	250	0.14
150	0.33	300	0.10

根据计算，变电站继电器设备间处烟囱塌落振动速度为 0.27 cm/s，小于国家安全标准《爆破安全规程》的规定。为了进一步确保安全，在冷却塔倒塌方向提前构筑减振堤，在需要保护的目标方向，开挖减振沟，可以大幅减小塌落振动对变电站电气开关等敏感元器件的影响。

3）空气冲击波安全距离

由于炸药被分装药，加上采用的是多段微差爆破技术，因此，所产生的空气冲击波影响很小，无须进行专项防护。

4）飞石安全距离

拆除控制爆破无防护条件下个别飞石的最大飞散距离为 63 m，根据周边环境的实际情况，必须采取预防技术措施以降低爆破飞石的飞散距离，主要是在爆破部位使用草帘、铁丝网进行外部包裹防护，确保防护后个别飞散物的飞散距离不大于 30 m，以保证飞石不会对周围建筑物造成危害。

5）冷却塔触地飞石距离

冷却塔塌落后会产生一定距离的飞石，但目前尚没有统一认可的倒塌触地的飞石距离计算公式。根据以往的冷却塔爆破拆除经验，冷却塔在塌落过程中，主要是筒壁扭曲变形，筒壁失去支撑作用后逐步塌落。因此塌落过程中产生的飞石飞散距离较近，不会对 50 m 外的建筑和设施造成损坏。

6）安全防护

（1）防止塌落振动的措施。冷却塔在塌落过程中会产生较大的塌落振动，随着距离的增加，塌落振动衰减很快。由于冷却塔周边有较多的建筑物和设施需要保护，因此，要采取必要的工程手段减小塌落振动对周边建筑和设施的影响。采取的主要措施有：

①10 m 范围内用渣土构筑 2～3 道缓冲堤，堤高 1～2 m，长 20～30 m，宽 2～3 m。

②在 3#塔与水泵房之间开挖一条 50 m 长的减振沟，沟深 2 m、宽 1.5 m。

③在污水管沟和供水管沟与冷却塔之间开挖减振沟。

（2）防止个别爆破飞石的安全措施。

①爆破前进行实爆试验，调整和优化爆破技术参数。

②精心施工，保证炮孔位置、深度、方向准确；保证按设计药量装药，药卷装填到位；保证填塞质量和填塞长度符合要求。

③爆破部位用稻草或草袋进行防护，有效防止飞石的危害效应，将爆破个别飞石控制在 30 m 以内。

4. 爆破效果

图 1-73 所示为起爆后冷却塔倒塌过程。从图中可以看出，起爆后形成的倾覆力矩使得冷却塔筒体发生扭转、倾覆，在预留人字形结构的圈梁上方约 12 m 的位置（减荷槽顶端）出现了明显裂纹，此后，裂纹不断扩大，筒体继续倾覆、触地、破碎。实践表明，3 座冷却塔均按设计倒塌方向坍塌，没有发生后坐现象，需要保护的建筑物均完好无损，振动控制在预测范围之内，没有明显飞石飞出，爆破取得完满成功。

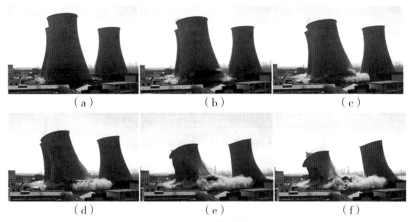

图 1-73　冷却塔倒塌过程

5. 结论

传统的双曲线型结构的冷却塔在爆破拆除时，爆破切口较高；需要同时对人字柱、圈梁和筒壁进行打孔爆破，药孔数量多；爆破器材用量较大；高空作业钻孔难度大；防护难度高，飞石范围广；有时还会发生爆而不倒的现象。针对上述问题，采用一种小缺口爆破拆除技术，即在人字柱的顶端和底端进行节点爆破，在沿倒塌中心线两侧筒体辅以开设纵向减荷槽的方法。通过华润电力（锦州）有限公司 3 座 90 m 高双曲线结构冷却塔的爆破拆除实践表明，该方法倒塌精准，爆破拆除效果良好。与传统方法相比，该方法缩短了施工时间，降低了塌落振动，减小了飞石扩散范围，降低了成本，提高了安全性，对类似工程具有较强的参考意义。

4.8.6　桥梁爆破拆除新技术

1. 江山市东门大桥现浇钢筋混凝桥板对扭拆除爆破新技术[43]

1）工程概况

江山东门大桥位于城中彩虹桥南面 160 m 的须江上，长 178 m，高 9.1 m，宽 7.6 m。该桥建于 1960 年代，较陈旧。江山市政府决定予以拆除。

工程周围环境较复杂。距桥东 60 m 处有民房，桥南面是须江上游，桥西南面须江上游 80 m 处有低矮混凝土水闸坝，西侧桥头离围墙 14 m、离民房 17 m，如图 1-74 所示。

该桥属 8 跨拱桥，中间有 7 个桥墩，其中 4 个桥墩为浆砌条石，基础为混凝土承台；3 个为混凝土桩，基础为混凝土承台，每跨为 22 m。桥身采用 22 cm×25 cm 预制拱梁及预制腹拱板，上部为浆砌块石，最上层为钢筋混凝土桥面。桥梁拆除工程量合计为 7622 m³，其中浆砌坵工 4189 m³，钢筋混凝土 2736 m³，混凝土 697 m³。

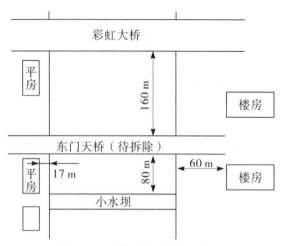

图 1-74 爆区周围环境示意图

2）爆破方案的选择

根据爆破对象、周边环境、桥梁结构及业主要求，为了控制爆破产生的有害效应，决定采用城镇浅孔爆破方案：多打孔，少装药。主要爆破部位为 3 个混凝土桥墩，东西两拱的 2 处拱梁。预制拱桥构件、桥台、桥面及桥台两侧浆砌块石和混凝土路面等爆破坍塌后用机械拆除。大桥爆破点布置如图 1-75 所示。

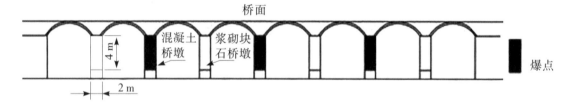

图 1-75 起爆点布置示意图

3）爆破参数的选取

（1）大桥拱梁。孔径 $d = 38$ mm；最小抵抗线（拱梁布置单排炮孔，炮孔交叉偏离中心线 2 cm）：$W = (1/2)B - 1 = 22/2 - 1 = 10$ cm；孔间距 $a = W = 10$ cm；孔深 $l = (2/3)H = 0.67 \times 25 = 17$ cm。

单孔装药量：

$$Q = qV = qaBh \qquad (1-57)$$

式中，q 为炸药单耗，kg/m³，取 $q = 3.5$ kg/m³；a 为孔距，m，$a = 10$ cm $= 0.1$ m；B 为拱梁宽度，$B = 22$ cm $= 0.22$ m；h 为一个炮孔承担的厚度，$h = 25$ cm $= 0.25$ m。

将以上数值代入式（1-57）计算：

$$Q = qV = qaBh = 3.5 \times 0.1 \times 0.22 \times 0.25 = 0.01925 \text{（kg）}$$

取 $Q = 0.02$ kg $= 20$ g，每根拱梁布孔 11 个，用药量为 $11 \times 20 = 220$ g。

（2）桥墩。孔间距 $a = 1$ m；排间距 $b = 0.5$ m；孔深 $l = 1.4$ m；填塞段 $L_2 = 0.7$ m；单孔装药量 $Q = qabH$，q 取 0.7 kg/m³，$Q = 0.7$ kg；混凝土桥墩布矩形孔，每排孔 5 个，共

布孔 18 排。

炮孔布置图如图 1 – 76 所示。

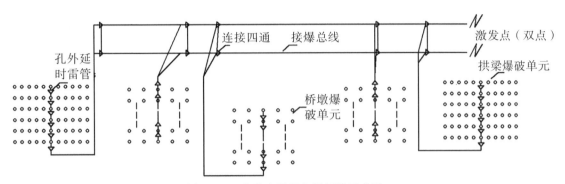

图 1 – 76　炮孔布置及起爆网路示意图

4）炮孔装填结构及起爆网路

每个炮孔装填采用连续柱状装药，采用炮泥按要求堵塞，作业过程中不损坏网路。

起爆网路采用非电导爆网路，孔内 MS15 段，孔外 MS3 段管。排间微差，同一段簇联，段与段间采用 MS3 段雷管接力。为可靠起爆，采用双网路两台起爆器同时起爆。为便于桥面充分分解，桥墩的起爆顺序是：采取一个桥墩从左向右传爆，相对的另一个桥墩从右向左传爆。利用起爆时差产生扭矩，让桥面的钢筋与混凝土在扭力的作用下，达到分离破坏。在需要爆破的 3 个桥墩中，起爆点左右交错顺序起爆，达到桥面无须钻孔爆破，依靠交错的起爆顺序给桥面施加扭矩，使钢筋混凝土桥面充分解体。起爆网路如图 1 – 76所示。

5）爆破安全及防护

（1）安全校核。

①最大单段装药量的校核。

分别对桥东 60 m 处的民房，上游 80 m 处的混凝土水闸坝，下游 60 m 处的钢构彩虹大桥和西面离头 14 m 处的围墙进行最大段装药量计算。

根据萨氏公式 $v = K\left(Q^{1/3}/R\right)^{\alpha}$，可知

$$Q_{\max} = R^3\left(v/K\right)^{3/\alpha} \tag{1-58}$$

式中，$Q_{\max}$ 为一次允许的最大段药量；v 为保护对象允许的振动速度，cm/s；R 为爆点到被保护对象的距离，m。

与爆破类型、地质条件、地形、地貌、炸药性能与种类有关的系数，此处取 $K = 150$，$a = 1.5$。

算出不同保护对象的允许速度：

a. 桥东民房，v 取 3 cm/s，距离 $R = 60$ m，则 $Q_{\max_1}$ 为 86.4 kg；

b. 上游 80 m 处的闸坝，v 取 5 cm/s，距离 $R = 80$ m，则 $Q_{\max_2}$ 为 568.9 kg；

c. 下游的彩虹大桥，v 取 5 cm/s，距离 $R = 160$ m，则 $Q_{\max_3}$ 为 4551.4 kg；

d. 桥头西侧的围墙，v 取 3 cm/s，距离 $R = 14$ m，则 $Q_{\max_4}$ 为 1.1 kg。

每个拱梁布孔 11 个，每孔 0.02 kg，单段药量为 $0.02 \times 11 = 0.22$ kg，小于西侧桥头围

墙允许药量，围墙安全。桥墩单孔药量 0.7 kg，每排 5 个，单段药量 3.5 kg，因此对民房、闸坝、彩虹大桥均是安全的。

②个别飞石的控制。

根据飞石距离计算公式：

$$R_飞 = v_0^2/g \tag{1-59}$$

式中，$R_飞$ 为个别飞石的飞散距离，m；v_0 为爆破时飞石初速度，m/s；$v_0 = 10 \sim 30$ m/s，因拆除钢筋混凝土必须充分炸毁，单耗应选强抛掷爆破，因此取初速度 $v_0 = 30$ m/s；g 为重力加速度，$g = 9.8$ m/s²。

将以上数值代入公式计算：

$$R_飞 = v_0^2/g = 30^2/9.8 = 91 \text{ m}。$$

计算得到飞石距离是 91 m，因此必须采取有效的防护措施控制飞石，确保爆破对周围保护对象是安全的。

为了防止个别飞石飞散物损坏建筑物和伤害人员，需控制好最小抵抗线的大小、方向及装药量等参数，加强炮孔堵塞和加强覆盖。同时在桥梁两侧和桥头两侧采取近体防护措施，在爆破桥墩边上搭设钢管排架，上面挂竹芭，以确保无飞石溢出。

（2）防护措施。

①爆破振动影响。防护措施从上述校核中可以看出，爆破振动在控制范围内。

②冲击波的影响。因为是露天钻孔爆破，冲击波影响不大。

③飞石的防护。爆破飞石需重点防护。为了防止个别飞散物损坏建筑物和伤害人员，应控制好最小抵抗线的大小、方向及装药量等参数，加强炮孔堵塞和加强覆盖，采用爆区近体防护是控制爆破的重要一环，必须引起高度重视。具体为在爆破体周围利用钻孔时已搭建的脚手架，内外用竹芭中间夹铁丝网，形成三层防护体，以确保无飞石溢出。

6）爆破结果

对现浇钢筋混凝土桥面没有布置炮孔施爆，而是灵活运用桥面与桥台钢筋结构关系，利用两个桥墩相向延时起爆，对桥面产生极大的扭矩，使桥面钢筋与混凝土分离、破坏，桥面解体充分，达到预想的结果，说明设计思路是正确的。爆破结果显示各桥墩带着桥面分别左右倒塌，效果理想，周围保护对象完好无损。

本案例根据桥梁结构，巧妙利用起爆网路、相反时差的起爆顺序，对坚固的钢筋混凝土桥面施加强力扭矩，克服了桥面布筋密、钻孔数量多、需用药包、雷管多、难度大、费工、费时，且飞石难于控制等困难，达到安全、快速、经济、效果好的目的，可供类似工程拆除参考。

2. 水覆盖爆破拆除现浇钢筋混凝土桥面

1）概述

现浇钢筋混凝土桥面钢筋粗且密度大，钻孔难度很大，钻孔时常遇到钢筋钻不进去，需调换位置重新打孔，打孔效率低，劳动强度大，噪声、粉尘污染严重且孔位不能满足设计要求的情况。

1986 年福建三明市一座现浇钢筋混凝土桥梁，需要拆除。该桥建于 20 世纪 60 年代，桥全长 60 m，三跨四个桥墩，高 6 ~ 8 m，桥下水深 0 ~ 2 m。桥墩为混凝土结构，宽 8 m，露出地面高 6～8 m，厚度 2.1 m。每跨桥面长 20 m，宽 8 m，厚 25 cm，长 60 m。要求拆除中间两个桥墩和三跨桥面。

2）周围环境

南北两侧为山体，周围没有需保护的建（构）筑物，环境好。

3）设计目标

爆破方案设计以安全为主，即设计方案要确保施工安全，爆破时有害效应控制在《爆破安全规程》允许的范围内，爆破质量满足业主要求，工期短，工程费用最少。

4）方案选择

根据周围环境属于野外，结合桥梁结构特点，符合以上设计目标，采取以下方案：对桥墩实施钻孔爆破，导爆管毫秒雷管起爆网路；桥面采取水覆盖裸露爆破，导爆索起爆网路，然后上下两种网路相结合进行爆破。

5）参数选择与计算

（1）桥墩。

孔网参数：布矩形炮孔，孔间距 $a = 1$ m，排间距 $b = 0.7$ m，孔深 $l = 1.4$ m，填塞段 $L_2 = 0.7$ m。炸药单耗，对于多面临空的混凝土大体积桥墩，取 $q = 0.48$ kg/m^3，单孔装药量经计算得 $Q = 0.7$ kg，每个墩布孔 9～10 排，每排 7 个孔，共布炮孔 63～70 个孔。一个桥墩用炸药 44.1～49 kg，三个桥墩用炸药 132.3～147 kg。

（2）桥面。

一个桥面体积 $V = 20 \times 8 \times 0.25 = 40$（m^3）。薄板加密钢筋混凝土单耗 q，取 $q = 1.5$ kg/m^3。按裸露爆破单耗为钻孔爆破的 5 倍计算，$q = 5 \times 1.5 = 7.5$（kg/m^3）。

一跨桥面用药量 Q 为：$Q = qV = 7.5 \times 40 = 300$（kg）。

3 个桥面需用药 $\sum Q = 3Q = 3 \times 300 = 900$（kg）。

全桥爆破需用药 $\sum Q_总 = $ 桥墩用药 + 3 个桥面用药 $= 147 + 900 = 1047$（kg），取 $\sum Q_总 = 1050$ kg。

（3）桥面药包布置。

桥面宽 8 m，每个桥面布条形药包 7 条，每条药量 $300 \div 7 = 42.8$（kg）。延桥面全长均匀布药，并压在双根导爆索上。利用双根导爆索传爆炸药，在炸药包上覆盖厚度大于 10 cm 的水袋。采用水泵从桥下抽水，紧压在药包上。每根导爆索 21 m，7 组导爆索（共 14 根）并联用 2 发导爆管毫秒雷管起爆。每个桥面需导爆索 150 m，3 个桥面共需 450 m。

6）起爆顺序与起爆网路

整座桥网路分成 3 大组，桥梁为南北向，起爆顺序自南向北。所有桥墩孔内均用导爆管毫秒雷管 MS-5，桥面用 MS-7。一个桥墩和一个桥面为一大组，第 3 组只有一个桥面。自南向北，每组用 MS-5 接力。桥面最后响可起到作为桥墩爆破的覆盖防护作用，且增加桥墩承载的重量，更易于倒塌。并起到桥墩爆破时，将桥面抬起，更有利于桥面的解体、破碎。采用导爆索传爆裸露药包水袋覆盖有以下优点：①可提高爆破效果；②减少粉尘污染；③施工进度快；④免除打孔的艰难程度。其缺点是：①噪声大、冲击波大；②消耗炸药、导爆索量大。但由于炸药爆炸时，爆破方向指向桥面下方，加上覆盖有 10 cm 厚以上的水袋，因此，飞石主要飞向桥下，可控且更为安全。

7）爆破效果与评价

爆破成功，倒塌顺利，桥墩、桥面充分解体，是安全、省时、省工、经济、快速的适合在野外应用的方法。混凝土与钢筋完全脱离，只剩一个钢筋笼，基本不用敲打就能回收钢筋。由于药包覆盖了水袋，爆破方向朝向桥下，飞石、噪声、粉尘也不大。整个工程，用不到一周的时间就圆满完成，得到业主的好评。

3. 钢筋混凝土结构物拆除爆破

地坪类拆除爆破技术一般有以下 3 种方法：

（1）成块爆破切割法。

把薄板划分成能用人工或机械搬运的大小块度，沿着分割线钻密集孔爆破切割。切割的参数参考地坪切割方法，爆后一般沿着分割线混凝土破碎并裂开一条缝。人工或用风镐清除碎渣后，再把钢筋割断。在清渣和割断钢筋时，注意周围和下面人员安全。

（2）填埋药包爆破法[44]。

这种方法是将集中药包置于计划爆破的钢筋混凝土板或墙上，周围用砂土填埋，使炸药包爆炸的能量直接作用于破碎对象，使之破坏。由于药包周围一定厚度的砂土覆盖，能大幅降低空气冲击波和噪声的强度，而飞散物只能向内飞出，保障安全。

（3）地坪拆除基底爆破法[45]。

钻孔穿透混凝土路面，在孔底装药爆破。

孔深 l：$l = B + h$，B 为路面厚度，h 为超钻，$h =$（0.3～0.5）B。

孔距和排距：$a = b =$（1～2）B。

单孔药量 $Q_1 = K'abB$，$K' =$（1.5～2.0）K。

以北京原科技馆地坪拆除爆破为例。地坪基础 $B = 30$ cm，采用常规爆破法，取 $l = 25$ cm，$a = b = 25$ cm，$Q_1 = 20$ g。爆破时有个别孔"冲炮"。后钻孔穿透路面，调整参数为 $l = 40$ cm，$a = b = 60$ cm，$Q_1 = 100$ g。爆破后地坪底部的整个钢筋网成"钟形"鼓起约 2 m 高。爆后采用人工或机械清理均十分方便。

与普通爆破法相比，以上 3 种爆破拆除钢筋混凝土薄板结构，都避免了打孔多、打孔难，施工工作量大、飞石难以控制的情况，达到安全、快速、经济的目的。

4. 沉井井壁外敷药包爆破法拆除[46]

1）工程概况

（1）工程结构。

沉井为圆形，外径 $\phi = 6.7$ m，井深 $H = 7.0$ m，壁厚 $\delta = 0.35$ m。双层 $\phi 20$ mm 螺纹钢和混凝土浇灌而成，沉井底板厚 0.8 m。爆破前，底板已拆除，沉井位于地表以下，井口与地表平齐。

（2）周围环境。需要保护周围建构筑物及管线，周围环境如图 1 – 77 所示。

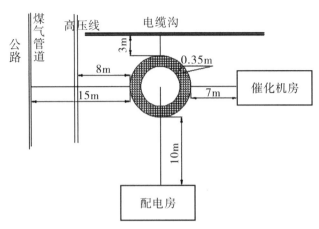

图 1-77　周围环境示意图

2）爆破方案选择

采用紧贴井壁药包爆破法（惯性约束爆破）。

3）爆破参数

孔径 $a = 0.8$ m，孔深 $l = 6.0$ m。用钢管沿井壁打孔，$\phi = 50$ mm，$H = 7$ m。底厚 0.8 m。井壁高度为 $7 - 0.6 = 6.2$（m）。

若按总药量 $Q_孔 = 1500$ g，分成 8 层，从下到上，依次为：250 g、200 g、200 g、150 g、150 g、150 g、150 g、100 g。按每 0.8 m 装一层药，用导爆索一根与 8 层药包串在一起。中间用黄泥堵塞，孔口严密堵塞。

4）安全防护

（1）爆破振动防护：在电缆沟旁挖一条深 1.2 m，宽 0.6 m 的减振沟。

（2）飞石防护：在沉井上用钢管为支架，用建筑竹跳板覆盖，再在跳板上盖胶皮和铁板。

5）爆破结果

（1）炮孔全部起爆，碴子全落在沉井内。

（2）井壁全部炸碎，混凝土脱离钢筋，变成个钢筋网。

（3）爆破得到控制，振动、飞石均符合安全要求。

小结：用本方法爆破拆除沉井，安全、快速、经济、效果好。

5. 惯性约束爆破技术应用[47]

水压爆破技术部分地解决了薄板结构爆破拆除的施工难度。它具有经济、安全、无声等特点，备受青睐。对于注水困难的结构及水害问题不能解决的地方，不能实施水压爆破，大大限制了水压爆破技术的应用范围。通过实践，提出惯性约束爆破技术作为水压爆破技术的补充。

1）惯性约束爆破原理

惯性约束爆破，是在薄板结构的一侧填土，将适量药包贴壁置于土中适当深度爆破即可将薄板结构破碎。土即为药包的惯性约束体。此项技术在实际工程中应用数次，都获得成功。

2）爆破应用实例

（1）壁体爆破。

1991年初，采用惯性约束爆破法拆除一污水池。池壁为37 cm厚，砖砌圆池结构，位于地面以下。池深4 m，周长45 m，池外是砂土。砌砖潮湿，钻孔很困难，决定采用惯性约束法予以爆破拆除，即用铁管沿池外壁面打3 m深孔。每隔1.5 m打一个孔，每孔分双层装药，每层400 g。砂土为惯性约束体。爆破效果非常好，池壁全部破碎，飞石全部限定在原池内，只有少量砂土冲起约3 m高，声音小，非常安全。此池拆除仅用了一天时间，安全、省工、省力。

在此基础上，采用同样方法爆破了厚50 cm、60 cm、74 cm、95 cm的砖墙，效果也很好。95 cm厚砖墙爆破案例，砖墙位于地面以下，高1.4 m，一侧临空，另一侧是黏土。在黏土一侧挖洞，深1.1～1.4 m，洞间距2.5 m，洞内贴壁放入1.1～1.6 kg药包，而后用土填实。爆破后墙壁被破碎，个别大块达0.6 m²，黄土飞高达15 m，无过远飞石，声音较大，究其原因为药包埋深相对较浅。

实践表明，此方法特别适合于砖石砌筑的壁状结构，包括各种池、罐、地下工事及路面、地坪等，其解体块度与壁厚关系紧密。

（2）混凝土地坪的惯性约束爆破。

混凝土地坪、路面的爆破是一大难题，采用惯性约束爆破法可解决。具体做法是：垂直钻透地坪，将药包置于地坪下方，使爆炸能量将地坪隆起而断裂成块。

爆破18 cm厚混凝土地坪（4 m×4 m拼块）案例中，分单孔及梅花三角形多孔布置，多孔孔间距1 m，排距0.8 m。根据经验每孔药量65 g。爆破结果为：①单孔装药约2 m范围可视隆起，并有径向裂缝3～5条，直至伸缩缝。②多孔装药、各炮孔间以裂缝贯通，破碎达到一定程度，即可人工一块块撬起，适于人工清运。③爆破噪声很小，冲起物少（主要是堵孔炮泥），仅有约3 m高，安全性很好。④爆破漏斗深10 cm，直径30 cm，炮孔较完整。⑤地坪下炸成空腔，空腔深达20 cm。

拆除20 cm厚面积为100 m²（10 m×10 m）的路面，采用惯性约束法与常规钻孔法相比较，结果如表1-45所示。

表1-45　惯性约束法与常规钻孔法比较

参　数	惯性约束法	常规钻孔法
孔距/cm	100	30
排距/cm	100	30
孔深/cm	20	15
单孔药量/g	70	20
总孔数/个	81	1056
总钻深/m	16.2	158.4
总药量/kg	5.7	21

（续表）

参　　数	惯性约束法	常规钻孔法
上冲高度/m	<6	<20
噪声	很小	很大

比较发现，惯性约束法的炮孔数量仅为常规钻孔法的 1/13，仅此一项，即可见该方法在省工、省力、省费用方面的巨大优势，更重要的是表现在安全性上的差异。

3）应用总结

（1）惯性约束爆破的特点：①安全方面。惯性约束爆破冲起的是碎土，与水压爆破冲起的水同样不会构成大的危害。实践表明，对药量的要求不像打眼爆破那样严格，对飞石及对解体块度较易控制。因土的"吸音"作用，其爆破噪声很小。而且土通常较潮湿，爆破灰尘较小。

②施工方面。不需打眼设备，通常施工方便、迅速，不存在注水困难及水害等问题。

③适用范围方面。此方法可用于破碎各种砖石砌筑和混凝土板状结构，只要有一侧临空，另一侧有土或其他惯性介质即可，也可人为创造这些条件。

（2）药量计算。

采用惯性约束爆破部分药量列于表 1-46。

表 1-46　惯性约束爆破数据表

壁厚/cm	约束	药包埋深/m	药包间距/m	药量药包/g
37	砂土	2.0	1.5	400
37	砂土	1.4	2.0	400
50	黏土	1.4	2.5	600
60	黏土	1.4	2.5	800
74	黏土	1.4	2.5	1000
95	黏土	1.4	2.5	1400

鉴于目前还难以从理论上推导出一个药量计算公式。根据实际爆破数据，进行曲线拟合，给出一个药量经验公式，为实际应用提供参考。

$$Q = 12B \sim 15B \tag{1-67}$$

本公式适用于：37 cm ≤ B < 95 cm。式中，Q 为药包药量（g）（用 2" 岩石炸药）；B 为壁厚，cm。Q 主要取决于壁厚，还与砌浆、药包布置约束体性质等有关，很难用数学形式准确表述，只能在计算中稍加调整。本方法允许药量有较大变化范围，如破碎 74 cm 厚砖墙用 900 g 和用 1100 g 药，效果相差不大。式（1-67）有一定的实际参考价值。

（3）药包布置原则。

①埋深 l。$l > 1.2B$，以保证足够的能量用于破碎墙体，而不是上冲。

②药包上方埋土，一定不能含碎砖、碎石等，以防冲起，造成危害，尤其是埋深较浅时。

③药包要贴壁放置。

④药包不必布得很密，1.5～2.5 m即可。

6. 钢筋混凝土柱单耗确定试验新方法

在复杂环境中拆除高楼，对于炸药单耗的选取至关重要，取高了飞石难以控制，取低了爆破效果不好，甚至出现炸而不倒。在装药前，对不同大小的梁与柱必须进行不同单耗的试验，以确定最佳单耗值。如果取不同单耗进行试验，预计花费很多时间、警戒次数多，影响周围人员工作，还带来安全隐患。

本方法的经验是一次试验就能取得某种结构梁、柱准确的炸药单耗值。具体做法是：选择合适的不同规格的构梁、柱（非主要承重部位），在同一种规格的梁、柱选择多处钻孔。每3个炮孔为一组，每组间隔60 cm以上。在同一根梁、柱上取几组不同单耗，试炮后看哪组爆破效果最好，一次便可取得最佳单耗值。

7. 建（构）筑物拆除爆破降尘技术

1）背景

大部分建（构）筑物都在城镇或其附近，对噪声、粉尘都很敏感，而爆破拆除的噪声、粉尘不可避免。因此在城镇附近爆破，需采取有效措施进行控制。

2）降尘技术

露天爆破降尘最简单、经济的办法是使用水。经验表明，钻孔时采用湿式打孔，降尘效率最高。爆破时灵活用水降尘，可取得满意效果，具体方法是：

①爆破前，用水冲洗停留在各墙壁上的粉尘并湿润墙体，使倒塌过程中减少粉尘产生量。

②在爆破处，挂上大水袋，爆破时水袋被爆炸冲击波破碎而形成水雾捕尘。对爆破时产生的粉尘，具有很好的效果。

③在各楼层进行除漏处理，装水。布置若干小药包，爆破时与起爆炮孔同时起爆，瞬间成为水雾降尘。

④起爆前在倒塌范围内的地面洒足量的水，压制地面扬尘。

⑤离倒塌一定距离，安置一定数量高压喷头前，打开阀门进行高压喷雾。

通过以上综合治理措施，可取得满意降尘效果。

参考文献

[1] 汪旭光, 中国工程爆破协会. 爆破设计与施工 [M]. 北京: 冶金工业出版, 2011.

[2] 邓体侠, 朱小永. 浅谈我国工业雷管的现状及发展方向 [J]. 中小企业管理与科技, 2010 (2): 185 - 186.

[3] 杨泽, 顾光祥, 杨吉. 数码电子雷管在高瓦斯隧道开挖中的应用探讨 [J]. 建材与装饰, 2015 (11): 272 - 273.

[4] 汪旭光, 沈立晋. 工业雷管技术的现状和发展 [J]. 工程爆破, 2003, 9 (3): 52 - 57.

[5] 罗衍涛. 导爆管雷管高精度电子延时系统精度试验研究 [D]. 山东科技大学, 2017.

[6] 高文乐, 罗衍涛, 周奥博, 等. 新型延时起爆控制系统的应用研究. 火工品. 2016, (1): 33 - 36.

[7] 邱位东. 工业炸药现场混装技术的发展现状与新进展 [J]. 科技创新导报, 2013, (10): 96 - 97.

[8] 任小民, 章士逊, 汪旭光, 等. 我国 BCZH - 25 型装药车在俄罗斯大型矿山的应用. 有色金属 (矿山部分), 2002, 54 (2): 40 - 48.

[9] 蒋晓国. 混装炸药的使用 [R]. 贵州: 贵州福泉市平安爆破有限公司, 2019.

[10] 王文才. 露天矿深孔爆破合理炸药单耗的确定方法 [J]. 包头钢铁学院学报, 1996, 15 (2): 43 - 49.

[11] 谢鹰, 赵金三, 江新. 深孔爆破空气间隔装药研究 [J]. 采矿技术, 2001, 1 (1): 37 - 38.

[12] 何广沂, 韩治龙. 露天石方深孔水 - 土复合封堵爆破新技术工程爆破 [J]. 1998, 4 (3): 44 - 49.

[13] 黄绍威. 西沟矿大孔径集中装药预裂爆破技术 [A]. //中国采选技术十年回顾与展望 [C]. 北京: 冶金工业出版社, 2012: 371 - 373.

[14] 张世银, 傅春生. 浅谈光面爆破装药结构空气柱长度理论计算 [J]. 工程爆破, 2006, 12 (4): 13 - 15.

[15] 亨利奇. 爆炸动力学及其应用 [M]. 北京: 科学技术出版社, 1987.

[16] 张连玉, 汪令羽, 苗瑞生. 爆炸气体动力学基础 [M]. 北京: 北京工业学院出版社, 1987.

[17] 宗琦. 爆生气体作用裂纹传播长度计算 [J]. 阜新矿业学院学报, 1994, 13 (3): 18 - 21.

[18] 宗琦, 罗云滚. 增大岩巷掘进爆破延迟时间以减少抛掷作用 [J]. 金属矿山, 2001 (10): 24 - 25.

[19] 王德胜, 周庆中, 龚敏, 等. 深凹高边坡露天矿大孔径水压预裂爆破技术 [J]. 金属矿山, 2011, 422 (8): 10 - 14.

[20] 刘亮, 蔡联鸣, 张玉柱, 等. 建基面保护层开挖爆破技术新进展 [J]. 工程爆破, 2020, 26 (6): 42 - 49.

[21] 谢建德. 大孔径浅孔爆破设计原则及参数选择 [J]. 金属矿山, 2007 (3): 88 - 89.

[22] 史雅语, 金骥良, 顾毅成. 工程爆破实践 [M]. 合肥: 中国科学技术出版社, 2002.

[23] 采矿手册编写组. 采矿手册 [M]. 北京: 冶金工业出版社, 1990.

[24] 采矿设计手册编写组. 采矿设计手册 [M]. 北京: 中国建筑工业出版社, 1989.

[25] 王华, 贾为, 张海峰. 浅析大钻浅孔爆破和深孔爆破在工程中的运用 [J]. 基层建设, 2015 (17): 5 - 7.

[26] 民用爆炸物品安全管理条例, 2006.09.

[27] 爆破安全规程 [S]. GB6722 - 2014.

［28］爆破作业项目管理要求［S］. GA991—2012.

［29］Olsson M, Bergqvist I. Crack lengths from explosives in multiple hole blasting C. Proceedings of the Fifth International Symposium on Rock Fragmentation by Blasting Fragblast, Montreal, Quebec, Canada, 1996. 87 – 91. Technology, USA, 1990.

［30］刘公宁. 免覆盖无飞石爆破拓宽既有路堑施工方法［J］. 施工技术，2005，34（4）：73 – 74.

［31］管志强，王晓斌. φ90 水平深孔爆破在城区开挖中的应用［A］.∥第七届全国工程爆破学术会议论文集［C］. 北京，2001：222 – 225.

［32］张福宏. 炸药药卷在炮眼中殉爆距离计算经验式的建立. 隧道建设，2003，（02）.

［33］南龙铁路 NLZQ – Ⅱ标项目经理部. 南龙铁路斑竹垄隧道试验爆破测振报告［R］. 福建：中国水利水电第十四工程局有限公司，2015.

［34］刘海波，白宗河，刘学攀，等. 隧道掘进聚能水压光面爆破新技术与应用［J］. 工程爆破. 22017，2（1）：81 – 84.

［35］王树成，何广沂. 隧道掘进水压爆破技术发展与创新［J］. 铁道建筑技术，2021（7）：1 – 7.

［36］杨玉银. 隧洞开挖光面爆破新技术［J］. 爆破，2000（04）：79 – 83.

［37］徐建涛. 隧道控制爆破新技术［R］. 江苏：中国矿业大学建筑工程学院，2009.

［38］潘旭新. 提高水下钻孔爆破效果的探讨［J］. 水运工程，1999（05）：48 – 50.

［39］刘殿中. 工程爆破实用手册［M］. 北京：冶金工业出版社，1999.

［40］郑长青. 危险烟囱爆破拆除——覆土接触爆破拆除砖烟囱技术［A］.∥第七届全国工程爆破学术会议论文集［C］. 北京：中国力学学会，2009.

［41］成新法，黄卫东. 爆破拆除烟囱新工艺［J］. 工程爆破，1999，5（4）：40 – 44.

［42］朱金华，郭天天，汪庆桃. 双曲线结构冷却塔爆破拆除新技术研究与实践［J］. 采矿技术，2017，17（1）：86 – 89.

［43］赵继红. 江山市东门大桥现浇钢筋混凝桥板对扭拆除爆破［R］. 浙江：杭州特科立民爆技术咨询有限公司，2003.

［44］杨宏业，金骥良，翟广歧. 填埋药包爆破法［J］. 爆破，2000，17（1）：51 – 53.

［45］王彦荣. 透孔法爆破拆除混凝土地坪［J］. 工程爆破，2004，10（2）：48 – 50.

［46］陈德志，刘楚桥. 沉井井壁外敷药包爆破法拆除爆破总结［A］.∥湖北省爆破学会第五届学术会议论文集［C］. 武汉：湖北省爆破学会，1999.

［47］王振彪. 惯性约束爆破技术应用［A］.∥全国工程爆破第五届学术会议论文工程爆破论文选编［C］. 武汉：中国地质大学出版社，1993.

第二篇

爆破工程技术设计

1　爆破工程技术设计概述

1.1　爆破技术设计依据[1]

（1）进行爆破设计应遵守《爆破安全规程》及有关行业规范、地方法规的规定，按设计委托书或合同书要求的深度和内容编写。

（2）设计单位应按设计需要提出勘测任务书。勘测任务书内容应当包括：

①爆破对象的形态，包括爆区地形图，建（构）筑物的设计文件、图纸及现场实测、复核资料；

②爆破对象的结构与性质，包括爆区地质图，建（构）筑物配筋图；

③影响爆破效果的爆体缺陷，包括大型地质构造和建（构）筑物受损状况；

④爆破有害效应影响区域内保护物的分布图。

（3）设计人员现场踏勘调查后形成的报告书，试验工程总结、当地类似工程的总结及现场试验、检测等报告，均应作为设计依据。

（4）爆破工程施工过程中，发现地形测量结果和地质条件、拆除物结构尺寸、材质完好状态等与原设计依据不相符或环境条件有较大改变，应及时修改设计或采取补救措施。

（5）凡安全评估未通过的设计文件，应按安全评估的要求重新作设计；安全评估要求修改或增加内容的，应按要求修改补充。

1.2　爆破技术设计文件

（1）爆破工程均应编制爆破技术设计文件。

（2）矿山深孔爆破和其他重复性爆破设计，允许采用标准技术设计。

（3）爆破实施后应根据爆破效果对爆破技术设计做出评估，构成完整的工程设计文件。

（4）爆破技术设计、标准技术设计及设计修改补充文件，均应签字齐全并编录存档。

1.3　爆破技术设计内容

（1）爆破技术设计分说明书和图纸两部分，应包括以下内容：

①工程概况，即爆破对象、爆破环境概述及相关图纸，爆破工程的质量、工期、安全要求；

②爆破技术方案，即方案比较、选定方案的钻爆参数及相关图纸；

③起爆网路设计及起爆网路图；

④安全设计及防护、警戒图。

（2）合格的爆破设计应符合下列条件：

①设计单位的资质符合规定；

②承担设计和安全评估的主要爆破工程技术人员的资格及数量符合规定；

③设计文件通过安全评估或设计审查认为爆破设计在技术上可行、安全上可靠。

（3）复杂环境爆破技术设计。

2　露天深孔台阶爆破设计与案例

2.1　露天深孔台阶爆破设计[2]

2.1.1　方案选择

根据爆破体的爆破高度、爆破规模、工期、爆区周围环境及自身设备情况，选择深孔或浅孔爆破。一般开挖高度大于 5m，周边环境较好时，选择采用深孔爆破，若环境特别复杂，采用复杂环境深孔爆破。开挖高度小于 5m，若周边环境特别复杂，采用城镇浅孔爆破。

2.1.2　爆破参数设计

深孔爆破参数的选择包括：

1）孔径 D（单位：mm）

一般工程爆破多选用 $D = 90$、115 mm 两种。当工程量大、工期紧，对块度要求不严格时，可选择 $D = 140$ mm；大型露天矿山，孔径可达 250、310、350 mm 或更大些。

2）台阶高度 H（单位：m）

根据山体开挖高度、年产量、现有机械能力、工程所在环境考虑台阶高度，一般取 $H = 6 \sim 15$ m，少量达 20 m 或以上。

3）超深 h（单位：m）

取 $h = (0.10 \sim 0.15) H$ 或 $h = (0.15 \sim 0.35) W$。

4）孔深 l（单位：m）

$l = H + h$（垂直孔），或 $l = (H + h) / \sin\alpha$（倾斜孔）。

5）底盘抵抗线 W_1（单位：m）

取 $W_1 = (25 \sim 35) D$。

6）堵塞长度取 $L_d \geqslant W_1$（单位：m）

取 $L_d = W_1 \geqslant (25 \sim 35) D$ 或 $L_d \geqslant (0.7 \sim 1.2) b (W_1)$。

7）装药长度 L_2（单位：m）

$L_2 = l - L_d$。

8）每米装药量 P（单位：kg/m）

（1）不耦合装药。按炸药直径不耦合装药：炮孔直径 $D = 90$ mm，装乳化炸药 70 mm 药卷，每米约装 4.5 kg；炮孔直径 $D = 115$ mm，装乳化炸药 90 mm 药卷，每米约装 7 kg。

（2）耦合装药。每米装药量 $Q_米$ 根据炮孔直径 D 按圆柱形体积乘以炸药密度计算。

$Q_米 = \pi \times R^2 \times \gamma \times 1$。如炮孔直径 $D = 90$ mm，装乳化炸药 70 mm 药卷，装乳化炸药密度 $\gamma = 1000 \sim 1200$ kg/m³，取 $\gamma = 1150$ kg/m³。每米装药量 $Q_米 = 3.14 \times 0.045^2 \times 1150 \times 1 =$

7.3（kg），取 7 kg。其他炮孔直径如 $D=110$ mm、$D=115$ mm、$D=140$ mm 等，计算方法相同。

9）单耗 q（单位：kg/m³）

根据岩石及炸药性质，一般取 $q=0.30\sim0.45$ kg/m³；对于岩石坚韧、裂隙不发育的岩体，取 $q=0.6$ kg/m³ 或更大。

10）单孔装药量 $Q_孔$（单位：kg）

$$Q_孔 = L_2 \times P \quad (以 H=15 \text{ m}, l=16.5 \text{ m}, D=90 \text{ mm} 为例)$$

$$Q_孔 = (l-L_1) \times P = (16.5-3.0) \times 7 = 94.5 \text{（kg）（耦合装药）}$$

式中，l 为孔深，m；L_1 为填塞长度，m；L_2 为装药长度，m；

每孔装药量可按体积公式计算：

$$Q_孔 = qV \text{ 或 } Q_孔 = qabH \qquad\qquad (2-1)$$

式中，a 为孔距，m；b 为排距，m；$Q_孔$ 为每孔装药量，kg；q 为炸药单耗，kg/m³；V 为单孔爆破岩石体积；W 为小抵抗线，m；H 为台阶高度，m。

11）孔、排距：a、b（单位：m）

按经验 $D=90$ mm，台阶高度 $H \geqslant 10$ m 时，取 $a=3.5\sim4.0$ m，$b=3.0\sim3.5$ m；台阶高度 $H \leqslant 10$ m 时，取 $a=3\sim3.5$ m，$b=2.5\sim3.0$ m。

$D=115$ mm，台阶高度 $H \geqslant 10$ m 时，取 $a=4.0\sim4.5$ m，$b=3.5\sim4$ m；台阶高度 $H \leqslant 10$ m 时，取 $a=3.5\sim4.0$ m，$b=3.0\sim3.5$ m。

将以上数值代入公式计算。

12）单孔装药量 $Q_孔$（单位：kg）（以 15 m 台阶为例）

取 $a=4$ m，$b=3.5$ m，$H=15$ m，$q=0.4$ kg/m³，$\gamma=1.15$ kg/cm³。

按乳化炸药，比重取 $\gamma=1.15$ kg/cm³，将以上数值代入公式计算，得：

$$Q_孔 = qabH\gamma = 0.4 \times 4 \times 3.5 \times 15 \times 1.15 = 96.7 \text{ kg}。$$

2.1.3　炮孔布置

炮孔布置图按孔距 a，排距 b 布成梅花形，如图 2-1 所示。

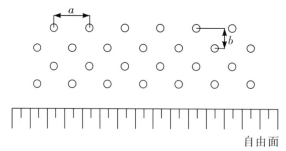

图 2-1　炮孔布置示意图

2.1.4　装药与填塞结构

装药结构有多种形式：如连续耦合装药、连续不耦合装药、间隔装药（有空气间隔、水间隔和泥沙土间隔，又分为孔底、孔中间及孔顶即在药柱顶部与填塞物之间间隔）结构等，炮孔填塞可采用打钻的碴粉、黏土与沙的混合物，有水炮孔用粗沙填塞，填塞长度 L_t

根据爆区环境而定，野外良好环境，$L_t = (0.7 \sim 1.0) W(b)$，$W$ 为最小抵抗线，m；b 为排距，m。复杂环境时，$L_t \geqslant (1.0 \sim 1.2) W(b)$。连续耦合装药结构如图 2－2 所示。

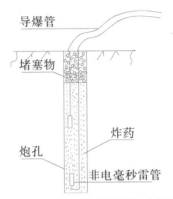

图 2－2　连续耦合装药结构示意图

2.1.5　起爆网路

起爆网路根据不同环境和不同爆破目的，有多种起爆网路，如排间顺序起爆、V 形、梯形和逐孔起爆网路等。为提高爆破效果和减小爆破振动，多采用排孔斜线起爆网路，如图 2－3 所示。若采用电子雷管网路，即把所有炮孔的雷管并联到起爆母线上，根据所选时间间隔在线编程。

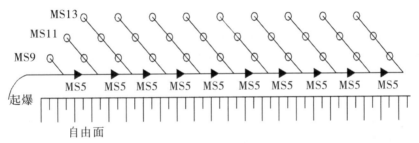

图 2－3　排孔斜线起爆网路

浅孔爆破基本相同，只有孔深 $l < 5$ m、孔径 $d = 38 \sim 45$ mm，多采用连续耦合装药结构，孔内只装 1 发雷管等不同。

2.1.6　安全防护（略）

2.1.7　爆破安全技术

1. 个别飞石距离 R_f 的计算

以 $D = 90$ mm 为例：

$$R_f = KD \tag{2-2}$$

式中，K 为系数，一般 $K = 15 \sim 16$，如取 $K = 16$ 时，$R_f = 16 \times 9 = 144$（m）；D 为炮孔直

径，cm。

2. 爆破振动速度 v 的计算

爆破点距保护对象的最近距离 R，m。如对一般民用建筑物，频率 f 为 $10 \sim 50$ Hz 时，$v = 2.0 \sim 2.5$ cm/s；频率 $f > 50$ Hz 时，$v = 2.5 \sim 3.0$ cm/s。如深孔爆破可取 $v = 2$ cm/s，在此取允许振速 $v_允 = 2$ cm/s 进行计算，计算公式：

$$v = K \ (Q^{1/3}/R)^{\alpha} \tag{2-3}$$

式中，v 为爆破振速，cm/s；K、α 与地形、地质有关的系数与衰减指数；R 为爆破中心到保护对象距离，m（按《爆破安全规程》中表 3 规定选取）。

安全防护和安全警戒（略）。

2.1.8 爆破安全警戒[1]

1. 爆破警戒

（1）装药警戒范围由爆破技术负责人确定。装药时应在警戒区边界设置明显标识并派出岗哨。

（2）爆破警戒范围由设计确定。在危险区边界，应设有明显标识，并派出岗哨。

（3）执行警戒任务的人员，应按指令到达指定地点并坚守工作岗位。

（4）靠近水域的爆破安全警戒工作，除按上述要求封锁陆岸爆区警戒范围外，还应对水域进行警戒。水域警戒应配有指挥船和巡逻船，其警戒范围由设计确定。

2. 信号

（1）预警信号：该信号发出后爆破警戒范围内开始清场工作。

（2）起爆信号：起爆信号应在确认人员全部撤离爆破警戒区，所有警戒人员到位，具备安全起爆条件时发出。起爆信号发出后现场指挥应再次确认达到安全起爆条件，然后下令起爆。

（3）解除信号：安全等待时间过后，检查人员进入爆破警戒范围内检查、确认安全后，报请现场指挥同意，方可发出解除警戒信号。在此之前，岗哨不得撤离，不允许非检查人员进入爆破警戒范围。

（4）各类信号均应使爆破警戒区域及附近人员能清楚地听到或看到。

2.1.9 爆后检查

1. 爆后检查等待时间（规程）

（1）露天浅孔、深孔、特种爆破，爆后应超过 5 min 方准许检查人员进入爆破作业地点；如不能确认有无盲炮，应经 15 min 才能进入爆区检查。

（2）露天爆破经检查确认爆破点安全后，经当班爆破班长同意，方准许作业人员进入爆区。

（3）地下工程爆破后，经通风除尘排烟确认井下空气合格、等待时间超过 15 min 后，方准许检查人员进入爆破作业地点。

（4）拆除爆破，应等待倒塌建（构）筑物和保留建筑物稳定之后，方准许人员进入现场检查。

（5）硐室爆破、水下深孔爆破及《爆破安全规程》未规定的其他爆破作业，爆后检查的等待时间由设计确定。

2. 爆后检查内容

爆破后应检查的内容有：

①确认有无盲炮；

②露天爆破爆堆是否稳定，有无危坡、危石、危墙、危房及未炸倒建（构）筑物；

③地下爆破有无瓦斯及地下水突出、有无冒顶、危岩，支撑是否破坏，有害气体是否排除；

④在爆破警戒区内公用设施及重点保护建（构）筑物安全情况。

2.1.10　盲炮处理[1]

1. 盲炮处理注意事项

（1）处理盲炮前应由爆破技术负责人定出警戒范围，并在该区域边界设置警戒。处理盲炮时无关人员不许进入警戒区。

（2）应派有经验的爆破员处理盲炮，硐室爆破的盲炮处理应由爆破工程技术人员提出方案并经单位技术负责人批准。

（3）电力起爆网路发生盲炮时，应立即切断电源，及时将盲炮电路短路。

（4）导爆索和导爆管起爆网路发生盲炮时，应首先检查导爆索和导爆管是否有破损或断裂，发现有破损或断裂的可修复后重新起爆。

（5）严禁强行拉出炮孔中的起爆药包和雷管。

（6）盲炮处理后，应再次仔细检查爆堆，将残余的爆破器材收集起来统一销毁；在不能确认爆堆无残留的爆破器材之前，应采取预防措施并派专人监督爆堆挖运作业。

（7）盲炮处理后应由处理者填写登记卡片或提交报告，说明产生盲炮的原因、处理的方法、效果和预防措施。

2. 浅孔爆破的盲炮处理

（1）经检查确认起爆网路完好时，可重新起爆。

（2）可钻平行孔装药爆破，平行孔距盲炮孔不应小于 0.3 m。

（3）可用木、竹或其他不产生火花的材料制成的工具，轻轻地将炮孔内填塞物掏出，用药包诱爆。

（4）可在安全地点外用远距离操纵的风水喷管吹出盲炮填塞物及炸药，但应采取措施回收雷管。

（5）处理非抗水类炸药的盲炮，可将填塞物掏出，再向孔内注水，使其失效，但应回收雷管。

（6）盲炮应在当班处理，当班不能处理或未处理完毕的，应将盲炮情况（盲炮数目、炮孔方向、装药数量和起爆药包位置，处理方法和处理意见）在现场交接清楚，由下一班继续处理。

3. 深孔爆破的盲炮处理

（1）爆破网路未受破坏，且最小抵抗线无变化者，可重新连接起爆；最小抵抗线有变化者，应验算安全距离，并加大警戒范围后，再连接起爆。

（2）可在距盲炮孔口不少于 10 倍炮孔直径处另打平行孔装药起爆。爆破参数由爆破工程技术人员确定并经爆破技术负责人批准。

（3）所用炸药为非抗水炸药，且孔壁完好时，可取出部分填塞物向孔内灌水使之失效，然后做进一步处理，但应回收雷管。

2.2 案例 1：石灰石矿露天深孔台阶爆破[3]

某石灰石矿需要年采石 120 万立方米（山体自然方），采区距离居民建筑 500 m，岩石为致密的石灰岩，普氏系数 $f = 8 \sim 10$、台阶高度 10 m、钻孔直径 90 mm，垂直钻孔，采用多孔粒状铵油炸药，导爆管毫秒雷管起爆。

2.2.1 方案选择

采用露天深孔台阶深孔爆破。

2.2.2 爆破参数设计

台阶高度 $H = 10$ m，孔径 $D = 90$ mm，垂直钻孔，超深 h，取 $h = 1$ m，对多孔粒状铵油炸药，线装药密度 $P = 5.6$ kg/m（装药密度 $\Delta = 0.9$ g/cm³），孔深 $l = 11$ m，取填塞长度 $L_2 = 30d = 2.7$ m，则装药长度为 $L_1 = 8.3$ m，单孔装药量 $Q_1 = 8.3 \times 5.6 = 46.5$ kg。

岩石为致密的石灰岩，普氏系数 $f = 8 \sim 10$，根据经验，单位炸药消耗量取 $q = 0.45$ kg/m³，按体积公式 $Q_1 = qHaW_1$，可得炮孔负担面积为 $S = aW_1 = 46.5/0.45 = 10.3$ m²。

取炮孔密集系数 m = 1.2，可得：$W_1 = 2.9$ m，$a = 3.5$ m。

实际 $W_1 = 3.0$ m，$a = 3.5$ m，排距 $b = W_1 = 3.0$ m。单孔装药量 $Q_1 = 47.25$ kg。单孔爆破方量 $V_1 = Q_1/q = 47.25/0.45 = 105$ m³。

2.2.3 装药结构

采用连续耦合装药结构。

2.2.4 起爆网路

因爆区 500 m 范围内无须保护对象，因此可取排间分段起爆，考虑提高破碎效果，采用导爆管毫秒雷管奇偶数起爆方式，第一排为 2、1、2、1……段；第二排为 3、2、3、2……段；第三排为 4、3、4、3……段；第四排为 5、4、5、4……段。波浪式顺序起爆网路图如图 2 - 4 所示。

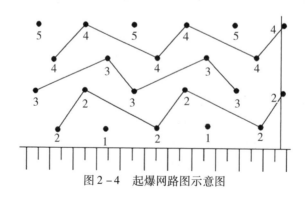

图 2 - 4 起爆网路图示意图

2.2.5　生产计划及炮孔布置

石场年采石量 120 万立方米，按正常生产 10 个月计，月产量为 12 万立方米，按每次爆破方量为 5000 m^3，每月需爆破 24 次，每个炮孔爆破体积为 $V_1 = 105$ m^3，每次爆破需要钻凿炮孔 48 个，采用梅花形布孔法，布置 4 排，第一排布置 14 个炮孔，往后逐排缩进半个孔距，实际布孔 48 个，如图 2 - 5 所示。每次装药量 2268 kg。每次可爆破方量 V 估算如下：$V = 2268/0.45 = 5040$ m^3。

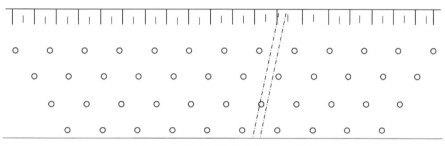

图 2 - 5　爆破规模炮孔布置示意图

安全校核、安全警戒等内容（略）。

2.3　案例 2：露天深孔光面爆破[4]

2.3.1　爆破参数设计[4]

（1）炮孔直径 D：与主炮孔直径相同或略小于，深孔爆破，取 $D = 76 \sim 115$ mm。

（2）孔距 $a =$（$8 \sim 18$）D，或 $a = 0.5 \sim 1.5$ m。

（3）光面层厚度 $W_光 =$（$10 \sim 25$）D。

（4）炮孔密集系数 $m = a/W_光 = 0.6 \sim 0.8$。

（5）不耦合系数 $K = D_孔/d_药 = 1.25 \sim 2.0$。

（6）线装药密度 $q_线 = 0.25 \sim 0.6$ kg/m。

（7）炸药单耗 q 为松动爆破的 $0.4 \sim 0.6$ 倍。

（8）超深取 $h = 0.1H$，即 $q = 0.15 \sim 0.3$ kg/m^3。

（9）单孔装药量：$Q_光 = q_光 L_光$。式中，$Q_光$ 为光面爆破的单孔装药量，kg；$q_光$ 为光面爆破的线装药密度，kg/m；$q_光 = qaW_光 \times 1$。

2.3.2　装药结构

采用间隔不耦合装药结构，底部 $1 \sim 2$ m 为加强装药段，为正常装药的 $2 \sim 3$ 倍；中间段为正常装药段，上部 $1 \sim 1.5$ m 为减弱装药段，线装药密度为正常装药的 0.5 倍。炸药用 $\phi 32$ 药卷捆绑有竹片上，与导爆索捆在一起如图 2 - 6 所示。

填塞长度 $L_t = 1.5 \sim 2.0$ m。

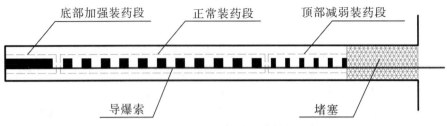

图 2-6　光面爆破不耦合装药结构示意图

2.3.3　起爆网路

采用导爆索起爆网路，落后于主炮孔最后一段 75～110 ms，如图 2-7 所示。

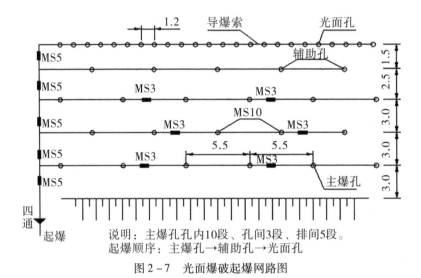

说明：主爆孔孔内 10 段、孔间 3 段、排间 5 段。
起爆顺序：主爆孔→辅助孔→光面孔

图 2-7　光面爆破起爆网路图

2.4　案例 3：露天深孔预裂爆破设计

2.4.1　爆破参数设计[2-3]

（1）孔径 $D = 76 \sim 115$ mm。

（2）$a = md = （8 \sim 12） d$。

（3）线装药密度 $q_{预}$。

应根据不同装药结构进行处理。根据岩石性质和风化程度查表，预裂爆破要比光面爆破的 $q_{光}$ 大，一般取 $q_{预} = （1.6 \sim 1.8） q_{光}$。也可以采用如下经验公式计算：深孔预裂孔的布孔界限应超出主体爆破区，宜向主体爆破区两侧各延伸 $3 \sim 5$ m，超深 $1 \sim 2$ m。

深孔预裂爆破：

$$Q_{线} = 0.042 \times \sigma_{压}^{0.5} \times a^{0.6} \qquad （2-4）$$

地下隧道预裂爆破：

$$Q_{线} = 0.034 \times \sigma_{压}^{0.6} \times a^{0.6} \tag{2-5}$$

式中，$Q_{线}$ 为炮孔的线装药密实度，kg/m；$\delta_{压}$ 为岩石的极限抗压强度 140 MPa；a 为炮孔间距（取 1.0 m），如深孔预裂爆破。

经计算，$Q_{线} = 0.5\ kg/m$。

底部线装药量因孔底爆破夹制作用需增加药量，根据经验，在孔底部 1～2 m 处正常线装药密度的 2～4 倍，取 $Q_{底} = 4Q_{线} = 2.0\ kg/m$，同样顶部 1～1.5 m 装药量 $Q_{顶}$ 需减少药量。取 $Q_{顶} = 0.25\ kg/m$（正常装药段的 0.5 倍，即 $Q_{顶} = 0.5 \times 0.5 = 0.25\ kg/m$）。

（4）不耦合系数、堵塞长度。

不耦合系数即钻孔直径与药卷的比值，经计算为 2.81，堵塞长度根据岩石地质情况及类似工程经验值来确定，一般为 1.5～2.0 m，在此堵塞长度取 1.5 m。

（5）预裂孔倾角与边坡设计坡度一致，缓冲孔与预裂孔间距，缓冲孔与预裂孔间距为 1.8～2.5 m。

综合上述分析和计算，最终参数根据试爆结果进行调整。

（6）顶部装药量 $Q_{顶} = (0.5～1.0)\ Q_{线}$。

（7）底部装药量 $Q_{底} = 2.0Q_{线}$（岩石完整）；$Q_{底} = 1.5Q_{线}$（岩石破碎）。

$Q_{顶}$ 为孔上部装药量；$Q_{底}$ 为孔下部装药量；$Q_{线}$ 为正常线装药量。

（8）填塞长度 L_t：$L_t = 0.6～1.5\ m$；孔小、岩石完整取小值。

2.4.2　炮孔布置

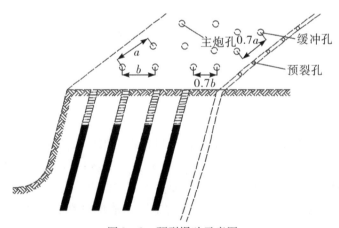

图 2-8　预裂爆破示意图

预裂爆破示意图如图 2-8 所示。预裂爆破方案按如下比例编制：

主炮孔间距：$a_{主}$

主炮孔排距：$b_{主}$

缓冲孔间距：$a_{缓} = 0.7a_{主}$

缓冲孔排距：$b_{缓} = 0.7b_{主}$

预裂孔间距：$a_{缓} = 0.5a_{主}$

预裂孔排距：$b_{缓} = 0.5b_{主}$

3 城镇浅孔爆破设计与案例

3.1 案例1：复杂环境浅孔爆破[3]

3.1.1 工程概况

某风景区改建工程中需要对一处山坡进行开挖，待开挖的山坡长 22 m，宽 6.5 m，高约 7.5 m。爆区周围环境复杂，山坡脚距湖 1.5 m，距开挖区 1 m 处有围墙，距开挖区 4 m 为石碑和凉亭，属于国家重点文物，是重点保护目标。炮孔直径 40 mm，单孔药量 $Q \leqslant$ 0.5 kg，单位炸药消耗量按 0.35 kg/m³。施工中要控制飞石，飞石避免落入湖中，还要控制爆破产生的振动强度。要求采用浅孔分层台阶爆破，开挖边线采用预裂爆破。

设计要求内容如下：

（1）孔距、排距、孔深、超深、单孔装药量、装药结构、填塞长度。

（2）给出预裂爆破设计：孔径、孔间距、孔深、线密度，单孔药量（可不计导爆索药量）、装药结构（沿孔深的装药量分布）、填塞长度。

（3）起爆网路设计（只说明孔内、孔间、排间雷管段位即可，包含预裂孔）。

（4）安全防护措施。

3.1.2 总体方案

1. 爆破方向

案例中没说明需保护对象在爆区的方位，只是指出山坡脚距湖 1.5 m，并不表示距开挖区 1.5 m，可以设湖距爆区有相当一段距离；没有说开挖区与湖的高差，可以不考虑高差的影响。爆破时只考虑飞石和个别滚石不要落入湖中即可。设湖在爆区南侧山坡脚，围墙、石碑和凉亭在东侧，北侧为山体，西侧为山坡，是开阔地带，没有保护对象，因此，确定爆破方向朝西。

2. 开挖尺寸与开挖顺序

长×宽×高 = 22 m×6.5 m×7.5 m。

开挖顺序：从西向东。最先开挖处距围墙为 22 + 1 = 23（m），距碑和凉亭 $R = 22 + 4$ = 26（m）。

3. 爆破规模

与爆破方案紧密相关的首要设计参数，是一次爆破允许的最大用药量，即爆破规模。爆破规模受到以下两方面的制约：

1）爆破振动对临近建（构）筑物及设施的安全影响

爆破振动在此主要考虑石碑和凉亭，根据提供的爆区周边环境，计算单段最大药量 Q，公式为

$$Q = R^3 \ (v/K)^{3/\alpha} \tag{2-6}$$

式中，Q 为单段最大药量，kg；R 为爆源中心到保护对象距离，m；v 为允许振速，cm/s，一般古建筑与古迹，露天浅孔爆破 $v = 0.3 \sim 0.5$ cm/s，考虑到石碑和凉亭为国家重点文物，按照《爆破安全规程》的要求，省级以上（含省级）重点保护古建筑与古迹的安全允许质点振速，应经专家论证后选取，经专家论证后取 $v = 0.4$ cm/s；K、α 为与地质条件有关的系数和衰减指数，取 $K = 150$，$\alpha = 1.5$。

将以上数值代入式（2-6）计算，得出 $R - Q$ 关系表如表 2-1 所示。

表 2-1　$R - Q$ 关系表

指标	数　值						
R/m	4	6	8	10	15	20	25
Q/kg	0.00046	0.0015	0.0036	0.007	0.024	0.057	0.111

从距石碑和凉亭最远处（25 m）计算得出，最大单段药量也只有 0.111 kg，因采用一般浅孔爆破无法满足单孔药量 0.5 kg 的要求，爆破振动达到一定强度会造成地表建筑物破坏、损伤；爆破振动可能造成的危害，必须采取综合有效减振措施。

2）设计要求

（1）炮孔直径 40 mm、单孔药量不大于 0.5 kg，单位炸药消耗量取 $q = 0.35$ kg/m^3。

（2）采用（城镇浅孔台阶爆破）开挖边线预裂爆破。

3）爆破设计原则

（1）按工程条件及爆破环境，确定采用分层浅孔毫秒延期爆破开挖直至设计深度。

（2）取自上而下，由西向东先行爆破开挖，一次爆破开挖一个台阶，严格控制单段最大药量和爆破规模。

（3）选用松动爆破，采取有效的防护措施，避免产生飞石，降低噪声，确保周围环境安全。

（4）按由远及近、由小及大的原则，从离保护物较远的地方开始开挖，积累经验并反馈到设计中，以求合理选择技术参数，正确预报爆破时保护物处的振动强度。为减少爆破对保留边坡的损坏，采用严格控制周边轮廓的预裂爆破技术进行施工，限制最大一段装药量，以确保开挖对周边保护对象的安全。

（5）选择合理的最小抵抗线方向，使其指向环境安全及施工条件较好的方位；严格控制段发药量，采取严密有效的防护措施，以控制爆破振动强度和飞石危害。

（6）采用精细爆破进行设计与施工。

3.1.3 爆破参数设计

爆区长 22 m，宽 6.5 m，高约 7.5 m，设计采用浅孔台阶爆破，自上而下共分 5 层，

即每层 1.5 m，炮孔直径取 40 mm。

1. 主爆区参数设计

炸药选用直径为 32 mm 的药卷，每支长 20 cm，重 200 g。

（1）钻孔方向：垂直；

（2）孔径 $d = 40$ mm，台阶高度 $H = 1.5$ m；

（3）底盘抵抗线 $W_1 = （20～30）d$，取 $W_1 = 0.8$ m；

（4）炮孔间距 $a = （1.0～2.0）W_1$，取 $a = 1.0$ m；

（5）炮孔排距 $b = （0.8～1.0）W_1$，取 $b = 0.8$ m；

（6）超深 $h = （0.10～0.15）H$，取 $h = 0.2$ m；外加 0.3 m 作底部空气间隔，以降低爆破振动，即 $h = 0.5$ m；

（7）炮孔深度 l：$l = H + h$，$l = 2.0$ m；

（8）单位耗药量 q：根据经验，取 $q = 0.35$ kg/m^3；

（9）单孔装药量 $Q = qabH = 0.35 \times 1 \times 0.8 \times 1.5 = 0.42$（kg），取 $Q = 0.4$ kg；

（10）每个炮孔装药长度为 $2.0 \times 0.2 = 0.4$（m）；

（11）填塞长度为 $2.0 - 0.4 = 1.6$（m）。

（以上参数在施工过程中可根据爆破效果进行适当调整）

2. 预裂（含缓冲孔）爆破参数设计

（1）孔径 $d = 40$ mm；

（2）台阶高度 $H = 1.5$ m；

（3）预裂炮孔深度 $L = 2.0$ m；

（4）预裂炮孔间距 $a = （8～12）d$，取 $a = 0.4$ m；

（5）线装药密度 $q_{线}$：根据岩石具体情况取系数 $q_{线} = 110$ g/m；

（6）填塞长度 $L_{填} = （12～20）d$，取 $L_{填} = 0.8$ m；

（7）单孔装药量 $Q_{预} = q_{线}L = 110 \times 2.0 = 222$ g，取 $Q_{预} = 230$ g（不含导爆索的药量）；

（8）缓冲孔孔深 $l = 1.7$ m；

（9）缓冲孔与预裂孔的排距为主爆区排距的 8/10 左右，取 0.6 m；

（10）缓冲孔孔距为主爆区孔距的 7/10 左右，即取 0.7 m；

（11）缓冲孔单孔装药量 $Q_{缓} = 0.4 \times 0.7 \times 0.6 \times 1.5 = 252$ kg，取 250 g。

以上参数在施工过程中可根据爆破效果进行适当调整。

3.1.4 炮孔布置

主爆区常规孔按矩形布置，缓冲孔布置在预裂孔前，预裂孔沿边界布置。

3.1.5 预裂爆破装药结构与填塞

使用小竹片、导爆索绑药卷的串联装药，小竹片长 2.2 m，导爆索长度 2.2 m，底部药包为 70 g，上部 3 个

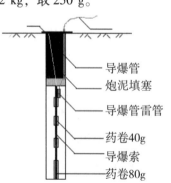

图 2-9　预裂爆破装药结构示意图

导爆管
炮泥填塞

导爆管雷管

药卷40g
导爆索
药卷80g

60 g 的药包均匀分布，距离孔口 0.6m 处捣填牛皮纸，上部用炮泥密实充填。预裂爆破装药结构示意图如图 2-9 所示。

3.1.6 起爆网路

起爆网路设计要根据岩石性质、裂隙发育程度、地质构造、爆区特点、对爆堆及块度的要求以及炮孔布置方式等因素进行选择。

本工程采用导爆管毫秒延时起爆网路，主爆区采用孔内高段，孔外低段接力起爆网路，孔内段为 MS15，孔外同排间炮孔用 2 发 MS3 接力、排与排之间用 2 发 MS5 接力。预裂孔内用 MS14 段雷管，预裂孔要先于主爆区 100 ms 以上起爆。

（1）根据周围环境安全要求，主炮孔采用逐孔起爆网路，每次齐爆孔数不超过 1 个孔，单段药量不超过 0.5 kg。

（2）预裂孔内用 MS14 段雷管，孔外用 MS2 段雷管与主爆区同网路起爆，预裂孔每 3 个孔用 2 发 2 段毫秒管接力如图 2-10 所示。

（3）接力雷管采用复式网路，详见起爆网路图。

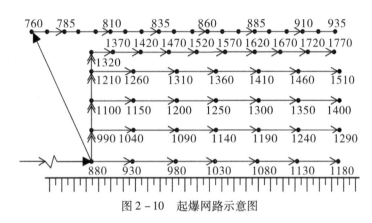

图 2-10 起爆网路示意图

（数字代表起爆时间（毫秒数）；>表示 3 段毫秒雷管；≫表示 5 段毫秒雷管；▲表示 2 段毫秒雷管）

3.1.7 安全防护措施

为保护石碑和凉亭（国家重点文物）不受到破坏，在爆区和文物之间开挖宽 2 m，深 4 m 的减振沟，在石碑和凉亭前搭防护排架；为避免飞石落入湖中，在爆区边缘靠近湖区一侧搭设防护排架。爆区采用竹笆片、沙袋等覆盖防护。

3.1.8 爆破安全技术

1. 爆破振动的控制与防护

1）爆破振动速度的计算

$$v = K\left(\frac{\sqrt[3]{Q}}{R}\right)^{\alpha} \tag{2-7}$$

式中，v 为质点垂直振动速度，cm/s；Q 为最大同段起爆药量，kg，逐孔起爆时，$Q=0.5$ kg；

R 为爆破中心至被保护目标的距离，m，$R=4$ m；K 为与地质因素有关的系数，取 150；α 为与爆破条件有关的衰减系数，取 1.5。

代入上述数据计算，得：$v=12$ cm/s。

根据规程规定，取石碑和凉亭的允许振动速度为 0.4 cm，计算振速 $v=12.0$ cm/s$\geqslant$ 0.4 cm/s，因此应采取综合有效降振减措施降低爆破振动。

2）综合有效降振减措施

（1）降低爆破振动效应的技术措施。

①在爆前对爆区周围建（构）筑物、重要设施进行全面详细的调查，按其承受能力制约爆破设计，必要时可事先对建（构）筑物、设施周围半径 4 m 的范围内按钻孔径 $D=$ 90 mm 进行钻孔，孔距、排距均为 1.5 m，梅花形布置，孔深超过开挖深度 1 m，采取高压注入水泥砂浆进行地基加固，提高地基的抗振强度。

②采用毫秒延期爆破技术，严格控制最大一段起爆药量和一次爆破量，把爆破振动速度严格控制在爆破规程允许范围以内。本设计采用逐孔起爆，将单响药量降到最低，爆破振动速度小于爆破规程允许范围。

③在靠近凉亭与石碑处爆破时，除采用逐孔起爆外，还可采用孔内分段延时爆破，若孔内分 2 段，最大段药量减为 0.20 kg，振速 $v=8.38$ cm/s。

④炮孔比正常爆破超深 0.3 m，作为底部空气间隔减振。

⑤取爆破方向为西偏北，以减少对石碑和凉亭的振速。

⑥在保护建筑物和爆区之间作隔振、减振工程，例如预裂爆破、钻双排大孔径密集减振孔，靠近对振动敏感位置采用密钻孔小药量先爆破，形成破碎带减振，在相对安全地点进行试验炮，测试其振动频率，而后选择段间间隔时间 Δt，使其落在：$nT+T/3\leqslant\Delta t\leqslant nT+2T/3$ 之间（n 为奇数），采用电子雷管延时进行干扰降振，选择合适的 Δt，可达到降振 90%，一般情况下都可降振 50%～60%。

⑦合理布置采场工作线方向。爆破中，在最小抵抗线方向上的振动强度最小，反向最大，侧向居中；因此，尽可能地将采场工作线布置在侧向凉亭与石碑方向。

⑧为了保护石碑和凉亭不受破坏，在石碑、凉亭与爆区之间开挖宽 2 m、深 4 m 的减振沟。

⑨爆破中在凉亭与石碑处进行爆破振动监测，并将监测结果反馈到设计中，及时优化爆破设计。

（2）安全防护措施。

对石碑、凉亭在爆前采取加固措施。在石碑和凉亭前搭防护排架；为避免飞石落入湖中，在爆区边缘靠近湖区一侧搭设防护排架。爆区采用竹笆片、沙袋等覆盖防护。

2. 爆破飞石距离计算与防护措施

1）爆破个别飞石的安全距离一般常用的计算公式：

$R=40d/25.4=63$ m（d 为炮孔直径，mm）

或：$R=16d=64$ m

如果计算值小于 200 m，则按规程要求取 200～300 m。

2）爆破飞石的控制与防护

爆破产生的飞石及滚落的石块会对被保护的建筑设施造成破坏。为保护飞石和滚石不对建筑物产生危害，具体措施如下：

（1）严格按照设计施工，保证填塞长度和填塞质量。

（2）合理确定临空面及选定最小抵抗线方向，尽可能使飞石的主方向避开保护对象。

（3）临近被保护物的爆区，对爆区表面进行覆盖，采用压一层沙土袋，盖一层竹排（或草垫），再压一层沙土袋，再罩一层尼龙网，最后再压一层沙土袋，形成三层沙土袋、一层竹排（或草垫）、一层尼龙网的结构，以保证爆区无飞石。

（4）对爆区被保护文物（主要是石碑和凉亭），在其朝向爆区方向搭设防护排架，排架高度超过被保护物高度，以保证能有效阻挡个别飞石损坏文物。

（5）在湖边搭设防护排架；避免飞石、滚石、爆破塌落体等落入湖中。

3. 爆破空气冲击波

露天爆破的空气冲击波的扩散一般条件较好，其影响范围一般小于爆破振动与爆破飞石的影响范围，本设计不进行计算。

3.1.9　爆破安全警戒

爆破安全警戒范围，根据爆破安全规程规定，浅孔台阶爆破为 200 m，城镇浅孔爆破由设计确定。由于设计采用控制爆破技术，同时对爆区采取了多层覆盖防护方法，并对保护对象凉亭与石碑处采取了相应的安全防护措施，最后确定安全警戒范围为 100 m。

4 基坑爆破设计与案例

4.1 基坑爆破设计

基坑大部分只有一个自由面，因此爆破首先必须进行掏槽爆破设计，为后续爆破多创造一个自由面，由单个自由面的地坪爆破变成两个自由面的台阶爆破。基坑台阶爆破单耗高于山体的台阶爆破，因基坑面积越小即自由面越小，所以单耗越高。掏槽爆破单耗又高于基坑的台阶爆破。其他的设计程序项目同前面章节。

4.2 案例1：露天桥墩基坑爆破设计[3]

4.2.1 工程概况

某新建桥梁的主桥墩基坑需采取爆破法开挖，开挖尺寸为长9 m、宽6 m、深5 m，开挖岩体为石灰岩，节理不发育，普氏系数 $f = 8 \sim 10$，无地表水，不考虑地下水的影响。周围环境为：新建桥梁一侧与既有老桥并排，桥梁相距200 m，另外三面为农田。

设计要求：依据本工程，请选择合理的爆破施工方案；根据方案做出主要的技术设计及步骤和相应的参数计算。

4.2.2 方案选择与确定

1. 浅孔爆破方案

采用浅孔爆破，手持式钻机，取钻孔直径 $d = 40$ mm，孔深 $l = 2$ m，自上而下，分三个台阶开挖。优点是：一次爆破规模小，爆破有害效应容易控制，安全性较好，形成的基坑周边能得到较好控制。缺点是：爆破次数相应较多，效率低。

2. 深孔爆破方案

采用潜孔钻，孔径90 mm，孔深6 m，从基坑中间掏槽，周边打密集炮孔，最后起爆，形成光面爆破，一次爆破到位。优点是工效高，爆破次数少。缺点是一次爆破规模较大，爆破有害效应较难控制，安全性较差。

3. 方案比选

经方案比较，选择安全性较好的浅孔分层爆破方案。孔径 $D = 40$ mm，中间炮孔钻垂直孔，孔深2.3 m，两侧钻倾斜孔，倾角77°，孔长2.36 m，其余炮孔均为垂直孔，孔深均为2.0 m，取单耗 $q = 0.6$ kg/m³，中间两排重压严覆盖以防飞石。

4.2.3　爆破参数设计

（1）钻孔直径 $d = 40$ mm；

（2）台阶高度 $H = 1.7$ m；

（3）超深 $h = 0.3$ m；

（4）垂直孔孔深 l，取 $l = H + h = 1.7 + 0.3 = 2.0$ （m）；

（5）孔距：垂直向下其炮孔孔距 $a = 1.0$ m；

（6）掏槽孔为倾斜掏槽两排，倾角77°，孔长2.37 m；

（7）排距 $b = 0.7$ m，打垂直孔，炮孔布置成矩形，如图 2 - 12 所示；

（8）炸药单耗 q，根据地质和基坑开挖，取 $q = 0.6$ kg/m^3，经试炮后再作适当调整。炸药选用直径为 ϕ32 mm 乳化炸药。

（9）单孔药量 $Q_{孔} = qabH = 0.6 \times 1 \times 0.7 \times 1.7 = 0.714$ （kg），

取 $Q_{孔} = 0.7$ kg。

（10）装药长度 $L_2 = 0.7$ m（乳化炸药每节0.2 kg，长0.2 m，0.7 kg 为3.5节，长度0.7 m）。

（11）填塞长度 $L_1 = l - L_2 = 2.0 - 0.7 = 1.3$ （m）。

4.2.4　炮孔布置

按 $a \cdot b = 1$ m $\times 0.7$ m，将掏槽孔布置成矩形。

4.2.5　装药结构与填塞

装药结构采用连续装药结构如图 2 - 11 所示。

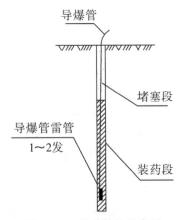

图 2 - 11　装药结构示意图

4.2.6　起爆网路

采用导爆管毫秒雷管孔内延期，孔外1段雷管采用簇联（一把抓）连接，梯形复式起爆网路如图 2 - 12 所示。

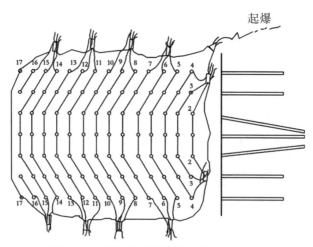

图 2-12　炮孔布置及梯形起爆网路示意图

（注：图中数字代表毫秒雷管段数；△代表四通；▭▭▭表示孔外 1 段连接雷管）

以下的两个台阶的爆破、钻孔参数基本相同。

4.2.7　安全防护措施

为了尽量减少产生过远飞石，防止飞石对周围农田、村道和民房的影响，采取以下防护措施：

（1）选择最小抵抗线方向朝向开阔地。

（2）控制最大单段装药量和装药高度，确保堵塞长度≥排距或最小抵抗线。

（3）对爆破体采取直接覆盖，如孔口压上 2～3 袋沙（土）袋或车胎帘等。

4.2.8　爆破安全技术

1. 个别飞石距离 R_f

$R_f = 16D = 16 \times 4 = 64$（m）；式中，$D$ 为炮孔直径，cm。

2. 爆破振动速度计算

爆破点距保护对象 200 m 有旧桥，其桥墩为钢筋混凝土结构，根据《爆破安全规程》规定，由于是旧桥墩，浅孔爆破的振速取 $v = 2$ cm/s。振动速度 v 的实际计算公式为

$$v = K\left(\frac{Q^{1/3}}{R}\right)^{\alpha} \tag{2-8}$$

式中，v 为爆破振速，cm/s；K、α 为与地形、地质有关的系数与衰减指数，取 $K = 150$，$\alpha = 1.5$；Q 为单段最大药量，kg，单段最多为 9 个孔每孔 0.7kg，因此，$Q = 9 \times 0.7 = 6.3$（kg）；R 为爆破中心到保护对象的距离，m，$R = 200$ m。将以上数值代入公式计算得：$v = K\ (Q^{1/3}/R)^{\alpha} = 150 \times (6.3^{1/3}/200)^{1.5} = 0.133$（cm/s）。远远小于允许振动速度，因此，爆破振动能确保桥墩安全。

一次爆破整个基坑长度的 1/3 长度（3 m 左右），共 5 排 33 个孔，一次爆破药量 $Q = 33 \times 0.7 = 23.1$（kg）。

4.2.9 爆破安全警戒

浅孔爆破未形成台阶前，安全警戒半径大于或等于 300 m。本工程属露天基坑爆破，取警戒半径 $R_f \geqslant 300$ m，如图 2 – 13 所示。

信号采用报警器，分为预警信号、起爆信号和解除信号。

图 2 – 13 安全警戒示意图

4.3 案例 2：核电项目 3、4 号机组取排水工程基坑爆破开挖[5]

4.3.1 工程概况

箱涵开挖底部尺寸为：长 25.4 m，宽 26.2 m，深 20 m，开挖方量 17 440 m³。分 2 个台阶爆破，台阶高度 10 m；分区爆破体积为 1#：9600 m³，2#：7840 m³；各分区分 2 个单元实施爆破。

工作井开挖底部尺寸为：长 38 m，宽 21.4 m，深 35.35 m，坡率按 1:0.3 计算，开挖方量 32 340 m³。分 4 个台阶，每个台阶分 2 个分区爆破，上面 2 个台阶高度 10 m，下面 2 个台阶高度分别为 8 m、7.35 m。分区爆破体积为 1# – B：5200 m³、1# – C：5200 m³；2# – B：4800 m³、2# – C：4800 m³；3# – B：3500 m³、3# – C：3500 m³；4# – B：2670 m³、4# – C：2670 m³；各分区分 2 个单元实施爆破。施工便道长 200 m，底宽 6 m，开挖方量 9600 m³。

4.3.2 方案确定

1. 总体施工方案

根据现场地形地貌及环境条件，为确保在计划时间内完成施工任务，经现场踏勘了解，开挖修建了一条坡道至排水箱涵底部；坡道、箱涵及工作井采用复杂环境深孔爆破与浅孔相结合爆破施工方案，边坡采用预裂爆破方法。分 4 个台阶开挖，第 1 台阶和第 2 台阶高度为 10 m，第 3 台阶高度 8 m 和第 4 台阶高度 7.35 m。为了降低爆破振动对周边构筑物的影响，台阶采用分区爆破开挖的方式，即箱涵为 A 区、工作井为 B 区；施工顺序：A 区→B 区，从西向东面推进。A 区利用已开挖坡道的断面作为临空面，B 区利用 A 区临空面，第 3 台阶、第 4 台阶采用掏槽爆破（深孔）创造出新的临空面。为了减少爆破岩体的夹制作用采用"V"形起爆方式。

2. 施工测量

（1）平面定位。

（2）炮孔放样。布置炮孔位置，测出炮孔的钻孔深度。对于预裂爆破区域，考虑设计坡度线，计算出每一炮孔的钻孔深度和相应位置。

（3）挖运施工后平面位置和高程的检核。施工过程中及时对坡脚和底板标高进行测量检查。

3. 开挖方法及顺序

采用深孔台阶爆破开挖方式，台阶高度 8 ～ 10 m，边坡采取预裂爆破。利用施工坡道排渣。

（1）在 +12 m 至 −7.8 m 标高的工作井及箱涵基坑开挖，将其分三次进行爆破，爆破区域划分如图 2 − 14 所示。爆破施工顺序为 A→B。施工 A_1、B_1、A_2、B_2 台阶时，利用已开挖坡道的断面作为临空面，从外向里顺序进行爆破，严格控制周边眼装药系数，确保围岩稳定。

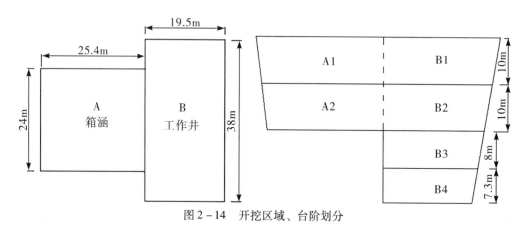

图 2 − 14　开挖区域、台阶划分

（2）在 −7.8 m 至 −23.35 m 标高段开挖工作井，将其分 2 个台阶进行爆破，如图 2 − 16 所示。采取掏槽方式获得临空面，爆破顺序为 B_3→B_4。爆破设计同 +12 m 至 −7.8 m 标高段设计。工作井开挖石渣优先考虑坑内临时坡道 + 可用挖掘机倒运或利用 75t 履带吊机在 −7.8 m 平台垂直运输，再由自卸车运输排渣。

（3）开创临空面。

先期在爆区中部选择采用掏槽爆破方式，钻凿孔径为 90 mm，孔距 2.5 m，排距均为 1.5 m。

4.3.3　爆破参数设计

1）B_3、B_4 掏槽爆破参数

（1）台阶高度：8 m；

（2）孔径 $\phi = 90$ mm；

（3）孔距 $a = 2.5$ m；

（4）排距 $b = 1.5$ m；

（5）炸药单耗 $q = 0.60$ kg/m³；

（6）孔深 $l = H + h$，超深 $h = 0.5$ m，

一级掏槽孔 $L_1 = 4.9$ m，

二级掏槽孔 $L_2 = 9.2$ m，

其他孔 $L_0 = 8.5$ m；

（7）单孔装药量 Q：

一级掏槽孔 $Q_1 = 18$ kg，

二级掏槽 $Q_2 = 36$ kg，

其他孔 $Q_0 = 18$ kg；

（8）堵塞长度 $L_堵$：

一级掏槽孔 $L_{1堵} = 1.3$ m，

二级掏槽 $L_{2堵} = 2.0$ m，

其他孔 $L_{0堵} \geqslant 4.0$ m，

注：采用连续装药结构。

2）B_1、B_2 区 10 m 台阶深孔爆破参数

爆破参数具体如表 3 - 2 所示。

（1）台阶高度：10 m；

（2）孔径 $\phi = 90$ mm；

（3）孔距 $a = 3.2$ m；

（4）排距 $b = 3.2$ m，底盘抵抗线 $W = 3.3$ m；

（5）炸药单耗 $q = 0.4$ kg/m³；

（6）超深 $h = 0.6$ m；

（7）孔深 $l = H + h = 10.6$ m；

（8）单孔装药量 $Q = qabH = 0.4 \times 3.2 \times 3.2 \times 10 = 41$（kg）；

（9）堵塞长度 $L_2 \geqslant 4$ m。

3）B_3、B_4 区 8 m 台阶爆破参数

（1）台阶高度：8 m；

（2）孔径 $\phi = 90$ mm；

（3）孔距 $a = 3$ m；

（4）排距 $b = 3$ m，底盘抵抗线 $W = 3.0$ m；

（5）炸药单耗 $q = 0.40$ kg/m³；

（6）超深 $h = 0.6$ m；

（7）孔深 $l = H + h = 8.6$ m；

（8）单孔装药量 $Q = qabH = 0.4 \times 3 \times 3 \times 8 = 29$（kg）；

（9）堵塞长度 $L_2 \geqslant 3.6$ m。

4）预裂爆破参数

（1）技术要求。

预裂爆破施工前，必须详细了解爆破区域的地质情况，并做好预裂爆破的参数设计。预裂爆破后，地表缝宽一般不小于 1 cm；在开挖轮廓面上，残留炮孔痕迹均匀分布，达到规定要求。预裂面不平整度，不大于 ±15 cm；孔壁表层，不产生严重的爆破裂隙。

（2）钻爆参数。

具体参数如表 2 - 2 所示。

表 2-2　预裂爆破参数

名称	符号	单位	取值范围	备　注
孔深	l	m	同边坡长度	
孔径	D	mm	90	
孔距	a	m	1.0	
距前排距	b	m	1.8	
药卷直径	D	mm	32	
不耦合系数		mm	2.8	
线装药密度		g/m	650	
顶部装药密度		g/m	305～407	
堵塞长度	L_c	m	1.5	
钻孔倾角	α	°	同边坡坡度	
单孔装药量	Q	kg	6.0	

①线装药密度的计算值 $Q_{线计}$ 采用经验公式计算：

$$Q_{线计} = 0.36 \times \sigma_{压}^{0.63} \times a^{0.67} \tag{2-9}$$

式中，$Q_{线计}$ 为计算线装药密度（g/m），结合预裂爆破试验确定；$\sigma_压$ 为岩石抗压强度（kg/cm²）；a 为孔距（cm），孔径采用 ϕ90 mm，a 取 100 cm。

本案例中，$\sigma_压$ 取 1000 kg/cm²，则 $Q_{线计}$ = 611 g/m。

②线装药密度 $Q_线$：

孔顶部装药 $Q_{线顶}$，堵塞段以下 1～2 m 长度，称为顶部装药段。

$Q_{线顶}$ =（2/3～1/2）$Q_{线计}$ = 305～407 g/m。

孔中部装药 $Q_{线中}$ = $Q_{线计}$。

孔底部装药 $Q_{线底}$，孔底部装药长度一般为 0.5～1.5 m，

孔深 2～5m，$Q_{线底}$ =（1～2）$Q_{线计}$；

孔深 5～10m，$Q_{线底}$ =（2～3）$Q_{线计}$；

孔深 10～15m，$Q_{线底}$ =（3～5）$Q_{线计}$；

孔深 >15m，$Q_{线底}$ =（4～5）$Q_{线计}$。

根据计算的孔装药量，在炮孔底部适当增加药量。

（3）不耦合系数。预裂爆破，采用不耦合装药结构。预裂孔直径取 D = 90 mm。药卷直径采用 d = 32 mm。不耦合系数为 2.8，符合要求。堵塞段的长度一般为 0.6～1.5 m，用砂等松散材料堵塞。

4.3.4　炮孔布置

（1）掏槽孔布置如图 2 - 15、图 2 - 16 所示。

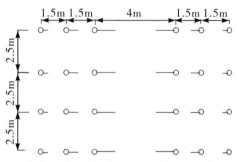

图 2 - 15　炮孔掏槽平面布置示意图

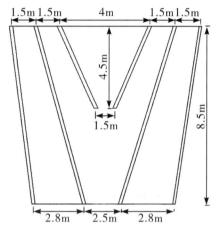

图 2 - 16　掏槽钻孔剖面示意图

（2）主爆孔布置如图 2 - 17 所示。

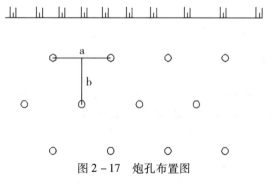

图 2 - 17　炮孔布置图

（3）预裂孔布置如图 2 – 18 所示。

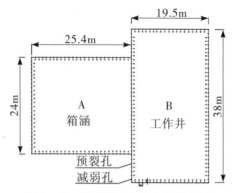

图 2 – 18　预裂爆破炮孔布置示意图

4.3.5　装药结构

（1）掏槽孔与主爆孔均采用连续装药结构，如图 2 – 19 所示。

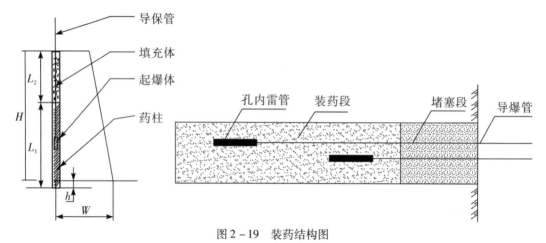

图 2 – 19　装药结构图

（2）预裂孔采用间隔装药结构，如图 2 – 20 所示。

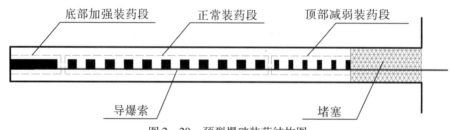

图 2 – 20　预裂爆破装药结构图

4.3.6　起爆网路

应选择合理的间隔时间，延时时间选定在 50 ～ 100 ms。

1. 掏槽孔起爆网路设计

起爆网路采用导爆管毫秒雷管延期起爆网路，孔内装不同段别雷管，孔外延时采用低段位导爆管毫秒雷管连接，形成"U"形起爆网路，起爆网路如图2-21所示。

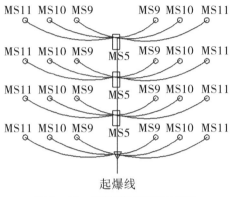

图2-21　掏槽爆破网路示意图

2. 深孔台阶爆破导爆管雷管起爆网路设计

导向孔爆破产生临空面后，主爆孔采用"V"形向外延伸爆破。起爆网路采用导爆管毫秒雷管延期起爆网路，孔外延时采用低段位导爆管连接，形成单孔单响起爆网路，在满足爆破安全允许振速的前提下可适当增加同段起爆的孔数，网路形式如图2-22所示，图中数字为毫秒雷管延迟段别。

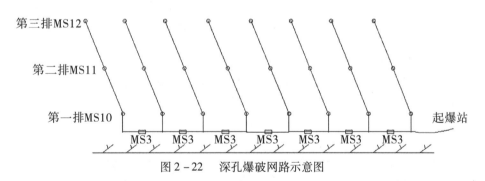

图2-22　深孔爆破网路示意图

3. 电子雷管起爆网路设计

1）深孔台阶爆破起爆网路

深孔爆破与浅孔爆破孔内均装1发电子雷管，每排孔间延时时间为50 ms，排间延时时间为90 ms，起爆网路连接经检查合格后，再用专用起爆器授权起爆（现场可设置"V"形起爆）。电子雷管起爆网路连接示意图，如图2-23所示。

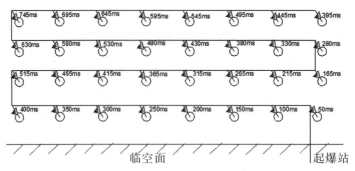

图 2-23 深孔台阶、浅孔爆破电子起爆网路连接示意图

2）掏槽爆破起爆网路

掏槽爆破的起爆网路具体设计，如图 2-24 所示。

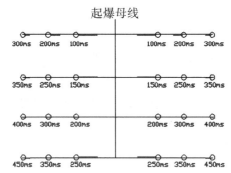

图 2-24 深孔掏槽爆破电子起爆网路连接示意图

4. 预裂爆破起爆网路

对于预裂爆破，起爆网路为单一瞬发网路，为避免爆破振动过大，可分段进行起爆，分段间隔时间取 MS-2（25ms），如图 2-25 所示。

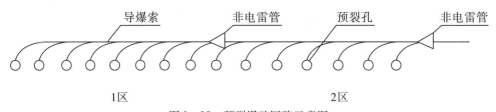

图 2-25 预裂爆破网路示意图

4.3.7 安全防护措施

1. 爆破飞石控制

控制爆破飞石应采取以下措施：

（1）爆破自由面方向应力求避免朝向各保护对象。

（2）距离保护对象侧的最小抵抗线为正常最小抵抗线的 1.5～2 倍，必要时采取相应的安全防护措施。

（3）炮孔用岩粉或黄泥（孔内有水时用粗沙）填塞，保证孔口堵塞长度和堵塞质量。

（4）严格按设计要求的孔位施工，遇到孔位处于岩石松动、破碎、节理发育或岩性变化大的地方，可以调整孔位位置，但应注意最小抵抗线、排距和孔距之间的关系，适当减少单段最大药量和加大填塞长度。

（5）爆破最小抵抗线方向应避开保护对象，且控制最小抵抗线长度和方向。

（6）合理的起爆网路设计每个炮孔都具备侧向自由面和延时时间。

（7）覆盖防护。

对不同位置的爆区采取不同的覆盖防护。具体覆盖方法是：

①掏槽爆破。在孔口压砂袋、炮区上方覆盖炮被，炮被上面再压砂袋。覆盖示意如图2－26所示。

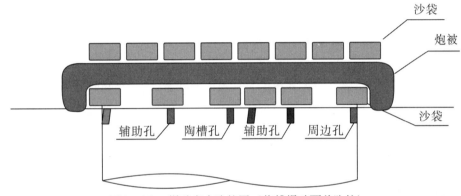

图2－26　爆破安全防护图（掏槽爆破覆盖防护）

②浅孔爆破及深孔台阶爆破。孔口压沙袋，然后上面覆盖炮被，如图2－27所示。

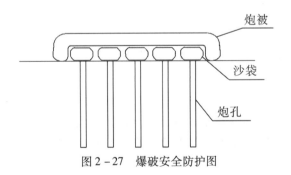

图2－27　爆破安全防护图

2. 爆破振动控制措施

本工程爆破除应控制每次爆破的最大单段药量外，还应控制每次爆破规模，并采取以下措施：

（1）控制钻孔超深，避免钻孔超深过大而增加底盘抵抗线长度，造成爆破振动加大。

（2）底盘抵抗线控制在设计范围内，过大时应进行清底，以解决底盘抵抗线过大的问题。

（3）优化孔网参数。

（4）进行爆破振动测试，根据振动测试结果，控制最大单段药量。

3. 有毒气体的控制措施

（1）使用合格的民用爆炸物品，有水或潮湿工作面选择乳化炸药，避免半爆和爆燃。

（2）做好炮孔堵塞工作。

（3）采用带有集尘器的深孔钻机。

（4）施工人员须佩带防尘面罩。

（5）爆破之后经 5 min，B_3、B_4 区经 15 min 后，人员方可进入爆破现场，防止炮烟中毒。

4. 噪声控制措施

（1）禁止裸露爆破。

（2）二次破碎尽量采用机械破碎，或人工钻孔劈裂。

（3）尽量不安排晚上进行凿岩作业。

5. 对既有建（构）筑物的保护措施

1）爆破周边已有构筑物的保护措施

本项目施工便道、箱涵、工作井爆破时，临近有已建好的一期和二期排水构筑物，对其中的保护对象的允许振动值须经专业论证后确定。爆破时应根据试爆情况和爆破振动的监测结果优化爆破参数。

2）对成品的保护措施

爆破时需保护的成品有（但不限于）：施工便道下方的箱涵、箱涵爆破开挖对二期已施工好的箱涵端部等。

（1）便道施工时准确掌握箱涵的位置、标高，尽量采用机械开挖，如需爆破则在确定其位置、标高后采取有效的防护措施，防止爆破振动对构筑物的损坏。保证箱涵顶部回填厚度，避免车辆通行对箱涵造成影响。

（2）箱涵爆破开挖到二期已建箱涵标高时，在箱涵头部打设一道排架，铺以竹帘，靠箱涵一侧铺以柔性材料，防止飞石损坏箱涵。同时严格控制药量、做好覆盖，防止飞石的产生。

6. 工作井边坡防护

工作井边坡采用素喷混凝土防护，隧洞口上部 5 m 范围采用锚、网、喷加强防护。爆破后在渣堆上进行防护作业，防护施工与清渣交叉作业，渣堆每降低一定高度即进行边坡防护作业，防护完成后再进行清渣。

4.3.8 爆破安全技术

1. 爆破振动控制

1）爆破振动速度控制

爆破振动控制是确定爆破参数和施工方案的前提，所有参数和方案的选择，必须满足爆破振动控制要求。

最大单段起爆药量直接影响爆破振动强度、爆破规模及工期。选取合理的最大单段起爆药量是保证爆破振动安全的重要因素，由于开挖场地周围需要保护对象的类别、距离、振速要求不同，在不同区域分别计算其单段最大药量。

（1）《中国地震动参数区划图》（GB 18306—2015）中规定的各类建筑物和构筑物所允许的抗震标准，如表2-3所示。

表2-3　中国地震局振动烈度

烈度	5	6	7	8
峰值加速度 g	0.45	0.05	0.1（0.15）	0.20（0.30）
振速 v/（cm·s^{-1}）	2～4	5～9	10～18	19～35

注：适用于深孔爆破。$f = 10 \sim 50$ Hz，取 $f = 30$ Hz 计算值。

（2）《爆破安全规程》（GB 6722—2014）第13节中规定的各类建筑物和构筑物的爆破安全振动允许标准。

爆破振动速度用萨道夫斯基经验公式计算：

$$v = K\left(\frac{Q^{1/3}}{R}\right)^{\alpha} \tag{2-10}$$

式中，Q 为最大单段药量，kg；R 为控制距离，m；v 为振动速度，根据保护目标取值[1]；K、α 分别为与爆破点至计算点间的地形、地质条件有关的系数和衰减指数[1]，可按爆破振动安全允许标准表选取，也可通过类似工程选取或现场试验确定。

根据《爆破安全规程》和表2-4，露天浅孔爆破一般主振频率为40～100 Hz，露天深孔爆破一般主振频率为10～50 Hz[1]，地下浅孔爆破一般主振频率在60～300 Hz之间。对一般民用建筑物安全允许振速为2.0～2.5 cm/s，对工业和商业建筑物安全允许振速为3.5～4.5 cm/s。

表2-4　爆破振动安全允许标准[1]

序号	保护对象类别	安全允许质点振动速度 v/（cm·s^{-1}）		
		$f \leqslant 10$ Hz	10Hz$< f \leqslant 50$Hz	$f > 50$ Hz
1	土窑洞、土坯房、毛石房屋	0.15～0.45	0.45～0.9	0.9～1.5
2	一般民用建筑物	1.5～2.0	2.0～2.5	2.5～3.0
3	工业和商业建筑物	2.5～3.5	3.5～4.5	4.2～5.0
4	一般古建筑与古迹	0.1～0.2	0.2～0.3	0.3～0.5
5	运行中的水电站及发电厂中心控制室设备	0.5～0.6	0.6～0.7	0.7～0.9
6	水工隧洞	7～8	8～10	10～15
7	交通隧道	10～12	12～15	15～20
8	矿山巷道	15～18	18～25	20～30

序号	保护对象类别		安全允许质点振动速度 $v/$（$cm \cdot s^{-1}$）		
			$f \leqslant 10$ Hz	10Hz$< f \leqslant 50$Hz	$f > 50$ Hz
9	永久性岩石高边坡		$5 \sim 9$	$8 \sim 12$	$10 \sim 15$
10	新浇大体积混凝土（C20）	龄期：初凝～3d	$1.5 \sim 2.0$	$2.0 \sim 2.5$	$2.5 \sim 3.0$
		龄期：3 d～7 d	$3.0 \sim 4.0$	$4.0 \sim 5.0$	$5.0 \sim 7.0$
		龄期：7d～28d	$7.0 \sim 8.0$	$8.0 \sim 10.0$	$10.0 \sim 12$

爆破振动监测应同时测定质点振动相互垂直的三个分量。

注1：表中质点振动速度为三个分量中的最大值，振动频率为主振频率；

注2：频率范围根据现场实测波形确定或按如下数据选取：硐室爆破 $f < 20$ Hz，露天深孔爆破 f 为 $10 \sim 60$ Hz，露天浅孔爆破 f 为 $40 \sim 100$ Hz；地下深孔爆破 f 为 $30 \sim 100$ Hz，地下浅孔爆破 f 为 $60 \sim 300$ Hz。

综合考虑爆破振动叠加效应和抗疲劳强度的影响，为安全起见，对于一般建（构）筑物安全允许振速按 $v \leqslant 2.0$ cm/s 控制，取 $K = 180$、$\alpha = 1.72$；对于核电站相关的建筑设施安全允许振速按 $v \leqslant 0.5$ cm/s 控制（各保护对象的安全允许振速见表2－5），按最不利条件取 $K = 150$、$\alpha = 1.5$。一般建（构）筑物振速校核表，以及与核电站相关的建筑设施振速校核表分别如表2－5～表2－8所示。

表2－5 各保护对象爆破振速控制标准表

保护对象名称	距爆区最近距离/m	爆破振速控制标准/（$cm \cdot s^{-1}$）
一般民用建（构）筑物	60	$\leqslant 2.0$
工业建筑物	60	$\leqslant 3.5$
核岛	500	$\leqslant 0.5$
常规岛	450	$\leqslant 0.5$
变电箱	200	$\leqslant 0.5$
高压线塔	800	$\leqslant 3.5$
弱电光缆	45	$\leqslant 3.5$

表2－6 一般建（构）筑物振速校核表 （$v \leqslant 2.0$cm/s）

保护对象名称	距爆区最近距离/m	最大单段药量/kg	爆破振速校核/（$cm \cdot s^{-1}$）
一般建（构）筑物	40	20	1.76
	45	36	2.0
	50	36	1.68
	65	62	1.46
	75	123	1.70

注：根据测振结果适当调整最大单段药量，确保振速控制在设计值内。

表 2-7　一般建（构）筑物振速校核表（$v \leqslant 2.0$cm/s）

保护对象名称	距爆区最近距离/m	最大单段药量/kg	爆破振速校核/（cm·s^{-1}）	结论
在建 4 号常规岛混凝土基础	120	123	0.75	符合要求
变电箱	200	123	0.31	符合要求
在建房屋	180	123	0.38	符合要求
水泥钢筋结构箱涵	60	62	1.68	符合要求
在建钢结构框架设施	500	123	0.06	符合要求
高压线塔	800	123	0.03	符合要求
钢结构塔吊	180	123	0.38	符合要求
办公区活动板房	60	62	1.68	符合要求
楼房	500	123	0.06	符合要求
10kV 高压线路	50	36	1.68	符合要求
弱电光缆	45	36	2.0	符合要求
气象塔	50	36	1.68	符合要求
气象塔电箱	40	20	1.76	符合要求
厂房	350	123	0.12	符合要求
1 号与 2 号机组箱涵	40	20	1.76	符合要求
1 号与 2 号机组排水工作井	80	123	1.51	符合要求
1 号与 2 号机组循环水排水翼墙	150	123	0.51	符合要求

表 2-8　与核电站相关的建筑设施振速校核表（$v \leqslant 0.5$cm/s）

保护对象名称	距爆区最近距离/m	最大单段药量/kg	爆破振速校核/（cm·s^{-1}）	结论
1 号机组常规岛	650	123	0.1	符合要求
1 号核岛	700	123	0.09	符合要求
2 号机组常规岛	450	123	0.17	符合要求
2 号核岛	500	123	0.15	符合要求

对在建 4 号常规岛混凝土基础、在建房屋等保护对象的爆破振动允许振速值的选取，应参照《爆破安全规程》爆破振动安全允许标准中的新浇大体积混凝土相应龄期，并考虑核电站相关的建筑设施安全允许振速要求确定。

爆破施工时还应根据试爆情况和爆破振动监测数据，适当调整单段最大装药量。当单孔装药量大于允许单段起爆药量时，可采取孔内分段延时的方法控制最大单段起爆药量。

2. 空气冲击波的安全距离

本工程浅孔爆破和露天深孔爆破炮孔堵塞长度较大，炸药主要能量用于岩石的破碎、爆破冲击波能量不到炸药总能量的 5%，再加上露天爆破空气冲击波在空气中的扩散作用，不会产生较强烈的冲击波，因此空气冲击波的问题可以忽略不计。

3. 爆破飞石安全距离

个别爆破飞石安全距离计算经验公式为

$$R_f = K_f \times d \tag{2-11}$$

式中，R_f 为飞石的飞散距离，m；K_f 为安全系数，一般取 15 ~ 16；d 为钻孔直径，cm。

计算得：$R = 16 \times 9.0 = 144$ m。

因此，爆破施工采取控制爆破自由面方向（爆破自由面背向被保护对象），炮孔填塞长度应不小于底盘抵抗线与装药顶部抵抗线平均值的 1.2 倍[1]。在孔口压砂袋、砂袋上面覆盖专用炮被等防护材料对爆破区域进行覆盖防护（详见防护示意图 2-27），根据类似工程成功经验，飞石可控在 30 m 以内。

4.4 案例 3：复杂环境下基坑开挖深孔爆破[6]

4.4.1 工程概况

1. 概述

本工程拟开挖的基坑为新建高层公馆的地下室，基坑长约 100 m，宽约 40 m，开深度约 7.5 m，需爆破方量约 24 000 m³。

2. 周边环境

爆区环境十分复杂：东侧紧临废旧机械堆场；南侧距望海路约 10 m；西侧距金世纪路约 25 m；北侧距钢筋混凝土结构商用楼约 15 m。地处交通路口，来往人员、车辆较多（图 2-28）。

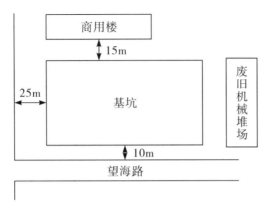

图 2 - 28　爆区环境示意图

3. 工程特点及难点

爆区周边环境十分复杂，既要保证正常施工，又要保证周围各种设施的安全，风险大。难点是距离商用楼仅仅 15 m，采用浅孔爆破方法，施工效率较低。A 区爆破位置平面示意图如图 2 - 29 所示。

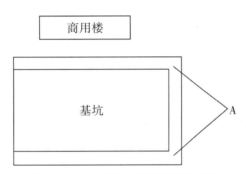

图 2 - 29　A 区爆破位置平面示意图

4.4.2　爆破设计

1. 爆破方案

由于爆区周边环境十分复杂，要最大限度地减少爆破对周围环境的有害影响，需要采用"精细爆破"理论和技术进行爆破方案的设计。

设计原则：

（1）沿基坑两条长边的轮廓线采用预裂爆破，预先炸出两条预裂缝。

（2）在靠近基坑两条长边和废旧机械堆场的地方选取宽 2.1 m 的区域记为 A 区，采用浅孔爆破方法，从地表向下分三层进行基坑掏槽爆破，形成宽 2.1 m、深 7.5 m 的沟槽。

（3）对基坑余下部分采用深孔爆破技术，一次钻孔到底，实现快速施工，严格控制爆破振动强度和爆破飞石。爆破自由面朝向废旧机械堆场方向，向金世纪路方向后退式爆破施工。

2. 爆破参数

1）预裂爆破参数

钻孔直径：76 mm；孔距：0.7 m；孔深：8.0 m；线装药密度：250 g/m；单孔装药量：2 kg；填塞长度 1.5 m。

2）沟槽爆破参数

钻孔直径：$D = 42$ mm；孔距：$a = 0.7$ m；排距：$b \geqslant 0.7$ m；孔深：$l = 2.8$ m；填塞长度：$L_2 = （20 \sim 30）D$，取 $L_2 = 1.3$ m；装药长度：$L_1 = l - L_2 = 1.5$m；单孔装药量：$Q = 1.2$ kg。

3）深孔爆破参数

钻孔直径：$D = 76$ mm；台阶高度：$H = 7.5$ m；孔深：$l = 8$ m；孔距：$a = 2$ m；排距：$b = 1.0 \sim 1.5$ m，填塞长度：$L_2 = 2.5$ m，装药长度：$L_1 = l - L_2 = 5.5$ m，单孔装药量：$Q = 12$ kg；单耗：$q = Q/abH = 0.5$ kg/m^3。

4.4.3 装药结构

1. 预裂爆破装药结构

预裂爆破炮孔中采用不耦合间隔装药结构，把乳化炸药绑扎在 7.5 m 长的毛竹片上，底部 1m 线装药密度取正常装药段的 1.5 倍。距离孔口附近 1.5 m 处的线装药段的 0.5 倍。其余沿炮孔均匀分布，中间穿一根导爆索，长约 7.5 m。

2. 沟槽爆破装药结构

实际单孔装药量：每个炮孔均装乳化炸药 1.2 kg；装药长度 $L_1 = 1.5 \sim 1.6$ m；堵塞长度 $L_2 = L - 1.3$ m；装药结构：采用孔内连续装药，以增大堵塞长度，有效控制爆破飞石。

3. 深孔台阶爆破装药结构

采用孔内间隔装药结构，每个炮孔装乳化炸药 12 kg，下部装 7.2 kg，上部装 4.8 kg，中间间隔 1.5 m 用钻屑或黏土填塞。

4.4.4 起爆网路

1. 预裂爆破起爆网路

受爆破振动的限制，预裂爆破时必须逐孔起爆。长 100 m 预裂爆破需要分成数段完成。为了一次尽可能多地起爆炮孔，孔内选择用 MS17 段毫秒延期导爆管雷管起爆导爆索和炸药，孔外用 MS2 段毫秒延期导爆管雷管进行传爆接力，每次可以起爆 38 个炮孔，形成 26.6 m 长的预裂缝。4 次预裂爆破就可以完成 100 m 长的预裂缝。

2. 沟槽爆破起爆网路

沟槽爆破时，每次爆破 3 排、每排 30 个炮孔。采用孔间延时和排间延时相结合的方法实施单孔单响，以减少爆破振动。孔内采用 MS15 段导爆管雷管，孔间传爆采用 MS3 段导爆管雷管，排间传爆采用 MS5 段导爆管雷管。整个起爆网路由两发电雷管引爆。炮孔布置及起爆网路图如图 2－30 所示。

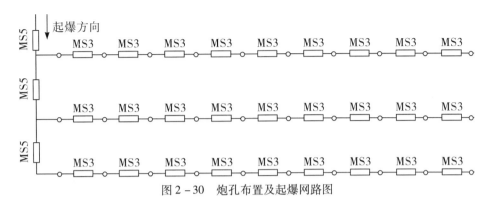

图 2－30　炮孔布置及起爆网路图

3. 深孔爆破起爆网路

每次爆破 2 排、每排 14 个炮孔。同样采用孔间延时和排间延时相结合的方法实施单孔单响，以减少爆破振动。起爆与连接雷管段数同上节。

4.4.5　爆破安全分析

本工程主要采用深孔爆破，爆破的有害效应是爆破飞石和爆破振动对周围商用楼和市政道路的影响。通过控制最大单响药量，降低爆破规模，调整爆破抵抗线的方向，加强覆盖等措施来避免爆破对周围商用楼和市政道路造成影响。

1. 爆破飞石

深孔爆破个别飞石距离 R_f 的计算公式如下：

$$R_f = 40D \tag{2-12}$$

式中，D 为炮孔直径，单位：英寸。

深孔爆破钻孔直径为 $\phi76$ mm 时，$D=3$ 英寸。代入式（2－12）计算得：$R_f = 120$ m。根据《爆破安全规程》的规定，爆破安全警戒距离的取值不小于 200 m。

2. 爆破振动

1）安全振动控制标准

根据《爆破安全规程》规定：工业和商业建筑物的安全振动速度为 $3.5 \sim 4.5$ cm/s；商用楼爆破质点的振动速度取 3.0 cm/s。

2）爆破振动控制措施

（1）采用多段毫秒逐孔起爆技术，严格控制最大段装药量。

（2）保证钻孔质量，减少钻孔偏差。

（3）通过试验，选择合理的单位耗药量。

3）爆破安全允许最大单响药量

最大单响药量可根据下式计算：

$$Q = R^3 \ (v/K)^{3/\alpha} \tag{2-13}$$

式中，Q 为最大单段爆破药量，kg；R 为爆心到被保护对象的距离，m；v 为保护对象所在地安全允许质点振动速度，cm/s；K，α 为与爆破点至保护对象间的地形、地质条件有关的系数和衰减指数。

根据《爆破安全规程》有关 K、α 的取值范围，结合现场地质条件，取 $R = 15$ m，$v = 3.0$ cm/s，$K = 150$，$\alpha = 1.8$，代入式（2-13），可以计算出 $Q = 4.97$ kg。

4.4.6 爆破安全措施

1. 预防飞石的安全措施

1）立面防护

根据本工程周边的环境条件，在开挖红线外四周搭设 12 m 高双排钢管防护排架。先挂两层竹笆网，然后再挂一层网格规格 2 cm×2 cm 铁丝网。在外侧，排架下部码 2 m 高、1.5m 宽的砂土袋挡墙，以加强排架稳定性。防护排架经验收合格后才允许进行爆破施工作业，并在施工作业期间及时检查，发现问题及时加固处理。排架立面防护图如图 2-31 所示。

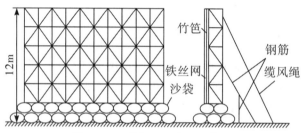

图 2-31　排架立面防护示意图

2）表面覆盖防护

根据爆破区距建筑物的距离，采取不同的表面覆盖防护措施。距建筑物 20 m 范围内采用四层覆盖防护，即孔口盖沙袋、铺铁丝网、铺竹笆、压沙袋。距建筑物 20～40 m 范围内采用三层覆盖防护，即孔口盖沙袋、铺竹笆、压沙袋。距建筑物 40～60 m 范围内采用两层覆盖防护措施，即孔口盖沙袋、铺竹笆。每次爆破作业，应严格认真进行爆破飞石的防护，确保爆破作业的安全。

2. 爆破振动监测

1）测点选择及仪器安装

为了保证信号源的同一性，传感器安放在楼房底层地面上，传感器与地面尽量黏结牢固，水平传感器的方向指向爆源。

2）振动监测对应的爆破参数

本次测振对应的是深孔爆破，测点距离爆破中心 20 m，炮孔深度 8.0 m，爆破总药量为 168 kg，最大一段单响药量是 12 kg。

3）检测数据

仪器检测的数据如表 2-9 所示。

表 2-9　仪器设备设置参数和检测数据

时间	测点	仪器型号	通道	传感器	与爆区距离/m	质点峰值振动速度/(cm·s⁻¹)		主频/Hz
6月12日	居民楼	TC-4850	1	TT0318345	20	垂直水平径向	2.05	31.433
			2	TT0318345			1.87	24.719
6月13日	居民楼	TC-4850	1	TT0318345	20	垂直	1.97	31.433
6月14日	居民楼	TC-4850	1	TT0318345	20	垂直水平径向	1.78	31.433
			2	TT0318345			2.25	24.719
6月15日	居民楼	TC-4850	1	TT0318345	20	垂直水平径向	2.01	31.433
			2	TT0318345			2.14	24.719

4.4.7　结论

本次爆破采用深孔控制爆破技术对建筑物近区（最近 15 m）的基坑进行爆破开挖，严格实行逐孔起爆，取得了满意的结果。在建筑物近区是可以进行深孔爆破的，关键是控制单段起爆药量，采用精细控制爆破技术是实现此类工程爆破安全作业的技术保障。本工程控制爆破技术可以为类似条件下的爆破工程设计和施工管理提供参考。

5 沟槽爆破设计与案例

沟槽爆破特点：

（1）夹制作用大，随着长、宽的减小，单耗 q 增大；往往只有 1 个自由面，一般用楔形掏槽方式形成第 2 个自由面。

（2）安全技术（如爆破振动等）及安全防护要求一般较高。

（3）钻爆施工要求高，有时需覆盖防护。

（4）沟槽两边一般要采用预裂或光面爆破。

5.1 案例 1：城镇沟槽浅孔爆破[3]

5.1.1 工程概况

某住宅小区要修建综合管网配套工程，需开挖长 240 m，下挖深度 6 m，上口宽 8 m，底宽 4 m 的沟槽。开挖边线距住宅楼仅 20 m，环境较复杂，岩石为中风化花岗岩（开挖顺序从两端向中间同时推进）。

设计要求：做出可实施的爆破技术设计，设计文件应包括（但不限于）爆破方案选择、爆破参数设计、药量计算、起爆网路设计、爆破安全设计计算、安全防护措施等，以及相应的设计图和计算表。

5.1.2 方案选择

采用浅孔爆破分层开挖，分 2 个台阶，台阶高度 3 m。开挖由上向下、由两侧向中间推进，保证爆破时有侧向临空面。每次爆破 5 排孔。选用钻孔直径 42 mm，垂直钻孔（图 2-32）。使用炸药为 $\phi32$ mm 乳化炸药药卷，线装药密度为 1 kg/m。底部装药时将药卷用刀划开，用炮棍压实后线装药密度可达 1.4 kg/m 左右。

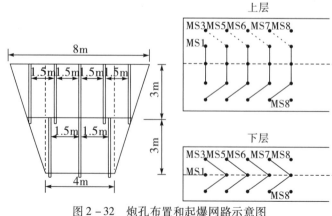

图 2-32 炮孔布置和起爆网路示意图

5.1.3　爆破参数设计

取炮孔直径 $D = 40$ mm。

（1）上层台阶：最小抵抗线 $W = 1$ m，孔距 $a = 1.5$ m，每排布孔 5 个，边孔距沟槽边线 1 m，排距 $b = 1$ m，超深 $h = 0.3$ m，孔深 $l = 3.3$ m。取单耗 $q = 0.45$ kg/m³，每排炮孔爆破断面积 $S_排 = 21$ m²，体积 $V_排 = 21$ m³，药量 $Q_排 = 9.45$ kg，取 $Q_排 = 9.5$ kg，单孔装药量 $Q_单 = 1.9$ kg，填塞长度 $L_d = 1.4$ m。每次爆破 5 排，炮孔总数 25 个，总药量 47.5 kg。

（2）下层台阶：最小抵抗线 $W = 0.9$ m，孔距 $a = 1.5$ m，每排布孔 3 个，边孔距沟槽边线 1.5 m，排距 $b = 0.9$ m，超深 $h = 0.3$ m，孔深 $l = 3.3$ m。取单耗 $q = 0.50$ kg/m³，每排炮孔爆破断面积 $S_排 = 15$ m²，体积 $V_排 = 13.5$ m³，药量 $Q_排 = 6.75$ kg，取 $Q_排 = 6.6$ kg，单孔装药量 $Q_单 = 2.2$ kg，填塞 $L_d = 1.1$ m。装药时下部 1 m 的药卷用刀拉破，用炮棍加压，可以增加下部的线装药密度，增加填塞长度 0.3 m。每次爆破 5 排，炮孔总数 15 个，总药量 37.5 kg。

5.1.4　起爆网路

（1）起爆顺序采用先预裂再主炮孔，然后由已形成的自由面开始，先爆中间、再由中间向两边起爆；或者由两边先爆，再由两边向中间起爆。

（2）对深度小于 5 m 的沟槽，可以采用浅孔爆破方法开挖，槽边需采用边坡控制爆破的，参阅井巷爆破中的光面爆破和预裂爆破技术。

①上层，采用导爆管毫秒雷管，孔内延期梯形起爆网路，簇联起爆。一次起爆 5 排，最多 5 孔为一排，各排分别用 MS1、MS3、MS5、MS6、MS7、MS8 段起爆网路见图 2 - 32 右上角。

②下层，采用导爆管毫秒雷管，孔内延期"V"形起爆网路，簇联起爆。一次起爆 5 排，最多 3 孔为一排，分别用 MS1、MS3、MS5、MS6、MS7、MS8 段起爆网路见图 2 - 32 右下角。

5.1.5　安全防护措施

1. 减振措施

（1）在爆区与保护对象之间挖一条宽大于 1 m、深超过建筑物基础底标高 1 m 的沟槽，沟中不能有水和堆积其他杂物；或打双排密集减振孔。

（2）从离保护对象的远处开始爆破，根据爆破振动监测结果优化爆破参数；累积经验，逐步向渐离保护对象的近处推进。

（3）在炮孔底部留 0.3 m 的空气层，即孔底空气间隔装药。

（4）采取逐孔起爆或孔中分段间隔装药。

（5）调整起爆方向，让保护对象落在起爆方向侧面。

2. 飞石防护措施

（1）对爆破体进行直接覆盖，在炮孔口压沙（土）袋。

（2）在靠近住宅搭盖防飞石排架阻挡飞石。

（3）调整起爆方向，让保护对象落在起烟方向的侧面。

（4）确保填塞长度和填塞质量。

（5）控制孔装药量和装药高度。

5.1.6　爆破安全技术

1. 振动速度计算

（1）上层，单孔药量 1.9 kg，单排起爆药量 $Q_排 = 9.5$ kg（最大段起爆药量）；

（2）下层，单孔药量 2.2 kg，单排起爆药量 $Q_排 = 6.5$ kg（最大段起爆药量）。

按公式 $v = K (Q^{1/3}/R)^\alpha$ 计算振动速度，cm/s。式中，Q 为单响最大段药量，$Q = 9.5$kg；R 为爆源中心到保护对象距离，$R = 20$ m；K、α 分别为与地质有关的系数和衰减指数，取 $K = 150$、$\alpha = 1.5$。

将以上数值代入公式计算得：

$v = K (Q^{1/3}/R)^\alpha = 150 \times (9.5^{1/3}/20)^{1.5} = 5.16$（cm/s）。

以上计算结果 v 大于振动速度允许值，因此应采取降振措施，以满足振速要求（降振措施见防护措施）。

2. 飞石距离 R_f

$R_f = (15 \sim 16) D$，取 16 进行计算。式中，D 为炮孔直径，$D = 40$ mm = 4 cm；$R_f = 16 \times 4 = 64$（m）。爆破时，飞石将危及 20 m 处住宅楼的安全，必须采取有效的防护措施。

5.2　案例 2：城镇沟槽浅孔爆破[3]

5.2.1　工程概况

某办公大楼通信管线工程，需开挖沟槽长 300 m，断面上口宽 1.5 m、底宽 1.0 m，深度 2.0 m。周围无其它建筑设施，地势平坦，岩石为砂岩，中等风化，裂隙不发育，坚固性系数 $f = 7 \sim 9$。

设计要求：依据本工程，请选择合理的爆破施工方案；根据方案做出主要的技术设计步骤及相应的参数计算。

5.2.2　方案选择

（1）该管线沟槽爆破深度大于沟宽，夹制作用大。

①可以利用沟槽两端的临空面采用浅孔台阶爆破开挖，由两端向中间推进。

②如无侧向临空面，可以根据现场具体情况，在对开挖体表土进行清除时，尽量利用地势低洼地段作为爆破开挖自由面。

③无低洼地段时，选取岩性较软地段先开沟，并用小炮或机械把首个台阶面修整成基本规整的台阶形状，由临空面向两侧推进。

（2）根据目前钻孔机械情况，浅孔台阶爆破采用手持式凿岩机钻孔，孔径 $d = 40$ mm；方向垂直。

（3）浅孔台阶爆破台阶高度取沟槽开挖深度，$H = 2$ m。

（4）考虑管线沟槽爆破对边坡要求不算高，故边坡不采用控制爆破技术。布孔时为防止出现欠挖，除采用合适的超深外，沿沟槽底边两侧布置炮孔，以防止坡脚处出现欠挖。沟槽中间设置辅助孔仅底部装药，以防止出现根坎。

（5）采用乳化炸药药卷，不耦合装药结构以降低爆破振动强度，药卷直径 $\phi32$ mm；沟槽底部夹制作用大，装药时适当增加炮孔底部的线装药密度。

（6）采用导爆管毫秒雷管起爆网路，每次爆破控制在 4～5 排。

（7）做好爆破时的安全防护工作，确保办公楼的安全。

5.2.3　爆破参数设计

台阶高度 $H = 2.0$ m，钻孔直径 $d = 40$ mm。

每个断面布边孔 2 个，孔距 $a = 0.8$ m；中间布置一排辅助孔，与边孔错开 1/3 个排距，装药量为边孔的一半；垂直钻孔；超深 $h = 0.4$ m；孔深 $l = 2.3$ m；底板抵抗线 $W = 1.2$ m，排距 $b = 1.2$ m。炮孔布置如图 2 - 33 所示。

每次爆破布置炮孔 5 排、15 个，参数汇总如下，该参数将通过实际爆破效果进行优化调整。

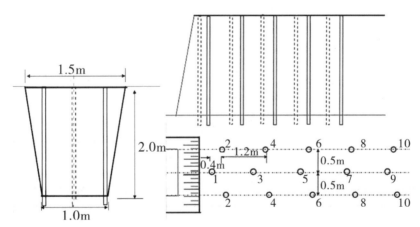

图 2 - 33　炮孔布置及起爆顺序示意图

考虑该沟槽开挖深度大、宽度小，夹制作用大，岩石 $f = 7～9$，故取单耗 $q = 0.65$ kg/m³；每次爆破 5 排、炮孔数 $n = 15$，其中边孔 10 个，中间的辅助孔 5 个。沟槽断面积 $S = 2.5$ m²，每次爆破总方量为 $V = S \times 5b = 15$ m³，总装药量 $Q = q \times V = 9.75$ kg。

实取边孔装药量 $Q_1 = 0.8$ kg；采用 $\phi32$ mm 乳化炸药药卷，线装药密度 $Q_1 = 1$ kg/m，装药长度 $l_1 = 0.8$ m，填塞长度 $l_2 = 1.5$ m。辅助孔装药量 $Q_1 = 0.4$ kg；实际总装药量 $Q = 10$ kg。

炮孔装药参数如表 2 - 10 所示。

表 2 - 10　炮孔装药参数表

炮孔名称	最小抵抗线 W_1/m	孔距 a/m	排距 a/m	超深 a/m	孔深 l/m	填塞长度 l_2/m	孔数 n/个	单孔药量 Q_1/kg	总药量/kg
边孔	1.2	1.0	1.2	0.4	2.4	1.6	10	0.8	8
辅助孔			1.2	0.4	2.4	2.0	5	0.4	2
合计							15		10

5.2.4　装药结构

采用反向连续装药结构，药卷 ϕ32 mm，边孔底部适当增加线装药密度，如图 2 - 34 所示。

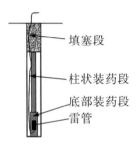

填塞段

柱状装药段

底部装药段

雷管

图 2 - 34　装药结构示意图

5.2.5　起爆网路

采用导爆管雷管孔内毫秒延时"V"形起爆网路。孔外用四通连接，组成网格式闭合起爆网路。配置的毫秒延时段别如表 2 - 11 所示。

表 2 - 11　毫秒延时段别

起爆顺序	1	2	3	4	5	6	7	8	9	10
毫秒段别	MS1	MS3	MS5	MS6	MS7	MS8	MS9	MS10	MS11	MS12

5.2.6　爆破安全技术

1. 爆破振动安全计算

根据公式：$Q = R\ (v/K)^{3/\alpha}$，计算距办公楼不同距离时的最大段发装药量，取办公楼的振动允许速度 $[v]$ 为 2.5 cm/s，并据此调整爆破参数。

取 $K = 150$，$\alpha = 1.5$，代入公式计算得爆区距办公楼不同距离 R 时的允许最大段发装药量 Q_{max}，如表 2 - 12 所示（本设计最大段发起爆药量为 0.8 kg）。

表 2 – 12　爆区距离与最大段发装药量

R/m	10	20	30	50	80	100	150
Q_{max}/kg	0.27	2.22	7.5	34.7	142.2	277.8	937.5

2. 爆破飞石控制

爆破飞石控制与前述案例设计类似。要点是开好临空面，减少夹制作用；保证填塞质量；加强覆盖防护等。

5.2.7　爆破安全警戒[1]

浅孔台阶爆破在未形成台阶工作面时，警戒距离为 300 m，在形成台阶工作面后，警戒距离为 200 m。

5.3　案例 3：沟槽浅孔爆破设计[3]

5.3.1　工程概况

某开挖沟槽长 300 m，深 6 m，上宽 8 m，底宽 4 m，$f = 8 \sim 10$，开挖深度 4.5 m。工地 200 m 外有一村庄，工地地势平坦，岩石为砂岩，中等风化，裂隙不发育，坚固性系数 $f = 8 \sim 10$。试进行炮孔设计和参数计算。

5.3.2　方案选择

1. 设计说明

沟槽爆破仅向上一个临空面，设计时应考虑创造侧向临空面，即沟槽爆破设计属钻孔台阶爆破（包括深孔台阶和浅孔台阶），视开挖深度和爆破方案而定。

由于开挖断面的限制，沟槽爆破的炮孔布置与台阶爆破有所不同。

2. 爆破方案确定

采用深孔台阶爆破，从沟槽的一端开始开挖，用小炮或机械把首个台阶面修整成基本规整的台阶形状；台阶高度为开挖深度：$H = 4.5$ m；垂直钻孔，钻孔直径 $D = 76$ mm，装药采用乳化炸药药卷，药卷直径 $d_1 = 60$ mm；导爆管雷管毫秒延时起爆网路，每次爆破不超过 5 排。

5.3.3　爆破参数设计

1. 爆破参数设计与计算

台阶高度 $H = 4.5$ m；孔径 $D = 76$ mm；垂直钻孔，钻孔直径 $D = 76$ mm；装药采用乳化炸药药卷，药卷直径 $d_1 = 60$ mm；导爆管雷管毫秒延时起爆网路，每次爆破不超过 5

排。超深 $h = 0.5$ m，孔深 $l = 5.0$ m，底板抵抗线 $W_1 = 2.2$ m，孔距 $a = 2$ m，排距 $b = 2.2$ m，填塞长度 $l_2 = 2.5$ m，装药长度 $l_1 = 2.5$ m。

2. 爆破参数计算：

线装药密度（延米装药量）$q_1 = 3.1$ kg/m（装药密度 $\Delta = 1.1$ t/m³）；

沟槽断面面积 $S = 31.5$ m²；

岩石 $f = 8 \sim 10$，取单耗 $q = 0.45$ kg/m³；

每个断面布孔 4 个，单孔药量 $Q_1 = 8$ kg，如图 2 – 35 所示。

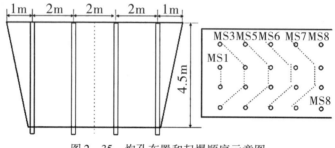

图 2 – 35　炮孔布置和起爆顺序示意图

5.3.4　装药结构

中间 2 个炮孔适当增加底部的装药密度。在装药量不变的情况下，可增加填塞长度，减少飞石的产生。最外边的 2 排炮孔采用连续不耦合装药结构，以减少对沟槽坡脚和坡面的损伤，如图 2 – 36 所示。

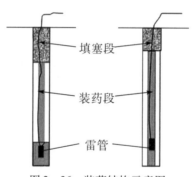

图 2 – 36　装药结构示意图

5.3.5　起爆网路

采用导爆管雷管孔内毫秒延时起爆网路，每个炮孔内装 1 发导爆管毫秒延时雷管，孔外用四通接头连成网格式闭合起爆网路。

采用梯形起爆网路，中间 2 个炮孔先爆，两侧炮孔迟后起爆，同一段最多 4 孔，每孔 8 kg，单响最大段药量为 $Q_{max} = 4 \times 8 = 32$（kg）。

网路连接采用导爆管毫秒雷管孔内延期，分别用 MS1、MS3、MS5、MS6、MS7、MS8

段，每孔装同段 1 ～ 2 发，用簇联起爆网路。起爆顺序如图 2 - 35 所示，起爆网路图（略）。

5.3.6　爆破安全技术

1. 爆破振动安全计算

根据萨道夫斯基公式 $v = K (Q^{1/3}/R)^{\alpha}$，取村庄居民区的振动允许速度 $[v]$ 为 2.0 cm/s，以 $K = 150$，$\alpha = 1.5$，$R = 200$ m 代入，得：

$Q_{\max} = 1422$ kg。

实际最大段的起爆药量仅 32 kg，其振动速度计算：

$v = K (Q_{\max}{}^{1/3}/R)^{\alpha} = 150 \times (32^{1/3}/200)^{1.5} = 0.3$（cm/s），所以爆破振动对村庄居民区没有影响。

2. 个别飞石与安全警戒距离

为防止个别飞石的危害，在施工中应加强如下工作：

最小抵抗线方向应避开村庄方向；装药前，现场技术负责人要认真查看前排最小抵抗线是否有变化。若有变化，应及时改变装药结构和调整孔装药量，适当增加填塞长度和确保填塞质量。

5.3.7　爆破安全警戒

安全警戒半径取 200 m。警戒示意图（略）。

6 地下爆破设计与案例

在地下（如地下矿山、地下硐室、隧道等）进行的岩土爆破作业称为地下爆破。

6.1 小断面巷道掘进爆破设计

巷道掘进爆破，其施工工作面小（断面小），岩石夹制作用大，施工效率低。巷道断面为 3 m×3 m 半圆拱，巷道炮眼布置及起爆顺序。

6.1.1 爆破参数设计

井巷掘进爆破的效果和质量在很大程度上取决于钻孔爆破参数的选择。除掏槽方式及其参数外，主要的钻眼爆破参数还有：炸药单耗、孔径、孔深、孔数、炮孔利用率等。

1. 钻孔直径

国内平巷掘进常用的孔径有两种，如表 2-13 所示。直径与孔数、单耗、块度、掘进效率等有关，一般用 38～45 mm。与常用的机具、工作断面、岩面块度有关。

表 2-13 国内平巷掘进常用的两种类型的孔径（一般采用 42 的直径）[5,17]

种类	眼径/mm	药径/mm
普通型	40～42	32～35
小直径型	34～35	27

2. 炮孔深度

炮孔深度指孔底到工作面的垂直距离 h。

炮孔长度指炮孔方向的实际长度 L。

两者关系：炮孔长度 $L \geqslant$ 炮孔深度 h；垂直孔 $L = h$。

炮孔深度的选取应有助于提高掘进速度和炮孔利用率。随着巷道断面大小、岩石性质等条件不同：炮孔深度与断面大小成正比，一般孔深 $h = (0.6～1.0)B$（B 是巷道宽度），与岩石硬度、韧度及可爆性成反比，巷道断面小、岩石硬度、韧度大，孔深取小值，反之取大值。根据下列因素确定炮孔深度：

①巷道宽度 B、围岩稳定性，避免过大超欠挖；

②凿岩机的允许钻孔长度、操作技术和钻孔技术水平；

③掘进循环安排，保证充分利用作业时间。

炮眼深度与每一循环的进度相关（机具、人工），常用的炮孔深度如表 2-14 所示。

表 2 - 14　常用的炮孔深度[5,17]

岩石坚固系数 f	掘进断面面积/m²	
	< 12	> 12
1.6 ～ 3	2 ～ 3	2.5 ～ 3.5
4 ～ 6	1.5 ～ 2	2.2 ～ 2.5
7 ～ 20	1.2 ～ 1.8	1.5 ～ 2.2

3. 影响炮孔数目的因素

（1）掘进断面：掘进断面增大，炮孔数目增大；

（2）岩石性质：普氏系数 f 增大，炮孔数目增大；

（3）炮孔直径：炮孔直径增大，炮孔数目减小；

（4）炸药性能：炸药威力增大，炮孔数目减小；

4. 计算炮孔数目

根据公式 $N = 3.3\ (f \cdot S^2)^{1/3}$，计算确定炮孔数目的基本原则是在保证爆破效果的前提下，炮孔数目可按公式估算，尽可能地减少炮孔数目。

根据装药量和孔深计算炮数目，再按形状均匀地布置炮孔，周边孔的孔口至轮廓线的距离一般为 100 ～ 250 mm。周边孔的孔间距为 400 ～ 700 mm。底孔的间距取小值，辅助孔的间距为 400 ～ 600 mm。

5. 单耗

单耗指爆破 1 m³ 原岩所需的炸药质量，单位：kg/m³。

普氏公式：

$$q = 1.1 K_0\ (f/S)^{1/2} \qquad (2-14)$$

式中，S 为巷道断面积；K_0 为爆力校正系数，$K_0 = 525/P$；P 为炸药爆力，乳化炸药取 $P = 290$ ml（2 号岩石乳化炸药爆力 $P = 260 \sim 330$ml）；q 为标准单耗，kg/m³，单耗的选取参考表 2 - 15。

表 2 - 15　采用光面爆破掘进岩巷的炸药消耗量[5]

巷道掘进断面/m³	岩石坚固性系数 f	炸药消耗量/(kg·m⁻³)	掘进掏槽方法	循环进尺/m
6.85	6 ～ 8（砂岩）	1.88	五星中空眼（山东）	1.5
7.22	4	2.22	楔形（开滦）	1.0
9.6	4 ～ 6（砂页岩）	1.92	五星掏槽（开滦）	2.5
11.8	6 ～ 8	1.6	混合（大同）	1.8
12.4	4 ～ 6	1.24	楔形（徐州）	1.5
27.2	花岗岩	1.25	五星中空眼（山东）	2.5
36.7	4	0.92	楔形（兖州）	1.8

6. 循环装药量

每个循环应使用药量 $Q = qls\eta$。式中，η 为炮孔利用率，每循环工作面进尺与炮深度 l 的比值，一般 $\eta = 80\% \sim 95\%$。l 为炮孔深度，m；s 为巷道断面积，m^2。

计算出的装药量的平均值，应按不同炮孔进行分配。

7. 每循环的总药量

$$Q = qV = qSL\eta \qquad (2-15)$$

式中，V 为每循环爆破岩石体积，m^3。

6.1.2 炮孔布置

根据断面大小、地质条件、岩石性质等选择合理的掏槽方式。布孔顺序是：首先布置在巷道断面的中心偏下，其次布置周边孔和底板孔，底板孔应向下超过轮廓线 $0.1 \sim 0.2$ m，周边孔应考虑巷道轮廓。最后布置辅助孔，均匀布置在以上两种炮孔中间，如图2-37所示。

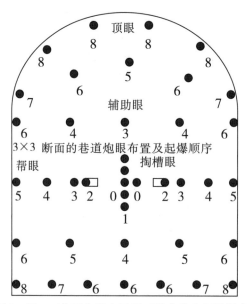

图 2-37　工作面炮孔布置图（数字代表起爆顺序）

6.1.3 起爆网路

起爆顺序：掏槽孔→辅助孔→周边孔→底板孔。

6.2 桩井爆破设计

（1）钻孔直径 $D = 38 \sim 42$ mm，药卷直径 $d = 32$ mm。

（2）选择掏槽方式，选择中心空孔梅花（五心）掏槽。

（3）钻孔深度取桩井直径 ϕ 的 $0.8 \sim 1.0$ 倍，特坚石且韧性大的岩石孔深为桩径的

0.6～0.8 倍。

（4）炸药单耗 q 与桩径大小、炸药性能、岩石性质等因素有关，一般 $q = 1.5 \sim 5 \text{ kg/m}^3$。有的还更大。

（5）孔距 a、排距 b。

掏槽孔：距中心空孔 15～25 cm，周边孔 $a = 50 \sim 60$ cm，辅助孔 $a = 50 \sim 80$ cm，排距 $b = 50 \sim 80$ cm。

（6）炮孔填塞应填满装药后剩余的全部空间。

（7）起爆网路：采用导爆管毫秒雷管孔内延期，前 5 段跳段使用，簇联起爆网路。

（8）井口必须严格重压覆盖，背离保护对象一侧留泄气口，其高度大于 30 cm。

（9）爆破飞石、振动安全校核。

（10）安全警戒。

（11）桩井爆破须注意以下几点：

①振动与飞石的安全校核及有效的防护措施；

②爆破后，向井下加强通风、洒水，以防下井后炮烟中毒；

③及时护壁，紧跟到离开挖工作面 1 m 以内，防止塌方；

④井口周围 0.5 m 内的松石清理干净，并浇灌水泥，以防落石伤人；

⑤人员上下井，乘坐的设备牢靠，防止坠落事故。

6.3　案例 1[3]：巷道爆破设计

某引水隧道宽 3 m，高 3.5 m，断面为半圆拱。隧道为东西走向，进口与大坝相连，出口正面 300 m 有砖混结构民房、南侧 120 m 有 10kV 高压线，北侧 150 m 有一村道，环境不复杂。隧道全长 300 m，出口处 10 m 为 V 级围岩，再往里进 20m 为 IV 级围岩，其余的 270 m 为 III 级围岩，隧道埋深 20～50 m，隧道上方和下方均无需要保护的对象。

设计要求：爆破方案选择、掏槽方法、爆破参数设计、炮孔布置、装药结构、起爆网路及安全警戒方案。

6.3.1　方案选择

按题目提供的条件，隧道由出口向进口方向（自西向东）掘进，因断面不大，采取全断面开挖方式。采取直线垂直桶形掏槽，周边采取光面爆破法施工，V 级围岩采取短进尺、多打孔、少装药的控制爆破法施工。

6.3.2　爆破参数设计

1. 掏槽方法

掏槽孔布置在隧道中心偏下，采用中心空孔桶形掏槽，周围布置 5 个装药孔，与中心空孔中心距 100～200 mm，孔深 2.2 m。

2. 爆破参数

按炮孔装药系数进行装药，掏槽孔按炮孔装药量的 0.85、辅助孔、帮孔按 0.6～0.7、底孔按 0.7 ~ 0.8，周边孔按 0.2 ~ 0.4 进行装药（装药系数 = 装药长度/炮孔长度），最后算出一个循环的总药量，把总药量除以循环总体积得出炸药单耗 q。平巷掘进每米巷道单位炸药消耗量经验值如表 2 - 16 所示。对不同围岩单耗有所不同：以 III 级围岩炸药单耗为标准，V 级围岩炸药单耗其为 0.6 倍，IV 级围岩炸药单耗为 0.7 倍，II 级围岩炸药单耗为 1.24 倍。

半圆拱隧道断面积公式如下：

$$S = 1/2 \cdot \pi R^2 + HB \qquad (2 - 16)$$

式中，B 为隧道宽度，$B = 3$ m；R 为隧道半圆半径，$R = 1/2 \cdot B = 3/2 = 1.5$ m；H 为隧道直墙高度，H 为隧道高度（半圆半径），$H = 3.5 - 1.5 = 2$（m）。

将以上数值代入式（2 - 16），计算得：$S = 9.53$ m^2。

取炮孔利用率 $\eta = 0.85$，

循环进尺爆破体积 V：

$V = LS\eta = 2 \times 9.53 \times 0.85 = 16.2$（m^3）；

$q = Q/V = 48/16.2 = 2.96$（kg/m^3）；

$Q = 4 \times (2.2 \times 0.85) + (17 \times 2 \times 0.7) + (22 \times 2 \times 0.2) + (5 \times 2 \times 0.8) = 48$（kg）。

表 2 - 16 平巷掘进每米巷道单位炸药消耗量经验值[5,17]（kg/m）

掘进断面/m^2	单位炸药消耗量			
	岩石坚固性系数 f			
	2 ~ 4	5 ~ 7	8 ~ 10	11 ~ 14
4	7.28	9.26	12.80	15.72
6	9.30	12.24	16.62	20.58
8	11.04	14.80	19.92	24.88
10	12.06	17.20	23.00	28.80
12	14.04	19.32	25.80	32.40
14	15.40	21.42	28.70	36.12
16	16.64	23.36	31.04	39.36
18	17.82	24.38	33.66	42.30

6.3.3 炮孔布置

布好掏槽孔后布置周边孔，孔距 $a = 0.5$ m，孔深 $L = 2.0$ m。底孔：孔距 $a = 0.7$ m，孔深 $l = 2.0$ m；中间辅助孔：孔距 $a = 0.8$ m，排距 $b = 0.65 ~ 0.7$ m，孔深 $L = 2.0$ m，如图 2 - 38 所示。

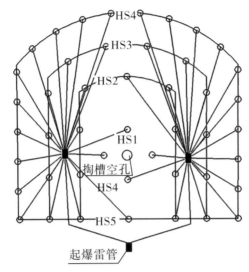

图 2 – 38　巷道掘进炮孔布置及半秒延时起爆网路示意图

6.3.4　装药结构

周边孔采用导爆索间隔装药，其他孔均采用连续耦合装药结构，如图 2 – 39 所示。

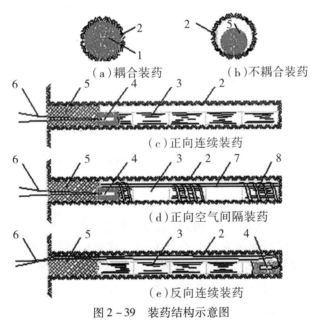

图 2 – 39　装药结构示意图

1 — 炸药；2 — 炮眼壁；3 — 药卷；4 — 雷管；5 — 炮泥；6 — 脚线；7 — 竹条；8 — 绑绳

6.3.5　起爆网路

采用导爆管半秒差孔内延期雷管，孔外每 15 ～ 20 根导爆管雷管用 2 发 1 段雷管捆扎牢固，簇联起爆网路如图 2 – 38 所示。

6.3.6 爆破安全技术

1. 飞石距离计算

$R_f = 16D = 16 \times 9 = 144$ （m）。

2. 爆破振动速度计算

爆破点距保护对象 300 m 为最近距离，根据《爆破安全规程》规定，对于一般民用建筑，$v_允 \geq 2$ cm/s，此处取 $v_允 = 2$ cm/s，

$$v = K\ (Q_段^{1/3}/R)^\alpha \qquad\qquad (2-17)$$

式中，v 为爆破振速，cm/s；K、α 为与地形、地质有关的系数与衰减指数，取 $K = 150$，$\alpha = 1.5$；$Q_段$ 为单段药量，kg，$Q_段 = 23.8$ kg；R 为爆破中心到保护对象的距离，m。将数值代入式（2-17）计算：

$$v = K\ (Q_段^{1/3}/R)^\alpha = 150\ (23.8^{1/3}/300)^{1.5} = 0.14\ (\text{cm/s})。$$

6.3.7 爆破安全警戒

在进洞 100 m 以前，洞口正前方警戒距离不小于 300 m，侧向不小于 200 m，后侧不小于 150 m。在进洞 100 m 以后，洞口正前方警戒距离不小于 200 m，侧向不小于 100 m，后侧不小于 50 m。

6.4 案例2：隧道爆破开挖方案设计[7-8]

6.4.1 工程概况

1. 隧道情况

某隧道全长 815 m。断面为三心圆拱，底部仰拱，隧道衬砌后的净宽 13.0 m、净高 5.0 m 要求，开挖毛断面最大宽度为 15.068 m，最大高度为 10.109 m。

2. 工程周边环境

1）隧道（北）进口段环境情况

进口位置位于水龙村，爆破分明挖段和洞身段掘进，明挖段约 30 m。

（1）东北方向。明挖段轴向方向（东北方向）有集中民房、项目部、厂房（与民房紧邻）、简易工棚、公墓。离明挖爆破区最近的建筑物为一简易平房，空心砖结构，距离约 50 m，厂房、公墓、项目部距明挖爆破区最近距离分别为约 72 m、160 m、81 m。

（2）西北方向。明挖段西北方向是项目部自建的临时存放点，距明挖段开口边线约 75 m。

（3）西南方向。西南方向是项目部用电供电变压器、空压机房，供电变压器距明挖段开口边线约 50 m。

（4）洞身山上。洞身上部山上有高压线和厂房、集中民房。

2）隧道出口爆破环境

（1）出口位于某村庄，公路南侧高压线（380V）距洞口约 35 m；通信线距洞口约

10 m；洞口南面（正对洞口）某小区最近楼房距洞口约 89 m；洞口东南侧居民区最近民房距洞口约 15 m。

（2）轴线两侧均有集中民房，房屋基础标高与洞身底板标高之差最小处不足 40 m。

（3）洞身山上高压线塔及民房距洞口水平距离约 87 m。

6.4.2　方案选择

根据隧道不同性质围岩区段，分别采取不同的施工方法。（洞口明挖设计略）

（1）Ⅴ级围岩：采用"$\phi42 \times 4$ 小导管 + 注浆"预支护，先开挖双侧壁导坑，后短台阶法施工。

（2）Ⅳ级围岩：采用台阶法施工，洞口段开挖采用"$\phi42 \times 4$ 小导管 + 注浆"预支护，洞身段开挖采用超前锚杆预支护等措施。

（3）Ⅱ、Ⅲ级围岩：采用全断面法施工，必要时增加超前锚杆预支护。

周边孔采用光面爆破。在隧道掘进施工过程中应根据设计要求和隧道掌子面的地质情况及时进行临时支护。

出碴采用侧卸式装载机装碴、10 m³自卸汽车外运至堆渣场地，扒碴采用 1 m³反铲挖掘机。喷射混凝土采用两台喷射机同时进行作业，以便减少辅助作业时间，为了确保洞内施工良好的环境宜采用湿喷法，衬砌采用整体式衬砌模板台车。

6.4.3　炮孔数量与炸药单耗

1. 炮孔数量估算

$$N = 3.3 \times \sqrt[3]{f \times S^2} \tag{2-18}$$

2. 炸药单耗

炸药单耗可按下式估算。

$$q = 1.1 \times k_0 \times \sqrt{\frac{f}{S}} \tag{2-19}$$

式中，S 为巷道断面积；k_0 为爆力校正系数，本案例 $k_0 = 525/260 = 2$；q 为炸药单耗，kg/m³。

6.4.4　Ⅴ级围岩爆破参数设计[8]

大断面Ⅴ级围岩施工顺序：上部弧形导坑开挖Ⅰ→隧道两侧开挖Ⅱ→核心土开挖Ⅲ，仰拱开挖衬砌施工循环。导洞与隧道开挖每循环进尺约 0.6 ～ 0.8 m，导洞超前 1 ～ 1.5 m。

爆破开挖顺序如图 2 - 40 所示。

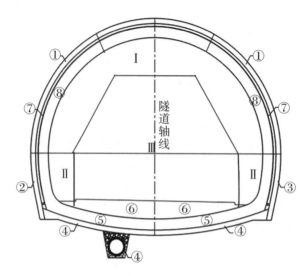

图 2 - 40　Ⅴ级围岩环形开挖预留核心土法施工示意

如果循环进尺仅为 0.6 m 或更小时，其开挖步骤可适当减少，如采用以下施工顺序：超前小导管→上台阶弧形导坑开挖→上台阶初期支护→下台阶左右侧开挖→下台阶左右侧初期支护→核心土开挖→仰拱→二次衬砌（图 2 - 40）。

6.4.5　孔网参数与装药量

钻爆参数如下：

炮孔的个数根据以下公式确定。

$$N = 3.3 \sqrt[3]{f S^2} \qquad (2 - 20)$$

式中，N 为炮眼数目；f 为岩石坚固性系数，Ⅴ级围岩 $f = 4 \sim 6$；S 为开挖段面积，107 m²；$N = 135$，不包含周边光面孔。

为保证爆破振动在被保护物的允许振动范围内，本爆破方案采用密打眼、少装药、弱振动、多段别的松动爆破方法。

1. 槽孔

孔深：掏槽孔只有一个临空面，夹制作用大，爆破条件较差，炮孔利用率 85%，故掏槽孔比其他炮孔加深 20～30 cm。设计直孔掏槽，如图 2 - 41 所示，装药参数如表 2 - 17 所示。

炮孔间距：根据岩性及工作面的大小、炮孔深度，孔间距取 $a = 0.3 \sim 0.4$ m。

2. 辅助孔

孔间距 a：辅助孔间距与岩石软硬、掌子面大小、炮孔深度密切相关，一般取 $a = 0.55 \sim 0.7$ m。排距 b：一般取 $b = 0.5 \sim 0.7$ m。

表 2-17 环形开挖预留核心土法爆破装药参数表

部位	起爆顺序	炮孔名称	炮孔个数/个	炮孔长度/m	单孔装药情况				单段药量/kg	装药系数/%	备注
					炸药卷数/个	装药长度/m	填塞长度/m	单孔药量/kg			
I	1	掏槽孔	12	1	3	0.6	0.4	0.6	7.2	60	面积：48 m² 进尺：0.6m 单耗：1.36 kg/m³
	2	辅助孔	22	0.7	1.5	0.3	0.5	0.3	6.6	37.5	
	3	辅助孔	6	0.7	1.5	0.3	0.5	0.3	1.8	37.5	
	4	辅助孔	8	0.7	1.5	0.3	0.5	0.3	2.4	37.5	
	5	辅助孔	25	0.7	1.5	0.3	0.5	0.3	7.5	37.5	
	6	周边孔	38	0.8	0.8	0.16	0.4	0.16	6.08	20	
	7	辅助孔	26	0.7	1.5	0.3	0.5	0.3	7.8	37.5	
	合 计		137						39.38		
II	1	辅助孔	6	0.7	1	0.2	0.5	0.2	1.2	29	面积：24 m² 进尺：0.6m 单耗：1.03 kg/m³
	2	辅助孔	8	0.7	1	0.2	0.5	0.2	1.6	29	
	3	辅助孔	8	0.7	1	0.2	0.5	0.2	1.6	29	
	4	辅助孔	8	0.7	1	0.2	0.55	0.2	1.6	29	
	5	辅助孔	16	0.7	1	0.2	0.55	0.2	3.2	29	
	6	周边孔	10	0.7	0.75	0.15	0.3	0.15	1.5	21	
	6	底孔	14	0.7	1.5	0.3	0.4	0.3	4.2	29	
	合 计		70						14.9		
III核核心土	1	辅助孔	10	0.7	1	0.2	0.5	0.2	2.0	30	面积：35 m² 进尺：0.6 m 单耗：0.8 kg/m³
	2	辅助孔	14	0.7	1	0.2	0.5	0.2	2.8	30	
	3	辅助孔	17	0.7	1	0.2	0.5	0.2	3.4	30	
	4	辅助孔	15	0.7	1	0.2	0.5	0.2	3.0	30	
	5	辅助孔	11	0.7	1	0.2	0.5	0.2	2.2	30	
	6	辅助孔	7	0.7	1	0.2	0.5	0.2	1.4	30	
	7	辅助孔	2	0.7	1	0.2	0.5	0.2	0.4	30	
	8	辅助孔	8	0.7	1	0.2	0.5	0.2	1.6	30	
	合 计		84						16.8		

3. 周边光爆孔

炮孔直径 $d = 40$ mm；炮孔间距 $E = (8 \sim 18) d$，此处取 $E = 12d = 0.48$ m，取 0.5 m；

光爆层厚度 $W_光 = (0.6 \sim 0.8)$ m，此处 $W_光 = 0.6$ m；

炮孔密集系数 $m = E/W_光 = 0.5/0.6 = 0.83$；

不耦合系数 $K = D_孔/D_炸 = 1.3 \sim 1.5$；

线装药密度 $q = 0.1 \sim 0.25$ kg/m。

亦可根据表 2-18 选定相应参数。最终结合两者周边孔间距设计为 50 cm，周边孔最小抵抗线取 60 cm，线装药密度取 0.2 kg/m。

表 2-18 爆破参数表

岩石种类	周边孔距 E/cm	周边孔最小抵抗线 W/cm	炮孔密集系数 E/W	周边孔装药参数/（kg·m⁻¹）
硬岩	55～70	60～80	0.8～1.0	0.25～0.3
中硬岩	45～65	60～80	0.8～1.0	0.2～0.25
软岩	35～50	60～80	0.5～0.8	0.07～0.12

4. 底板孔

考虑到断面尺寸大小及进尺深度，取 0.5～0.7 m。

5. 炸药单耗

根据岩性、节理裂隙发育程度以及岩石的可爆性，考虑爆破振动控制及岩石受风化程度，本工程主要考虑减弱爆破振动，设计中炮孔装药量较低，故炸药单耗取 $q = 0.6 \sim 1.6$ kg/m³。

6. 装药结构和填塞

掏槽孔和辅助孔采用连续装药，周边孔采用不耦合装药，为了确保爆破效果，炮孔的填塞长度一般为 0.3～0.5 m（图 2-41）。

7. 起爆方式及顺序

光面爆破起爆方式采用电子雷管微差爆破，先起爆掏槽孔，形成临空面，再次起爆辅助孔和周边光爆孔，起爆顺序如图 2-42 所示。

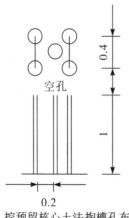

图 2-41 挖预留核心土法掏槽孔布置示意图

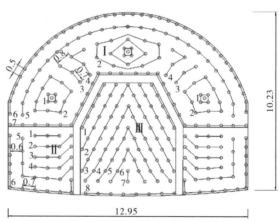

图 2-42 环形开挖预留核心土法炮孔布置示意图

8. 炮孔深度

掏槽孔：考虑到 V 级围岩及爆破振动控制要求，每循环进尺按 0.6 m 设计，比其他炮孔超深 0.2 m，炮孔利用率 η，取 $\eta = 0.85$，则炮孔深度为 1.0 m。

9. 炮孔装药量

每个炮孔的装药量可按下式计算，即：

$$Q = \eta \times l \times \gamma \tag{2-21}$$

式中，η 为炮孔装药系数 0.6；l 为孔深 1.2 m；γ 为每米长度炸药量此处为 1 kg。则计算出单孔装药量为 0.6 kg。

孔网参数与装药量如表 2-17 所示。

6.4.6　Ⅳ级围岩爆破参数设计[7]

1. 施工顺序

超前支护→上部左边拱顶分次开挖→左边拱顶临时支护（锚杆）→右边拱顶分次开挖→右边拱顶临时支护（锚杆）→下部台阶爆破与清渣→两侧边墙临时支护（锚杆）→进入下一循环。

上部拱顶导洞超前下部台阶 1.5～2.0 m。拱顶导洞开挖每循环进尺约 1.2～1.5 m。下部台阶进尺根据一次爆破允许规模而定。开挖顺序如图 2-43 所示。

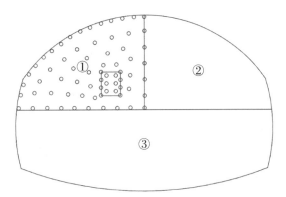

图 2-43　Ⅳ级围岩爆破开挖顺序图

2. 孔网参数与装药量

（1）炮眼数量。

①炮眼数量按下式计算：

$$N = \frac{q \times S}{\gamma \times \eta} \tag{2-22}$$

式中，q 为开挖每立方米炸药消耗量，kg/m³，取 1.0；S 为开挖面积，m²，计算约 136 m²；η 为炮眼装药系数（装药深度与炮眼深度的比值），按 0.6；γ 为每米长度炸药的重量，此处取为 1 kg。

计算得出炮孔数量共 226 个孔。

②上部半拱导洞掏槽孔为 14 个。

③周边孔为 56 个（不包括在计算内）。

（2）炮眼深度。

考虑到Ⅳ级围岩及爆破振动控制要求，每循环进尺按 1.2～1.5m 设计，则炮孔深度为 1.5 m。

（3）炮眼装药量。

每个炮眼的装药量可按下式计算，即：

$$Q = \eta \times l \times \gamma \qquad (2-23)$$

式中，η 为炮眼装药系数 0.6；l 为眼深 1.5 m；γ 为每米长度炸药量，1 kg/m。则计算出单孔装药量为 0.90 kg。

孔网参数与装药量如表 2-19 所示。

表 2-19　Ⅳ级围岩爆破参数表

序号	炮孔名称	炮孔数量 /个	炮眼间距 /cm	炮孔深度 /m	雷管段别	装药参数 药量/kg	备　注
1	掏槽孔	6	50	1.5	1	5.4	对称斜孔
		8	50	2.1	3	10.08	
2	导洞辅助孔	46	70	1.5	4～13	41.4	
3	上右半拱爆破孔	36	70	1.5	1～13	32.4	迟后于导洞单独爆破
4	下部台阶爆破孔	108	70	1.5	1～13	97.2	最后单独起爆
5	周边孔	56	50	1.5	14～15	16.8	光面爆破
6	底孔	22	70	1.5	12～15	19.8	与下部台阶同时起爆
合计		282				223.08	

6.4.7　Ⅳ级围岩炮孔布置

1. 掏槽眼的布置

由于Ⅳ级围岩比较松软，故采用二阶楔形掏槽，二阶共四排掏槽孔，掏槽部位布置在距离下台阶分界线约 0.8 m 的，具体参数如图 2-44 所示。

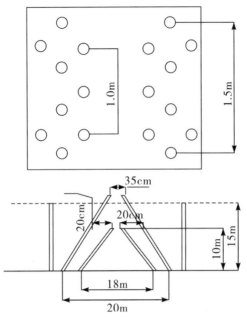

图 2 - 44　楔形掏槽炮孔布置与参数

2. 周边孔与辅助孔的布置

所有周边孔按光面爆破要求进行布孔和装药；炮孔布置如图 2 - 45～图 2 - 47 所示。

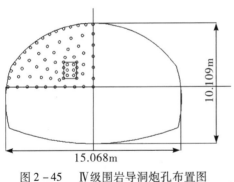

图 2 - 45　Ⅳ级围岩导洞炮孔布置图

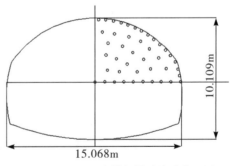

图 2 - 46　Ⅳ级围岩拱部爆破炮孔布置图

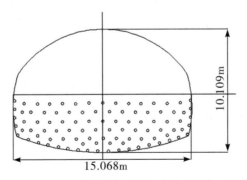

图 2 - 47　Ⅳ级围岩下部台阶爆破炮孔布置图

6.4.8　Ⅳ级围岩起爆网路[7]

起爆网路采用簇联，即"一把抓"，每束20根左右，采用一段雷管绑扎，束与束之间四通连接，导爆管起爆。起爆顺序及网路如图2-48～图2-50所示。

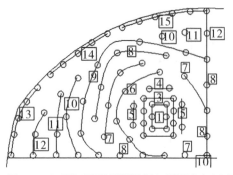

图2-48　Ⅳ级围岩侧拱导洞起爆顺序与网路
（图中数字代表雷管段数）

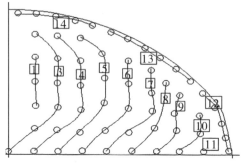

图2-49　Ⅳ级围岩侧拱爆破起爆顺序与网路图
（图中数字代表雷管段数）

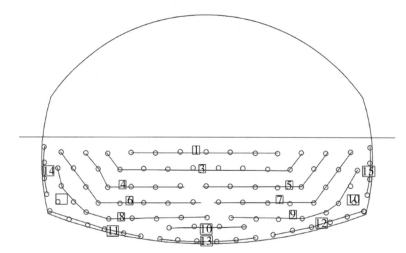

图2-50　Ⅳ级围岩下部台阶爆破起爆顺序与网路图
（图中数字代表雷管段数）

6.4.9　Ⅲ级围岩爆破参数设计[7]

1. 循环进尺

本隧道大部分为Ⅲ级围岩，出现在隧道中部（Ⅲ级围岩地质条件好，不需要超前支护），采用全断面掘进方法一次成型后，及时进行临时支护（锚杆）。但要控制每一循环进尺在1.5～2.5 m。

2. 孔网参数与装药量

（1）炮眼数量。

①炮眼数量按下式计算：

$$N = \frac{q \times S}{\gamma \times \eta} \qquad (2-24)$$

式中，q 为开挖每立方米炸药消耗量，取 1.3 kg/m³；S 为开挖面积，经计算约 136 m²；η 为炮眼装药系数（装药深度与炮眼深度的比值），按 0.6；γ 为每米长度炸药的重量，此处取为 1 kg。

计算得出炮眼数量为 295 个。

②掏槽孔为 22 个（不包括在计算内）。

③周边孔为 56 个。

（2）炮孔深度。

考虑到Ⅲ级围岩及爆破振动控制要求，按每循环进尺不大于 2.0 m 设计，则炮孔深度为 2.0 m。

（3）炮眼装药量。

每个炮眼的装药量可按下式计算，即：

$$Q = \eta \times l \times \gamma \qquad (2-25)$$

式中，η 为炮眼装药系数 0.6；l 为眼深 2.0 m；γ 为每米长度炸药量，1kg。则计算出单孔装药量为 1.20 kg。

孔网参数与装药量如表 2-20 所示。

表 2-20　Ⅲ级围岩爆破参数表

序号	炮孔名称	炮孔数量 /个	炮眼间距 /cm	炮孔深度 /m	雷管段别	装药参数 药量/kg	备　注
1	掏槽孔	8	50	1.5	1	7.2	对称斜孔
		6	50	2.6	3	9.36	
		8	50	2.3	4	11.04	
2	辅助孔	195	70	2.0	5～13	234	
3	周边孔	56	50	2.0	14～15	16.8	光面爆破
4	底孔	22	70	2.0	14～15	26.5	
合计		295				304.9	

6.4.10　Ⅲ级围岩炮孔布置[7]

1. 掏槽眼的布置

由于Ⅲ级围岩地质条件好，开挖断面大，故采用楔形掏槽，二层共 6 排掏槽孔，掏槽部位布置在距离隧道中心线下面线约 0.8 m 的部位，具体参数如图 2-51 所示。

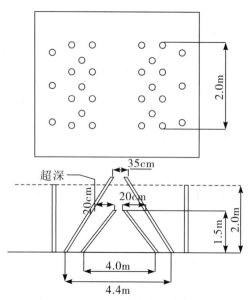

图 2 - 51　Ⅲ级围岩掏槽炮孔布置图

2. 周边孔与辅助孔的布置

所有周边孔按光面爆破要求进行布孔和装药，炮孔布置如图 2 - 52 所示。

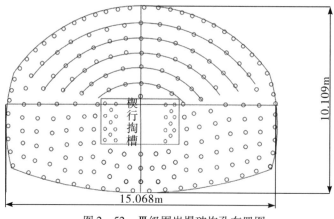

图 2 - 52　Ⅲ级围岩爆破炮孔布置图

6.4.11　Ⅲ级围岩起爆网路[7]

起爆网路采用簇联，即"一把抓"，每束 20 根左右，采用一段雷管绑扎，束与束之间四通连接，导爆管起爆。起爆顺序如图 2 - 53 所示。

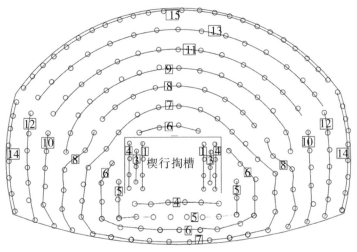

图 2 - 53 Ⅲ级围岩爆破起爆顺序与网路图

6.4.12 爆破安全技术[7]

1. 爆破有害效应分析

洞身爆破分两个阶段，即从开洞口工作面到进入洞身一定长度（一般 50 m 左右）为第一阶段；进入洞内进行深部开挖为第二阶段。

2. 爆破振动控制

根据周围环境，进洞口工作面距离民房的最近距离约 60 m，出洞口距离民房的最近距离为 25 m。根据《爆破安全规程》的规定，砖混结构民房允许的振动速度为 2 cm/s，由于洞身开工作面相对于露天爆破来讲所需炸药单耗较高，单孔装药量较大，但爆破次数不多，因此可以按 2 cm/s 的标准，核算进洞洞身开挖爆破的最大允许单段药量。

根据最大段药量计算公式[1]：

$$Q_{\max} = R^3 \times \left(\frac{v}{K}\right)^{\alpha} \qquad (2-26)$$

式中，R 为民房到爆区中心的直线距离，m；$Q_{\max}$ 为最大单响药量，kg；v 为允许的振动速度，cm/s；K 是与地质条件和爆破方法有关的系数，由于距离近，建筑物基本上全部建在基岩上，因此取 100；α 为与地质条件有关的地震波衰减系数，因爆破近区衰减比较快，可取 1.5。

根据上述条件，针对房屋建筑的允许的最大段药量如表 2 - 21 所示。

表 2 - 21 针对民房建筑不同距离的最大段药量控制

参 数	距离/m				
	25	30	40	50	70
允许速度 v	2.0cm/s				
K	100				

（续表）

参　数	距离/m				
	25	30	40	50	70
α	1.5				
允许单段最大药量/kg	6.25	10.8	25.6	50	137.2
设计控制药量/kg	6.25	10	20	25	25

由于进、出洞口基本上为Ⅳ级围岩，采用双侧壁导坑法分区块分次进行开挖爆破，而且每循环进尺控制在 1.5 m 以内，一次爆破的孔数、炸药用量和单孔装药量都不大，因此，进口处最大段药量控制在 10 kg 以内，出口处最大段药量控制在 6.25 kg 以内。

对于隧道顶部有村庄民房的，考虑到爆破振动对民房的影响，建议业主单位聘请有资质的第三方单位进行爆破振动的监测，并根据监测数据及时调整爆破参数。

3. 爆破冲击波

相对露天浅孔爆破而言，隧道掘进装药量较大，因此空气冲击波要大。验算冲击波超压值采用《爆破作业的安全距离》一文中推荐的冲击波安全距离公式，即

$$R_k = K_b Q^{1/2} \qquad (2-27)$$

式中，R_k 为空气冲击波的安全距离，m；K_b 为与装药条件有关的系数，对于全埋式药包，对人员而言，取 $K_b = 15$；Q 为一次爆破的装药总量，kg，按Ⅲ级围岩爆破总药 304.9 kg。

将以上数值代入式（2-27）计算，解得

$$R_k = 15 \times 304.9^{0.5} = 262 \text{ m}$$

R_k 也为隧道爆破警戒距离，在 200 m 以上时对人员是安全的。爆破时，洞口设挡墙和排架，洞口外冲击波会进一步削弱，故爆破空气冲击波对 262 m 处的人员更为安全。

4. 爆破飞石控制

对于露天台阶爆破一般采用瑞典德汤尼克研究基金会德经验公式来计算爆破飞石距离，即：

$$R_f = （15 \sim 16） \times d \qquad (2-28)$$

式中，R_f 为飞石的飞散距离，m；d 为炮孔直径，cm，此处取 $d = 4$；代入式中得：$R_f = （15 \sim 16） \times 4 = 60 \sim 64$（m）。

隧道掘进爆破飞石距离比台阶爆破要远，但没有相应的计算方法进行准确计算，因此必须采取可靠的防护措施进行飞石控制。

（1）在距离洞口工作面 8 ~ 10 m 远的地方架设坚固的防护排架，排架用脚手架、钢管或工字钢架设，在架子上铺设竹跳板或其他坚固板材，然后敷设铁丝网或安全网。排架高度要大于洞口高度 1.2 倍，宽度要大于洞口工作面宽度的 1.5 ~ 2 倍，与被保护建筑物形成视线死角为宜。

（2）在掏槽孔部位用原木等材料架设近体排架或移动排架（一般采用凿岩台车或凿岩排架），专门阻挡掏槽孔的飞石。

（3）在采取可靠的防护措施后，控制爆破个别飞石距离，爆破飞石对近距离建筑物不

会造成影响。

6.5　案例3：桩井爆破设计[9]

6.5.1　工程概况

本案例为某高压电线铁塔基础（每个塔基四个桩井）需要爆破开挖，桩井开挖直径为 2.5 m，开挖深度 6.5～8 m。

6.5.2　方案选择

本塔基爆破工程须控制爆破有害效应，减少爆破对周边环境影响，施工尤其重要。综合分析比较，结合本工程爆破环境，决定采用竖井浅孔爆破掘进的总体方案，并且根据图纸要求在达到设计深度后需要向四周扩挖。

6.5.3　爆破参数设计

桩井爆破开挖可采用中心空孔直线掏槽爆破方法施工。钻孔前准确测画开挖轮廓线，标明掏槽孔、辅助孔和周边孔的位置。孔桩 $\phi2.5$ m 的爆破参数汇总如表 2-22 所示。

（1）中心空孔掏槽：1 个，为掏槽孔的中心，起导向和增加自由面的作用。

（2）掏槽孔数 n：$n=6$，最小抵抗线 $W=0.45$ m，孔距 $a=0.43$ m，孔深 $l=1.9$ m。

（3）辅助孔：$n=9$ 个，$l=1.7$ m；$a=0.59$ m，$W=0.40$ m。

（4）周边孔：$n=15$ 个，$l=1.6$ m；$a=0.52$ m，$W=0.40$ m。

（5）单耗：$q=3.46$ kg/m^3。

（6）单孔药量计算：

① 掏槽孔：$Q_单=1.2$ kg，$Q_1=6\times1.2=7.2$（kg）；

② 辅助孔：$Q_单=1.0$ kg，$Q_2=n\times1.0=9\times1.0=9.0$（kg）；

③ 周边孔：$Q_单=0.6$ kg，$Q_3=n\times0.6=15\times0.6=9.0$（kg）。

（7）一个单井总药量：$Q=Q_1+Q_2+Q_3=7.2+9.0+9.0=25.2$（kg）。

（8）单基一次起爆药量：$Q_总=25.2\times4=100.8$（kg）。

表 2-22　孔桩 $\phi2.5$ m 的爆破参数汇总表

名称	孔数/个	孔深/m	钻孔角度/°	单孔装药量 /m	最大段药量/kg	合集药量/kg
导向孔	1					
掏槽孔	3	1.9	82	1.2	3.6	7.2
	3	1.9	82	1.2	3.6	

（续表）

名称	孔数/个	孔深/m	钻孔角度/°	单孔装药量/m	最大段药量/kg	合集药量/kg
辅助孔	4	1.7	90	1.0	4.0	9.0
	5	1.7	90	1.0	5.0	
周边孔	7	1.6	90	0.6	4.2	9.0
	8	1.6	90	0.6	4.8	
单井	31				5.0	25.2
1基4竖井	124				20.0	100.8

（说明：经设计参数试爆后调整。）

6.5.4　炮孔布置（图2-54）

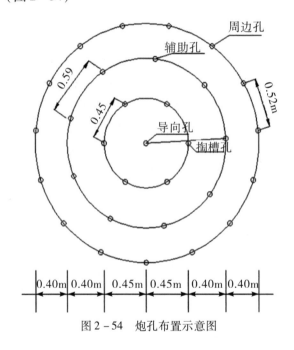

图2-54　炮孔布置示意图

6.5.5　起爆网路

采用导爆管毫秒雷管孔内延期簇联（一把抓）起爆网路，一个桩井的导爆管捆成一把，捆扎在2发1段导爆管雷管上，尽可能使起爆雷管置于导爆管中间，如图2-55所示。

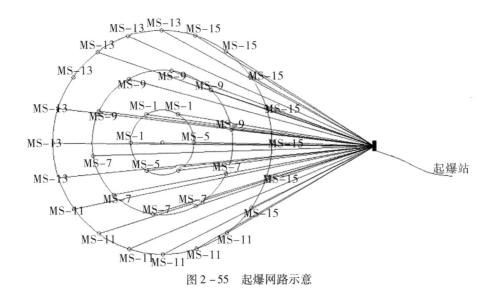

图 2 - 55 起爆网路示意

爆破有害效应控制（略）

爆破施工安全技术措施（略）

7 水下爆破技术设计与案例

7.1 水下钻孔炸礁爆破

7.1.1 设计要点

当水深小于 10 m 时，在清除水下岩石上的淤泥后，可采用搭建水上作业平台，或钻孔船将钻孔设备安装在平台上，按设计参数进行钻孔作业。当水深大于 10 m 时，在清除水下岩石上的淤泥后，采用钻孔船在水上按设计参数进行钻孔作业。

1. 参数选择

（1）孔径 D：一般比露天深孔稍大些，取 $D=160$ mm，药包直径：$d=120$ mm。

（2）台阶高度 H，尽可能一次炸到设计标高。

（3）超深 h，一般取 $h=2\sim3$ m。

（4）孔、排距 a、b，炮孔采用方形或矩形布孔取 $a=b=2.5\times2.5$ 或 $a=3$ m，$b=2$ m。

（5）炸药单耗 q，根据经验 $q=1.5\sim2.5$ kg/m³；与岩性水深等因素有关，水深大、岩石坚韧、完整性好的单耗高，反之低。

（6）填塞高度 L_1，$L_1=0.5\sim2$ m，覆盖水深取小值，水浅取大值；覆盖水深小于 3 m 时，与露天爆破相当；当覆盖水深大于 6 m 时，可只进行少量填塞或不填塞。

每钻完一个孔，立即进行装药，装完药后取出套管。

2. 起爆网路设计

采用导爆管毫秒雷管或电子雷管，孔内延期起爆网路，一把抓双发雷管起爆。

3. 按规程相关规定[1]

（1）进行水下爆破工程前，应征得有关部门许可，并由海事部门发布航行通告。

（2）水下爆破实施前，爆破区域附近有建（构）筑物、养殖区、野生水生物需保护时，应针对爆破飞石、水中冲击波（动水压力）、爆破振动和涌浪等水下爆破有害效应制定有效的安全保护措施。

（3）爆破作业船（平台）上的工作人员，作业时应穿好救生衣，无关人员不应登上爆破作业船（平台）。爆破施工时，爆破作业船（平台）及其辅助船舶应悬挂信号（灯号）；水域危险边界上应设置警告标识、禁航信号。

（4）进行水下爆破前，除按 6.2 节的规定做相应准备工作外，还应准备救生设备，选择爆破作业船及其辅助船舶并报批爆破器材的水上运输和贮存方案，调查水域中有无遗留的爆炸物和水中带电情况。

（5）爆破作业负责人应根据爆破区的地质、地形、潮汐、水深、流速、流态、风浪和周围环境等情况布置爆破作业。

（6）水下爆破应使用防水或经防水处理的爆破器材，并进行与实际使用条件相应的抗水、抗压试验；爆破器材可存放在专用贮存船内。

（7）水下爆破采用导爆管起爆网路时，水下不应有导爆管接头和接点；采用导爆索起爆网路时，水下导爆索的接头或接点应做防水处理，同时应在主爆线上加系浮标，使其悬吊；采用电爆网路时，水下导线宜采用柔韧绝缘铜线并避免水中接头。

（8）在流速较大的水域进行爆破作业时，应采用高强度导爆管雷管起爆网路，并对爆破网路采取有效的防护措施。

（9）水下爆破施工中，爆区附近有重要建（构）筑物、水生物需保护时，一次爆破药量应由小逐渐加大，并对水中冲击波、涌浪、爆破振动等进行监测和观察。

7.1.2　案例1：某码头水下钻孔炸礁设计（钻孔船作业）[10]

本案例是某港区城作业区8号、9号泊位工程码头水下钻孔炸礁设计。

1．工程概况

（1）工程位置：面海背山，其南面为山区，与大黄鱼繁殖保护区南距离1.66 km，与鉴江湿地生态系统保护区北距离2.88 km（中间有山体阻隔），项目东侧与网箱养殖距离0.7 km，西北侧与鲍鱼网箱养殖距离1.1 km，与海带养殖区距离1.3 km，北侧与岛屿海上养殖距离1.1 km，东南侧与鲍鱼网箱养殖距离2.8 km，与已建的万吨级码头距离425 m，东面与3#码头距离约178 m。施工区域周边最近距离居民房屋37 m（拆迁）及周边700 m范围内无水产养殖（迁移）。本工程地理坐标为北纬26°35′50.3″、东经119°45′00.1″。

（2）建设规模。

建设3.5万吨级和5万吨级通用泊位各一个及相应的水、电、通信等配套设施，码头水工结构可靠泊15万吨级散货船预留，年计划吞吐量330万吨，其中碎石160万吨，乱毛石80万吨，花岗石材60万吨，钢铁30万吨。

（3）码头尺度及结构形式。

建设码头岸线长度592.895 m，其中码头泊位长483 m，8#泊位预留延伸段56.415 m，9#泊位预留延伸段53.48 m，9#泊位端部延伸段80 m（10#泊位预炸）。码头宽度32 m，泊位宽度65 m。码头采用重力式沉箱结构。码头岸线长度示意图如图2－56所示。

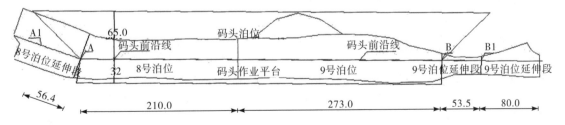

图2－56　码头岸线长度示意图（单位：m）

（4）主要工程量及卸渣点。

工程水下炸礁工程量（实方量）154 667 m³，清礁工程量 154 667 m³。所挖石渣用于后方回填，暂定抛到 8#泊位（3#－9#段面）后方陆域，该区面积 19 160m²，可填方量 347 800m³，待码头岸壁工程形成后再将石渣回填到陆域回填区（图 2－57）。

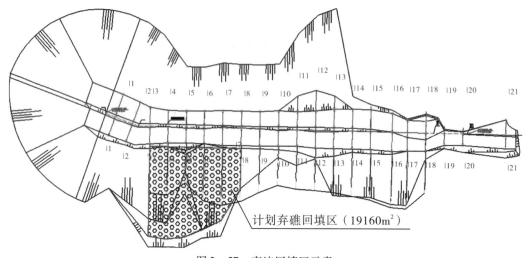

图 2－57　弃渣回填区示意

（5）工程高程控制及平面控制。

高程基准：当地理论最低潮面（黄零下 3.607 m）。

平面控制：54 年北京坐标系，3°带，中央子午线 120°。

（6）开挖要求。

设计标高 －19.3 m～－52.7 m；水下炸、清礁边坡 1∶0.5；超宽 1.0 m，超深 0.5 m。

本工程基础持力层为强风化花岗岩或中风化花岗岩，岩面较斜，为保持沉箱结构的稳定，需将层面炸成台阶状。

码头基槽要求开挖至强风化岩或中风化岩并满足基础厚度要求，基槽应根据设计要求开挖成阶梯状，每阶向后设置 1% 倒坡。

（7）施工工期。

合同计划工期为 9 个月。

（8）质量标准。

本工程质量必须满足设计要求，工程质量具体要求是达到合格以上标准。水下炸、清礁施工平面图如图 2－58 所示。

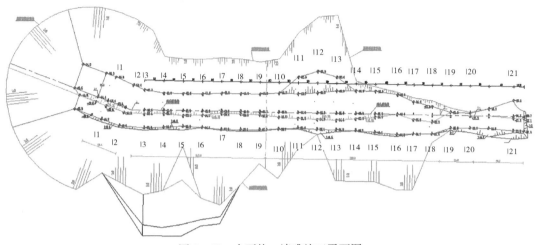

图 2 - 58　水下炸、清礁施工平面图

2. 施工条件

1）自然条件

（1）气象。该地区属中亚热带海洋性温暖湿润的季风性气候，四季分明，日照长，气温高，雨量充沛，地区为台风（或热带风暴）影响次数较多的地区，平均每年受台风影响 3～4 次，多发生于每年的 7～9 月份。风玫瑰图如图 2 - 59 所示。雾多，年平均雾日数为 12. 0 天。

（2）水文。设计水位（基面为"56 黄海基面"，采用当地理论最低潮面），当地理论最低潮面与黄海平均海平面关系如图 2 - 60 所示。

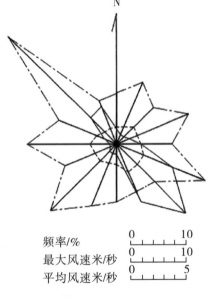

频率/%
最大风速米/秒
平均风速米/秒

图 2 - 59　风玫瑰图

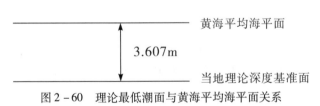

图 2 - 60　理论最低潮面与黄海平均海平面关系

①海区为半日潮流区，潮型为正规半日潮。最高高潮位：8. 20 m，最低低潮位：0. 32 m。

②设计水位。

设计高水位（高潮累积频率 10%）7. 27 m，设计低水位（低潮累积频率 90%）0. 57 m，极端高水位（五十年一遇）8. 58 m，极端低水位（五十年一遇）- 0. 52 m。

③乘潮水位。

④潮流。

该地区属强潮海区，潮差大、潮流急，一般落潮流速大于涨潮流速。

（3）工程地质。根据本次勘察资料，炸礁土质主要是以强风化花岗岩和中强风化花岗岩。

2）工程特点和难点分析

（1）节点工期紧，对船机设备施工能力要求较高，施工强度较大，需要进行精心的施工规划与组织安排，确保工期目标顺利实现。

（2）施工海域潮差大、水流急，对施工船舶炸、清渣定位，靠驳影响较大，下套管时容易倾斜。布置炸礁船位应与码头前沿线垂直，布置清渣计划线应与码头前沿线平行。

（3）在施工高峰期挖泥、炸礁、抛石、打夯、整平等分项也将同时施工，施工船舶间需互相避让，影响施工效率。

（4）在基槽挖泥施工附近海域700 m外范围，不均匀分布着较多紫菜、黄鱼、鲍鱼等养殖区，爆破时需利用延时起爆减小一次起爆最大装药量，制作气泡帷幕等方法降低水中冲击波，最大限度保障周围养殖水产的安全，涨落潮时需控制挖泥施工产生的污水，加强水质监测，以保证施工顺利进行。

（5）进入台风季节，需密切关注台风动态；施工期间由于现场投入船舶较多，需优先安排炸礁船提前24小时进入防台锚地。

3. 爆破参数设计

1）爆破参数

爆破参数如下：

（1）采用正方形布孔方式。

（2）孔距 a：取 $a = 3.0$ m，排距 $b = 3.0$ m，$a \times b = 3 \times 3$ m。

（3）孔径 D：采用冲击回转钻进方法，孔径 $D = 165$ mm。

（4）超钻深度 Δh：设计超钻深度 Δh，取 $\Delta h = 2 \sim 3$ m。

（5）药柱直径 d：炸药为高性能乳化炸药，药柱直径 $d = 140$ mm（水深超过40 m需添加起爆具）。

（6）爆破施工船上安装有4台钻机，可以来回移动，根据实际情况爆破参数可以调整，定位一次后能完成施工面积约270 m²。

（7）船位和孔位布置。

每个船位的布孔图如图2-61所示。施工前将施工区域的布孔图用电子版的形式输入测量软件中，移船定位时，打开测量软件直接在屏幕上显示船舶的位置，直到实际位置和设计位置在误差范围（0.2m）内为止。

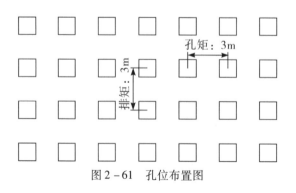

图2-61 孔位布置图

2）钻孔

布孔时要求在设计图纸炸礁区域边线外 2.0 m 范围内布孔，采用潜孔钻钻孔爆破；边线外有不达设计要求的礁石区域，应进行钻孔爆破。

3）装药

采用特定的柱状乳化炸药或水胶炸药，该炸药防水性强，爆炸性能好。炮孔钻完并经验收合格后装药。

炮孔装药量按体积公式计算为：

$$Q = q \times a \times b \times H \qquad (2-29)$$

式中，Q 为炮孔装药量，kg；q 为炸药单耗，kg/m^3，取 $q = 1.5 \ kg/m^3$（经试炮后再作调整）；a、b、H 为孔距、排距、实际钻孔深度（含超深）；每米装药量 $P = 17.0 \ kg$（炸药为直径 $d = 140 \ mm$ 柱状乳化炸药，密度 $1.1 \ t/m^3$）。

不同孔深的炮孔装药量如表 2-23 所示。

表 2-23 爆破参数

台阶高 /m	超深 /m	孔深 /m	孔距 a/m	排距 b/m	孔药量 Q/kg	装药长度 /m	堵塞长度 /m
1	1	2	3.3	3.3	15.75	1.5	0.5
2	1	3	3	3	26.5	2.5	0.5
3	1	4	2.9	2.9	36.75	3.5	0.5
4	1.5	5.5	2.9	2.9	52.5	5	0.5
5	1.5	6.5	2.9	2.9	63	6	0.5
6	2	8	2.9	2.9	78.75	7.5	0.5
7	2	9	2.9	2.9	89.75	8.5	0.5
8	2	10	2.9	2.9	99.75	9.5	0.5
9	2	11	2.9	2.9	110.25	10.5	0.5
10	2	12	2.9	2.9	120.75	11.5	0.5

根据礁区的岩石性质，实际操作中，除孔口装入约 0.5 m 长的砂袋外，孔内装满炸药。药柱长度小于 3 m 时装一个起爆体，2 发同段导爆管毫秒雷管，装在炸药长度下部约 1/3 处；药柱长度等于或大于 3m 时，装两个起爆体，每个起爆体均装 2 发同段导爆管毫秒雷管，分别装在距药柱底部的 1/4 和 3/4 位置。装药结构如图 2-62 所示，工程装药示意图如图 2-63 所示。

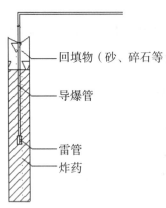

图 2 - 62　装药结构图　　　　图 2 - 63　工程装药示意图

回填物（砂、碎石等）

导爆管

雷管

炸药

4. 起爆网路

采用非电或电子雷管起爆网路，每个起爆体内装 2 发雷管。最后用起爆器起爆整个网路，一次起爆炮孔数根据一次允许单段起爆最大药量和起爆能力大小而定，如图 2 - 64 所示。

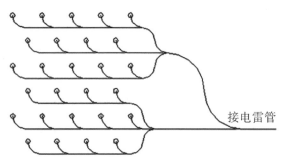

接电雷管

图 2 - 64　爆破网路示意图

起爆网路连接完成后，移船至安全位置，按设计的安全距离警戒，并发出起爆信号，确认船舶、水中人员都在危险区以外后，才能起爆。

5. 爆破安全技术[1]

爆破安全主要考虑爆破有害效应对周围环境的危害，如爆破地震波对周围建筑物的影响；水中冲击波对水中建（构）筑物及水中养殖的影响。

1）爆破地震波的安全距离

安全距离按以下公式[1]计算：

$$R = \left(\frac{K^{\frac{1}{\alpha}}}{v}\right) \times Q^{\frac{1}{3}}$$

推导得出：

$$Q = R^3 \ (v/K)^{3/\alpha} \tag{2 - 30}$$

式中，Q 为一次起爆的炸药量，kg，微差起爆时取最大一段的装药量；R 为爆破点与被保护建（构）筑物的安全距离，m；v 为允许爆破地震安全速度，不同的保护对象分别选取，cm/s；钢筋混凝土房为 $4.2 \sim 5\ cm/s$、重力式码头为 $5 \sim 8\ cm/s$，按 $5cm/s$ 计算控制药量；K、α 与爆破点地形、地质等条件有关的系数和衰减指数，按坚硬岩石取 $K=250$，$\alpha=1.8$，根据式（2-30）计算对不同保护对象，安全距离与最大装药量的关系分别如表 2-24 所示。

对施工区附近过往船舶及周边养殖网箱的保护，允许爆破地震速度为 $5.0\ cm/s$。

表 2-24　对船舶安全距离与最大装药量关系

安全距离 R/m	最大装药量 Q/kg	安全距离 R/m	最大装药量 Q/kg
65	404	90	1074
70	505	95	1263
75	621	100	1473
80	754	105	1705
85	904	110	1961

根据以上计算公式有：$v=250 \times (250^{1/3}/67.7)^{1.8} \approx 3.48$（$cm/s$）$< 5\ cm/s$

故最大单段药量不超过 $250\ kg$ 时，振动速度对 $67.7\ m$ 以外的建筑物是安全的。施工时根据与保护对象的距离按照表 2-28 确定最大装药量，实际操作时采用毫秒微差起爆，在爆破施工减振的同时，爆破初期对主要养殖网箱和距爆区最近的建筑物进行爆破监测，以监测数据来确定单次起爆最大药量和单段起爆最大药量。爆破初期采用较小的起爆药量进行试爆，并根据爆破振动监测结果优化爆破参数。

靠近保护对象的建筑物施工时，严格按照计算允许装药量控制，因岩层厚度较大，单孔装药量较大时根据需要可采用分层爆破的起爆方式。

2）水中冲击波及涌浪安全允许距离[1]

水下钻孔爆破水中冲击波对水中人员和施工船舶的安全距离按表 2-25 确定。工程施工中，起爆前应确认警戒范围内水域无作业人员及游泳人员，对过往船舶，要注意加强瞭望工作，确保过往船舶和游水、潜水人员离开警戒范围内以后再起爆。

原航道附近有过往船舶通过时，要确定其位置和施爆点的距离，小于安全警戒距离 $100\ m$ 时严禁起爆。

在水深不大于 $30\ m$ 的水域内进行水下爆破，水中冲击波的安全允许距离，应遵守下列规定：

客船距离：$1500\ m$。

对人员的安全距离如表 2-25 确定。

表 2-25　对人员的水中冲击波安全允许距离[1]

装药及人员状况		炸药量/kg		
		$Q \leqslant 50$	$50 < Q \leqslant 200$	$200 < Q \leqslant 1000$
水中裸露装药/m	游泳	900	1400	2000
	潜水	1200	1800	2600
钻孔或药室装药/m	游泳	500	700	1100
	潜水	600	900	1400

施工船舶安全允许距离如表 2-26 确定。

表 2-26　对施工船舶的水中冲击波安全允许距离[1]

装药及船舶类别		炸药量/kg		
		$Q \leqslant 50$	$50 < Q \leqslant 200$	$200 < Q \leqslant 1000$
水中裸露装药/m	木船	200	300	500
	铁船	100	150	250
钻孔或药室装药/m	木船	100	150	250
	铁船	70	100	150

一次爆破药量大于 1000kg 时使用以下公式[1]计算。

$$R = K_0 \times \sqrt[3]{Q} \qquad (2-31)$$

式中，R 为水中冲击波的最小安全允许距离，m；Q 为一次起爆的炸药量，kg；K_0 为系数，按表 2-27 选取。

表 2-27　一次爆破药量 K_0 值[1]

装药条件	保护人员		保护施工船舶	
	游泳	潜水	木船	铁船
水中裸露装药	250	320	50	25
水中钻孔或药室装药	130	160	20	15

在水深大于 30 m 的水域内进行水下爆破时，水中冲击波安全允许距离由设计确定。

在重要水工、港口设施附近及水产养殖场或其他复杂环境中进行水下爆破，应通过测试和邀请专家对水中冲击波和涌浪的影响做出评估，确定安全允许距离。

水中爆破或大量爆渣落入水中的爆破，应评估爆破涌浪影响，确保不产生超大坝、水库校核水位涌浪、不淹没岸边需保护物和不造成船舶碰撞受损。

水中冲击波峰值压力对养殖鱼的影响[1]。

水下钻孔爆破冲击波超压值 $P_m = 24.58 \ (Q^{1/3}/R)^{1.358}$；对于石首鱼类，自然状态下的允许超压值 $P_m = 0.10 \times 10^5 \ \text{Pa}$，对于网箱养殖 $P_m = 0.05 \times 10^5 \ \text{Pa}$。按 $P_m \leqslant 0.10 \times 10^5 \ \text{Pa}$ 代

入 $Q_允 \leq R^3$ $(P_m / k)^{3/1.358}$ 式计算，$R - Q_允$ 表如表 2 - 28 所示。

表 2 - 28　　$R - Q_允$ 参数表

R/m	200	250	280	320	400	500	700	1000
$Q_允/\text{kg}$	42	82	115	172	335	654	1795	5234

按网箱养殖 $P_m \leq 0.05 \times 10^5 \text{Pa}$。在 700 m 处，单响最大允许药量 $Q_允 \leq 386 \text{ kg}$。说明 700 m 外的网箱养殖敏感石首鱼类单响最大段允许药 $Q_允 \leq 386 \text{ kg}$ 时是安全的。

根据《建设项目对海洋生物资源影响评价技术规程》（SC/T 9110—2007）中，水下爆破冲击波峰值压力和渔业生物致死率计算方法，本工程单响最大药量小于 250 kg，水下爆破方式对距爆破点 700 m 以内生物资源的损害评估，冲击波峰值压力公式[10] 为：

$$P = 287.3 \ (Q^{1/3}/R)^{1.33} = 0.555 \times 10^5 \text{Pa}$$

式中，P 为冲击波峰值压力，单位：kg/cm^2；$Q_允$ 为单响最大段允许药量，kg；R 为爆破点距离测点距离，m。计算结果超过石首科鱼类的安全值。为此，应采取有效的防护措施，在爆区与养殖石首科鱼类中间采用气泡帷幕，最高可降低水中冲击波峰值压力 90%，一般都能降低 60%，因此，可确保对水中冲击波敏感的石首科鱼类的安全。

根据冲击波峰值压力值推算渔业生物致死率，如表 2 - 29、表 2 - 30 所示。

表 2 - 29　　水中冲击波超压峰值对鱼类影响安全控制标准[1]

安全控制标准级别/10^5Pa	鱼　类	自然状态/10^5Pa	网箱状态/10^5Pa
高度敏感	石首科鱼类	0.10	0.05
中度敏感	石斑鱼、鲈鱼、梭鱼	0.30～0.35	0.20～0.25
低度敏感	冬穴鱼、野鲤鱼、鲟鱼、比目鱼	0.35～0.50	0.25～0.40

表 2 - 30　　水中冲击波最大峰值压力与受试生物致死率的设计[20]

距爆破中心/m	100	300	600	700
最大峰压值/（$\text{kg} \cdot \text{cm}^{-3}$）	7.27	1.69	0.745	0.577
鱼类致死率（除石首）/%	100	20	10	3
石首科鱼类致死率/%	100	100	50	15
虾类致死率/%	100	20	6.6	0

注：本表参数采用炸药为 ML - 1 型乳化炸药单响药量 250 kg，雷管为 8#非电毫秒雷管得出的结果。

3）飞石的影响

当水深大于 6 m 时无须考虑飞石的影响。

4）涌浪安全防范

对于该工程爆破涌浪的防范，首先在设计时已经考虑到一次起爆药量的控制，250 kg 的炸药距岸边 67.7 m 的振速小于 5 cm/s，所产生涌浪的形态和强度，不会对岸边的建筑物造成破坏；但在首次试爆后要认真检查实际的情况。每次爆后，现场技术负责人及业主共同对其周围的建筑物及水面船只以及有关保护对象进行排查；确认安全后，方可进行下一次的爆破施工，否则应及时调整爆破参数。

5）振动液化控制

水下爆破对岸边距离 67.7 m，采用孔外微差传爆接力非电网路，延时爆破的方式能有效控制单响最大段药量、降低爆破振动强度、缩短振动持续时间。避免冲击波压力、水隙压力、地面振动等不明复杂因素对液化的影响，有效控制堤岸受到爆炸高压作用，产生砂（土）与水分离现象。

6）爆破警戒

起爆时，按要求做好爆破安全警戒工作，水上距施爆点半径 1400 m 的范围内严禁有人，水上安全警戒距离大小要根据每次的起爆药量大小分别确定，水上安全警戒距离一般为 100 ～ 200 m。

7.1.3 实例 2：凤凰湾船闸水下钻孔爆破工程设计方案[11]

案例是水上作业平台方式。

1. 工程概况

工程地址位于凤凰岛西侧，船闸拟建在凤凰湾西侧，本工程主要建一船闸，爆区长约 57 m、宽 37.54 m，水域高程分别在 +1 ～ -7.4 m 之间，退潮时，-1.0 m 的礁石可露出水面。爆破方量约 4000 m³，平均水下爆破深度约 4 m。水面到礁石上面最大水深为 11 m。

岩石地质概况：爆区岩石为火山灰凝灰岩，单轴抗压强度最大值为 55MPa，属次坚石，可爆性一般。

爆区周围环境：爆区周围东、西、南三面是海，北侧是凤凰岛，离爆区 60 处为棚屋（抗震性能好），离爆区约 100 m 处有一露天游泳池，如图 2 - 65 所示为周围环境平面图。

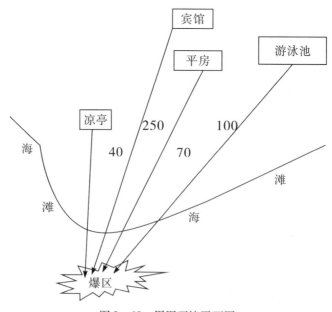

图 2 - 65　周围环境平面图

2. 施工船舶选用

根据工程及施工设备情况，现选用 1 艘 800 吨级挖泥船安装一套中风压潜孔占机作为炸礁船，进行钻孔爆破施工。

锚泊定位方法包括：①采用定位准确的 GPS 定位（RTK 模式）；②锚泊方法。前后各一门主锚，每侧弦两门边锚，如图 2-66 所示。

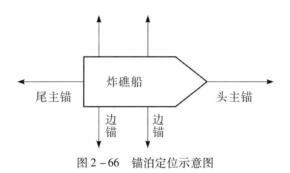

图 2-66 锚泊定位示意图

3. 水下钻孔爆破施工工艺

（1）水下钻孔爆破施工流程。

水下钻孔爆破施工流程如图 2-67 所示。

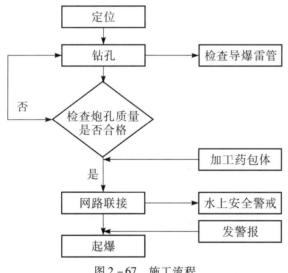

图 2-67 施工流程

（2）爆破器材的选择。

本工程水下爆破采用防水性能较好的乳化炸药，药径 110 mm，药卷长度为 33 cm，每节药卷标称重量为 4 kg。用 8#防水工业非电毫秒雷管作为击发元件，非电导爆管为传爆元件，非电雷管为起爆元件。

4. 爆破参数设计

据《水运工程爆破技术规程》及工况、施工、经验确定。

（1）炮孔直径：$D = 138$ mm。

（2）药筒直径：$d = 110$ mm。

（3）孔距：$a = 3.2$ m。

（4）排距：$b = 2$ m。

（5）超深：$\Delta H = 2.0 \sim 2.5$ m；在此暂按 $\Delta H = 2.5$ m 计算（根据地质情况可进行调节），通常爆破后会形成一个爆破漏斗。

（6）线装药密度 $Q_{线} = 12$ kg/m。

（7）堵塞长度 $L \geqslant b$（W）。

为了抵消爆破后孔与孔之间的隆起部分（即减少浅点），达到工程的标高要求，因此在爆破时会根据实际情况考虑钻孔的超深值。

（8）炸药单耗：$q = 1.5 \sim 1.8$ kg/m³，取 $q = 1.8$ kg/m³ 计算。

5. 布孔及钻孔

一次性钻至设计超深标高，炮孔沿退潮时水流方向，呈矩形布孔。

在船闸基槽进行炸礁时，为了防止爆破对保护对象的影响及考虑到对抛石量的控制，因此在底标高的控制上就有较高的要求，炸基槽时采用以下几种方法（备用方案）来减小爆破对基槽的影响：

（1）缩小排距，适当减小钻孔的超深值。

（2）缩小排距，布方形孔，如图 2 - 64 所示。

（3）缩小排距，钻加密孔，如图 2 - 68 所示。

图 2 - 68　钻孔布置示意图

6. 钻深及孔深计算

在钻孔前要进行钻深计算，以便于钻机工进行施工，钻完孔后进行孔深计算，然后再根据孔深计算出装药量，假如开钻时潮位是 A，岩面标高为 B，设计底标高为 C，超深值为 D，那么：

钻深 $L = A + C$（绝对值）$+ D$

孔深 $h = C$（绝对值）$+ D - B$（绝对值）

7. 装药及药量计算

钻孔完成后，爆破人员应按如下程序操作：

①测深绳（一般根据钻杆的钻进尺度）检查炮孔的深度，若达不到要求，应要求钻工重钻；

②按规定药量采用连续装药结构进行装填炸药和起爆体，见连续装填结构示意图；

③用测深绳（一般根据导爆雷管的长度）检查炸药是否到达孔底，若未到达，应用炮

棍压送至孔底；

　　④用泥沙填塞炮孔（为了提高爆破效果）；

　　⑤通知钻机手吊起套管，连接起爆网路。

炮孔装药量计算公式为

$$Q_{孔} = q \times a \times b \times H \qquad (2-32)$$

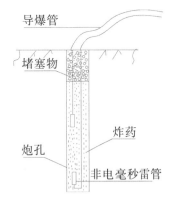

图 2-69　炮孔装填结构示意图

式中，$Q_{孔}$ 为炮孔装药量，kg；q 为炸药单耗，kg/m³，取 $q = 1.5 \sim 1.8$ kg/m³；a、b、H 为孔距、排距、台阶高度，m。

　　实际操作中，一般对整个炮孔装填炸药。每个炮孔装两个起爆体，每个起爆体装 2 发同段导爆管毫秒雷管，各装在离药柱底部的 1/4 和 3/4 位置。装药长度与装药量的关系如表 2-31 所示。

　　实际单孔装药量最大为 72 kg，最大单段起爆药量为 2 个孔同段，见起爆网路图 2-69。即单段最大药量为 $Q_{max} = 2 \times 72 = 144$ kg。

表 2-31　装药长度与装药量的关系

装药长度/m	装药量/kg	装药长度/m	装药量/kg
2	24	5	60
3	36	6	72
4	48	7	—

8. 起爆网路

　　采用非电起爆网路，孔内延期复式连接，每个炮孔内装两发同段非电毫秒雷管。采用起爆器起爆整个网路。同时考虑到爆破所产生的地震波对周边建筑物的影响，通常采用孔内孔外微差爆破，连接方式如图 2-70 所示。

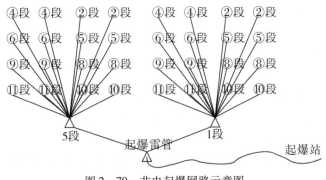

图 2-70　非电起爆网路示意图

　　起爆网路连接完成后，警戒人员到位，清场完毕，达到安全起爆条件并发出警戒信号，在确认爆破区附近的船舶、水中人员都远离危险区后，才允许起爆。

9. 爆破安全技术

（1）满足保护对象允许振动速度的最大段药量 Q_{max} 按下式计算：

$$Q_{max} = R^3 \ (v/K)^{3/\alpha} \tag{2-33}$$

式中，R 为爆心至保护对象的距离取 $R=100$ m；v 为允许振动速度 cm/s，取 $v=2$ cm/s；K、α 为与爆区地形、地质有关系数和衰减指数，取 $K=160$，$\alpha=1.6$，代入式（2-33）计算得：$Q_{max}=270$ kg。

根据爆心至保护对象距离 R 与最大段药量 Q_{max} 的对应关系计算结果如表 2-32 所示。

表 2-32　$R-Q$ 关系对应表

R/m	60	70	80	100	120	150
Q_{max}/kg	58	92.6	138	270	466.5	911

根据保护对象距离不同，最大段药量严格按表 2-32 控制。据上述，最大段药量 $Q=144$ kg，爆心距游泳池约 100 m，其振动速度 v 为：

$$v = K \ (Q^{1/3}/R)^{\alpha} = 160 \ (144^{1/3}/100)^{1.6} = 1.43 \ \text{cm/s}。$$

由此可见，对建筑物是安全的。

（2）爆破飞石距离 R_f 估算，按下式计算：当水深大于 6 m 时可不考虑飞石的影响。

$R_f = $（15～16）$D$，$D$ 为炮孔直径 cm，$D=138$ cm，

计算得 $R_f = 207～220.8$ m。

（3）水中冲击波安全距离 R_s。

水中冲击波按安全距离公式 $R_s = K_s Q^{1/3}$ 计算。式中，Q 为一次起爆药量 $Q=800$ kg；K_s 为系数，对于铁船，$K_s=15$，木船 $K_s=25$。计算得：

$$R_s = K_s Q^{1/3} = 15 \ (800)^{1/3} = 139 \ \text{m（铁船）。}$$

$$R_s = K_s Q^{1/3} = 25 \ (800)^{1/3} = 232 \ \text{m（木船）。}$$

从上述计算结果看到，对于铁船，爆破前撤出 150 m 外，可确保安全。

（4）水中生物的保护。

正式爆破前，在水中起爆少量炸药，将鱼类赶出警戒线外，确保鱼类安全。

10. 爆破安全警戒

（1）警戒范围确定。

爆破作业严格执行《爆破安全规程》及按照有关安全规定执行；密切配合当地公安机关、水上派出所，做好爆破前人员疏散工作，确保爆破前 10 min 警戒周围内无人，警戒人员至少在起爆前（陆上 10 min、水域 30 min）到指定地点上岗警戒，直至发出解除警戒信号后，方准离开警戒岗位，警戒按陆地 200 m 为半径的区域，水域按 300 m 为半径的区域，人员必须撤离至安全地点避炮（见警戒示意图 2-71）。

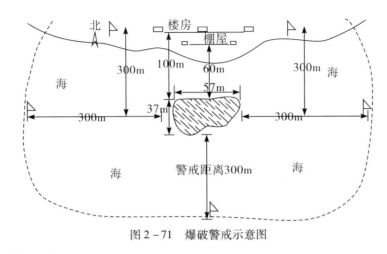

图 2 - 71　爆破警戒示意图

（2）警戒岗哨设置。

根据爆区环境，应在爆区东、西、南、北设置 4 个警戒点，水域设活动巡逻艇警戒，艇上设红旗为醒目警示，陆上视周围人员动态增设流动岗哨。各警戒点应严格把关，警戒人员应佩戴袖章、小红旗和口哨等警示物。各警戒点人员用对讲机与指挥长、起爆站可随时联系。

（3）警戒人员。

每个警戒点由一至两人组成，警戒人员应认真负责，负责该区域范围内的人员撤离，及时向指挥长告警戒情况。

（4）起爆信号[1]。

起爆警戒信号为视觉信号（小红旗、红袖章）和听觉信号（报警器、口哨）两种。

第一次——预警信号，连续短声，通知警戒范围内的所有人员、移动施工设备（尤其是行车）迅速撤离警戒区，警戒人员到达警戒地点。

第二次——起爆信号，一长声，确认人员和设备全部撤离警戒区后，具备安全起爆条件时，方准发出起爆信号，指挥长发布起爆命令，一短声，立即按起爆器引爆。

第三次——解除警戒信号，经检查人员检查确认安全后，方准发出解除警戒信号，未发出解除信号前，岗哨不能撤离、非检查人员不得进入警戒范围内。

11. 爆破施工组织

（1）施工管理机构。

该爆破工程成立爆破作业队，由爆破负责人全面负责，下设施工组（钻、爆组）、安质组、材料组、机械组、后勤保障等。具体详见施工组织机构网络图 2 - 72。

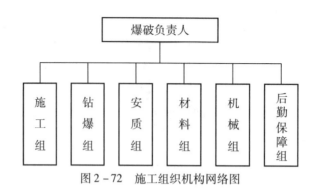

图 2 - 72　施工组织机构网络图

（3）施工准备。

配置施工机具、仪表，测量、放样，编制施工设计方案。

（4）爆破施工工艺流程。

炸礁船的抛锚定位→钻爆设计→测量布孔→钻孔→验收→申请领取炸药→装药→填塞→连接网路→爆破系统安全检查→安全警戒→起爆→爆后检查处理→收集整理资料。

爆破器材管理、应急预案（略）。

7.2　水下挤淤爆破

7.2.1　设计要点

在需填石挤淤的位置，填上高出水面 2 m 以上的石碴，在填石上采用专用装药设备将炸药装到折算后淤泥总厚度约 1/2 处。当水深大于淤泥厚度的 1.6 倍时，药包可放在泥石交界处。

1. 药包布置

一般取单排布孔。布药线平行于抛石前缘，位于前缘外 1.5～2.0 m 处。

2. 线装药量 $q_{线}$ 计算

$$q_{线} = q_0 \times L_H \times H_{mw} \tag{2-34}$$

$$H_{mw} = H_m + (\gamma_W / \gamma_m) H_W \tag{2-35}$$

式中，$q_{线}$ 为单位布药长度上的药量，kg/m；q_0 为炸药单耗，kg/m³；L_H 为挤淤填石一次推进的水平距离，m；H_{mw} 为计入覆盖水深的淤泥厚度；H_m 为置换淤泥厚度或淤泥包装机械隆起高度；γ_W 为水密度，kg/m³；γ_m 为淤泥密度，kg/m³；H_W 为覆盖水深，即淤泥面以上的水深。

折算水深淤泥厚度 $H_m = (\gamma_W / \gamma_m) H_W$。

3. 药包间距 a

取 $a = 2 \sim 5$ m 之间。

4. 炸药单耗 q_0

$q_0 = 0.2 \sim 0.5$ kg/m³，炸药单耗表如表 2 - 33 所示。

表 2-33　炸药单耗表[17]

H_m/H_s	≤1.0	≥1.0
$q_0/\mathrm{kg \cdot m^{-3}}$	0.3～0.4	0.4～0.5

（注：H_s—泥面以上填石厚度。）

实际爆破时 $q_0 = 0.2 \sim 0.3$ kg/m³。

一次爆破总药量 $Q_1 = q_0 \times L_H \times H_m \times L_L$

式中，L_L 为布药线长度，m。其他物理量含义同上。

5. 起爆网路设计

采用孔内延期起爆网路，一把抓双发雷管起爆或采用药包双根导爆索的导爆索搭接起爆网路，双雷管起爆，如图 2-73 所示。

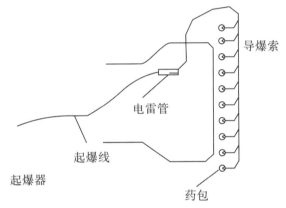

图 2-73　导爆索电雷管起爆网路示意图

7.2.2　案例 1：水下爆破挤淤（浅层海水）

1. 装药筒直径 $D = 165$ mm

2. 挤淤沿米线装药量 Q_L

$$Q_L = q_0 \times L_H \times H_{mw}$$
$$= 0.4 \times 5 \times 16.8 = 33.6 \text{（kg/m）} \qquad (2-36)$$

式中，$H_{mw} = H_m + \gamma_0/\gamma_m \times H_w = 15 + 10.3/16.6 \times 3 = 16.8$（m）；$Q_L$ 为挤淤沿米线装药量，kg/m；q_0 为爆破排淤填石单耗，取 0.4（根据理论值和本工程淤泥的特性，暂取值）；L_H 为爆破排淤填石一次推进的水平距离，m，取 5 m；H_{mw} 为计入覆盖水深的折算淤泥厚度，m；H_m 为置换淤泥厚度，m，取 15 m；γ_m 为淤泥重度，kN/m³，取 16.6 kN/m²；γ_w 为水重度，kN/m³，取 10.3 kN/m³；H_w 为覆盖水深，m，取 3 m。

3. 药卷直径

乳化炸药 $d = 120$ mm。

4. 每米装药量 $P = 13$ kg

5. 一次起爆药量 Q_1

$$Q_1 = Q_L \cdot L_L = 33.6 \times 32 = 1075.2 \ (\text{kg})$$

式中，Q_L 为挤淤沿米爆破排淤填石药量，kg/m，$Q_L = 33.6$ kg/m；L_L 为爆破排淤填石的一次布药线长度，m，取 32 m（图 2-74）。

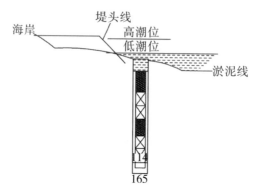

图 2-74 装药结构示意图（孔中〔×〕是起爆药包）

6. 单孔药量 q_1

$q_1 = Q_1 / m = 1075.2 / 13.8 = 77.9$ （kg），取 78 kg；

$m = L_L / a + 1 = 32 / 2.5 + 1 = 13.8 \approx 14$

式中，q_1 为单孔药量；m 为一次布药孔数（取整数）；a 为药包间距，一般为 2.0～2.5 m，此处取 2.5 m。

7. 装药结构

采用耦合装药结构，乳化炸药，密度 Δ 取为 1.15 t/m³，药包直径取 ϕ120 mm。每米装药量 $P = 13$ kg/m，装药长度 $L_e = q_1 / P = 78 / 13 = 6$ （m）。

图 2-75 中设计顶宽为 10 m，施工时考虑到沉降因素，按 15 m 施工。

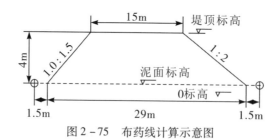

图 2-75 布药线计算示意图

8. 布药平面图

布药线（图 2-75）平行于抛石前缘，位于前缘外 $L = 1.5 \sim 2.0$ m；端部爆填布药线与堤断面相对应，按 32 m 施工。侧爆布药线长度根据抛填情况，按 30～50 m 施工，如图 2-76、图 2-77 所示。

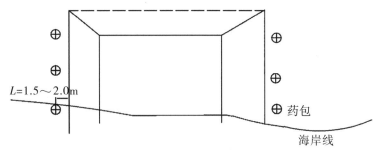

图 2 - 76　爆破挤淤布药平面示意图

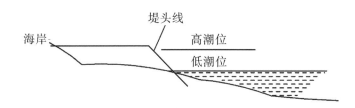

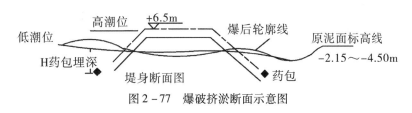

图 2 - 77　爆破挤淤断面示意图

9. 药包埋深 H_B

药包埋深根据覆盖水深情况而定。本工程中，药包埋深 $H_B = 0.45 H_m = 0.45 \times 16 = 7.2$ m，施工时取 $6 \sim 8$ m。

7.2.3　案例2：某码头水下挤淤爆破设计

1. 基本情况

（1）潮位：满潮为 $+4$ m，最低潮为 -2 m，即退潮时有部分淤泥露出。

（2）淤泥密度为 $\gamma_m = 17.2$ kN/m³；海水 $\gamma_w = 10.3$ kN/m³。

（3）覆盖水深 $H_w = 2 \sim 6$ m。

（4）总挤淤方量：144 097 m³。

（5）工期：60 天。

（6）周围环境：海上养殖黄鱼已基本清除，可不考虑爆破对保护黄鱼养殖的影响。

2. 爆破参数确定

（1）炸药单耗 $q_0 = 0.16 \sim 0.24$ kg/m³；

（2）单个药包重量

$$Q_1 = q_0 \times a \times L_H \times H_m \tag{2-37}$$

式中，a 为药包间距，m，$a = 2 \sim 5$ m；L_H 为一次推进的水平距离，m，$L_H = 2 \sim 6$ m；H_m 为置换淤泥厚度或包括淤泥隆起的高度，m。

（3）药包埋深。

为计入覆盖水深的折算淤泥厚度 H_{mw} 的一半。

$$H_{mw} = H_m + (\gamma_w / \gamma_m) H_w = H_m + 0.6 H_w，即药包埋深 H = 1/2 H_{mw}。$$

注：在计算药量时通常需计入淤泥隆起的高度，但不计入覆盖水深的折算厚度。

其他项略。

7.3 水下爆夯爆破[2]

7.3.1 基本原理及适用范围

1. 基本原理

水下爆夯是在水下块石或砾石地基和基础表面布置裸露或悬浮药包，利用水下爆破产生的地基和基础振动使地基和基础得到密实的方法。

2. 适用范围

（1）地基和基础应为块石或砾石。

（2）起爆时药包中心至水面的垂直距离 h_1 应满足下式要求：

$$h_1 \geqslant 2.32 \times \sqrt[3]{q_2} \qquad\qquad (2-38)$$

式中，h_1 为药包中心至水面的垂直距离，m；q_2 为单药包药量，kg。

3. 分层夯实厚度

分层夯实厚度不大于 12 m。当起爆时药包在水面下的深度大于计算值的 20%，分层夯实厚度可适当增加，但不得超过 15 m，当石层过厚或深度小于式（2-38）的计算值时，应分层夯实，分层爆破。

7.3.2 爆破参数设计

药量计算应符合下列规定：

（1）单药包药量 q_2。

单药包药量 q_2 按下式计算：

$$q_2 = q_0 \times a \times b \times H \times \eta / n \qquad\qquad (2-39)$$

式中，q_0 为爆夯单耗，$q = 4 \sim 5.5$ kg/m³；a、b 为药包间、排距，m；H 为爆夯前石层平均厚度，m；η 为夯实率，对未预压实的石体，一般取 $\eta = 10\% \sim 20\%$，对有预压实的石体，可适应折减；n 为爆夯压实遍数，对未预压实的石体，一般取 $n = 3 \sim 4$，对有预压实的石体，可取 $n = 2 \sim 3$。

（2）药包平面布置。

宜取正方形布置，a、b 可取 $2 \sim 5$ m，压实层厚度取大值。

（3）药包悬挂高度 h_2。

药包悬挂高度 h_2 应满足公式：$h_2 \leq (0.35 \sim 0.50) \times q_2^{1/3}$ 的要求。

（4）在平面上分区段爆夯时，相邻区段布药应搭接一排药包。

（5）一次同时起爆药量应按爆破安全距离取用，在满足安全距离的前提下，一次同时起爆药量应尽量大些。

7.3.3　爆破安全技术

1. 爆破振动

爆破挤淤引起的爆破振动按萨道夫斯基经验公式计算：

$$v = K\left(\frac{Q^{1/3}}{R}\right)^{\alpha} \tag{2-40}$$

式中，v 为爆破振动速度，cm/s；R 为距爆破点距离，m；Q 为一次起爆药量，kg；K、α 为与地质情况和介质等有关的系数。

对软基筑堤施工，结合工程淤泥的特性，取 $K = 245$，$\alpha = 1.65$。

对于普通房屋，允许振速取 $v = 2 \sim 3$ cm/s；钢筋混凝土框架结构建筑物 $v \leq 5$ cm/s；码头水工建筑物 $v = 5 \sim 8$ cm/s。

爆区附近重要建筑物距爆破点最近距离约 200 m；吹填沙管道距离爆破位置约 $80 \sim 100$ m。

由此，可计算出每次爆破的单响最大允许起爆药量，如表 2-34 所示。

表 2-34　单响最大允许起爆药量

距离/m		100	150	200	250	300
最大允许起爆药量/kg	振速 $v = 2$ cm/s	160	539	1278	2496	4313
	振速 $v = 5$ cm/s	845	2852	6761	13205	22818

施工中采用多段微差爆破（间隔时间宜为 $15 \sim 75$ ms，以使堤身在振动叠加作用下沉降最大化），单响最大起爆药量为 1075 kg，使一次起爆药量降至 400 kg 以下，则

$$R = 100\text{m}, \quad v = 245 \times \left(\frac{400^{1/3}}{100}\right)^{1.65} = 3.3 \text{（cm/s）}$$

$$R = 150\text{m}, \quad v = 245 \times \left(\frac{400^{1/3}}{150}\right)^{1.65} = 1.7 \text{（cm/s）}$$

$$R = 200\text{m}, \quad v = 245 \times \left(\frac{400^{1/3}}{200}\right)^{1.65} = 1.1 \text{（cm/s）}$$

以上均满足安全要求。

2. 水中冲击波安全距离

当一次起爆药量大于 1000 kg 时，水中冲击波的安全距离 R_s 为：

$$R_s = K_s \sqrt[3]{Q} \tag{2-41}$$

式中，Q 为一次起爆药量，kg；K_s 为安全系数，对人员 $K_s = 15$。

7.4 水下岩塞爆破[2]

从已有水库、湖泊进行引水发电、灌溉、泄洪以降低水库水位，将到水或泄洪隧洞打至库底或湖底后，在预留的一块岩体（又称岩塞）用爆破法炸除的工程称为岩塞爆破（图2-78）。它源于挪威，并实施了500多例。我国1969年开始建设丰满水电站岩塞爆破工程，并在辽宁清河"211"工程和镜泊湖"310"工程进行岩塞爆破试验。

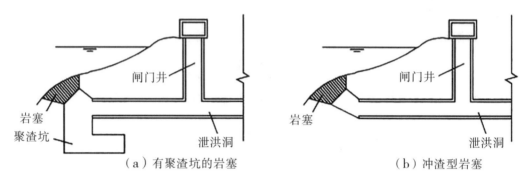

（a）有聚渣坑的岩塞　　　　　　　　（b）冲渣型岩塞

图2-78　两种不同岩塞

7.4.1 水下岩塞爆破设计内容[2]

（1）设计资料：①岩塞口水下地形图及地质剖面图（1∶100～1∶200）。

②岩塞与聚渣坑的稳定性及其围岩渗漏性的分析。

③对水文地质情况的分析。

④采用硐室方案时，导硐及硐室开挖程序和相应爆破规模的规定。

⑤采用泄渣方案时，应对泄渣硐的损坏情况进行分析，并制定相应的应对措施。

⑥岩塞周边应采用预裂或光面爆破。

⑦分析论证水中冲击波、涌水对周围建（构）筑物的影响。

（2）岩塞厚度小于10 m时，不应采用硐室爆破法。

（3）岩塞体漏水量过大时，应作引水或止水处理。

（4）装药工作开始之前，应将距岩塞工作面50 m范围内的所有电气设备全部撤离。

（5）岩塞爆破应采用复式导爆管雷管起爆、电雷管起爆或数码电子雷管起爆网路；爆破器材应按设计要求进行防水试验，起爆网路应有可靠的保护措施。

（6）另宜增加的内容：

①岩塞位置的确定，钻孔方向，从洞内向湖内打孔。

②炸药及起爆器材，采用防水炸药或做防水处理。药量确定：钻孔爆破药量单耗q值随着水深的增加而增大，可取$q = 1.0 \sim 1.8$ kg/m³。

③孔网参数：

孔、排距比正常巷道开挖时小些。随着单耗增加，孔距排距随之减小。孔深据岩塞的厚度而定，孔底距湖水面0.5～1 m。

④爆碴可采用保留在塞体下部的集碴坑内，也可采用冲碴方式（见上两种形式）。

⑤起爆网路：与巷道爆破起爆网路类似，采用导爆管毫秒雷管孔内分段簇联起爆网路。

（7）爆破有害效应控制

①爆破振动效应，与地表爆破相同；

②水中冲击波效应，由于爆破时有一侧临水，因此，水中冲击波不可忽视；

③爆破地震波与水中冲击波的联合作用。

7.4.2　案例1：取水工程水下岩塞爆破设计[12]

1. 岩塞爆破（集碴坑式）设计要点

岩塞及集碴坑设计。

集碴坑设于岩塞后下方，其断面形状呈长方形，在水流条件好，集碴效率高，运行时在岩碴稳定的前提下，选择结构形式简单及施工方便的集碴坑。集碴坑的容积可按下式拟定：

$$V_c = \frac{K_1}{K_2} V_b \qquad (2-42)$$

式中，V_c 为集碴坑容积（指集碴坑下游边与洞身底部交点高程以下的体积，m^3；V_b 为岩塞爆破设计爆除的石方体积与预计塌方体积之和，m^3；K_1 为石碴松散系数，一般取 $K_1 = 1.5 \sim 1.7$；K_2 为碴坑容积利用系数，一般取 $K_2 = 0.65 \sim 0.80$。

初步确定后，有条件的应经过模型试验进行修正，然后根据选定的形状和容积，确定集碴坑的各项尺寸。经计算，本次集碴坑容积为 22 m^3。

2. 岩塞爆破设计

爆破方式选择。主要有洞室爆破、排孔爆破及洞室排孔组合爆破 3 种方式。洞室爆破适合于岩塞直径大于 6.0 m 的大中型断面，本工程宜选取排孔爆破方式，它适用于岩塞直径小于 6.0 m 的中小型岩塞断面，该方法具有不要开挖药室、施工简单、施工速度快、堵塞工作量小和爆破的破坏影响范围小等优点，但需要潜孔钻设备，起爆网路复杂，对地形地质要求较高，用药量较大及地表的开口条件差等缺点。

3. 排孔爆破设计

1）排孔布置

为减少钻孔数量和提高爆破效果，取炮孔直径 $D \geq$ 100 mm，周边预裂孔用孔径 $D \geq 40$ mm。排孔布孔，采用中心空孔的柱形掏槽，然后根据要求每隔 $50 \sim 100$ cm 布置一圈爆破孔，孔数分布按装药结构依次递增，排孔布置力求均匀，并应根据岩塞形状适当加密或减稀，排孔布置如图 2-79 所示。

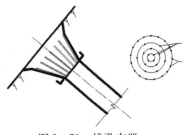

图 2-79　排孔布置

2）排孔深度

孔深主要取决于岩塞的厚度、排孔直径和地质条件，孔底距岩面要有一定的厚度，既要保证不使钻孔穿通造成大量涌水，又能根据水工结构和装药结构要求炸除岩塞。地质条件较好时，预留的厚度可适当减少。本次设计岩塞根据各方面条件，取 0.5 m。

3）装药量计算

（1）总装药量按体积公式计算

$$Q = KV^{[1]} \qquad (2-43)$$

式中，V 为岩塞爆破体积，m^3；K 为单位耗药量，根据岩塞的地质条件用类比试验法确定，一般取 $K = 1.1 \sim 1.8$。

经计算，装药总量为 18 kg。

（2）掏槽孔（类似集中药包）。掏槽孔担负掏槽揭顶双重任务，其药量应满足上下开口尺寸的要求，一般先按集中药包公式计算出掏槽揭顶需用药量，然后分配到各个掏槽孔中。集中药包量按下式计算：

$$Q = KW^3 f(n) \qquad (2-44)$$

式中，K 为单位用药量系数，kg/m^3，本地区岩石有关资料缺乏，参考经验公式一般采用 $K = 0.4 + (\gamma/240)$，其中 γ 为岩石密度；W 为最小抵抗线，m；$f(n)$ 为爆破作用指数函数，$f(n) = 0.4 + 0.6n^3$；n 为爆破作用指数（此时的爆破作用指数是根据岩塞半径与药包几何中心处最小抵抗线的比值确定的），上部药包一般取 $n = 1.5 \sim 1.8$，下部药包一般取 $n = 0.5 \sim 1.0$。

经计算，集中药包量为 14 kg。

3）扩大爆破孔药量。每孔药量按下式计算：

$$q = K'WaL \qquad (2-45)$$

式中，K' 为松动爆破单位耗药量，kg/m^3，$K' = (1/3 \sim 2/3) K$；W 为最小抵抗线，m；L 为钻孔深度，m；a 为钻孔间距，m，$a = (0.7 \sim 0.8) W$。每个炮孔装药长度一般为 $(0.5 \sim 0.7) L$。

（4）预裂爆破。岩塞预裂爆破预裂孔的孔径采用 40 ～ 55 mm，孔距 30 ～ 45 mm，采用细药卷装药，装药量为 270 ～ 300 g/m，为了减少孔底岩石的夹制作用，在孔底 1 m 处装药量可适当增加，而在孔上部则减少装药量。

4. 岩塞的分类

岩塞的形状有马蹄形、圆形、椭圆形、矩形几种，国内外成功实施的岩塞爆破，大部分选择圆形。

岩塞的倾角有上倾角、水平和下倾角 3 种，上倾角的爆碴一般以集碴或泄碴方式进入隧道。上倾角越陡，越有利于爆碴进入集碴坑，但施工越困难。而坡度越缓，岩碴滑入集碴坑的难度越大。

岩塞的尺寸要满足过水断面要求，对于集碴方案，在岩塞段后方的过渡段断面要适当扩大，使集碴坑满足集碴容积的要求，且过渡平顺，以保证水流顺畅。

岩塞厚度和体型。岩塞厚度的选定是确保施工安全和设计合理的主因素。国内几个工程岩塞厚度 H 与岩塞直径（跨度）D 之比在 1.0 ～ 1.4 之间，国外一般在 1.0 ～ 1.5 之间。集碴坑的体积按岩塞体积的 2 倍计算。

5. 起爆网路

与巷道爆破起爆网路类似，采用导爆管毫秒雷管孔内分段簇联起爆网路。

6. 爆破有害效应控制

（1）爆破振动效应，与地表爆破相同。

（2）水中冲击波效应，由于爆破时有一侧临水，因此，水中冲击波不可忽视。

（3）爆破地震波与水中冲击波的联合作用。

7.4.3　案例2：水下岩塞爆破技术及在塘寨电厂取水工程中的应用[13]

1. 工程概况

取水口设计有2条取水洞。取水洞与连通洞垂直相交，其中平直段尺寸高4 m、宽3 m。进口段断面尺寸为高5.5 m，宽3.5 m。1#、2#洞在同一高程，平行布置，中线距11 m，其中1#洞全长37.3 m，平直段长21.5 m，进口段长15.8 m；2#洞全长39.4 m，平直段长21.5 m，进口段长度为17.9 m。取水洞、连通洞及竖井平面布置如图2-80所示。取水洞口地形坡度较陡，岩石为深灰色灰岩，裂隙中等发育，充填方解石及泥质，岩芯较完整。取水口区域水面宽阔，死水位822 m，正常水位837 m，每日水位涨落不规则。1#岩塞口有近2 m的松渣淤积，2#岩塞口基本无淤积，2个岩塞上部均有不同程度的堆渣。

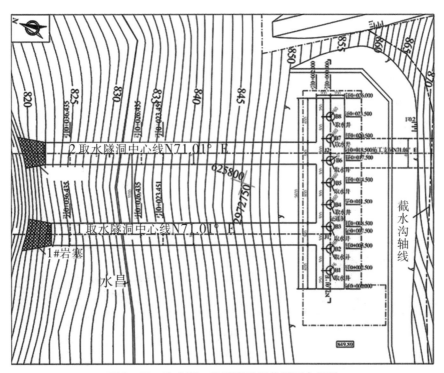

图2-80　取水洞、连通洞及竖井平面布置图

2. 岩塞爆破难点

取水口早期设计为城门洞型水平岩塞，难点主要有：①塞口位于陡倾角部位，使岩塞近水平布置，对聚碴不利；②竖井平洞开挖高程不到位，死水位822 m，竖井平洞底板高程仅818.5 m，比死水位仅低3.5 m，给后续的岩塞设计带来极大的困难；③上部灌浆平台

及其他附属工程开挖时，在岩塞口的正上方聚积了大量堆碴，这些堆碴有可能因爆破振动而下滑进入岩塞口，增大岩塞的聚碴体积；④岩塞外地形不明，岩塞体地质结构复杂。

3. 岩塞设计

1）岩塞倾角

选择上倾角岩塞方案。类似工程经验表明，岩塞中心线与水平线的夹角一般大于30°。选定岩塞中轴线与水平线呈30°夹角方案，也是保证岩碴滑入集碴坑的最小倾角。

2）岩塞形状和开口尺寸

里端开口尺寸为3 m×5.5 m，外端呈喇叭状，断面为马蹄形。选择圆形岩塞，外口直径按大于6 m，内口直径按3.5 m设计。

3）岩塞厚度和体型

岩塞的外侧风化层岩体质量较差，外侧灌浆质量很难保证，岩塞厚度不宜过小，选取范围为 $H =$（$1 \sim 1.5$）D。当岩塞内口直径为3.5 m时，厚度范围H值应该在$3.5 \sim 5.25$ m之间。由于水压较大，为安全起见，岩塞厚度最薄位置不小于3.5 m，平均厚度大于4.0 m。据此确定的岩塞体型为：

（1）1#岩塞内径3.5 m，外径6.17 m，上沿厚度3.63 m，下沿厚度4.56 m，平均厚度4.095 m，岩塞方量81 m³。岩塞平均厚度与直径比值为1.17。

（2）2#岩塞内口径3.5 m，外口径6.02 m，上沿厚度3.97 m，下沿厚度4.31 m，平均厚度4.14 m，岩塞方量82m³。岩塞平均厚度与直径比值为1.18。

4）集碴坑的确定

岩塞体体积82 m³，则集碴坑的容积为82 m×1.6 m×2.0 m＝262.4 m³，相应的集碴坑尺寸为宽×深×长＝3.5 m×3.5 m×20 m。实际开挖体型是根据施工机械和现场条件确定的，但保证容积不得小于260 m³。2#取水口岩塞及集碴坑布置如图2－81所示。

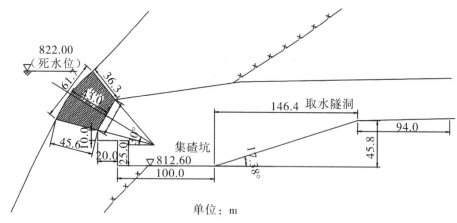

图2－81 岩塞及集碴坑布置断面图（2#）

4. 爆破参数设计

1）爆破方案选择

考虑本工程隧洞进口高程低，塞体较小，岩塞厚度较薄，节理发育、渗透性不均匀的特点，选择大孔径深孔和浅孔组合的岩塞爆破方法，掏槽和贯通采用大孔径炮孔、周边采用小孔径炮眼预裂爆破，集碴坑聚渣。

2）炮孔布置

孔位布置主要与岩塞断面、塞体形状、爆破方量、岩石性质和炸药性能等因素有关。本工程贯通爆破孔采用直径 90 mm 的潜孔钻机钻孔，炮孔包括：掏槽孔、辅助孔和周边预裂孔，预裂孔采用孔径 50 mm 的手风钻钻孔。1#、2#岩塞的炮孔布置基本相同。

（1）掏槽孔布置参数：以岩塞中心为基准，在直径为 1 m 的区域内共布置 12 个炮孔，孔径 90 mm，其中半径 0.25 m 圆周上布置 4 孔，每 90° 布置 1 孔，半径 0.5m 圆周布置 8 孔，每 45° 布置 1 孔，孔底距离迎水面为 0.8 m。为了保证掏槽爆破的效果，在岩塞中心部位布置一个空孔，孔底距离迎水面 0.5 m。

（2）辅助孔布置参数：在中心掏槽孔之外，再布置一圈辅助孔，孔径 90 mm，沿着半径为 1.25 m 的圆周共布置 12 个，每 30° 布置 1 孔，炮孔距离迎水面 0.8 m。

（3）预裂孔爆破参数：在岩塞设计轮廓上布置一圈预裂孔，共布 36 个孔，在半径 1.75 圆周上每 10° 布置 1 孔，炮孔距离迎水面 0.5 m。采用 3.2 cm 药卷，不耦合装药，线装药密度为 250～300 g/m。1#取水系统岩塞爆炮孔布置断面如图 2-82 所示。

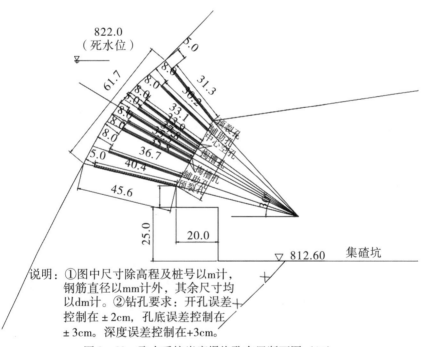

图 2-82　取水系统岩塞爆炮孔布置断面图（1#）

3）装药量计算

掏槽孔和辅助孔装药采用下式计算

$$Q = q \times a \times W_{底} \times L \qquad (2-46)$$

式中，q 为单位炸药消耗量，kg/m^3；a 为孔距，m；$W_{底}$ 为最小抵抗线，m；L 为孔深，m。

1#岩塞共需要炸药 320 kg，2#岩塞共需要炸药 310 kg。

5. 起爆网路和爆破器材

（1）起爆系统选择。

起爆网路是岩塞爆破成败的关键，必须保证能按设计的起爆顺序起爆、起爆时间准爆。本次爆破采用电子雷管起爆系统，延时精度高。

预裂孔首先起爆，而后掏槽排孔起爆，辅助孔最后起爆，使岩塞爆通成型。每孔均装1根导爆索，2发电子雷管；预裂孔每孔装2根导爆索，2发电子雷管。每个岩塞均分4段起爆，其中预裂孔为1段，掏槽孔分2段，辅助爆破孔分1段。各段的起爆时间为0，98，108，173 ms。为减少爆破振动，1#洞比2#洞滞后250 ms，用一台起爆器同时击发起爆，如图2−83所示。

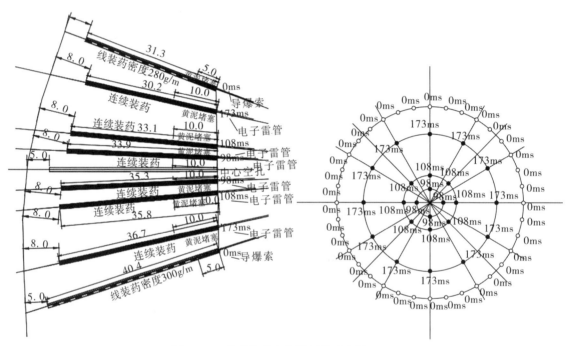

图2−83 装药结构与起爆网路示意图（1#）

（2）其他爆破器材。

岩塞爆破属于水下或半水下爆破，因此选择的炸药应具有一定的抗水压能力。对炸药的基本要求是：密度大于1100 kg/m³、爆速应大于3700 m/s，作爆力大于320 ml，猛度大于16 mm，殉爆距离大于2倍的药径。药卷采用塑料膜包装的乳化炸药。导爆索采用防水型导爆索。

6. 其他施工问题

（1）地形复核。

其地形陡峭，长期处于15 m水深以下，地形比较复杂。岩塞爆破设计对地形精度要求极高，若地形测量误差过大，可能导致钻孔与水库相通，影响施工安全。因此爆破设计前采用多波束水下三维测量系统对岩塞外地形进行复测。

（2）岩塞探孔施工。

正式钻孔前在岩塞中心线及岩塞周边轮廓上布置若干探孔，全面了解岩塞厚度和岩塞岩体结构情况。每个岩塞探孔布置4～5个，逐个施工，钻探一个封堵一个。

（3）岩塞口的支护和固结灌浆。

为了保证岩塞爆破施工的安全，对岩塞口的围岩进行了锚杆支护和固结灌浆处理。锚杆孔与固结灌浆孔深入基岩分别为3～6 m和3 m，均为：间距1.5 m，排距2.0 m，梅花形布设。

（4）岩塞体渗水处理。

在钻孔施工过程中，还进行了超前注浆堵漏。当岩塞面开挖至岩塞设计厚度时，对岩塞体进行了全面灌浆防止渗漏。在爆破孔钻孔过程中，如钻孔深度没有达到设计值即出现较大渗漏，即刻封堵再进行灌浆处理，处理后再重新钻孔。

（5）起爆网路模拟试验。

为了保证所采用起爆网路可靠度，爆前对本次爆破所用的电子管雷管抽取60发，分别在水下浸泡1天，然后取出，按照1∶1的模型进行了网路模拟试验。试验证明所采用的网路是可靠的。

（6）钻孔技术要求及质量检查。

严格按设计要求进行布孔、钻孔，控制好孔位、孔向和孔深。钻孔精度要求：开孔误差控制在±2 cm；孔底误差控制在±3 cm；深度误差控制在±3 cm。

8 拆除爆破设计与案例

8.1 拆除爆破概述

8.1.1 拆除爆破的定义[2]

"拆除爆破"是指采取控制有害效应的措施，按设计要求用爆破方法拆除建（构）筑物的作业。

拆除爆破是一门对废弃建（构）筑物，利用少量炸药、合理布置炮孔、按一定的起爆顺序及延迟时间，按照设计方案进行爆破拆除，使其塌落解体或破碎，同时严格控制振动、飞石、冲击波、粉尘的不利影响，确保周围设施安全的技术。

1. 拆除爆破设计文件[1]

（1）拆除爆破及城镇浅孔爆破应按下列规定进行爆区周围设施、建（构）筑物的保护和安全防护设计：

①根据被保护建（构）筑物或设备允许的地面质点振动速度，限制最大一段起爆药量及一次爆破用药量，或采取减振措施；

②拆除高耸建（构）筑物时，应考虑塌落振动、后坐、残体滚动、落地飞溅和前冲等发生事故的可能性，并采取相应的防护措施，提出必要的监测方案；

③对爆破体表面进行有效覆盖；

④对保护物作重点覆盖或设置防护屏障；

⑤采取防尘、减尘措施。

（2）对爆区周围道路的防护与交通管制，应遵守下列规定：

①使拆除物倒塌方向和爆破飞散物主要散落方向避开道路，并控制残体塌散影响范围；

②规定断绝交通、封锁道路或水域的地段和时间。

（3）对爆区周围及地下水、电、气、通信等公共设施进行调查和核实，并对其安全性做出论证，提出相应的安全技术措施。若爆破可能危及公共设施，应向有关部门提出关于申请暂时停水、电、气、通信的报告，得到有关主管部门同意方可实施爆破。

（4）水下及临水建筑拆除爆破设计，应考虑水中冲击波和地震波在水饱和介质中传播的特性并加大安全允许距离。

（5）爆破异常情况处理。

建筑物拆除爆破中，炮响后出现楼房不倒的情况，应做如下处理：

①立即向指挥部报告，继续警戒。爆破技术人员认真检查，分析原因，提出处理方法，请示爆破负责人定夺。

②如果分析结论是部分起爆网路出现故障，则应在专人观察楼房安全情况下，重新连接网路后，请示指挥部起爆。

③若分析结论是设计或其他一时难以确定的原因，则应向指挥部汇报后，解除警戒，在现场设立危险区标志，派专人看守。

④处理方法应根据建筑物的不稳定状态和周围环境情况，或继续采取爆破拆除，或采用机械方法拆除。确定采用何种方法后，必须及时处理，并且要保证施工人员和周围保护对象的安全。

8.1.2　拆除对象分类[2]

1. 按材质分类

有钢筋混凝土、素混凝土、砖砌体、浆砌片石、钢结构等。

2. 按结构分类

（1）楼房、厂房等建筑物（砖混结构、框架结构、剪力墙结构、钢结构、排架结构等）。
（2）高耸构筑物，包括烟囱、水塔、冷却塔、跳伞塔等。
（3）基础地坪、基坑支撑、桥梁等。
（4）围堰、堤坝、挡水岩坎。
（5）碉堡、人防工事、地下结构等。

8.1.3　拆除爆破技术要求

（1）要控制工程要求的拆除范围和破碎程度。
（2）要控制建（构）筑物倒塌方向和塌落堆积范围。
（3）要控制爆破冲击波、飞石、爆破振动和建（构）筑物塌落振动的影响范围。

8.1.4　拆除爆破技术原理

（1）爆破破碎作用原理。
（2）失稳、塌落、倾覆、冲击作用原理。
（3）控制要素时空优化排列效应原理。
（4）防护原理。

8.1.5　拆除爆破安全技术[2]

1. 爆破地震安全验算

对建筑物拆除爆破震动的影响，根据爆破安全规程规定，采用地面质点振动速度作为安全判据，但是目前尚未有较合适的计算公式，为了定量估算，仍然采用苏联提出的公式，即在萨道夫斯基公式基础上加上一个修正系数，地面质点振速（cm/s）为：

$$v = K_1 K \left(Q^{1/3}/R \right)^\alpha \tag{2-47}$$

式中，Q 为一次齐爆的最大药量，kg；R 为爆源到被保护建筑物的距离，m；K 为与炸药、地质条件有关的系数（见爆破安全规程），对城市回填土，$K=100\sim200$；α 为衰减系数，

$\alpha = 1.5 \sim 2.0$，近区取大值，远区取小值；K_1 为折减系数，$K_1 = 0.1 \sim 1.0$，根据工程实际测定资料统计，地面以上建筑物，$K_1 = 0.25 \sim 0.35$，地下基础，$K_1 = 0.4 \sim 0.6$，水压爆破 $K_1 = 0.5 \sim 0.8$ 建筑物结构类型系数。

2. 塌落振动的特点

建筑物爆破倾倒落地时，撞击地面造成地面震动。由于结构受到爆炸破坏，在建筑物倒塌过程中，各种构件会解体。不同高度的解体结构，撞击地面的能量和落地时间也不同，由此产生的塌落振动速度、作用时间各异。显然，塌落振动的速度与建筑物解体大小和下落高度有关。

为了减少塌落振动效应，应该控制下落建筑物解体的尺寸，以降低对地面的撞击作用。一般塌落振动的主频率（约 10 Hz）要比爆破振动频率小（20 ~ 30 Hz），对周围建筑物的破坏性更大。

3. 塌落地震效应公式

对于高耸建筑物，爆破塌落振动必须考虑，计算公式有：

$$v = K \left[(gMH/\sigma)^{1/3}/R \right]^{\beta} \tag{2-48}$$

式中，σ 为塌落地面介质承载极限强度，MPa，对于一般地面 $\sigma = 5 \sim 10\text{MPa}$，混凝土取 10MPa；$K$ 为经验系数，一般为 $3.3 \sim 3.8$，烟囱 3.37，高层楼房 $1.1 \sim 1.7$；β 为衰减指数，一般为 $1.3 \sim 1.8$，一般取 1.66。v 为地面质点震动速度，cm/s；g 为重力加速度，9.8 m/s^2；M、H 分别为结构总质量和塌落中心总高度，高层楼房分段爆破时，则为第一塌落构件的质量（kg）和高度（m）；R 为塌落中心至观察点的距离，m。

8.1.6 拆除爆破安全防护

1. 控制爆破振动

1）控制爆破和触地振动

（1）实施微差或半秒差爆破，尽可能降低单响药量。

使用三角形切口，各排立柱顺序触地，有利于减少触地振动。建筑物触底地震波如图 2-84 所示。

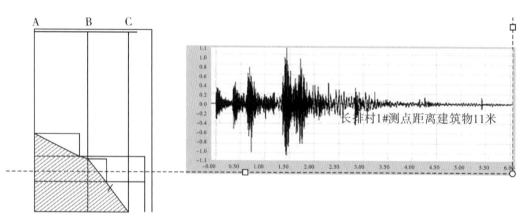

图 2-84　建筑物触地地震波

（2）倾倒方向铺摊 30～50 cm 厚软土或碎碴，使触地立柱得到缓冲，防止出现硬碰硬的情况，从而减少触地振动。

（3）上、下两层切口之间实施毫秒或半秒差爆破，不仅降低单耗药量，同时减少触地动能，有利于触地振动的下降。

（4）倒塌方向上各排立柱间合理选择爆破延迟时间，将部分重力势能转化为楼体空中解体所需的能量，不仅减小楼体的触地冲击速度，而且楼体解体后分散落地，变一次冲击为多次冲击，可有效减小冲击的能量。

2. 塌落振动的减振措施

（1）高耸建筑物减振铺垫层方法

在被保护的建筑物和爆源之间铺垫层：砂土或灰渣，厚度约 1～1.5 m，宽度应为构筑物直径的两倍以上。可整铺或铺成相隔一定距离的条形堤坝，开挖减振沟，沟的宽度和深度可取 1.5～2.0 m。

在倒塌方向铺垫砂土或灰渣，厚度约 1～1.5 m，宽度应为构筑物直径的两倍以上。可整铺或铺成相隔一定距离的条形堤坝，如图 2−85 所示。

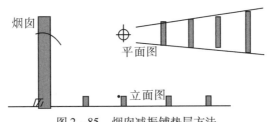

图 2−85 烟囱减振铺垫层方法

（2）开挖减振沟，在爆破区域与需保护建筑物之间，开挖宽 1 m、深度超过保护建筑物的基础 1 m 的减振沟，如图 2−86 所示。

安全警戒，复杂环境爆破，警戒半径由设计定。

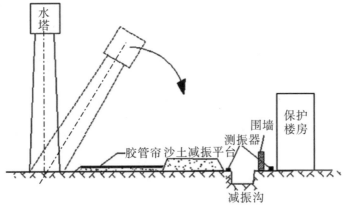

（a）立面图

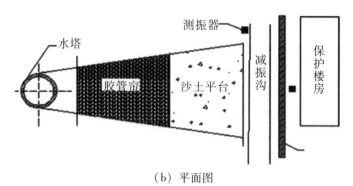

（b）平面图

图 2－86　水塔爆破倒塌减振方法示意图

3. 爆破飞石的控制

（1）爆破参数选择合理，施工中严防炮孔偏离位置，出现此情况后相应炮孔的药量必须进行调整。

（2）依环境条件调整炸药单耗的使用，一般情况下条件允许选用大单耗，但随着受爆楼层的提高或爆破部位的升高，炸药单耗相应降低。

（3）爆破部位实施封闭的包裹式防护如图 2－87 所示。

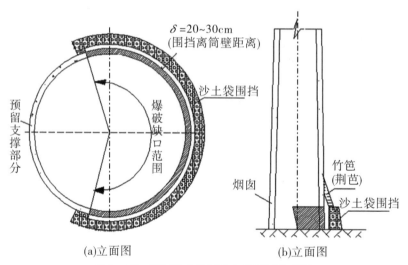

(a)立面图　　　　(b)立面图

图 2－87　烟囱爆破飞石沙土袋围挡示意图

（4）采用建筑用密孔尼龙网 13～16 层用铁丝捆绑在爆破部位作直接覆盖防护，在爆破部位附近用双层竹片搭盖遮挡，如图 2－88 所示。

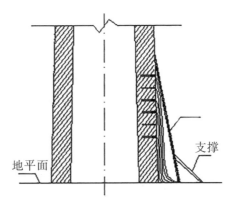

图 2 - 88　安全防护示意图

4. 空气冲击波和噪声控制

在城镇地区爆破，必须控制爆破产生的空气冲击波和噪声，为此规定要求：

（1）保证填塞长度和质量并加强覆盖防护：使空气冲击波和噪声强度减弱到允许范围以内。

（2）不用孔外导爆索起爆网路。

（3）避免使用裸露药包爆破。

（4）采用毫秒爆破，控制一次起爆药量。

（5）加强覆盖防护。

（6）在可能出现空气冲击波时，在冲击波的方向做好覆盖或近体防护。

5. 粉尘

爆破粉尘问题。爆破粉尘完全控制是困难的，但可以减少粉尘，要求：

（1）爆前在建筑物内部和周围洒水。

（2）适当预拆除非承重墙，并清理部分致尘构件和积尘。

（3）在楼板上设置塑料水袋等。但是迄今为止尚没有能彻底有效的方法。在有风天气，一般在 3 ～ 5 min 内尘埃即可消逝，在无风天气，也不会超过 10 min 即可消失。广州体育馆和北京东直门 22 层住宅楼的爆破中，采用了周围架设喷水管和楼顶挂水袋的方法，对降低粉尘起到了一定的效果。现在还有采用泡沫降尘的方法。

（4）有条件采用炮孔充水爆破，也可以减少粉尘。

8.2　烟囱、水塔、筒仓、冷却塔拆除爆破

8.2.1　高耸构筑物拆除爆破基本原理

失隐原理：在构筑物底部去除一定宽度和高度，形成一个缺口，利用重力偏心产生的倾覆力矩使之倾倒坍塌，落地撞击破碎。它与楼房不同之处在于：它的高宽比（重心高度与截面特征长度之比）要比楼房大得多，因此，它由重力偏心产生的倾覆力矩比楼房大很多，而高度高，由重力势能所转变的转动惯性能量大，造成对地面的冲击力也大，落地撞

击破碎效果比楼房好，但是塌落振动速度要比爆破振动大得多。

8.2.3 高耸构筑物拆除爆破倒塌方案选择

倒塌方案有定向倒塌、折叠倒塌、原地倒塌 3 类方案。

1. 定向倒塌方案

爆前勘测场地满足以下条件：

（1）倒塌方向场地的长度 L 是烟囱、水塔高度 H 的 1～1.2 倍，即 $L \geqslant$（1～1.2）H。场地的横向宽度 B 应是爆破部位直径 D 的 3～4 倍，即 $B \geqslant$（3～4）D。也有长于烟囱高度 1.2 倍以上和宽于底部直径 3 倍以上的场地。

（2）场地的混凝土碎渣、砖块等杂物必须清理干净。

（3）测定倒塌方向中心线：根据环境条件确定倒塌方向后，应该用经纬仪在烟囱上测定中心线，一般可用烟囱圆周切线的角平分线来确定，然后再绘出切口位置，按照中心线对称布孔，尤其是梯形的三角形区域要保证对称。

烟囱、水塔的塌散范围与其自身的高度、强度、刚度、地面状况和爆破切口的尺寸有关。对于刚度较差的砖砌烟囱、水塔，倒塌的水平距离一般为其高度的 0.5～1 倍，横向宽度约为其底部直径的 2.5～3 倍。

若有一侧能倒塌的方向，就选择定向倒塌方案，这种方案最快速、安全、经济。若场地不能满足要求，只能选择折叠倒塌。

2. 折叠倒塌方案

当场地满足不了上述条件且一侧或两侧场地达 2/3 拆除物高度时，可考虑选择折叠倒塌方案。

3. 原地倒塌方案

当场地条件不足 2/3 拆除物高度时，只能选择原地倒塌方案。

8.2.4 高耸构筑物拆除爆破设计[2]

1. 砖烟囱、水塔拆除爆破设计要点

炸高看壁厚，炸宽三分二；两侧开小窗，中间种瓜豆。

单耗看材质，孔深三分二；要想倒向准，处处讲对称。

2. 冷却塔拆除爆破要点及特点

1）爆破要点

常规方法："砍腿、剖腹、解腰带"；新方法："砍腿、剖腹"。

（1）在定向倒塌的范围内对于人字柱取 $180° \sim 202°$，也就是底部周长的 0.5～0.56 倍对应的人字柱钻孔，高度自底部 0.5 m 以上 6～7 m；对于塔壁，爆破范围为圆心角 $210° \sim 225°$。中间圈梁的爆破范围（圆心角）介于以上两者之间。

（2）在相应位置的圈梁部位钻孔，孔深为圈梁厚度的 0.6～0.8 倍，即 $L =$（0.6～0.8）δ，δ 为圈梁厚度。孔距 a、排距 b 根据被爆体的厚度确定，取 $a = b =$（1～2）L。

（3）在冷却塔的筒体上倒塌中心用机械开一条宽 3～5 m、高 6～9 m 的槽，以此为中心向两侧对称连续开多条减荷槽，直到整个切口范围内。在筒体壁上布置炮孔，炸高 $h_1 = 2 \sim 5$ m。

炸药单耗 $q = 1.5 \sim 2.5$ kg/m^3，爆破时，在自重的作用下倾倒解体。总炸高 $h = h_1 + h_2 + h_3 \geq 8$ m。h_1、h_2、h_3 分别为筒壁、腰梁、人字柱炸高。

2）冷却塔特点[5]

高大壁薄、高宽比值较小（$1.2 \sim 1.4$），重心偏低、圆筒直径上大中间小，底部大（$30 \sim 70$ m）。

倒塌缺口有 3 种：正梯形、倒梯形、复合型。

缺口形状和大小直接影响其爆破的质量、效果和安全性，是爆破设计的核心。正梯形缺口具有便于施工、易于顺利倒塌、有利于缩小倒塌距离（一般 $L \leq 10$ m）的特点；倒梯形缺口有利于顺利倒塌，但倒塌距离较大（L 约 10 m）；复合型缺口易产生后坐或坐而不倒现象。因此，爆破缺口总高度 H 应满足 $H \geq 8$ m 的要求，适合于原地倒塌，倒塌后破碎效果较好。

3. 烟囱、水塔爆破切口形式与参数选择

1）切口形式[5,15]

爆破的切口有以下多种形式供选择，如图 2-89 所示。在诸多爆破切口中，梯形切口最为科学和省工省力。而定向爆破倒塌切口通常都采用倒梯形切口，根据经验和习惯常选正梯形。

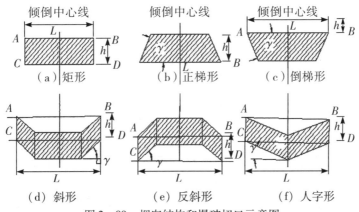

图 2-89　烟囱结构和爆破切口示意图

2）切口参数

（1）正梯形切口对应的圆心角度 θ 应满足：

$$180° \leq \theta \leq 220°$$

正梯形切口底边长度 $L = (1/2 \sim 2/3)\pi D$，一般取 $L = 0.61\pi D$。D 为开挖部位烟囱外径。正梯形顶部短边长度 $l \leq 1/2 \cdot \pi D$；从施工方便，炮孔布置在离地面 $0.5 \sim 1.0$ m 的地方。

（2）开口高度 h。钢筋混凝土取 $h = (3 \sim 5) \delta$；砖混结构取 $h = (2 \sim 3) \delta$，δ 为开挖部位烟囱壁厚。壁厚大、烟囱高度大、破旧取小值，反之取大值。

（3）准确定向对爆破切口的要求。

准确定向对爆破切口，示意图如图 2-90 所示。

(a)爆破切口(倒塌)中心线两侧切口的几何形状和尺寸对称

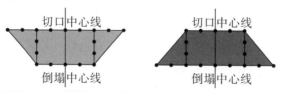

(b)爆破切口(倒塌)中心线两侧切口上的孔位、孔深、孔距、排距、单孔药量对称

图 2-90 准确定向对爆破切口的要求示意图

3）爆破切口中心线两侧的爆破体、支撑体面积、强度对称，示意图如图 2-91 所示。

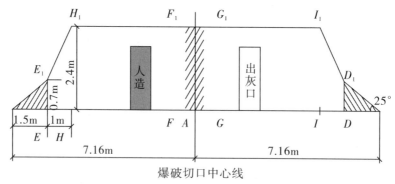

图 2-91 要求强度对称示意图

4. 开设定向窗的要求[5]

定向窗在爆破前事先用人工、机械或爆破法开凿，把定向窗内的混凝土碎块清净，钢筋割去。两个顶角要保证在同一排炮孔的水平线上；开凿时必须注意：一要保证两侧定向窗与倒塌中心线相对称；二不要有混凝土裂缝延伸到预留的支撑部分，尤其在使用爆破法开凿时在三角形周边要有不装药的控制孔，防止爆破裂缝的伸展。对于砖烟囱，采用梯形爆破切口时，就可以直接按照设计的梯形切口参数来布孔；对于钢筋混凝土烟囱，通常要在爆破切口两边设置定向窗，目的在于使定向更为正确。示意图如图 2-92 所示。

（1）定向窗尺寸应尽量小些。

（2）倒塌中心线两侧的定向窗形状、尺寸要对称。

（3）定向窗可用人工、机械、爆破法开设，用爆破法开设时要考虑药包的破坏范围不能超出切口轮廓线，爆后应修凿整齐。

（4）开设的定向窗内的钢筋应割除。

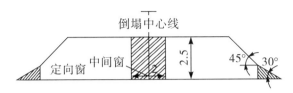

图 2 - 92 开设定向窗的要求示意图

5. 梯形切口的底角 α[5]

梯形切口的底角 α 也称为啮合角，它决定烟囱倾倒的速度，α 越大，冲击力越大；反之，则小。一般底角 α 要大于倾角，若梯形短边为 L_1，则由几何关系可以得到公式：

$$\tan\alpha = 2h / (L - L_1) \tag{2-49}$$

定向窗的角度：砖烟囱，一般取值 $\alpha = 25° \sim 35°$。三角形的底边长为 l，即 $l = (2 \sim 3)\delta$；一般取 $l = 2\delta$ 即可。钢筋混凝土烟囱：一般 $\alpha = 20° \sim 30°$。

6. 预处理

（1）扒灰口和烟道的处理方法。

在确定倒塌方向以后，如果扒灰口（或烟道）落在爆破缺口之内，则可以利用，减少了钻孔；如果扒灰口（或烟道）落在预留支撑面之内，则事先应予以堵塞。对于钢筋混凝土烟囱，由于其截面抗弯强度大，为了准确控制定向，要求在倒塌中心线支撑面两侧的弯矩相等，因此，必须事先把它们堵塞，而且要保证有足够的抗压强度。

（2）内部衬砌的处理。

有的烟囱内部有砖砌内衬，它的高度一般在烟囱高度的 1/3 左右，如果不予以处理，在烟囱倒塌过程中有时会影响其塌落方向，因此要事先用人工打出一个缺口或在爆破时与筒身一起爆破。通常的做法是在爆破部位烟囱内部衬砌内埋设均布的集中药包（药量 $100 \sim 150$ g）或在爆破孔中间增加一排炮孔专布内衬药包。

（3）料斗平台梁柱的处理。

在爆破切口范围内的梁柱可与筒身一起爆，也可以事先爆掉；料斗应该预拆除。

7. 梯形切口布孔和定向窗

布孔如图 2 - 93 所示，在整个梯形切口（扣除定向窗和预切口外）布置炮孔，一般取梅花形布置，炮孔由外向内钻孔。

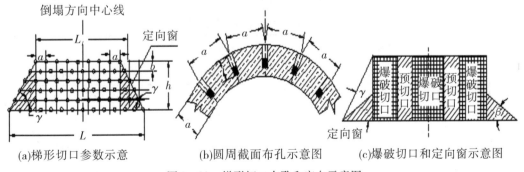

(a)梯形切口参数示意　　(b)圆周截面布孔示意图　　(c)爆破切口和定向窗示意图

图 2 - 93 梯形切口布孔和定向示意图

8. 爆破参数设计

1）梯形切口大小参数

梯形切口的爆破参数包括切口圆心角 ϕ、切口长度 L、切口高度 h、预留支撑部分圆弧的圆心角 $\theta = 360° - \phi$。

（1）切口圆心角 ϕ：根据实践经验，

砖烟囱 $\phi = 199° \sim 208°$；

钢筋混凝土烟囱　$\phi = 210° \sim 220°$。

（2）切口长度 L：倒梯形切口长边 $L_1 = \pi d\phi/360$；倒梯形切口短边 $L_2 \leqslant \pi d/2$。

（3）切口高度 h：实践经验：$h = （3.0 \sim 5.0）\delta$（δ 为筒壁厚度）。

2）炮孔参数

（1）最小抵抗线 W。

在外部钻孔爆破时，$W_1 = （0.65 \sim 0.68）\delta$；

在内部钻孔爆破时，$W_2 = （0.35 \sim 0.32）\delta$。

（2）炮孔深度 l。

当在外部钻孔爆破时，炮孔深度 $l = （0.67 \sim 0.70）\delta$；

当在内部钻孔爆破时，炮孔深度 $l = （0.33 \sim 0.36）\delta$。

（3）孔距 a 和排距 b。

采用矩形或梅花形。在外部钻孔爆破时，统一都用筒壁厚度 δ 表示，孔距为：

砖烟囱，$a = （0.54 \sim 0.63）\delta$；

钢筋混凝土烟囱孔距，$a = （0.57 \sim 0.67）\delta$；

炮孔的排距一般取 $b = （0.87 \sim 1.0）a$。

（4）单孔装药量 Q。

高耸构筑物采用定向倒塌方式时，为保证定向准确，爆破切口要能很快形成，要求在切口内没有混凝土碎块，钢筋能压弯且失去承载能力，选择的药量应是抛掷爆破的药量，单耗要比楼房爆破大。单孔装药量的计算采用体积公式：

$$Q = qab\delta \qquad (2-50)$$

式中，a 为孔距，m；b 为排距，m；δ 为筒壁厚度，m；q 为单位用药量，kg/m^3，砖烟囱单位用药量可参考表 2-38。

砖烟囱：$q = （0.8 \sim 1.5）kg/m^3$；一般取 $q = （1.0 \sim 1.5）kg/m^3$ 即可；钢筋混凝土烟囱：$q = （1.5 \sim 2.0）kg/m^3$；砖砌壁厚与炸药单耗的关系可参考表 2-35 选取。

表 2-35　砖烟囱爆破炸药单耗与壁厚的关系表[14]

壁厚/cm	径向砖块数/块	$q/(g \cdot m^{-3})$	$q_{平均}/(g \cdot m^{-3})$
37	1.5	2100～2500	2000～2400
49	2.0	1350～1450	1250～1350
62	2.5	830～950	840～900
75	3.0	640～690	600～650
89	3.5	440～480	420～460

（续表）

壁厚/cm	径向砖块数/块	$q/(\mathrm{g \cdot m^{-3}})$	$q_{平均}/(\mathrm{g \cdot m^{-3}})$
101	4.0	$340 \sim 370$	$320 \sim 350$
114	4.5	$270 \sim 300$	$250 \sim 800$

备注：$q_{平均} = \sum Q/V$。其中，$q_{平均}$为平均单耗；$\sum Q$为一次爆破总药量，g；V为一次爆破总体积，$\mathrm{m^3}$

此处，需要用 δ 而不用孔深 l_1，计算结果取整数。实际装药时底部 $2 \sim 3$ 排孔装药量可偏大 $30\% \sim 40\%$ 计算药量。

9. 起爆网路

采用孔内延期。中心部位以倒塌中心向两侧各数列为 1 段。其他两侧为 3 段，采用簇联（一把抓），每把 $15 \sim 20$ 根为一组，每组用 2 发 1 段雷管捆扎牢固。最后把各组的传爆雷管的导爆管拉成一组，再用 2 发 1 段雷管捆扎牢固，用四通连接拉出总起爆导爆管，用高能起爆器起爆整个网路（图 $2-94$）。

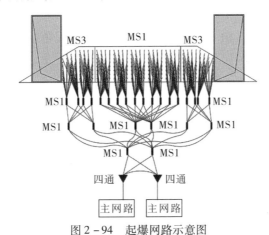

图 $2-94$　起爆网路示意图

10. 安全防护措施

1）飞石防护

措施为：①直接覆盖在炮孔位置；②间接防护；③铺设防飞石缓冲垫层，如图 $2-95$ 所示。

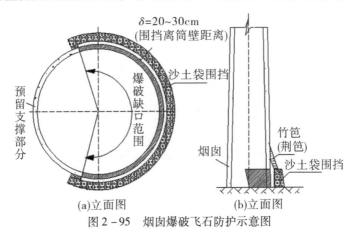

(a)立面图　　　　(b)立面图

图 $2-95$　烟囱爆破飞石防护示意图

2）落地减振防飞石措施：

（1）开减振沟。

紧贴爆破基础四周挖减振沟，沟宽 2 m，深度超过基础 0.5 m；

（2）振动防护。

①紧贴爆破基础四周挖减振沟，沟宽 2 m，深度超过基础 0.5 m；

②垒沙土袋，高 1～2 m 的减振墙。

（3）倒塌中心方向地面防护。

①钢筋混凝土高烟囱未采取落地防溅措施；

②在倒塌中心线开挖沟槽，应注意在沟底敷设软性防护材料避免在烟囱倒地强大冲击下，引发深层杂填土飞溅；

③烟囱倒地后囱帽铺垫防塌落飞散物的缓冲垫层。

11. 爆破安全技术

1）飞石安全距离

$$R_s = v_0^2/2g \qquad (2-51)$$

式中，v_0 为飞石初速度，$v_0 = 10～30$ m/s，拆除爆破取 $v_0 = 30$ m/s；g 为重力加速度，$g = 9.8$ m/s^2。

2）振动速度 v

（1）爆破振动速度 v

$$v = KK'(Q^{1/3}/R)^\alpha \qquad (2-52)$$

$KK' = 7.06$，$\alpha = 1.36$。

（2）塌落振动速度 v

$$v = K[(gMH_c/\sigma)^{1/3}/R]^\beta \qquad (2-53)$$

式中，v 为建（构）筑物塌落地振速，cm/s，不考虑铺设缓冲垫层的振速；M 为最先撞击地面且最大的塌落物质量，t；H_c 为塌落物质量 M 的质心高度，m；经统计，钢筋混凝土烟囱的质心高度 $H_c = (0.31～0.35) H$（供参考）。H 为烟囱高度，m；σ 分别为地层介质的破坏强度，一般取 $\sigma = 10$MPa；K、β 为与地质条件有关的系数和衰减指数，$K = 3.37$，$\beta = 1.66$；R 为触地点中心到测点的距离，m；g 为重力加速度，$g = 9.8$m/s^2。

8.2.5 案例 1：烟囱拆除爆破设计[3]

1. 工程概况

某矿区有一座烟囱需要爆破拆除，烟囱为砖砌结构，总高为 40 m，筒体下部直径为 4.5 m，壁厚为 0.75 m，无内衬。烟囱南侧 35 m 是锅炉房，北侧距离 80 m 处为办公大楼，西侧 50 m 为停车场及绿化区，东侧为开阔地并无保护建筑物。

设计要求：简述爆破方案选择、钻爆参数设计、药量计算、爆破网路设计、爆破安全设计（含爆破切口示意图、炮孔布置示意图、起爆网路示意图）。

2. 方案选择

据烟囱高度 40 m，东侧为开阔地且无保护建筑物，因此选择向东侧定向倒塌爆破拆除。

3. 爆破参数设计

1）开口形状与大小设计

（1）选择正梯形切口（图2-96）。

（2）切口大小。

根据经验，取底部开口长度为220°圆心角对应的弧长 $S = (\pi D/360°) \times 220° = (3.14 \times 4.5/360) \times 220 = 8.635$ m，取 $S = 8.5$ m；梯形上宽 $S_{上} = 5.5$ m（$S_{上} \leq \pi D/2$ 均可）。定向窗底边长 $L = (2 \sim 3) \delta$，取 $L = 2\delta = 2 \times 0.75 = 1.5$ m。

（3）切口高度 h。

炸高 h（$3 \sim 5$）δ（对于钢筋混凝土烟囱），δ 为开口处烟囱壁厚，$\delta = 0.75$ m，则 $h = (3 \sim 5) \delta = 2.25 \sim 3.75$ m，取 $h = 2.4$ m。

（4）定向窗底角。

一般 $\alpha = 25° \sim 35°$，取 $\alpha = 35°$。

定向窗用人工配合机械开凿而成。

图2-96 爆破切口示意图

2）爆破切口（表2-36）

表2-36 圆心角 ϕ（弧长 L）关系表

爆破目标	爆破部位	切口圆心角	切口弧长 $L = \phi\pi D/360$
烟囱	砌体壁	$190° \sim 216°$	$0.53 \sim 0.6$
水塔	钢筋混凝土壁	$200° \sim 223°$	$0.56 \sim 0.62$
筒仓	折叠爆破下切口	$225° \sim 235°$	$0.62 \sim 0.65$
冷却塔	钢筋混凝土人字形支架	$180° \sim 198°$	$0.5 \sim 0.55$
	钢筋混凝土塔壁	$216° \sim 225°$	$0.6 \sim 0.62$

如果爆破切口圆心角与切口高度选择合理，在筒体的后剪下坠前，筒体的定向倾倒趋势已经形成，这是所要的理想结果。

如果爆破切口圆心角与切口高度选择过大，起爆瞬间就会发生筒体后剪下坠现象，可能导致倒塌方向的改变。

如果爆破切口圆心角与切口高度选择过小，可能会产生不失稳的现象。

3）爆破参数设计与药量计算

（1）孔深 l，取 $l = 0.67\delta = 0.67 \times 0.75 = 0.5$ m；

（2）孔距 a，取 $a = 0.5$ m；

（3）排距 b，取 $b = 0.8a = 0.4$ m；

（4）炮孔总数 $N = 12 \times 4 + 11 \times 3 = 48 + 33 = 81$ 个；

（5）炸药单耗 q，取 $q = 1.0$ kg/m^3；

（6）单孔药量 $Q_孔$，$Q_孔 = qab\delta = 1 \times 0.5 \times 0.4 \times 0.75 = 0.15$（kg）；

（7）总药量 Q，$Q = NQ_孔 = 81 \times 0.15 = 12.15$ kg；

为施工方便，从离地面 1m 以上布置炮孔打孔。

4）预处理

（1）定向窗的开凿：按开口设计形状，用机械配合人工的方法，对定向窗进行开凿。定向窗必须对称，角度相等，尤其两个顶角要保证在同一排炮孔的水平线上。

（2）扒灰口和烟道的处理：

在确定倒塌方向以后，如果扒灰口（或烟道）落在爆破缺口之内，则可以利用起来，减少钻孔；如果扒灰口（或烟道）落在预留支撑面之内，事先应予以堵塞。为了准确控制定向，要求在倒塌中心线支撑面两侧的弯矩相等，因此，必须事先把它们堵塞，而且要保证有足够的抗压强度。

（3）内部衬砌的处理：

有的烟囱内部有砖砌内衬，它的高度一般为烟囱高度的 1/3 左右，如果不予以处理，在烟囱倒塌过程中有时会影响其塌落方向，因此要事先人工打出一个缺口或在爆破时与筒身一起爆破。通常的做法是在爆破部位烟囱内部衬砌内埋设均布的集中药包（药量约 100 ~ 150 g）或在爆破孔中间增加一排炮孔专布内衬药包。

5）炮孔布置

按上述参数，布孔区域：在炸高 2.4 m，宽 5.5 m，$a = 0.5$ m，$b = 0.4$ m，以倒塌中心向两侧对称布置梅花形炮孔，共布置 7 排，炮孔总数 81 个。炮孔布置如图 2 - 97 所示。

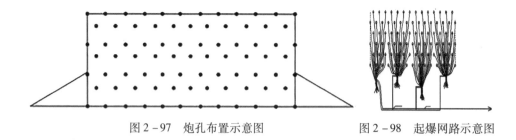

图 2 - 97　炮孔布置示意图　　　　图 2 - 98　起爆网路示意图

4. 起爆网路

采用孔内延期，从中间开始两把为 1 段，向两侧共为 5 段。采用"一把抓"，15 ~ 20 根导爆管为一组，用两发 1 段雷管作传爆元件，采用并联网路，如图 2 - 98 所示。

5. 爆破安全警戒[1]

1) 爆破实施阶段

（1）装药阶段的安全警戒。

装药时应设置警戒区，装药警戒范围由爆破技术负责人指定。装药时应在警戒区边界设置明显标识，并派出岗哨。严禁无关人员进入警戒区。

装药阶段的警戒范围一般比较小，警戒人员主要任务是防止无关人员进入装药区、防止爆破器材丢失和要求爆破作业操作人员遵守有关安全规定。

（2）爆破警戒。

爆破警戒范围由设计确定；在危险区边界，应设有明显标识，并派出岗哨。执行警戒的人员，应按指令到达指定地点并坚守工作岗位。

拆除爆破进入起爆程序后，指挥部成员应按时到位。根据指挥部的命令，职能组各司其职：爆破技术组将再次检查起爆网路，并将起爆主线敷设至起爆站；群众工作组开始清场，将危险区内的所有人员撤至安全地区；安全保卫警戒组达到各警戒点。指挥部与各警戒点和起爆站之间应建立可靠的通信联络，并按确定的联络制度与方法进行呼叫。

爆破起爆信号[1]：

爆破时必须同时发出声响信号和视觉信号，各类信号均应使爆破警戒区域及附近人员都能清楚地听到或看到。

预警信号：该信号发出后爆破警戒范围内开始清场工作。

起爆信号：在确认人员全部撤离警戒区，所有警戒人员到位，具备安全起爆条件时发出起爆信号。起爆信号发出后现场指挥应再次确认达到安全起爆条件，然后下令起爆。

解除信号：安全等待时间过后，检查人员进入爆破警戒范围内检查、确认安全后，报请现场指挥同意，方可发出解除警戒信号。在此之前，岗哨不得撤离，不允许非检查人员进入爆破警戒范围。

（3）爆后检查[1]。

爆后必须等建（构）筑物倒塌稳定之后，方准许检查人员进入现场检查。发现尚未塌落稳定的局部地方时，爆破负责人应立即划定安全范围，设立警戒和危险标识，派专人看守，无关人员不得接近。发现盲炮或尚未塌落稳定部分，应立即制定处理方案，并派专人进行处理；检查中发现有残余爆破器材时，应在以后的清除爆渣过程中，由专人负责寻找和处理。

爆后组织人员对爆区周围的建筑物和各种管线进行检查，发现需马上处理的问题，应立即联系相关部门修复。

8.2.6　案例2：水塔拆除爆破设计[3]

1. 工程概况

中国农业大学进行锅炉房改造，需要拆除一座旧水塔。水塔为砖结构，高33 m，顶部是内直径约4 m、高4 m、容量约50 t的储水罐，全部由厚度为37 cm的水泥浆砌砖墙承重。筒壁底部直径为 4.74 m。水塔内部有从上到下敷设的两根 $\phi100$ mm 的铸铁造的上下水管和铁爬梯。

2. 爆破参数设计

根据水塔周围的环境情况（图 2－99），采用定向爆破倒塌的方式，设计水塔如图所示向东偏南 25°角倾倒。

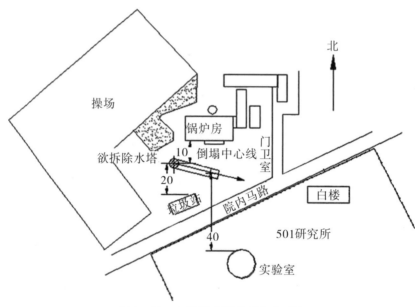

图 2－99　水塔爆破周围环境平面图

（1）爆破缺口参数。

爆破缺口采用倒梯形，梯形缺口上边长度 $L_1 = 2S/3 = 9$ m；梯形缺口下边长度 $L_2 = S/2 = 7.8$ m；梯形缺口的高度 $h = 1$ m。

（2）爆破设计参数。

砖墙：采用三角形布孔如图 2－100 所示，爆破设计参数如下：

最小抵抗线 $W = \delta/2 = 18.5$ cm；孔深 $l = 25$ cm；

孔距 $a = 30$ cm；排距 $b = 25$ cm；单孔装药量 $Q = 35$ g；

炮孔排数 $n = 5$；炮孔孔数 $N = 138$；

钢筋混凝土门框：上梁：孔距 $a = 25$ cm；$Q = 25$ g；

侧门柱：外侧一排孔 $W_1 = 15$ cm，$l = 25$ cm，$Q = 20$ g；

内侧一排孔 $W_2 = 30$ cm，$l = 25$ cm，$Q = 30$ g。

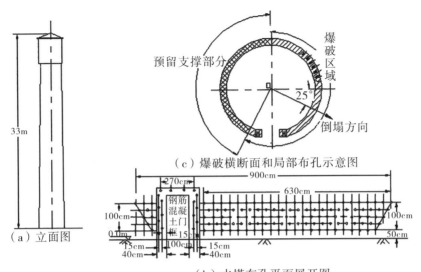

（a）立面图

（c）爆破横断面和局部布孔示意图

（b）水塔布孔平面展开图

图 2 - 100　水塔爆破布孔示意图

3. 爆破网路

起爆网路采用非电导爆管簇联网路，每个炮孔用双雷管（A、B）起爆，不同炮孔的 A、B 雷管分别相连成一簇，每 10 ～ 12 个联成一簇，用电雷管激爆，A、B 两簇的电雷管分别组成两个串联网路，然后再并联起爆（图 2 - 101）。

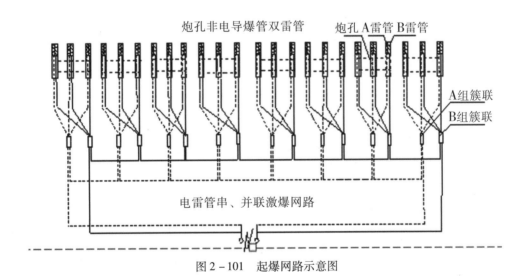

图 2 - 101　起爆网路示意图

4. 安全防护措施

（1）飞石防护。在爆破部位采用两层草袋覆盖，外加一层荆笆，再用 8#铁丝包裹住。在距离最近的锅炉房南墙的玻璃窗上用荆笆遮挡。

（2）在水塔倒塌方向上由于是土壤，为了减小塌落振动和减少溅起飞石，在储水罐预计落地处，适当铺上煤渣。

（3）安全警戒距离：离开爆源中心 100 m 为安全警戒范围，在院内马路、操场四周和 501 研究所围墙外设置警戒哨位。

爆破效果：水塔于 1998 年 4 月 6 日爆破，炮响后，按照设计预定方向倾倒落地，砖结构的筒身落地撞击破碎，上边的储水罐落地后比较完整，一半砸入泥土中。周围建筑物和要保护的仪器设备安然无恙，获得了比较满意的效果。

8.2.7　案例3：烟囱水塔爆破设计[3]

1. 工程概况

（1）工程概况。

一院内有废旧烟囱、水塔各一座，需要拆除。烟囱砖混结构，高约 40 m，底部外径 3.5 m，壁厚 800 mm，筒身完整稳定，正南侧有一烟道。水塔砖混结构，高 25 ～ 30 m，底部外径 5 m，壁厚 400 mm，东侧有高 2.12 m 门洞，筒身设有圈梁，间隔 3 m、整体稳定。烟囱和水塔周围环境较复杂，北侧 45 m 一厕所需要保留，东侧 40 m 是原纺织厂厂房，西侧 8 m 是围墙，墙外是农田，北侧北偏东为较宽敞的场地，可以作为烟囱拟倾倒方向，南偏东场地较宽敞，可以作为水塔拟倾倒方向，如图 2 - 102 所示。

（2）拆除方案和要求。

拆除烟囱、水塔等高耸建筑物时，通常有人工拆除、机械拆除和控制爆破拆除等几种方法。人工拆除法需要架设作业台进行高空作业，工期长且劳动强度大，安全难以保证；机械拆除虽然工期和劳动强度相对减少，但由于水塔、烟囱为高耸建筑物，机械很难开展工作，同时由于旧烟囱的稳定性差给机械拆除带来危险；定向控制爆破拆除法可在结构物完整的条件下，安全地进行地面或低空作业，以其安全、快速、高效等特点而优于其他拆除方案，是行之有效的拆除方法。

按照拟定方位安全准确定向倾倒，不得造成周围其他设施损失与破坏。

（3）设计依据（略）。

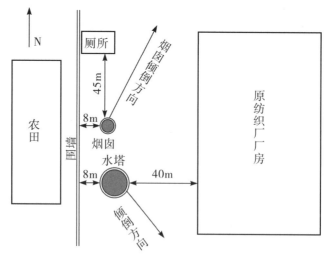

图 2 - 102　烟囱、水塔周围环境示意图

2. 方案选择与切口参数设计

1）烟囱爆破

从以上工程概况可见，正南侧有一烟道，选择倾倒方向为北偏东，烟道口不能利用，因此，预先将烟道口堵塞好，待强度与烟囱筒壁相当后进行打孔作业。

（1）烟囱爆破切口设计。

本次爆破选用等腰正梯形切口，沿烟囱倾倒中心线对称布置。

切口形成后的支承体，既要满足偏心受压形成倾覆力矩的条件，又要满足一定的抗压强度和抗滑移强度，避免产生后坐力。根据囱体结构并结合工程经验，切口长度 L 应满足：

$L = (0.5 \sim 0.67)\pi D = 5.5 \sim 7.4$ m，取 $L = 6.75$ m。式中，D 为筒身爆破部位外径。

根据成功经验，切口的高度 $h \geqslant 2.0\,\delta \geqslant 2.0 \times 800 = 1600$ mm，考虑内衬的影响，实取切口的高度为 1.6 m。式中，δ 为相应底部筒体壁厚。

（2）烟囱爆破参数设计与药量计算。

① 参数设计与计算：

孔深（l）：$l = 0.667\delta = 0.667 \times 800 = 534$ mm，取 54 cm。

炮孔直径（D）：$D = 40$ mm。

炮孔间距（a）：$a = (0.8 \sim 1)l = (0.8 \sim 1) \times 54 = 43 \sim 54$ cm，取 $a = 45$ cm。

炮孔排距（b）：$b = (1 \sim 0.8)a$，取 $b = 40$ cm。

② 药量计算：

炸药单耗：$q = 1000$ g/m^3。

单孔装药量（Q）：$Q = qab\delta = 1000 \times 0.45 \times 0.4 \times 0.8 = 144$ g，取 150 g。

采用连续集中装药结构。

炮孔总数：壁厚按 800 mm 计，取切口高度 1.6 m，切口长度 $L = 6.75$ m，需布置 5 排炮孔，则炮孔数为 $N = 15 + 14 + 13 + 12 + 11 = 65$ 孔。装药量合计为 $Q = 150 \times 65 = 9750$ g。布孔方式如图 2－103 所示。最下面两排孔装药量比计算药量增加 40% $\sim$ 50%，总装药量 $Q = 12.5$ kg。

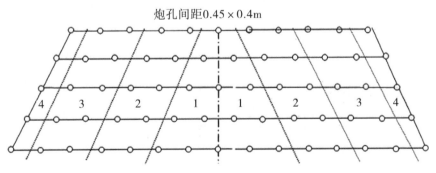

炮孔间距 0.45 × 0.4m

图 2－103　布孔方式示意图

2）水塔爆破

选择南偏东为倾倒方向，东侧门洞不能利用，施工前预先将门洞堵塞好，待强度与水塔筒壁相当后进行打孔作业。

水塔爆破切口设计。选用正梯形切口，沿水塔倾倒中心线对称布置。

切口形成后的支承体，根据塔身筒体结构并结合工程经验，切口长度 L 应满足：

$L = （0.5 \sim 0.67）\pi D = 7.85 \sim 10.5$ m，取 $L = 10$ m。式中，D 为筒身爆破部位外径。

根据成功经验，切口的高度 $h \geqslant 2.5\delta \geqslant 2.5 \times 400 = 1000$ mm，实取切口的高度为 1.2 m。式中，δ 为相应底部筒体壁厚。

倾倒塌落范围可控制在 30 m 内。

3. 爆破参数设计及药量计算

（1）爆破参数选择与计算：

孔深（l）：$l = 0.667\delta = 0.667 \times 400 = 267$ mm，取 270 mm。

炮孔直径（D）：$D = 40$ mm。

炮孔间距（a）：$a = （0.8 \sim 1）\delta = （0.8 \sim 1）\times 400 = 320 \sim 400$ mm，取 $a = 400$ mm。

炮孔排距（b）：$b = （1 \sim 0.8）a$，取 $b = 400$ mm。

（2）装药量计算：

炸药单耗 q：取 $q = 1000$ g/m³；

单孔装药量（Q）：$Q = qab\delta = 1000 \times 0.4 \times 0.4 \times 0.4 = 64$ g，取 70 g。

采用连续集中装药结构。

炮孔总数：壁厚按 400 mm 计，取切口高度 1.2 m，切口长度 $L = 10$ m，需布置 4 排炮孔，则炮孔数为 $N = 26 + 25 + 24 + 23 = 98$ 孔。装药量合计为 $Q = 70 \times 98 = 6860$ g。最下面两排，单孔装药量比计算药量增加 40% ～ 50%，以确保彻底倒塌。总需耗炸药量 85 kg。烟囱、水塔爆破总需耗炸药量 21 kg。

4. 起爆网路

烟囱和水塔均选用并联闭合网路，如图 2 - 104 所示。采用四通连接成闭合网路，安全可靠，避免盲炮漏炮发生，实践证明这种连接方式安全、可靠。

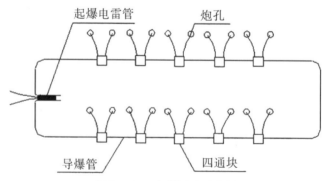

图 2 - 104　起爆网路示意图

5. 爆破材料

（1）炸药

采用药卷直径 φ32 mm 的 2#岩石乳化炸药，共需炸药 21 kg。

（2）雷管

雷管品种：非电毫秒延期雷管和瞬发电雷管配合使用。选用毫秒导爆管雷管前 4 段，自中心向两边均匀对称分段，最大一段炮孔数不超过 20 个。考虑烟囱内衬处理，共需导爆管毫秒雷管约 190 发，瞬发电雷管 40 发。

6. 爆破安全技术

（1）爆破地震安全距离验算

主要考虑爆破对东面生产厂房区的影响，以壁厚 800 mm 时齐爆 20 个炮孔计算，最大齐爆药量为 20×150 g 即 3 kg，则有：

$$v = K \ (Q^{1/3}/R)^{\alpha} \tag{2-54}$$

式中，R 为爆破振动验算安全距离，m；α、K 为与地质条件和爆破场地条件有关的系数；v 为爆破地震速度，cm/s；Q 为最大一段齐爆药量，kg。

（2）爆破飞石安全距离验算

$$R = 20K_f n^2 W \tag{2-55}$$

式中，R 为个别飞石距离，m；K_f 为与材质有关的系数，取 $K_f = 1 \sim 2$；n 为爆破作用指数；W 为最小低抗线，m。

（3）爆破空气冲击安全距离验算

$$R = KQ^{1/2} \tag{2-56}$$

式中，R 为安全距离，m；对人员取 $K \geqslant 15$；Q 为最大一次齐爆药量，kg。

安全验算表明，爆破振动和空气冲击波强度在安全范围之内，爆破飞石可以采用覆盖炮位的方法防止逸出，满足要求。

7. 爆破前预处理

为安全施工和确保定向准确，爆前需要全面清理烟囱、水塔倾倒场地范围内的设备和其他设施；拆除烟囱倾倒方向的支撑结构；拆除水塔体内的部分管道，高度不小于 3.0 m；清理烟囱水塔与外部的所有联系；钻孔探明筒体和耐火层壁厚；按切口布置位置预开定向窗。

8.2.8　案例 4：210 m 钢筋混凝土结构烟囱爆破拆除[15]

1. 工程概况

1）基本情况

为了落实"节能减排、上大压小"政策，需对 210 m 烟囱进行爆破拆除。

2）工程结构

（1）烟囱结构

拟拆烟囱高 210 m，烟囱筒壁由外至内分三层：外层为钢筋混凝土结构，底部直径

19.44 m，壁厚 0.70 m；高度 18～20 m，直径 17.64 m，壁厚 0.70 m；高度 20～30 m，直径 17.44 m，壁厚 0.65 m；中间保温层为 0.08 m 厚的珍珠岩；内层（内衬）为 0.20 m 现浇钢筋陶泥混凝土。烟道口及出灰口对称分布在烟囱西南、东北面，烟道上沿距地 18 m。

（2）重点、难点分析。

从烟囱结构上看，有以下几个特点，也是设计施工的重点和难点：①烟囱体积大、壁厚、质量大。其底部直径 19.44 m，壁厚（含筒壁、保温层和内衬）大于 1 m，自重约 12 000 t，爆破时触地振动大，安全防护困难。②受烟道口影响，需提高爆破切口位置，即将爆破切口提高到烟道口上边沿（距地面 18 m），钻爆施工难度大。③烟囱筒壁布筋密、直径大、强度高，内衬为钢筋陶泥混凝土结构。烟囱筒壁为内外层布筋（22 mm）的钢筋混凝土结构，内衬为单层布筋（φ12 mm）的陶泥混凝土，抗压及抗弯曲强度高，且爆破切口区内衬不便于钻爆施工，给爆破增加了极大的难度。

3）工程环境

拟拆除烟囱东边 8 m 处是待拆除厂房，190 m 处是村庄；西偏南 45°方向、182 m 处是保留建筑；西偏北 15°方向、220m 处是待拆除的升压站；北面 155 m 处是保留 3 号、4 号机组主厂房。周边环境平面示意图如图 2-105 所示。

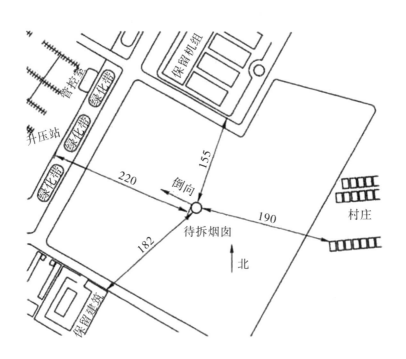

图 2-105 拟拆除烟囱周边环境及爆破倒向图（单位：m）

2. 爆破技术设计

1) 总体爆破方案

（1）筒壁处理。

根据烟囱筒壁建筑结构、高度及周边环境情况，决定在24.5 m 高度（烟道上沿6.5 m 处）西偏北20°为中心布置爆破切口，使其向西偏北20°方向倾倒。为确保烟囱倒塌方向准确，在切口的两边各开一个定向窗，以倒塌中心线为中心开宽度为1.2 m 的减荷槽，在减荷槽与定向窗之间各开宽度为1.0 m 的辅助减荷窗口2～3 个，以增加爆破效果。

（2）钢筋陶泥混凝土内衬处理。

根据钢筋陶泥混凝土内衬具有韧性好、强度高的特点，采用以下两种方式进行处理：第一，适当加大筒壁钻孔深度和单孔装药量，通过筒壁爆破达到破坏内衬的目的；第二，先对爆破切口内筒壁及内衬进行预拆除（按设计在爆破切口两端开定向窗；沿切口中心线开1.2 m 宽中心减荷槽1 个，中心减荷槽两侧与定向窗间各开1.0m 宽辅助减荷槽3 个），在筒壁与内衬间布置三排水平孔。内衬炮孔布置及装药结构示意图如图2-106 所示。

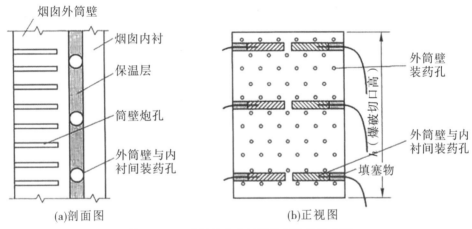

　　　　　　(a)剖面图　　　　　　　　　　　　(b)正视图

图2-106　内衬炮孔布置及装药结构示意图

2) 爆破参数设计

（1）切口形状及位置。

①切口形状：采用正梯形切口。

（2）切口位置：采用高位切口，布置于烟道上沿6.5 m 处，距地面24.5 m，西偏北20°方向。

①切口参数设计。

②切口长度：切口长度按下式确定：

$$R = (3/5) \pi D \tag{2-57}$$

式中，R 为爆破切口弧长，m；D 为烟囱切口处外径，m。

（3）切口高度 h：根据理论和类似工程经验，烟囱爆破切口高度可按下式设计确定：

$$h = (1/6 \sim 1/4) D \tag{2-58}$$

式中，h 为爆破切口高度，m；D 为烟囱切口处直径，m。

经计算，并参考类似工程经验，爆破切口参数如表 2 - 37 所示。

表 2 - 37　爆破切口参数

切口下沿弧长/m	预处理后下弧长/m	切口圆心角/(°)	切口高度 h/m
32.85	21.91	216	4.0

切口位置如图 2 - 107 所示，筒壁布孔及装药示意图如图 2 - 108 所示。

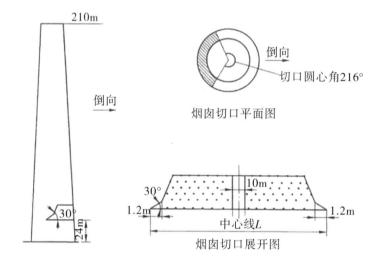

图 2 - 107　爆破切口示意图

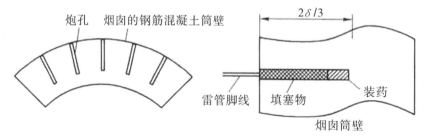

图 2 - 108　筒壁布孔及装药示意图（δ 为壁厚）

3）孔网参数及装药量设计

（1）筒壁炮孔参数。

①最小抵抗线：$W = 1/2\sigma$，为最小抵抗线；σ 为烟囱切口位置的壁厚。

②排距：$b = (0.85 \sim 0.90) a$。

③孔深：$l = (0.65 \sim 0.68) \sigma$。

④筒壁装药量设计。

（2）单孔装药量。

单孔装药量按下式计算：

$$Q = Kab\delta \tag{2-59}$$

式中，Q 为单孔装药量，g；K 为单位体积炸药消耗量，g/m^3，钢筋混凝土壁厚 $30 \sim 50$ cm 时，取 $1500 \sim 2000g/m^3$，$50 \sim 70$ cm 时，取 $1200 \sim 1500$ g/m^3；a、b 分别为炮孔间距和排距，m。筒壁爆破参数如表 2-38 所示。

表 2-38　筒壁爆破参数

壁厚/cm	最小抵抗线 W/cm	孔间距 a/cm	孔排距 b/m	孔深 l/cm	排数	单耗 $q/(g \cdot m^{-3})$	单孔药量/g
65	32.5	40	35	43	12	1500	136.5

（3）筒壁总装药量。

在爆破切口内，筒壁总炮孔数为 624 个，总装药量为：$624 \times 136.5 = 85.18$（kg）。

（4）钢筋陶泥混凝土内衬装药量设计。

采用高位切口。受施工条件限制，内衬不便于钻孔爆破施工，采用在筒壁与内衬间的保温层上掏孔，按直列装药设计爆破药量，其装药量可按下式计算：

$$C = ABR^2L \tag{2-60}$$

式中，C 为装药量，kg；A 为材料抗力系数，炸散混凝土、不炸断钢筋取 5，炸断部分钢筋取 20，本工程取 5；B 为填塞系数，无填塞的外部接触爆破取 9，有填塞可取 $3 \sim 6$（装药周边有空隙取大值，否则取小值），本工程取 6；R 为破坏半径，m，一般取构件厚度，根据要求的破坏范围和程度，亦可稍大或稍少，本工程取内衬壁厚 0.2m；L 为直列装药长度，m，本工程取 1.1 m。

经计算，单个药包质量为 1.32 kg。

3. 起爆网路设计

（1）爆区划分。

将切口分成两个区对称延时起爆，即切口中心线减荷槽两侧两块筒壁孔内各装 MS1 瞬发非电导爆管雷管；切口两侧靠定向窗四块筒壁孔内各装 MS3 非电导爆管雷管，延时 50 ms 起爆。为保证爆破切口的连续性、完整性，爆破切口底部三排和顶部三排孔装双雷管起爆。

（2）网路连接方式。

针对电厂爆破周围环境感应电流多的特点，决定在此次爆破中采用非电塑料导爆管起爆网路，爆区划分和网路连接方法如图 2-109 所示。

孔内导爆管采用簇联（"大把抓"）方式形成多个击发点，同一孔的双雷管连接在不同击发点上；为确保击发点准爆，每个击发点用两发 MS1 非电导爆管雷管击发点火，之后将各击发点用导爆管、四通连接成复式网路，用击发雷管和传爆雷管（击发雷管和传爆雷管全用瞬发雷管）击发。起爆网路如图 2-109 所示。

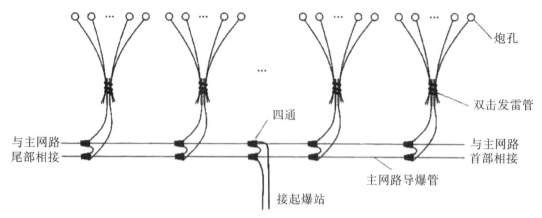

图 2 – 109　烟囱起爆网路示意图

4. 爆破安全控制与防护

高烟囱爆破拆除的安全防护重点包括控制倒塌方向、飞石和塌落振动。

1）倒塌方向控制

复杂环境高耸建筑物爆破，控制好倒塌方向，是决定爆破成功与否的关键，也是安全防护的重点。为了确保烟囱准确按设计方向倒塌，应严把以下技术关：

（1）精心设计。首先应根据烟囱结构进行精心的技术设计，包括确定倒塌方向、选择切口位置、设计切口参数（切口形状，切口长、宽，定向窗角度）等。

（2）准确测量定位。根据技术设计方案，用全站仪将爆破切口标绘在烟囱上，严格按设计方案施工。

（3）搞好预拆除、控制施工质量。按技术设计开好减荷槽、定向窗，控制好定向窗的角度。

2）爆破飞石控制

爆破时产生的个别飞石可由下式计算：

$$R_f = KqD \qquad (2-61)$$

式中，R_f 为最大飞石距离，m；K 为与爆破方式、填塞长度、地质地形条件有关的系数，厂房等控制爆破，K 取 1.2～1.5（钢筋混凝土取大值，砖结构取小值），本工程取 1.5；q 为炸药单耗，kg/m^3，本工程取 1.5；D 为炮孔直径，mm，本工程取 38 mm。

经验算，$R_f = 85.5$ m。因此，应加强对爆破飞石危害的控制。对烟囱筒壁实施两层防护，内层用双层草帘、外层用双层钢网包裹防护，之后用 8 号铁丝固定，防止爆破飞石飞出，如图 2 – 110 所示。并根据需要，用钢管架成排架再用竹笆、建筑防护尼龙网，在烟囱坍塌区域周边警戒线前，再搭设双排防飞石围挡，用以加强飞石防护。

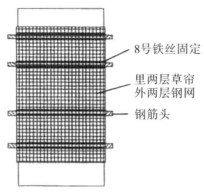

图 2 - 110　烟囱筒壁防护示意图

（3）塌落振动控制。

塌落振动速度采用下式估算：

$$v = K[(MgH/\sigma)^{1/3}/R]^{\beta} \tag{2-62}$$

式中，v 为塌落振动速度，cm/s；K 为衰减系数，取 3.37；σ 为地面介质的破坏强度，一般取 10MPa；β 为衰减指数，取 1.66；R 为观测点至撞击中心的距离，m，取 150 m；M 为下落构件的质量，取 10 000 t；H 为构件重心高度，m，取 89.1 m。

经计算得：$v = 1.59$ cm/s。由此可知，烟囱塌落振动对周边建筑、设施是安全的，但对发电机组、精密仪器存在一点影响。

为降低塌落振动，在烟囱倾倒区域地面上构筑宽 5 m、高 2～3 m 的减振墙多道，第一道减振墙位于烟囱根部，以后每道减振墙间距 20 m，用编织袋装松散的减振材料（泥沙土）压在减振墙上面，编织袋上面用建筑防晒网覆盖加固。通过以上防护减振措施，可大大削弱烟囱着地的坍塌振动速度，如图 2 - 111 所示。

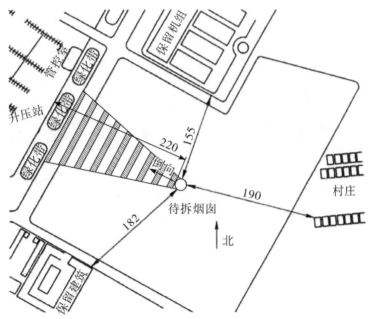

图 2 - 111　减振墙平面布置示意图（单位：m）

同时，对周边保护建筑的门窗用竹笆、钢网、竹夹板、建筑模板等封堵遮挡，对重要设施、机械仪表等用钢板遮盖加强防护，确保安全。

5. 爆破效果

爆破于 2015 年 6 月 29 日上午 10 时 40 分如期进行，随着起爆口令下达，烟囱按设计倒向倾倒着地。经安全检查确认，爆破倒向准确，对爆破飞石及烟囱倾倒的坍塌振动防护效果好，烟囱倾倒解体后全堆积到预先构筑的减振墙上，周边的建筑设施安然无恙，爆破取得圆满成功。

8.2.9 案例 5：筒仓拆除爆破设计[16]

某港口开发有限公司 5 座散装水泥罐拆除爆破设计。

1. 工程概况

1) 工程环境

待拆除散装水泥罐（图 2-112、图 2-113）。爆破体北侧 210 m 处有疏港大道，205 m 处有 35 kV 高压线塔，东北侧 145 m 处有办公楼，南侧 30 m 处有鳌江堤坝、80 m 有码头，西侧 11.5 m 紧邻煤场围墙，距油库 82 m，东侧 85 m 处有散装水泥罐。其中北向的高压线、西侧的油库、东侧的水泥罐为本次爆破拆除工程厂内的重点防护目标。爆破影响范围内无地下管线，各个方向保护对象照片如图 2-112 所示。北向的办公楼、南向的码头、围墙、东向的水泥罐在本次爆破后都将计划拆除。

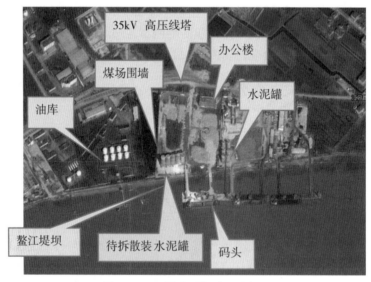

图 2-112 爆破环境平面示意图

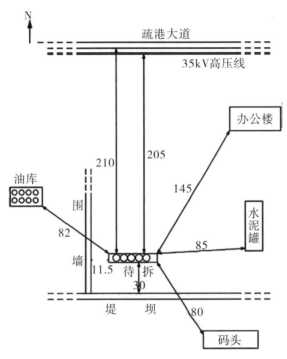

图 2-113 爆区周围环境（单位：m）

各保护对象的距离如表 2-39 所示。

表 2-39 爆破体周边需保护建筑物距离

待保护建筑物		距离（结构）/m	
名称	结构	爆破点	设计触地点
油库	钢混	82	82
煤场围墙	砖结构	11.5	11.5
35kV 高压线塔	钢混、架空	205	195
水泥罐	钢混	85	85
办公楼	砖混	145	135
鳌江堤坝	混凝土结构	30	40
码头	构筑物	80	90

2）工程结构

待拆除水泥罐底部为 9 m 高钢筋混凝土结构支撑基座，混凝土采用 C30，上部由 36 根槽钢骨架加 3 mm 厚钢板围成的高 20 m 水泥罐筒身，筒身外直径 12 m，筒身与基座采用焊接（基座中预埋有角铁），筒身有钢漏斗插入基座顶部，用于出灰。漏斗外部与筒身外壁间空隙部分充填有煤灰，水泥罐总高 29 m，其东侧端部有钢混楼梯及顶部有检查楼梯连接 5 个水泥罐，单个水泥罐（含基座）总重约 800 t，重心高度约 +10 m，2#水泥罐内约有 300 t 水泥不能放空，总重约 1100 t。

5个水泥罐（楼梯不拆除，不计入）结构相同，总长63.6 m，宽12.6 m。单个水泥罐的基座，地表以上由"井"字形的交点及端点布有钢筋混凝土立柱来支撑，交点处的立柱为主承重立柱、截面为0.8×0.8 m，共4根，端点处的立柱为辅承重立柱、截面为0.6×0.6 m、共12根。在+4.7 m处各立柱间有高0.6 m、宽0.45 m钢筋混凝土连系梁连接，辅承重立柱处于半径5.7 m的圆周上，各辅承重立柱用高0.6 m、宽0.45 m钢筋混凝土圈梁连接，此为第一层梁间联系结构。

第二层梁间联系结构与第一层类似，仅梁高为1.4 m。第二层梁上为水泥罐的平板基座，后0.4 m，为钢筋混凝土结构。

整体水泥罐基座桩位图及单个水泥结构图如图2-114、图2-115所示。

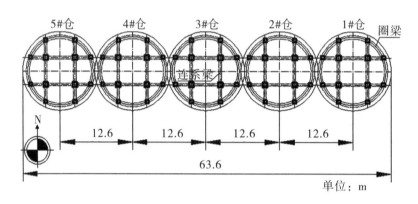

图2-114　5个水泥罐基座桩位图

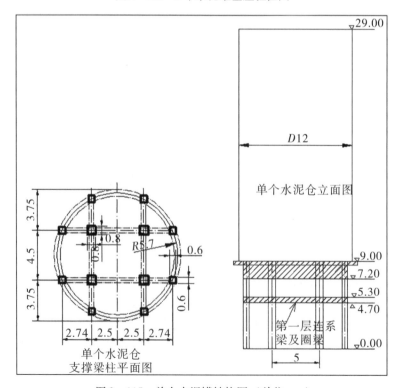

图2-115　单个水泥罐结构图（单位：m）

3）本项目重点和难点分析

本项目爆破施工时间紧急（从签订合同到安全拆除前后不足 5 天）、梁、柱钢筋布置密集，钻孔难度很大（钻一个孔有时要换 3～4 次才能钻成功）、钻孔数量多（共达 600多个孔）、地处软地基地质环境、周边油库安全要求高；控制爆破飞石、爆破振动和塌落振动对周边设施的影响是本项目的难点；在保证施工进度和质量的前提下，控制爆破飞石和振动的影响范围是本项目的重点。

4）质量、安全等要求

安全上主要是控制爆破振动、飞石对建构筑设施、高压线的影响。

安全目标：

（1）无重大施工安全事故。

（2）水泥罐安全倒塌。

（3）确保油罐、办公楼、高压线路等保护对象的安全。

5）工程量与工期

根据施工合同要求，拟拆除范围包括：待拆水泥罐群，由 5 个水泥罐组成，单个高29 m，水泥罐放倒即可，5 个水泥罐外的楼梯及其他附属设施的拆除不在本工程拆除范围内。要求在 2016 年 6 月 30 日爆破拆除，工期不足 5 天。

2. 方案选择

根据水泥罐结构及周边环境特点，综合考虑各种因素，先切断楼梯与水泥罐的联系、后预处理部分辅承重立柱，对水泥罐的承重立柱爆破，拟采用向北定向倾倒爆破拆除方案。水泥罐设计倾倒方向及钢筋混凝土结构预拆除如图 2－116、图 2－117 所示。

图 2－116　设计倾倒方向

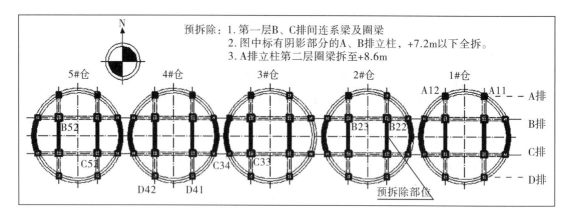

图 2 - 117　钢筋混凝土结构预拆除

3. 切口参数设计

（1）爆破切口设计。

爆破切口设计的原则：

①确保罐体倾倒安全顺利；罐体着地碰撞碎块飞溅少且在允许范围内；

②倾倒定向准确；

③倒塌后着地解体较充分、大块少。

（2）爆破切口部位及形状。

本待拆结构重心低，爆破切口高度应尽可能地偏高，考虑水泥罐基座下的实际钢筋混凝土结构特点，鉴于实际施工可行性，从 A 排至 D 排立柱采用不同炸高的梯形爆破切口。

（3）炸高的确定。

采用不同的炸高和毫秒延时起爆相结合的方法，从而降低最大一段齐爆药量，有效控制爆破振动和建筑物触地振动，由于水泥罐立柱尺寸大，其顶部钢结构及基座自重较轻，且重心较低，因此，炸高宜选合适的较大值，有利于水泥罐的倒塌。为了防止立柱后坐、后排立柱炸高应取小值。主要承重立柱的失稳是钢筋混凝土框架结构整体倒塌的关键，最小破坏高度 H_{min}：

$$H_{min} = \frac{\pi d^2}{8u} \sqrt{\frac{\pi E}{P_{cr}}} \qquad (2-63)$$

式中，d 为钢筋直径（m）；u 为长度系数；E 为弹性模量（Pa）；P_{cr} 为钢筋受压的临界荷载；立柱炸高 $H = K (B + H_{min})$；K 为经验系数，$K = 1.5 \sim 2.0$；B 为立柱截面最大边长。

辅承重立柱经现场预拆除揭露，钢筋情况立筋为 $\phi 22@100$，主承重立柱钢筋情况不明，经理论分析并结合结构实际情况，参考类似施工经验，确定厂房立柱炸高：最大炸高选：A 柱 8.6 m、B 柱 6.9 m、C 柱 2.50 m、D 柱 0.8 m。

爆破切口图如图 2 - 118 所示。

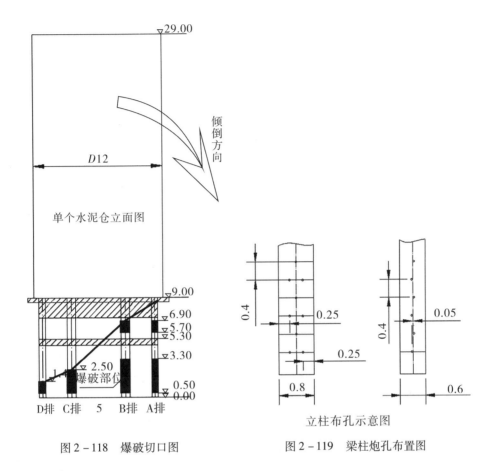

图 2 - 118　爆破切口图　　　　　　图 2 - 119　梁柱炮孔布置图

4. 爆破参数设计

1）布孔方式

因立柱断面为矩形，边长 0.6 m 立柱采用沿中心线左右相切布孔，类似之字形孔，横向 2 相邻孔各偏离中心线 2.5 cm。边长 0.8 m 立柱采用梅花孔。炮孔方向以朝倒塌方向为主。立柱炮孔的布置图如图 2 - 119 所示。

2）孔网参数

爆破方案选定之后，切合实际的爆破参数，是实现设计的关键。结合工程实际，选取爆破参数见表 2 - 40 至表 2 - 41，表中单孔药量为计算药量，针对不同结构待试炮后药量可适当调整。

（1）孔径。

采用直径为 38 ～ 40 mm 钻头，孔径在 40 ～ 42 mm。

（2）最小抵抗线（W）。

梁柱的最小抵抗线通常取断面短边（B）的一半，即 $W = 1/2B$。

（3）孔距（a）与排距（b）。

孔距 $a = （1.2 ～ 2）W$，排距 $b = （0.8 ～ 1.2）a$。

（4）孔深（l）。

孔深通常为钻孔方向厚度（H）的 $2/3 \sim 3/4$，$l = (2/3 \sim 3/4) H$。

（5）炸药单耗（K）。

炸药单耗与柱、梁、墙的最小抵抗线、配筋情况、材料强度、结构大小和自由面有关，钢筋混凝土取 $K = 0.8 \sim 2.0 \ \mathrm{kg/m^3}$。

（6）单孔装药量 q。

$q = KaBH$（单排孔）；$q = KabH$（多排孔）。

（7）装药结构。

一般情况下，采用集中装药结构，如图 2 - 120 所示。对于 B、C 排 800 cm 柱子的双排孔（孔深大于 2 倍抵抗线长度），采用集中装药结构。

（8）炮孔填塞。

采用黄泥堵塞，炮孔除装药长度外，剩余长度全部填满并确保填塞密实。填塞时注意保护好起爆线路。爆破参数如表 2 - 40 所示，爆破工作量如表 2 - 41 所示。

表 2 - 40　基本爆破参数

结构特征 （长×宽，cm）	最小抵抗线 /cm	孔距 /cm	排距 /cm	孔深 /cm	单孔药量 /g
60×60（A、B、C柱）	30	40	5	40	200
80×80（B、C柱）单孔	40	40	0	60	400
80×80（B、C柱）双孔	25	30	40	55	每孔200g
60×60（D柱）	30	30	5	30	80

表 2 - 41　爆破工作量

爆破部位	每立柱 炮孔数 /个	立柱 数	单孔 药量 /g	总药量 /kg	雷管 段别	总雷管数 /发
60×60（A21、A31柱）	12	2	200	4.8	MS1	48
60×60（B柱）	12	9	200	21.6	MS1	216
80×80（B柱）单孔	16	10	400	64.0	MS1	160
80×80（B柱）双孔	11	10	200	22.0	MS1	160
60×60（C柱）	6	10	200	12.0	MS3	120
80×80（C柱）单孔	6	10	400	24.0	MS3	60
80×80（C柱）双孔	8	10	200	16.0	MS3	120
60×60（D柱）	4	10	100	8.0	MS9	80

爆破部位	每立柱炮孔数/个	立柱数	单孔药量/g	总药量/kg	雷管段别	总雷管数/发
孔内雷管合计						964（482 孔）
孔外连接雷管					MS1	100
统计总数		51		172.4		1064

图 2 - 120　集中装药结构图

5. 起爆网路

根据水泥罐基座的结构特点，采用导爆管毫秒起爆孔内、排间微差起爆爆破网路。孔外采取"一把抓"的簇联连接方式，每把 20 发以内。孔内雷管 A、B、C、D 排立柱分别为 MS1、MS1、MS3、MS9，孔内装双发雷管；孔外连接用 MS1，每个簇联点用双发雷管连接，每个水泥罐从 D 排柱往 A 排方向接力连接（D→A），5 个水泥罐之间也是 MS1 接力连接，连接顺序是：5#→1#，簇联的传爆雷管采用交叉复式网路前进，在 1# 水泥罐前用四通连接总传爆导爆管。排间雷管段别图如图 2 - 121 所示，起爆网路如图 2 - 122 所示。

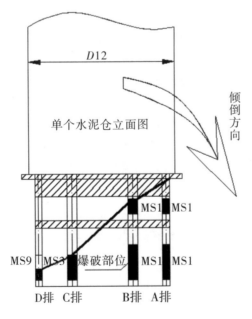

图 2 - 121　排间雷管段别图

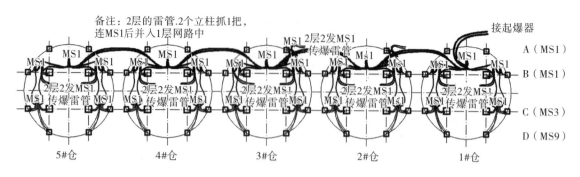

图 2 - 122　导爆管起爆网路图

爆破器材包括炸药为直径 ϕ32 mm 号岩石乳化炸药；雷管为导爆管毫秒雷管，如表 2 - 42 所示。

表 2 - 42　计划购买爆破器材列表

品　种	规　格	设计数量	计划购买数量
乳化炸药	ϕ32	179k2.4	192 kg
导爆管雷管	5 m/MS1	684 发	800 发
	5 m/MS3	300 发	300 发
	5 m/MS13	80 发	100 发
导爆管	普通变色	500 m	500 m

6. 预处理

（1）对水泥罐基座 B、C 排立柱间的第一层连系梁及圈梁、A 排（无阴影的不拆）及 B 排（有阴影的要拆）部分立柱采用机械破碎预拆除，A 排立柱第二层的圈梁也应拆除（拆至 +8.6 m），拆除顺序先基座内、后基座外。

（2）切断东侧楼梯与 1#库的所有刚性连接，包含钢结构及存在的钢筋混凝土结构、砖结构。切割宽度不小于 1.0 m，如图 2 - 123 所示。

（3）垂直方向上，从地平面起，切断与水泥罐的钢结构连接，切割高度不小于 3 m。

（4）在 +0.5 m 高度，将 D 排立柱北向及东西向从北往南的 35 cm 范围内的钢筋剥离出来，并切断（切断高度控制在 10 cm 以内）。

图 2 – 123 预处理图

7. 爆破安全技术

1）爆破振动效应

（1）爆破振动计算公式。

采用下式[1]计算爆破引起的地面质点振动速度。

$$v = K\left(\frac{\sqrt[3]{Q}}{R}\right)^{\alpha} \tag{2-64}$$

式中，v 为距爆破点距离 R 处质点振动允许速度，cm/s；R 为保护对象距爆破点的距离，m；Q 为单段最大起爆药量，kg；K、α 为与爆破点至计算保护对象间的地形、地质条件有关的系数和衰减指数。

（2）安全允许振动速度。

根据《爆破安全规程》中第 13.2.2 节表 2 "爆破振动安全允许标准"的规定，对拆除爆破地点附近需要保护的建（构）筑物和设施进行计算校核，列于表 2 –43。

表 2 – 43   结构爆破振动安全校核计算结果

待保护建筑物		距离（结构）	爆破振动/	标准/	校核结果
名称	结构	/m	(cm·s^{-1})	(cm·s^{-1})	
油库	钢混	82	0.61	4.0	安全
煤场围墙	砖结构	11.5	14.7	0.9	不安全
35kV 高压线塔	钢混、架空	205	0.14	3.5	安全
水泥罐	钢混	85	0.57	4.0	安全

（续表）

待保护建筑物		距离（结构）	爆破振动/	标准/	校核结果
名称	结构	/m	(cm·s^{-1})	(cm·s^{-1})	
办公楼	砖混	145	0.24	3.0	安全
鳌江堤坝	混凝土结构	30	3.11	0.9	安全
码头	构筑物	80	0.64	4.0	安全

注：依据施工经验，拆除爆破的实际爆破振动要比预算的低。

爆破时在临近建构筑物设置测振点进行振动监测。

3）爆破振动安全校核

由《爆破安全规程》爆破参数设计可知，单段最大起爆药量为 74.4 kg。取 $K = 150$（拆除爆破修正系数取 0.5），$\alpha = 1.62$，爆破振动对周围保护对象允许速度按式（2-52）进行安全振速校核。爆破地震振动速度的计算结果见表 2-43。

从表 2-43 的计算结果可知，除煤场围墙（有震倒的可能）及鳌江堤坝外，爆破地震引起的振动速度远小于《爆破安全规程》允许的振动速度，即结构爆破时的地震效应是很弱的，因此结构周边需保护的建筑物及设备是安全的。

2）触地振动效应

（1）触地振动安全校核。

结构主体塌落时，其塌落振动远高于爆破振动，且频率低，对四周建（构）筑物危害更大，因此，必须预防塌落振动的危害。建筑物倒塌冲击地面引起振动的大小与被爆体的质量、刚度、中心高度和触地点覆盖条件等有关。

塌落触地振动由下式验算：

$$v = K_t \times [(MgH/\sigma)^{\frac{1}{3}}/R]^{\beta} \tag{2-65}$$

式中，v 为塌落引起的地表振速，cm/s；M 为下落构建物质量，t；5 个水泥罐总质量约为 4300 t；g 为重力加速度，$g = 9.8$ m/s^2；H 为构件的重心高度，m，在此取 $H = 10$ m；σ 为地面介质的破坏强度，MPa，一般取 10 MPa；R 为观测点至冲击地面中心的距离，m；K_t，β 分别为系数和衰减指数，分别取 $K_t = 3.37$，$\beta = 1.66$。

结构倾倒时并非自由落体，由式（2-65）计算得出水泥罐爆破时，在结构倾倒时不同目标的振动速度如表 2-44 所示。

表 2-44 结构触地振动安全校核计算结果

待保护建筑物		距离（结构）	爆破振动/	标准/	校核结果
名称	结构	/m	(cm·s^{-1})	(cm·s^{-1})	
油库	钢混	82	0.81	2.5	安全
煤场围墙	砖结构	11.5	21.16	0.45	不安全
35kV 高压线塔	钢混、架空	195	0.19	3.0	安全
水泥罐	钢混	85	0.76	2.5	安全

（续表）

待保护建筑物		距离（结构）/m	爆破振动/(cm·s⁻¹)	标准/(cm·s⁻¹)	校核结果
名称	结构				
办公楼	砖混	135	0.36	2.5	安全
鳌江堤坝	混凝土结构	40	2.67	0.45	安全
码头	构筑物	90	0.70	2.5	安全

计算结果说明在结构爆破时，除煤场围墙有震倒的可能，对建构筑物均不会产生影响。5 个水泥罐间用 MS1 段延期雷管连接，根据多次结构爆破拆除振动实测，实测爆破振速均比理论预测值小得多。

从表 2 - 44 的计算结果可知，结构触地引起的振动速度远小于《爆破安全规程》允许的振动速度，即塌落振动效应是很弱的，因此，对周边保护对象是安全的。

2）触地振动控制措施

倒塌范围内的地质为江边软基，建筑结构爆破后触地振动会比岩石地质影响大。

要求尽量减小结构触地振动，防止爆破体附近煤场围墙（有震倒的可能）及鳌江堤坝成为爆破触地振动危害最大的对象，使本次爆破控制振动的难度加大。为了最大限度地保护围墙，在西侧水泥罐与煤场围墙间临水泥罐 5 m 处平行围墙方向挖一条宽 1 m 深 2 m 的减振沟（图 2 - 124），南起 5#水泥罐 D52 立柱以南 5 m、北至 A52 立柱以北 40 m，长约 60 m。挖减振沟取出的土宜放在水泥罐一侧，开挖在爆破前一天完成。

3）个别飞散物

（1）飞散距离判断。

无防护条件下个别飞石的最大飞散距离，按经验公式：

$$s = v_0^2/2g \tag{2-66}$$

式中，s 为飞石最远距离，m；v_0 为飞石初速度，10 ~ 40 m/s（取最大值 40）；g 为重力加速度，m/s²。则 $s = 40^2/(2 \times 10) = 80$ m。

图 2 - 124　减振沟开挖平面示意图

根据无防护条件下个别飞石最大飞散距离估算结果以及周边环境实际情况，控制爆破飞石距离，并加强安全防护措施，以降低飞散距离。

（2）防护措施。

爆破时飞石危害来自两个方面：爆破时罐体破坏产生的飞石和罐体解体触地飞溅产生的飞石。

飞石安全防护也是针对不同的飞石采取不同的防护措施。对于爆破飞石，主要采用覆盖防护和遮挡防护方法。

①覆盖防护措施。直接防护采用柔性材料防护措施。具体防护措施如下：对装药部位进行15～20层建筑安全网包裹式并用铁丝捆扎覆盖。防护范围上下应超出炮孔 0.3 m 以上，合理安排安全网接缝，确保上下接缝、左右接缝错开。

通过多次工程实践，采用上述方法进行防护后，个别飞散物得到有效控制。

②遮挡防护措施。为了避免炮孔在直接覆盖后仍飞出个别飞石的情况，还需要对爆源周围进行二次防晒网防护，本工程主要对结构外围紧贴结构物西北东三个方向进行 2 层防晒网防护，防护高度至 +7.2 m。

（3）触地飞溅防护。

因倒塌范围内为沙土软件，触地飞溅很小，基本可以控制在保护对象范围内，无须防护。

4）爆破冲击波

本次爆破属露天炮孔爆破，药量小且分散，周围地带空旷，在保证良好堵塞和覆盖的情况下，空气冲击波可降低到允许的范围内，不会对周围环境造成危害。

5）爆破警戒

本结构爆破，根据上面对爆破飞石、结构倒地触地飞溅、爆破空气冲击波的安全校核及现场周边实际环境确定。爆破设计的警戒范围为：水泥罐外边沿外 300 m。设 6 个警戒点，爆破警戒示意图如图 2 –125 所示。

图 2 – 125　爆破警戒示意图

6）天气的影响

（1）天气变化的影响。及时联系当地气象部门，随时掌握天气变化，根据起爆当天的气象预报确定是否装药爆破。风荷载是影响高大结构定向倾倒准确性的重要影响因素之一，应尽量选择无风或风力较小（4级风以下）、无雷电时起爆。若遇上述不利天气条件或雨天，应推迟起爆日期。

（2）粉尘控制。爆破拆除的结构内本身储存的是极易扬尘的水泥，经多年使用，内壁挂附大量灰尘。爆破后，灰尘随爆破产生的高压气体瞬间外放，会给周边环境带来一定影响。为降低爆破粉尘的危害，需对爆破后产生的粉尘进行降尘处理。具体采用安排3～5辆消防车洒水降尘的措施，爆后检查确定现场安全后，消防车驶入现场向粉尘方向洒水。洒水点视爆后渣堆分布情况，优先选择上风向，或侧风向。洒水时左右摆动龙头以增大粉尘区内部湿度，洒水角度以45°仰角为宜。爆破前，爆破公告中应通知警戒范围内的建构筑物，最好关闭所有窗户。

7）预拆除及试爆后结构物安全校核

除2#库内有不能放空的约300 t水泥外，其余3个水泥罐的自重约800 t，预拆除后经校核：

1#、3#～5#水泥罐：主立柱抗压强度为3.1MPa＜30MPa，安全；

2#水泥罐：主立柱抗压强度为4.21MPa＜30MPa，安全；

B31立柱试爆后，3#水泥罐：主立柱抗压强度为4.08MPa＜30MPa，安全。

8. 爆破效果

爆破后，5个水泥罐体在不到1 s的时间内，安全、准确向设计的正北方向倒塌（图2-126）。振动、飞石、冲击波等爆破有害效应均控制在设计范围内，附近被保护的建（构）筑物和设施安然无恙。由于采取了安全有效的防护措施，倒塌正向和两侧个别飞石范围均在20 m内。设计中经计算西向围墙稳固性很差、没有基础、坐落在软基上、距离仅11.5 m的砖结构围墙可能会震塌，但爆破后围墙依然挺立不动。

图2-126　倒塌结果照片

对于筒仓爆破缺口设计不当可能导致倾而不覆的原因分析：

（1）筒仓爆破缺口高度不够，未满足下面两个条件：

$$\begin{cases} \alpha_e \geqslant \arcsin\ (D/H) \\ h \geqslant D\tan\alpha \end{cases}$$

（2）设计的爆破缺口圆心角过大，支撑体断面太小，强度不够，起爆瞬间支撑体断裂，塔体坠地。

（3）仓壁下为立柱支撑时，铰链柱炸高、单耗过大，铰链柱与相邻的缺口柱间延时过长。

8.2.10 案例6：冷却塔爆破拆除设计

1. 方案选择

对于冷却塔的爆破，根据待爆破对象的结构特点和周围环境，通常有定向倒塌和原地坍塌两种方式。

即使是定向倒塌方式，其倒塌的范围也是有限的，这主要是由于其重心低、长径比小的结构特点。

2. 预处理

为确保倒塌效果和减少爆破的总装药量，缺口范围内的筒壁用机械开挖7个宽5.4 m、高8 m对称于倒塌中心线的定向窗，定位窗2个（图2-127），以确保冷却塔触地后彻底解体。在环梁选择5处进行机械切割处理，在人字柱上部布置4个炮孔，下面布置6个炮孔，在切口边沿对称开设两个定位窗。

图2-128为某90 m高冷却塔的减荷槽、定位窗以及定向窗的位置及尺寸。

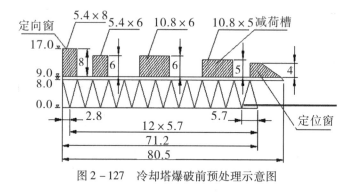

图2-127 冷却塔爆破前预处理示意图

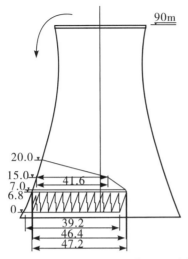

图 2 - 128　某 90 m 冷却塔爆破切口形状立面示意图

3. 爆破参数设计

（1）爆破缺口：筒壁圆心角为 220°，人字柱圆心角为 200°，圈梁圆心角为两者之和。

（2）最小抵抗线 W：取切口处冷却塔人字柱、圈梁厚度和宽度的一半，即 $W = \delta/2$（δ 为切口位置壁厚或立柱最小边长）。

（3）炮孔间距 a：$a = 1.5 \sim 1.8W$ 或 $a = (1.0 \sim 2.0) l$。

（4）炮孔排距 b：$b = (0.85 \sim 1.0) a$。

（5）炮孔孔深 l：$l = (0.67 \sim 0.8) \delta$。

（6）单孔药量 Q_1：

$$Q_1 = qab\delta \qquad\qquad (2 - 67)$$

式中，Q_1 为单个装药量，g；δ 为人字柱、圈梁厚度，m；a、b 为药孔的孔距及排距，m；q 为单位体积耗药量，kg/m³，一般取 $0.7 \sim 1.6$ kg/m³，对于筒壁：上三排取 $q = 1.45$ kg/m³，下三排取 $q = 1.55$ kg/m³；对于圈梁，取 $q = 1.2$ kg/m³；但对于位置较低的人字立柱，取下部 $q = 2.0$ kg/m³，上部 $q = 1.6$ kg/m³，以确保使冷却塔内的主筋产生大变形，有利于冷却塔失稳倾倒。

4. 装药结构

采用连续装药结构，装药后剩余孔长全部用炮泥堵塞紧密。

5. 起爆网路

采用导爆管毫秒雷管孔内延期雷管，人字柱孔内用 MS8 段雷管，圈梁孔内用 MS6 段雷管，筒壁孔内用 MS4 段雷管，孔外每组 20 根导爆管全部用二发 MS1 段雷管簇联连接。起爆顺序：自上而下。

6. 安全防护措施

（1）直接覆盖防护。炮孔位全部防护。在筒壁、圈梁、人字柱外面都用三层竹笆直接覆盖，外用铁丝捆绑紧，覆盖时注意保护好起爆网路。

（2）间接防护。在距离爆破体外墙 4～5 m 处搭建双层排架，挂双层竹笆，高度超过炮孔上部 2 m。

（3）人字柱下部分防护。人字柱下部（三排炮孔）因装药量较大，距离爆破处 1 m 处，采取垒沙袋防护，高超过上第三排炮孔 1 m，全部人字柱下部都防护。

（4）在倒塌范围内沿排水箱涵铺设高 2 m、宽 6 m 的土体缓冲垫层，减少塔体触地对排水箱涵的影响。

7. 爆破安全技术

（1）爆破振动速度计算

$$v = K \ (Q^{1/3}/R)^{\alpha} \tag{2-68}$$

式中，Q 为一次爆破用药量，kg；R 为布药中心到保护对象的距离，m；K、α 根据不同结构、不同爆破方法，按表 2-45 选择。

表 2-45　K、α 取值[10]

结构特点及爆破方法	K	α	相关系数 γ
基础爆破	116.4	1.74	0.99
多层建筑物爆破拆除	32.1	1.57	0.98
水压爆破	91.5	1.48	0.95

（2）塌落振动速度

$$v = K \ [(MgH/\sigma)^{1/3}/R]^{\beta} \tag{2-69}$$

式中，M 为下落构件质量，t；H 为构件所在位置高度，m；σ 为构件材料的破坏应力，MPa，取 $\sigma = 10$ MPa；R 为着地点与测点的距离，m；g 为重力加速度，$g = 9.8$ m/s^2；K 为系数，实测整理数据，$K = 1.0～1.86$；β 为指数，实测整理数据，$\beta = 1.24～1.40$（有的取 $\beta = 1.66$）。

8. 爆破安全警戒

根据周围环境和防护措施，设置警戒半径为 200 m，在爆区四周及警戒范围内的各路口派出人员警戒，联络方法为对讲机，警戒时间内保持通信畅通。警戒人员手持红旗、口哨、警戒信号为警报器。设置：预告信号、起爆信号和解除信号等三次信号。

爆后检查，检查有无盲炮、塌落情况，是否安全塌落，爆堆是否稳定，周围保护对象是否受破坏等。

8.2.11　案例 7：冷却塔拆除爆破方案[3]（常规爆破法）

1. 工程概况

（1）场地条件。

冷却塔高自地面标高 6.722 m 至 70.00 m，筒壁设计为双曲线形。底部半径 25.422 m，最顶部直径 16.201 m，中间位于高程 ▽55.255 处，圆周位于双曲线的顶点，该处半径最小，中心半径是 15.00 m。冷却塔的底部壁厚 0.344 m，自底部至高程 ▽37.536 m 渐变至 0.12 m，自此处以上的通风筒壁厚均为 0.12 m。

（2）周围环境。

冷却塔位于发电厂厂内，东西并立，两塔距离 20 m，两塔的底部南侧 3 m 处有一架高压管线，距离其底部 14 m 处有水处理泵房和 1#、2#、3#、4#澄水池。距 1#冷却塔东侧 52 m 处由有一宽 40 m 高四层的生产车间，车间的南侧是一空地。两冷却塔的北侧 20 m 有一条东西走向的水泥马路，宽约 5m，马路北侧 30m 处有一办公楼和库房，冷却塔的北侧、东侧、西侧及马路内有污水和热力管线，南侧有水处理管线和澄水池，东侧的生产车间及水处理房内有精密仪器，因此周围环境异常复杂，如图 2-129 所示。

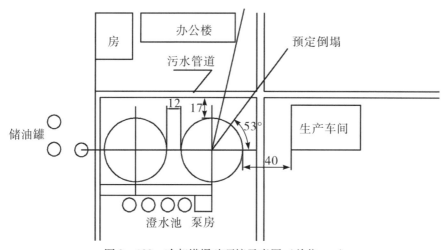

图 2-129　冷却塔爆破环境示意图（单位：m）

2. 方案选择

（1）根据冷却塔的结构特点和周围的环境，可供选择的爆破方案为原地坍塌和定向倒塌。如果采用原地坍塌爆破，由于是钢筋混凝土结构，在爆破时难以保证四周结构的完全破坏，且在坍塌过程中堆渣的堆积难以一致。

（2）根据冷却塔周围环境条件，1#冷却塔的东北侧和东南侧有较为开阔的场地，1#冷却塔的倒塌方向定为东偏北 53°，2#冷却塔倒塌方向正东方向，如图 2-129 所示。

3. 爆破参数设计

1）爆破切口设计

（1）爆破切口。采用定向倒塌爆破时，爆破缺口的大小是冷却塔能否按照设计方向倒塌的关键。必须保证结构在倒塌时倾倒力矩大于结构的极限弯矩。还要保证冷却塔在爆破缺口形成后整体失稳和倒塌后充分的解体破碎，如图 2-130 所示。

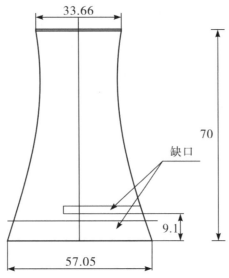

图 2 - 130　爆破切口位置示意图（单位：m）

为保证冷却塔在倾倒过程中具有一定塌落高度和减少冷却塔的坍塌范围，底部爆破缺口下边沿环形梁处。

（2）爆破缺口的高度。

底部爆破的缺口高度取 2.5 m，爆破缺口的圆心角为 210°，即爆破缺口的宽度是 90.0 m。

为保证定向倾倒的准确及减少炮孔数量和装药量，简化起爆网路，在爆破缺口的两端开设定向窗，中间间隔预处理，倒塌方向开导向窗，如图 2 - 131 所示。

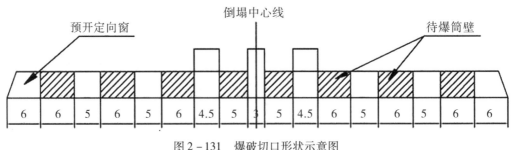

图 2 - 131　爆破切口形状示意图

2）爆破参数的设计

（1）冷却塔爆破参数。

底部缺口：

孔深：按 $l = 2\delta/3$ 设计孔深，爆破部位的壁厚 $\delta = 0.3 \sim 0.12$ m，钻孔深度 $l = 0.2 \sim 0.08$ m。

炮孔间距：$a = 30$ mm。

单孔装药量：按体积公式 $Q_孔 = Kab\delta$ 计算，K 为炸药单耗，取 1300 kg/m³，则单孔装

药量为 $Q_孔 = 35$ g。

炮孔排数：9。

总炮孔数：$N = 1368$ 个。

爆破缺口总药量 $Q = 47.88$ kg。

（2）支撑立柱及环梁爆破参数。

为有效增加塔身的下落高度，使冷却塔触地时充分解体，对爆破缺口以下的环梁及支撑柱布置炮孔。

支撑柱爆破参数：孔深 $l = 0.27$ m，孔距 0.5 m，单孔装药量 60 g。每柱布置 5 个炮眼。

环形梁爆破参数：孔深 $l = 0.2$ m，孔距 0.3 m，单孔装药量 60 g。

总装药量为 $Q = 13.8$ kg。

4. 炮孔布置

（1）冷却塔筒壁炮孔布置。塔身爆破缺口处的炮孔采用梅花形布孔，根据爆破缺口的高度和排距，爆破缺口内布置9排炮孔。

（2）支撑柱炮孔布置。每支撑柱布置 5 个炮孔，爆破高度 2 m。

5. 爆破网路

炸药采用 2 号岩石乳化炸药，雷管选用 1 ～ 9 段非电毫秒雷管。

爆破缺口网路采用非电导爆雷管微差延期网路，倒塌方向瞬发雷管，沿倒塌中心线对称依次为 MS1、MS3、MS5、MS7、MS9，网路连接采用簇联接力复式网路。

6. 安全防护措施

对于钢筋混凝土结构的高耸建筑物，爆破时可能会产生个别飞石，落地撞击地面破碎会激起飞石，所以必须对个别飞石进行防护。措施如下：

（1）二层草袋和二层荆笆和一层钢丝网进行防护，阻挡碎块飞出。填筑灰土垭软垫层，倾倒方向及坍塌范围铺设荆笆。对需保护的管道采用了厚钢板上加堆积沙进行覆盖。

（2）飞石的安全警戒范围：倒塌方向为 200 m，其余为 150 m。爆破前在倒塌方向地面垫层上洒水，防止溅起尘土飞扬。

（3）冷却塔正梯形爆破缺口和倒梯形缺口对爆破效果的影响。

①正梯形爆破缺口。倒向的倒塌距离一般在 10 ～ 15 m，倒塌反向容易后坐。起爆瞬间支撑体的裂缝贯通线在人字立柱上，当人字立柱上的爆破切口圆心角大于 200° 时，在爆破缺口闭合前支撑立柱有可能会先断裂，致使塔体下坠，影响塔体的扭曲变形，甚至出现塔体坐而不倒的情形。

②倒梯形爆破缺口。更有利于冷却塔顺利倒塌，起爆瞬间支撑体的裂缝贯通线在塔壁两侧定向窗角顶的连线上，弧形支撑体系牢固，可以避免因后支撑不稳造成后坐和背向倒塌的可能性，但倒塌距离较正梯形爆破切口稍远，但也不会超过塔高1/3。

（4）冷却塔爆破缺口不当导致倾而不覆。

①冷却塔爆破缺口高度不够，未满足 $h = h_1 + h_2 + h_3 \geqslant 8$ m 的条件。

②只炸人字柱，只在圈梁和塔壁开设窗口。国内爆破实践证明，只炸塔壁可保证冷却

塔顺利倒塌，只炸人字柱，由于圈梁和塔壁上开设窗口高度有限，可能出现坐而不倒的情况。

③人字柱爆破圆心角超过200°，作为后支撑人字柱对数过少，人字柱支撑力不够，起爆后，塔体尚未充分变形，人字柱提前断裂，导致塔体整体坠地。

7. 爆破安全技术

1) 振动安全验算

(1) 爆破振动安全验算。

$$v = K_1 K_2 \left(\frac{Q^3}{R} \right)^{\alpha} \tag{2-70}$$

式中，v 为爆破振动峰值速度，cm/s；Q 为同段爆破最大药量，kg；K_1 为场地介质系数，取 $K_1 = 150$；K_2 为与爆破方式相关的修正系数，取 $K_2 = 0.15$；α 为衰减系数，取 $\alpha = 1.6$。

按上式核算，得到不同距离的爆破振动速度计算值如表 2-46 所示。

表 2-46　爆破振动速度计算值

距离 R/cm	10	20	40	70
振速 v/ (cm·s^{-1})	2.84	0.92	0.304	0.124

(2) 塌落触地冲击振动速度由下式验算：

$$v = K \times \left[(MgH/\sigma)^{\frac{1}{3}} / R \right]^{\beta} \tag{2-71}$$

式中，v 为塌落引起的地表振速，cm/s；M 为下落构建质量，t，5 个水泥罐总质量约 $M = 4300$ t；g 为重力加速度，m/s^2，$g = 9.8$ m/s^2；H 为构件的重心高度，m，在此取 $H = 10$ m；σ 为地面介质的破坏强度，MPa，一般取 10 MPa；R 为观测点至冲击地面中心的距离，m；K_t，β 为衰减参数，分别取 $K_t = 3.37$，$\beta = 1.66$。

按式 (2-71) 进行核算，该冷却塔的重心 28.4 m，得到不同距离的塌落振动速度计算值如表 2-47 所示。

表 2-47　塌落振动速度计算值

距离 R/cm	10	20	40	70
振速 v/ (cm·s^{-1})	3.26	1.63	0.81	0.31

一般情况下，电厂电气设备的允许振动速度为 1 cm/s，厂房办公室等允许振动速度为 5 cm/s。因此周围的设施是安全的。

(3) 减振措施。

为了确保运行的电气设备的安全，对触地振动采取进一步的减振安全措施：在冷却塔的倒塌方向每隔3m铺设灰包隔垫堆，堆高 1 m，宽 0.5 m，倒塌方向的地面铺设二层荆笆。以上措施可以减缓筒体触地速度，既可减轻振动，又可防止触地时碎石飞溅。

2. 空气冲击波的防护

严密填塞炮孔，同时严格覆盖以减弱空气冲击波的强度。

8.3　楼房爆破拆除[3]

8.3.1　楼房拆除爆破对象

常见的爆破拆除的楼房结构，可分为砖混结构、框架结构、排架结构、剪力墙－框架结构等。砖混结构通常是由砖墙（柱）和钢筋混凝土梁共同承重。框架结构是由钢筋混凝土梁和柱来承重。排架结构一般都在车间厂房应用，由砖墙和钢筋混凝土排柱共同承重。剪力墙结构在高层楼房结构中应用，它由钢筋混凝土梁、柱、墙来承重。

8.3.2　楼房拆除爆破的设计原理[2]

建筑物拆除爆破设计的基本原理是通过爆破破坏建筑物的部分或全部承重构件，如柱、梁、墙体，使建筑物失稳，在自身重力的作用下塌落，落地撞击破碎。

8.3.3　楼房爆破倒塌的方式[3]

根据实际工程总结的经验，楼房爆破倒塌的方式有以下几种：定向倒塌，原地坍塌，逐跨倒塌，折叠倒塌，连续倒塌。

1. 定向倒塌

这种方式在建筑物宽度（L）小于高度（H）较大情况下，通常在 $H/L \geqslant 1.5$ 时才有可能，而且在倒塌方向上水平距离 s 不应小于楼房高度 H 的 2/3，即满足 $S \geqslant 2H/3$ 的条件。定向倒塌（图2-132a）的优点是爆破工作量小，拆除效率高。实现定向倒塌拆除爆破方案的关键是要使不爆破或弱爆破的承重构件有足够的支撑强度，形成一个转动铰支点，才能让建（构）筑物按预定的方向准确倾倒。

2 原地坍塌

一般楼房宽度（L）大于高度（H）情况下，常常采用这种方式，如厂房、仓库等。"原地坍塌"方案要注意清空下层空间，减少堆积杂物的缓冲作用。

3. 逐跨坍塌

如果场地条件有限，同时对坍塌振动有一定要求，则可采用此方案。它运用了剪切破坏原理，通过逐跨的起爆时差，使跨间产生剪切。其优点是触地振动可减到最小。

4. 折叠倒塌

当受场地限制或因减振要求较高时采用。这种方式又可分为：单向折叠、双向折叠和内向折叠。在某方向没有倒塌的范围，但是在两侧可能有接近楼房高度的距离，可以采用这种方式（图2-132b）。

5. 连续倒塌

建筑面积很大、长度很长的楼房，在长向一侧有倒塌条件，可以采用连续倒塌方式，如图2-133所示。

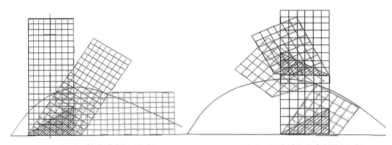

（a）定向倒塌示意　　　　　（b）双向折叠倒塌示意

图 2 - 132　楼房爆破倒塌方式

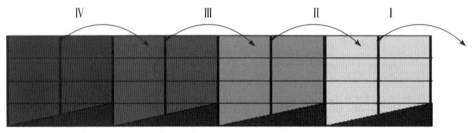

图 2 - 133　楼房连续倒塌示意图

8.3.4　楼房爆破倒塌及其爆破切口参数

1. 砖混结构楼房爆破倒塌及其爆破切口参数

六层以下的建筑物，如宿舍、住宅、教学楼、医院、部分办公楼等在 20 世纪 50 年代通常都是采用砖混结构。砖混结构的建筑物主要是由砖墙、楼板或梁来承重。

定向爆破拆除的方法一般是在楼房底部的某个区域，布置一个三角形的爆破切口，将切口范围内的承重墙、梁、柱爆破破坏，使上部结构在重力矩作用下倾倒坍塌，如图 2 - 134 所示。

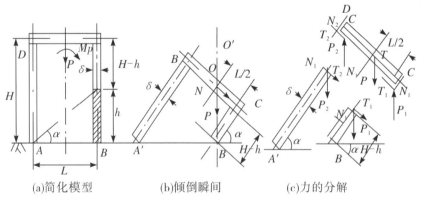

(a)简化模型　　　　　(b)倾倒瞬间　　　　　(c)力的分解

图 2 - 134　砖混结构楼房爆破倒塌示意图

h—切口高度

2. 砖混结构建筑物爆破拆除设计要点

砖混结构楼房大多数在八层以下，没有电梯间，只有楼梯，拆除要点如下。

1）方案选择

楼房拆除爆破方案有：

（1）定向倒塌方案。当楼房高度不大或一侧有较大场地、正向倒塌长度大于倒塌距离，即 $R_{正向} = H_1 + E \geqslant H - h + E$（式中，$H$ 为楼房高度；H_1 为楼房高度减去切口高度（$H - h$）；h 为切口高度；E 为倒向塌散增加量，$E = 4 \sim 7$ m）时可采用定向倒塌方案。其主要优点是经济、安全、快捷。

（2）折叠倒塌方案。当各个方向倒塌距离都达不到楼房高度时，只能采用折叠倒塌方案。其主要优点是占地面积小；缺点是施工工作量大、施工条件差、防护难度大，费工费时。

（3）原地倒塌方案。当待拆除楼房四周倒塌范围都受限制时，只能采取此方案。

根据条件能满足定向倒塌，尽量采取此方案。

2）预拆除部位

（1）楼梯。从上到下，用人工进行预拆除。

（2）大部分非承重墙。人工拆除完后并清运出去。

（3）经过计算，部分承重墙预拆除后不会影响楼房的稳定性，可以预拆除部分承重墙。拆除部位不能太大，并拆成拱形，以增加其抗压强度。

3）爆破参数设计与计算

倒塌方向尽可能选择在楼房长方向的一侧。炮孔沿倒塌三角形各承重墙均匀布置。

（1）炸高 h

$$h = B \cdot \tan\alpha \qquad (2-72)$$

式中，B 为楼房宽度，m，楼房宽度越大，炸高越大。α 为倾覆角，当该地区地震烈度为 5 度时，$\alpha \geqslant 19°$；当该地区地震烈度为 6 度时，$\alpha \geqslant 25°$；大部分沿海地区地震烈度为 6 度。抗震越强，倾覆角要越大。

（2）炮孔直径 D，取 $D = 40$ mm。

（3）孔深 l，$l = (2/3)\delta$，δ 为墙厚。

（4）最小抵抗线 W，$W = (1/2)\delta$。

（5）孔距 a，$a = (1.5 \sim 2)W$。

（6）排距 $b = a = (1.5 \sim 2)W$。

（7）炸药单耗 q，$q = (1.2 \sim 2.0)$ kg/m^3。

（8）单孔装药量 $Q_{孔}$，$Q_{孔} = qab\delta$。

（9）总药量 $Q_{总}$，$Q_{总} = NQ_{孔}$。

（10）起爆网路，采用半秒差雷管（HS），倒塌方向的第 1 排用 HS1，第 2 排用 HS2，依次类推。

3. 框架结构楼房爆破倒塌及其爆破切口参数

框架结构楼房多见于办公楼、高层厂房、高层住宅楼、医院等建筑物，一般都是钢筋混凝土结构,其承重构件是钢筋混凝土立柱,与梁连接构成框架,有的还与楼板浇注为一体。它的屋盖、楼板、梁柱都是整体灌注的,因此楼房坚固、整体性好。它的屋盖(楼板)和梁柱之间的连接一般都是刚性连接。

(1)切梁断柱法。一般爆破是采用切梁断柱法。所谓"切梁"是在梁的中间布置3~5个炮孔,爆破松动剥离混凝土,使露出的钢筋在梁中间形成塑性铰;所谓"断柱"是在柱子两端布置炮孔,爆破将柱与梁、柱子与基础切断,使混凝土破碎剥离,钢筋塑性变形,将框架结构的屋盖(楼板)和柱子与梁之间的刚性连接化为铰接。

(2)整体倾倒法。对于多层的框架结构楼房,如果采用整体定向爆破倒塌方式时,其爆破切口高度的计算方法与上述整体性很好的砖混结构是相同的。

(3)整体定向倾倒法。采用三角形爆破切口如图2-135所示。AC柱底部用人工剔除混凝土,将主筋暴露事先割断或者是在柱子AC底部布孔爆破松动,生成转动铰链,当在柱子BD上爆破切口形成后,就产生定向倾倒。

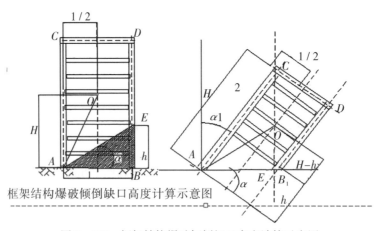

框架结构爆破倾倒缺口高度计算示意图

图2-135 框架结构爆破倾倒切口高度计算示意图

8.3.5 楼房拆除爆破设计

1. 方案确定

爆破方案主要是根据待拆除楼房高度、结构、材质、周围环境、倒塌方向场地大小等进行方案选择、确定。因此,在确定爆破方案以前,必须对爆破现场进行实地调查和勘测。

如位于北京前门大街和崇文门大街交界西北侧的新侨饭店原中餐厅和礼堂拆除爆破的环境平面图,北面与爆区有通道相连的是饭店八层主楼,东西两侧紧靠爆区的是饭店的八层附楼,南侧是前门大街,离开爆区3 m远的人行道地下2~5 m处埋有热力、自来水、通信电缆等多种管道。爆区中央是框架结构的礼堂,两侧是两层砖混结构的厨房。在充分了解爆破现场的实际情况后,爆破组提出了南北两外墙向内倒塌、中间坐塌的方案,爆破的结果证实了这个方案的正确性。

2. 布孔方法

砖墙:墙上布孔排数很多时,为减少钻孔工作量,可采用条状或岛式隔离布孔方法;

在墙的犄角应沿着对角线方向钻孔, 如图 2 – 136 所示。

3. 楼房拆除爆破倒塌方案的确定

根据建筑物高度和周围场地倒塌方向的宽度, 选择倒塌方案: 定向倒塌 (倒塌方向的场地长度为楼房高度的 2/3 以上)、折叠倒塌、原地倒塌三种方案中的一种。

倒塌方向、倒塌部位的确定原则:

(1) 少布孔, 在爆破之前用人工或机械进行充分预拆除, 拆除到爆破对象仅剩立柱和间柱, 拆高 0.5 ~ 1.0 m。对于立柱炸除, 不采用连续布孔, 而是下部布 3 ~ 4 个孔, 上部节点 2 ~ 3 个孔, 如中间部位需要截断, 当中布 2 ~ 3 个孔。

(2) 必须布孔的部位包括:

①承重墙 (间柱)、柱炸毁一定高度或炸开几个断面, 使之失稳。

②承重主梁与柱结合部需布 2 ~ 3 个孔切断, 使上部结构随着梁的切断而扭曲下落。

③室内和地下室承重构件 (楼梯、电梯间) 应彻底摧毁, 摧毁办法可以采用预拆除, 也可提前起爆, 但使用最多的还是提高这部分构造的钻爆比例, 与整体一同起爆。

(3) 最后一排 (柱或墙) 钻孔爆破, 靠牵拉倾倒, 也可布一列弱松动药包, 使之形成 "铰链"。立柱形成铰链部位的破坏高度 $h = (1 ~ 1.5) b$。

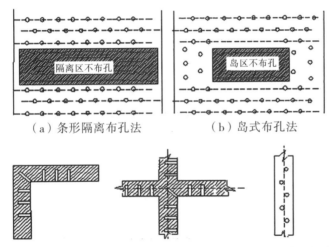

（a）条形隔离布孔法　　　　　（b）岛式布孔法

（c）转角墙布孔法　　（d）直交墙布孔法　　（e）小截面梁柱交错布孔法

图 2 – 136　砖墙布孔方法示意图

4. 参数设计

(1) 最小抵抗线 W, $W = (1/2) B$。

(2) 孔距 a, $a = mW$, $m = 1.5 ~ 2.5$, $a = (1.5 ~ 2.5) W$。

(3) 混凝土墙, $m = 1.0 ~ 1.5$。

(4) 排距 b, $b = Ka$。$b \leqslant W$。

(5) 墙, $K = 0.8 ~ 1.0$; 梁、柱, $K = 0.5 ~ 0.8$。

(6) 孔深 l:

直墙 $l = (1/2) B + (1/2) q_k$, q_k 为药包高度。

（7）单孔药量 $Q_{孔}$：$Q_{孔} = qabB$；

梁、柱 $Q_{孔} = qaWB$（单排、外排）；

多排、内排时，$Q_{孔} = qabB$；

一般的，$q = 1.8 \sim 2.4 \ \mathrm{kg/m^3}$。

5. 切口高度 H

1）确保能失稳

（1）砖混结构

$$H_{\min} = （2 \sim 3）B \tag{2-73}$$

式中，B 为砖墙厚度。

（2）框架结构

钢筋混凝土柱爆高

$$H = （1.5 \sim 2）\times （B + H_{\min}） \tag{2-74}$$

式中，B 为混凝土柱的截面长边；$H_{\min} = （30 \sim 50）d$，d 为钢筋直径。

2）确保解体

$$H' \geqslant B \times \tan\alpha \tag{2-75}$$

式中，α 为倾倒角；B 为楼房宽度，m。对于砖混结构，抗震烈度为 5 度时，$\alpha \geqslant 19°$；6 度时，$\alpha \geqslant 25°$；框架结构 $\alpha \geqslant 29°$（5 层），$\alpha \geqslant 40° \sim 45°$（9 层以下）（一般 $\alpha \geqslant 30°$ 即可）。

6. 起爆网路

（1）延时设计

砖混：$t = 100 \sim 300 \ \mathrm{ms}$；

框架：$t = 300 \sim 500 \ \mathrm{ms}$；

框剪：$t = 500 \sim 800 \ \mathrm{ms}$。

（2）最大段药量 $Q_{\max}$

$$Q_{\max} = R^3 （v/K）^{3/\alpha} \tag{2-76}$$

式中，$K = 32.1$；$\alpha = 1.57$，v 为允许振速，cm/s；

7. 爆破安全技术

1）爆破有害效应的预估

（1）爆破振动速度或最大段药量的估算：

$$v = K （Q^{1/3}/R）^{\alpha} \tag{2-77}$$

式中，Q 为一段延期总药量，kg；R 为观测点到爆破中心的距离，m；v 为振动速度，cm/s。K、α 为系数、衰减指数，K 主要反映炸药性质、装药结构、药包布置的空间分布及地震波传播途径介质性质的影响，α 取决于地震波传播途径的地质构造和介质性质。

K、α 值根据不同结构、不同爆破方案，按表 2-48 选取：

表 2-48　K、α 取值[19]

结构特点及爆破方法	K	α	相关系数 γ
基础爆破	116.4	1.74	0.99
多层建筑物爆破拆除	32.1	1.57	0.98
水压爆破	91.5	1.48	0.95

（2）倒塌振动 v_t

$$v_t = K \left[(MgH/\sigma)^{1/3}/R \right]^{\beta} \tag{2-78}$$

式中，v_t 为塌落振速；M 为下落构件的质量，t；g 为重力加速度，m/s^2；H 为构件中心的高度，m；σ 为地面介质的破坏强度，MPa，一般为 10 MPa；R 为观测点到冲击地面中心的距离，m；K 为系数，实测整理数据取 $K = 3.37$；β 为衰减指数，实测整理数据取 $\beta = 1.66$。

（3）飞石距离

$R_f = v^2/2g$，v 为飞石初速度，砖混结构 $v = 6$ m/s；框架结构 $v = 10$ m/s；整体薄壁结构 $v = 23$ m/s；g 为重力加速度，$g = 9.8$ m/s^2。

8. 注意事项

（1）为使楼房顺利坍塌，影响楼房坍塌的承重墙和隔断墙应预先拆除。

（2）楼梯间和现浇楼梯往往会影响楼房的倒向和解体，爆前应将楼梯逐段切断，并在楼梯两侧的墙体上布孔装药，与楼房一起爆破。

（3）要注意卫生间、厨房的具体位置，因其隔墙多、开间小、房间整体性较好，爆前应先作弱化处理。否则，若这些结构的位置处于倒向前方，则会造成倾倒不彻底；若处于倒向后方，则会造成解体不充分。

8.3.6　案例 1：八层砖混结构楼房拆除爆破设计[3]

1. 工程概况

拟拆除的住宅楼为八层砖混结构，楼房平面布置呈"L"形，拐角重叠处有施工缝。1 区楼长 17.04 m，宽 11.04 m；2 区楼长 53.04 m，宽 9.9 m。

楼高 26.5 m，总面积 6500 m^2。承重墙为 24 cm 砖墙，1、2 层墙体为混凝土砖，3 层以上为红砖，在结构拐角处有构造柱和圈梁，楼板为 6 芯预制楼板、厚 10 cm，楼梯、厕所为现浇结构。

大楼东侧 25 m 处为围墙，35 m 处为建设大道；南侧 30 m 处为集贸市场；西侧 8 m 处是围墙和架高压线，围墙外是某小区住宅楼群；北面 55m 处是围墙，75 m 处是一幼儿园。周围环境平面图如图 2-137 所示。

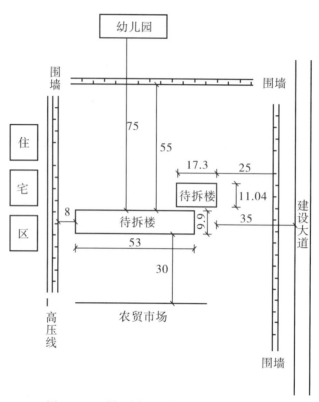

图 2 - 137　爆区周围环境示意图（单位：m）

2. 方案选择

1）本工程的难点

（1）爆区周围环境复杂，爆破必须保证周围建筑物的安全，特别是西侧高压线的安全。

（2）1 区与 2 区有重叠部分，如向南侧倒塌，1 区的倒塌高度会影响 2 区的倒塌；墙体拐角处有构造柱，需特别处理。

2）设计思想

（1）楼房高 26.5 m，楼房北侧有 75 m 空地，高宽比和倒塌距离满足侧向坍塌条件，决定采取 1 区向北侧坍塌方案，2 区向东侧坍塌方案。

（2）加大 1 区爆破切口高度，降低 1 区爆堆坍塌高度，延长 1 区和 2 区之间的起爆时差，以减少 1 区爆堆对 2 区的影响。

（3）为保护 2 区楼西侧距离 8 m 的高压线电杆，2 区向东侧坍塌；两爆区爆堆互不影响。

（4）对爆破切口内的构造柱周围 0.5 m 范围的墙进行预拆除。

砖混结构楼房爆破切口与起爆顺序如图 2 - 138 所示。

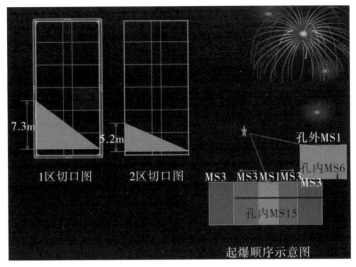

图 2 – 138　砖混结构楼房爆破切口与起爆顺序图

3. 爆破参数设计

24 墙：$a = 30$ cm，$b = 25$ cm；$l_{垂} = 16$ cm，$l_{倾} = 22$ cm；单耗 $q = 1000$ g/m³。计算得单孔药量 $Q_{垂} = 18$ g，实取 $Q_{垂} = 20$ g，$Q_{倾} = 25$ g。

构造柱：$b = 25$ cm；$l_{垂} = 17$ cm；单耗 $q = 1200$ g/m³。计算得单孔药量 $Q = 22.5$ g，实取 $Q = 25$ g。

4. 装药结构

采用密实装药结构。

5. 起爆网路

采用导爆管和电雷管混合起爆网路：1 区孔内 MS6 段导爆管雷管，每 20～25 发孔内导爆管用 2 发 1 段导爆管雷管孔外接力；2 区孔内 MS15 段导爆管雷管，由中间向两侧用 MS3 段导爆管雷管接力。1 区与 2 区联成一个网路，最后用 2 发电雷管起爆，用高能起爆器起爆。网路连接形式如图 2 – 139 所示。

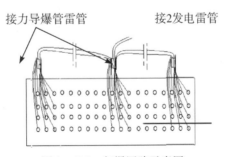

图 2 – 139　起爆网路示意图

6. 爆破安全技术

1）爆破振动

$$v = K \ (Q^{1/3}/R)^{\alpha}$$

家属楼为框架结构，其安全允许振动速度取 $[v]$ = 3 cm/s，此处按 $K = 32.1$，$\alpha = 1.57$，代入，计算 $R = 20$ m 时 $Q_{max} = 117$ kg，得 $v = 3.5$ cm/s，超过 $[v]$ = 3 cm/s，因此，还需采取减振措施。

2）塌落振动

$$v_t = K \ [(MgH/\sigma)^{1/3}/R]^{\beta}$$

M 为下落构件质量，大楼总重约 6500 t，大楼倾倒时并非自由落体，故按总质量的 1/3 估算；重心落差（构件中心高度）$H = 12$ m；g 为重力加速度，9.8 m/s²；σ 为地面介质的破坏强度，一般取 10MPa；R 为观测点至冲击地面中心的距离，取 35 m；k_t、β 为衰减系数，分别取 $k_t = 3.37$、$\beta = 1.66$。计算得地表振速 $v = 2.51$ cm/s，小于安全控制标准。

3）爆破飞石防护措施

采用"覆盖防护、近体防护和保护性防护"相结合的综合防护方案。

（1）爆破部位用 2 层竹排和 1 层密目安全网进行覆盖防护，窗口捆绑竹排防护。

（2）在距楼房周围 1.5 m 处搭设近体防护排架，上挂两层竹笆，西侧靠小区在排架内侧挂一层草袋。

（3）在西侧围墙下垒一道高 1.2 m、宽 1 m 的沙袋墙防止爆碴挤垮围墙。

（4）"双铰链短延时"控制后坐距离：后两排柱体同时起爆或后两排柱采用较小的延时间隔起爆以形成双铰链，合理延时间隔应在 150～300 ms，坚决避免半秒差或秒差爆破。

7. 低矮楼房拆除爆破的注意事项

（1）炸高要达到 6 倍墙厚以上，无论是原地倒塌还是定向倒塌，均能获得好的塌散效果。

（2）预先拆除的角柱，角柱一般为 0.24×0.24，很容易用风镐拆除。不预拆会因混凝土不脱笼而起支撑作用，影响上部结构解体，如要使混凝土脱笼，则飞石很严重。

（3）对不能预拆除的钢筋混凝土柱要采用粉碎性爆破，使其彻底失去支撑能力。对于 0.24×0.24 钢筋混凝土柱，孔距为 15 cm，孔深 14 cm，单孔装药量 15～20 g。此时必须加强防护。

（4）原地倒塌时，各墙起爆顺序交错开，使上部产生拉、剪破坏。

8.4　桥梁爆破拆除

8.4.1　桥梁爆破拆除设计要点

1. 桥梁爆破拆除要点

摧毁桥墩、破坏拱轴、解除支撑。

以完全破坏桥墩支撑系为主，以梁体解体为辅。桥墩是支撑桥梁承重、承压的主要构件，一旦被摧毁，桥梁失去支撑必然自动塌落。拱轴起到支撑桥板的作用，失去拱轴，桥板处于不稳定状态。支撑是辅助桥墩支撑桥梁承重、承压的构件，失去支撑，长跨度的桥梁稳定状态受损。

（1）根据桥墩的结构、材质、大小布置炮孔，选取单耗和爆破器材，装药联网。

（2）在桥梁的拱轴顶部钻孔装药，钻孔长度沿整个桥宽，长度为 2.0～3.0 m。

（3）桥板下的各支撑拱部位均打孔装药。

（4）钢筋混凝土结构的炸药单耗取 1.5～2.5 kg/m³，根据混凝土标号、含筋量、尺寸、起爆网路而定。桥梁爆破 q 值选取范围参考如表 2-49 所示。

（5）采用导爆管毫秒雷管孔内延期，孔外用 1 段雷管，簇联 20 根导爆管为一组，每组起爆雷管 2 发，再将各组簇联。起爆顺序自下而上，自桥墩→支撑拱→桥板，间隔时间取 100 ms。有利于倒塌、解体。

表 2-49　桥梁爆破 q 值选取范围参考表[12]

部　位	预应力 T 形梁	箱型梁	连续刚构	水上桥墩
材　质	加密钢筋混凝土	加密钢筋混凝土	加密钢筋混凝土	钢筋混凝土
$q/$（g·m⁻³）	2000～3000	2000～3000	2000～3000	800～1200
备　注	浅孔爆破腹板	浅孔或水压爆破	浅孔或水压爆破	深孔爆破单耗降低 20%

2. 桥梁爆破拆除的方式和特点

桥梁爆破拆除，根据桥梁结构的不同特点和拆除的要求，有以下几种方式：

（1）整桥爆破拆除。对拱桥及现浇钢筋混凝土桥，一般都是将桥面和桥墩均拆除，即整桥爆破拆除。

（2）只炸桥墩，桥面回收。桥面若是由钢梁或钢筋混凝土预制梁组成，且业主要求将钢材和梁回收时，就只需要炸毁桥墩。

（3）部分炸毁，部分保留。有时，业主要求保留桥墩，只炸毁桥面，这时在梁座与墩帽之间要根据支座情况采取保护措施。

8.4.2　案例 1：桥梁爆破拆除设计案例[17]

1. 工程概况

雅安大桥位于流经四川省雅安市内的长江支流——芦江上，是在 20 世纪 50 年代由苏联专家设计建造的，为钢筋混凝土结构。整桥长 266.7 m，桥面宽 10.5 m，由 7 个混凝土桥墩和 8 个跨梁合成，其中有 4 跨钢筋混凝土悬臂梁、1 跨钢梁和 2 跨钢筋混凝土平梁。桥墩为卵石混凝土结构，截面为椭圆形变截面，顶宽 1.0～1.2 m，底宽 1.7～2.0 m；顶部椭圆轴长为 10.2 m，底部长约 11.5 m，桥墩高度按河滩坡度最小为 6.0 m，最大为 10.5 m。桥面主梁为Ⅱ形的悬臂梁，共有 4 根，其中最长的梁为 55.1 m，有 2 根为 52 m，最短的为 21.5 m，腹宽 0.8 m，高为 1.2～2.25 m（桥梁的立面如图 2-140 所示）。主梁钢筋密集，经现场破碎实勘，上缘最上层是密排的 $\phi28$ 螺纹钢筋，之下为 $\phi32$ 的竹节钢筋，再下是密排的 $\phi25$ 普通圆钢筋；下缘同样由密排的 $\phi28$ 螺纹钢筋和 $\phi32$ 的竹节钢筋组成抗拉断面。

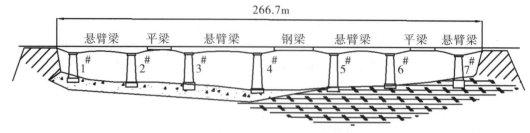

图 2 – 140　雅安羌江大桥立面示意图

雅安大桥南北跨江，桥北与青衣街相连，桥南与少年宫路相通。桥的两岸有沿江马路，路边有居民住宅楼和商贸楼，离桥头最近的楼房距离为 $32 \sim 42$ m，具体环境情况如图 2 – 141 所示。

该桥业主要求在枯水期内完成新桥的桥基任务，因此爆破拆除工程必须在一周内实施。

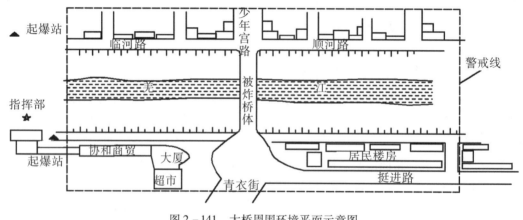

图 2 – 141　大桥周围环境平面示意图

2. 方案选择

根据上述桥面梁结构的特点和施工工期迫切的要求，为确保爆破安全，经与一次性全桥爆破破碎方案比较后，确定以下爆破施工总体方案：

第一步：对 7 个桥墩采取一次性整体爆破破碎方法，使桥面梁在桥墩爆破破碎后塌落到河滩上。

第二步：对爆落到河滩上的桥面梁，采用钻孔爆破和机械人工相结合的方法，进行解体破碎。

这个方案与一次性全桥整体爆破破碎方法相比，有以下优点：

（1）桥墩先爆破，桥面可以作为爆破飞散物的安全屏障；而桥面梁在落到河滩上进行二次破碎，由于爆破在低于岸边 6 m 以下的河滩上进行，又可以避开上下缘密集钢筋层、在梁的腹部进行钻孔松动爆破破碎，这对于防护个别飞散物十分有利，对两岸建筑物的安全和人身安全有较好的保障。

（2）桥墩和桥面梁分开爆破处理，能大大减少一次爆破装药量，降低爆破振动对两岸建筑物的安全影响。

（3）两步爆破的方案，由于第二步在河滩上进行，避免了高空作业，对整个施工工地包括河床堆填和平整提供了安全保障。

（4）爆落到河滩上的桥面梁可以边破碎边移动，这就为桥基的提前施工创造了条件，使新桥工程总体施工进度有了保证。

3. 爆破拆除原则

（1）桥墩一次性炸塌，桥面下落到河滩后二次破碎，破碎方法可以采用钻孔爆破和机械、人工相结合的方法进行。

（2）桥墩和桥面梁分开爆破处理，以降低爆破振动效应，同时要充分利用桥面和河岸的防护屏障，防止爆破飞散物，以确保两岸楼房和人身安全。

（3）在桥墩爆破以前，对桥两端与桥岸连接处和部分主梁断面进行破碎切割，形成若干条破碎带，以保证桥面能在桥墩爆破后塌落到底。

（4）钢梁在爆破以前用气割切断与墩帽的固定支座后，用吊车吊离运走。

（5）桥墩爆破采用微差爆破技术，降低爆破振动效应，有利于桥面塌落破碎。

4. 爆破参数设计

1）桥墩

（1）墩帽部分。

垂直钻孔，在椭圆长轴线上交错布孔，孔距 $a = 1.0$ m，最小抵抗线 $W = 0.5 \sim 0.6$ m，孔深 $l = 2.0 \sim 2.4$ m。单孔药量采用体积公式计算：

$$Q = KaBH \qquad (2-79)$$

式中，B 为墩帽宽度，$B = 2W$，m；H 为爆除高度，m；K 为单位体积用药量，边孔 $K = 0.4 \sim 0.5$ kg/m^3，中间孔 $K = 0.6 \sim 0.8$ kg/m^3。

（2）墩身部分。

中部采用水平孔，孔网参数为 $a = 0.5 \sim 0.6$ m，$b = 0.5 \sim 0.6$ m，孔深 $l = 0.8 \sim 1.2$ m。单孔药量计算采用体积公式：

$$Q = KabB \qquad (2-80)$$

式中，b 为排距，m；K 为单位体积用药量，取值同上。

墩身下部采用斜孔，水平倾角 $60° \sim 70°$，孔距 $a = 1.0$ m，排距 $b = 0.8 \sim 1.0$ m，孔深 $l = 1.6 \sim 1.8$ m。

单孔药量计算采用体积公式：

$$Q = Kabl \qquad (2-81)$$

式中，l 为孔深，m；K 为单位体积用药量，取 $K = 0.8 \sim 1.0$ kg/m^3。

桥墩的布孔如图 2-142 所示。

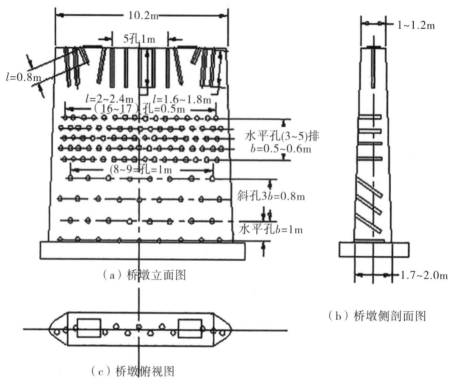

（a）桥墩立面图

（b）桥墩侧剖面图

（c）桥墩俯视图

图 2-142　桥墩布孔示意图

7 个桥墩的爆破工程量汇总如表 2-50 所示。

表 2-50　桥墩的爆破工程量汇总

桥墩编号	钻孔数 N	孔内毫秒雷管（段别/数目）	孔外毫秒雷管（段别/数目）	瞬发电雷管数目	总药量 Q/kg
1	74	MS1/144	MS1/4，MS11/20	2	55.0
2	101	MS1/198	MS1/6，MS9/20	4	74.8
3	146	MS1/288	MS1/6，MS6/30	4	101.6
4	152	MS1/300	MS1/6，MS1/32	4	105.2
5	161	MS1/318	MS1/4，MS132	4	102.8
6	114	MS1/224	MSI/4，MS6/24	6	89.6
7	75	MS1/146	MS1/2，MS9/20	4	56.2
合计	823	MS1/1618	MS1/96，MS6/54，MS9/40，MS11/20	28	585.2

2）桥面梁

桥面梁爆落到河滩后，尽量采用机械和人工破碎，对比较难以破碎的地方，用钻孔爆破，爆破采用松动破碎，单孔药量仍用上述计算公式，但单位体积用药量 K 值，应取小值，$K = 0.3 \sim 0.5$ kg/m^3。

5. 爆破安全技术

（1）爆破振动安全检算。

按照爆破安全规程的规定，应用地面质点振动速度控制对周围建筑物的振动影响：

$$v = K_1 K (Q^{1/3}/R)^\alpha \qquad (2-82)$$

式中，v 为地面质点振动速度，cm/s；K 为地质有关系数，取 $K = 200$；K_1 为折减系数，取 $K_1 = 0.8$；R 为保护建筑物离开爆区的最近距离，m；Q 为一次齐爆的最大药量，kg；α 为衰减指数，$\alpha = 1.8$。

当地岸边建筑物都是钢筋混凝土框架结构和砖混结构，为此取允许振动速度 $[v] = 3.0$ cm/s，计算得到不同距离上的一次齐爆允许药量如表 2-51 所示。

表 2-51　不同距离上的一次齐爆允许药量

R/m	20	30	40	50	60	70	80
Q/kg	10.5	35.7	84.7	165.4	285.8	453.9	677.5

对于离开建筑物最近的 1# 和 7# 桥墩，其最大装药量分别为 60 kg，$R = 40$ m，计算得到的振动速度为 $v = 2.4$ cm/s，小于允许振动速度，而其余桥墩的药量均小于允许的一次齐爆药量，因此，爆破振动不会对周围建筑物产生损伤。

2）个别飞散物的防护

（1）离开岸边最近的 1# 和 7# 桥墩，用草袋两层、彩条布一层、铁丝网包裹组成的双层覆盖防护。

（2）2#、3#、5#、6# 桥墩，用草袋一层、彩条布一层、铁丝网包裹组成一层覆盖防护，在桥墩的两端，均用双层覆盖防护。

（3）中间 4# 桥墩用一层草袋、一层彩条布覆盖防护。

（4）在河滩上爆破解梁时，必须加强覆盖防护。

3）安全警戒范围

桥墩爆破时安全警戒范围不少于 200 m；在河滩上爆破解梁时，安全警戒范围不少于 100 m。

4）爆破起爆网路

桥墩爆破采用孔外导爆管微差起爆网路，用并串瞬发电雷管网路激爆。由于 4# ～ 5# 桥墩间的钢梁已经拆除，整个桥梁分成了两部分，因此分为两个独立的起爆网路：1# ～ 4# 桥墩组成一个网路，5# ～ 7# 桥墩组成另一个网路，在两岸设立两个起爆站，用两台起爆器同时起爆，起爆网路如图 2-143 所示。

起爆顺序和微差段数如下：

第一网路：4# 墩（MS1）→3# 墩（MS6）→2# 墩（MS9）→1# 墩（MS11）

第二网路：5# 墩（MS1）→6# 墩（MS6）→7# 墩（MS9）。

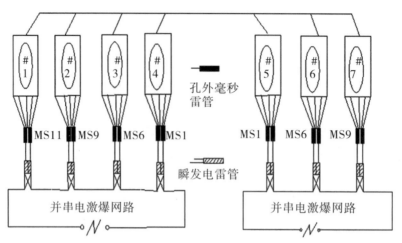

图 2 - 143　桥墩起爆网路示意图

6. 爆破效果

桥墩爆破在 2004 年 3 月 19 日下午 4：30 实施，随着指挥长的起爆命令，在蒙蒙细雨笼罩中，只见电雷管的火光依次闪烁，传来阵阵炮声，在一片烟雾中桥面塌落，让人们又一次欣赏到爆破这门特殊艺术的壮丽风采。现场观看，桥墩全部炸碎，桥面一落到底，完全达到了预期效果。检查两岸建筑物均安全无恙。

8.4.3　实例 2：桥梁爆破拆除设计[3]

1. 工程概况

本案例是钢筋混凝土双曲拱结构桥（浮石一桥）需爆破拆除。桥长 234 m，宽 8 m，高 13 m；共 7 拱，每拱净跨 30 m；桥面、桥头和翼墙为钢筋混凝土结构，桥墩、桥台为浆砌块石结构。桥墩长 11 m，宽 2.8 m，高 7～8 m；翼墙长 7.5 m，宽 0.80 m，高 3.5 m；桥面厚 0.80 m。桥面由与桥墩相连接的 6 条相互平行的拱形钢筋混凝土梁支撑，梁宽 0.25 m、高 0.60 m，拱梁间距为 1.2 m。桥整体结构图如图 2 - 144 所示。

周围环境：桥上、下游两侧均有 110 kV 高压线跨江通过，在桥下游西南侧的高压线铁塔距桥头的最近距离为 50 m，上游的最近距离为 101 m。在桥的东北侧桥头的上游紧靠桥头为华鑫拉链有限公司厂区，距厂房约 70 m；下游紧靠桥头为批发部仓库，距离爆破区域约 40 m，周边环境如图 2 - 145 所示。

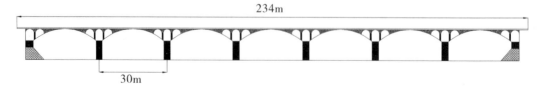

图 2 - 144　桥梁整体结构

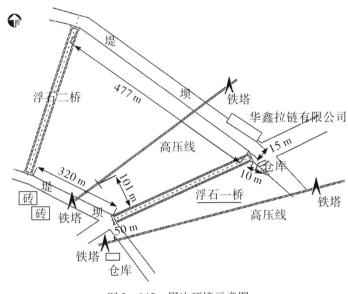

图 2 - 145 周边环境示意图

2. 方案选择

（1）设计思想。

桥梁爆破拆除首先应考虑在安全的前提下确保顺利倒塌，其次是尽可能解体充分。要顺利倒塌，只需炸毁支撑的桥墩，桥梁即可倒塌下来，为了尽可能解体充分，还必须：炸断桥拱和解除拱脚支撑力；科学地设计起爆顺序。整体起爆顺序是先桥墩后桥拱，在桥拱未起爆之前，桥板是完整的，桥墩爆破后，在桥板、台帽自重的作用下，易于倒塌，且在桥墩爆破时，桥板作为临时覆盖物，可以防止桥墩爆破的飞石。为了倒塌后解体更充分，还必须炸断桥拱一定长度和解除拱梁拱脚的支撑力，使桥板成为没有支撑的悬臂梁。在桥墩爆破的过程中，两桥墩之间科学设计相反的起爆顺序，如桥梁为东西走向，桥墩为南北布置：桥墩之间，一个从南向北顺序起爆，另一个从北向南顺序起爆，给桥板和拱梁施加一个不同方向的扭矩，提高其解体作用。

（2）方案选择。

采用手风钻浅孔爆破方案进行施工。

3. 爆破参数设计

1）桥墩爆破参数

桥墩长 11 m，宽 2.8 m，高 7～8 m；沿桥墩全长 11 m 方向，自地面 0.5 m 处开始钻孔，钻孔直径 40 mm；孔距 $a = 1$ m，排距 $b = 0.7$ m，孔深 $l = 1.9$ m，最小抵抗线 $W = 1.0$ m，为防止过远飞石，桥墩炮孔为两个相对桥墩孔口相向布置，按矩形布孔，共 8 排、10 列，每排 10 个孔，每列 8 个炮孔，炸药单耗 $q = 0.5$ kg/m³，孔装药量 $Q_{孔} = 1$ kg，沿高度方向钻 5 排炮孔，钻孔高度 2.8 m，填塞长度 $L = 0.9$ m；中间间隔 2.3～3.3 m 不钻孔，再往上钻 3 排炮孔，高 1.4 m，直到拱梁的拱脚处，如果拱脚处为钢筋混凝土翼墙，单耗取 q

=1.5 kg/m³，此时，上部应钻 30 个炮孔，每孔仍装药 1 kg，彻底炸毁拱脚，使拱梁彻底失去支撑作用。如拱脚仍为浆砌块石结构，爆破参数同上。一个桥墩共布 80 或 102 个炮孔，炸药 80 kg 或 102 kg，如图 2 – 146 所示。

桥面由与桥墩相连接的 6 条相互平行的拱形钢筋混凝土梁支撑，梁宽 0.25 m、高 0.60 m，拱梁间距为 1.2 m，详见桥整体结构图 2 – 144。

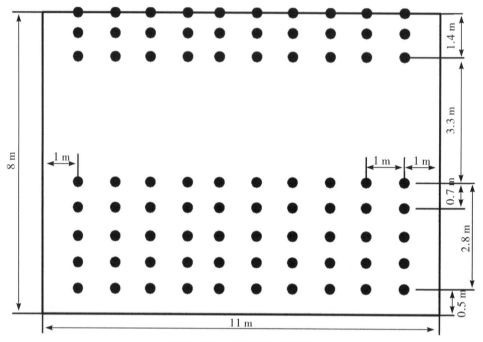

图 2 – 146　桥墩炮孔布置图

2）桥板、拱梁爆破参数及炮孔布置

在拱梁的最高拱顶向两侧各布置 3 个炮孔，孔径 $\phi = 42$ mm，孔距 0.7 m，两侧各 2.1 m 共长 4.2 m，每根拱梁从上往下穿过桥板，钻一排共 7 个炮孔，钻深至 2/3 的拱梁高（$2h/3 = 0.4$ m），6 根拱梁共 42 个炮孔。在拱顶向两侧各布置 3 个炮孔，孔距 0.7 m，排距 0.6 m，在 6 根拱梁的范围内，桥板宽 8.0 m，长 4.2 m，布置 11 排共 77 个炮孔，其中有 42 个炮孔与拱梁重复在一起，这 42 个炮孔孔深穿过整个桥板厚度（0.8 m），直到 $2h/3$ 厚度的拱梁，装药时采用 $\phi = 40$ mm 的塑料套管，直到拱梁炮孔孔底，炸药装在套管中。另外桥板中的 35 个炮孔，孔深 0.56 m，底部留 0.24 m，炸药单耗取 $q = 1.0$ kg/m³，桥板每孔装药量为 $Q_{\text{板孔}} = qabB = 1.0 \times 0.7 \times 0.6 \times 0.8 = 0.33$ kg。77 个炮孔装药 25.41 kg，填塞长度 $L_t = 0.26$ m；拱梁炸药单耗取 $q = 1.5$ kg/m³，每孔装药量 $Q_{\text{梁孔}} = qabB = 1.5 \times 0.7 \times 0.25 \times 0.6 = 0.1575$ kg，取 $Q_{\text{梁孔}} = 0.16$ kg，填塞长度 $L_t = 0.24$ m；42 个炮孔装 6.72 kg；桥板及拱梁需要用炸药 32.13 kg。炮孔布置如图 2 – 147 所示，板桥中间起爆后的情况如图 2 – 148 所示。桥板爆破后，形成大跨度悬壁梁，有利于倒塌、解体更充分。

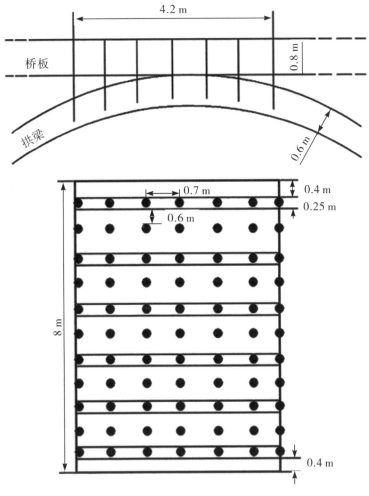

图 2 - 147　桥板和拱梁炮孔布置示意

图 2 - 148　桥板中间起爆后情况

4. 装药结构

所有炮孔都采用连续耦合装药结构，每孔必须严格密实填塞。

5. 起爆网路

（1）桥墩起爆顺序，如图2-149所示。相对的两个桥墩一个自左向右顺序起爆，另一个自右向左顺序起爆，给拱梁和桥板施加一个不同方向的扭矩力，以利于桥板解体。

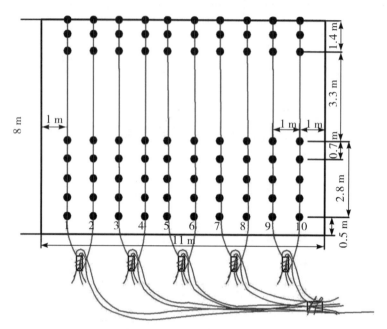

图2-149　桥墩起爆顺序图

（图中数字表示雷管段数）

（2）桥板、拱梁起爆顺序，如图2-150所示。

桥板、拱梁共7列炮孔从中间向两侧对称起爆，中间1列为1段（0 ms），分别向两侧依次为2、3、4段。炸出长4.2 m的桥板与拱梁，使其失去整体结构而成为悬臂梁，从而失稳塌落。桥板、拱梁与桥墩的起爆顺序是：桥墩起爆后，通过外接一个15段导爆管雷管（880 ms）延时再起爆支撑，落后桥墩最后一段雷管500 ms。相对的每组桥墩接力一组1~10段（0~380 ms）顺序起爆。所有接力雷管和孔外连接雷管都取2发瞬发雷管连接成复式起爆网路，最后用2个起爆器同时起爆（图2-151）。

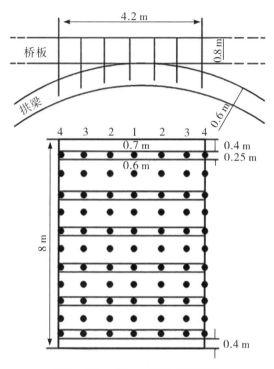

图 2－150　桥板、拱梁起爆顺序

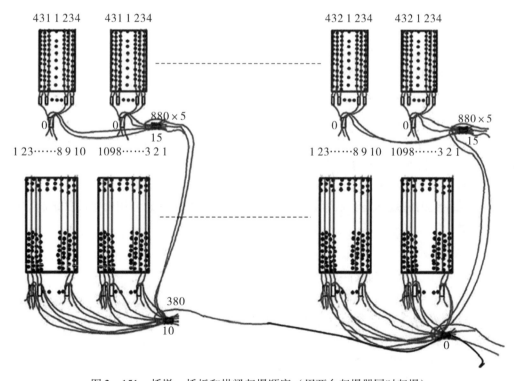

图 2－151　桥墩、桥板和拱梁起爆顺序（用两台起爆器同时起爆）

（图中数字为雷管段数）

最大段药量为 16 kg。

最大段药量为 16 kg。

安全校核、安全防护措施和安全警戒（略）。

8.4.4　案例 3：桥梁爆破拆除设计[3]

某铁路大桥爆破拆除设计。

1. 工程概况

某铁路大桥是一座全长约 290 m，宽约 8 m 的钢筋混凝土简支梁桥，因重建需要拆除该桥 14 跨中的 9 跨。每跨长约 20 m，2 根主梁高度 1.8 m，宽度 1.2 m，桥面板厚 0.2 m，混凝土重力式桥墩。桥墩底部横截面为 2.5 m×5 m、顶部横截面为 2.2 m×3.4 m 的椭圆形墩，墩帽为 2.6 m×6.0 m 托盘结构，墩高 6～8 m 不等。工程要求将该桥的主梁和桥墩部分炸毁。河床水深约 2 m。

爆破设计内容与要求：

1）爆破设计内容

（1）选择爆破方案；

（2）计算爆破参数；

（3）设计起爆网路；

（4）炮孔布置图；

（5）爆破安全计算。

2）设计要求

（1）要求拆除部分对保留部分不构成影响；

（2）将该桥的主梁和桥墩部分炸毁。

2. 方案选择

（1）采用浅孔爆破法对爆除部分进行"切梁""断墩"，使桥梁可靠塌落。

（2）对紧邻保留桥墩那一跨的主梁采用全部爆除法，其他各跨每跨选择 2 个爆破缺口，使主梁段成长度大约相等的三段。

（3）桥墩从水面以上 0.5 m 布孔，桥墩爆高 4 m。

（4）采用延时起爆网路，从紧邻保留桥墩那一跨的主梁开始，使桥梁按预定的方向实现逐跨倒塌。

3. 爆破参数设计

1）桥面主梁（桥面与梁高度之和 $H=2$ m，宽度 0.2 m）

（1）孔径 $d=40$ mm，桥面垂直双排孔；

（2）孔深 $I=0.8H=0.8\times2=1.6$（m）；

（3）最小抵抗线 $W=0.48$ m；

（4）孔距 $a=1.5W=1.5\times0.48=0.72$（m）；

（5）总炮孔数 N。

邻保留桥墩跨的主梁孔数 $N_1=20/0.72\times2\times2\approx112$（个）；

每梁 2 个缺口，每缺口长为拱梁宽度的 2 倍；

每个缺口孔数 $4/0.72 \approx 6$（个）；

其他 8 跨的主梁孔数 $N_2 = 6 \times 2 \times 2 \times 2 \times 8 = 384$；

总炮孔数 $N = N_1 + N_2 = 112 + 384 = 496$（个）；

单孔药量 $Q = qaHB = 1400 \times 0.72 \times 1.2 \times 2/2 = 1209$（g）；

梁总药量 $QN = 1209 \times 496 = 599.6$（kg）；

单梁最大药量 $= 1209 \times 112 = 135.4$（kg）。

2）桥墩（墩厚 $= 2.5$ m，炸高 $b = 4$ m）

（1）孔径 $d = 40$ m，桥墩宽面水平孔；

（2）孔深 $I = 0.8B = 0.8 \times 2.5 = 2$ m；

（3）孔距 $a =$ 排距 $b = 0.5$ m；

（4）单孔药量 $Q = qabB = 1000 \times 0.5 \times 0.5 \times 2.5 = 625$（kg）；

（5）排数 $m = h/b + 1 = 4/0.5 + 1 = 9$（排）；

（6）孔数：

单排孔数 $n = 5/0.5 + 1 = 11$（个）；

单墩孔数 $N_1 = mn = 99$（个）；

墩总孔数 $N = 99 \times 8 = 792$（个）。

（7）墩总药量：

单墩药量 $= QN = 625 \times 99 = 61.9$（kg）；

全墩药量 $= 8QN = 625 \times 99 \times 8 = 495$（kg）。

2）总孔数与总药量

总孔数 $496 + 792 = 1288$（个）；

总药量 $599.6 + 495 = 1094.6$（kg）。

主梁炮孔布置、桥墩炮孔布置分别如图 2 – 152、图 2 – 153 所示。

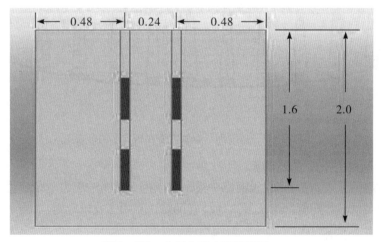

图 2 – 152 主梁炮孔布置示意图

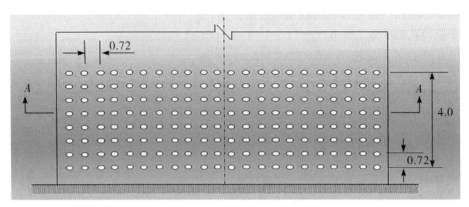

图 2 - 153　桥墩炮孔布置示意图

4. 起爆网路

（1）各序号使用的导爆管雷管段别（表 2 - 52）。

表 2 - 52　**爆管雷管段别**

序号	①	②	③	④	⑤	⑥	⑦	⑧	⑨
孔内	MS8	HS2	HS2	HS3	HS3	HS4	HS4	HS5	HS5
过桥	MSI	MSI	MS8	MSI	MS8	MSI	MS8	MSI	MS8
孔内	HS6	HS6	HS7	HS7	HS8	HS8	HS9	HS9	
过桥	MSI	MS8	MSI	MS8	MSI	MS8	MSI	MS8	
区域网	导爆管 + 四通								

（2）各段别导爆管雷管在桥梁上的分布如图 2 - 154 所示。

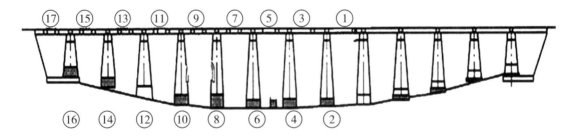

图 2 - 154　各段别导爆管雷管在桥梁上的分布

（3）起爆网路连接方法与起爆。

桥面与桥墩的孔内雷管每 20 根捆成一束，每束由 2 发 MS 导爆管雷管过桥，过桥雷管的脚线用四通与区域导爆管网构成复式导爆管网路，专用击发枪起爆。

5. 爆破安全技术

（1）爆破地震安全计算

$$v = K\ (Q^{1/3}/R)^{\alpha} \tag{2-83}$$

式中，K 为与介质和爆破条件因素有关的系数，K 取 32.1；α 为衰减系数，推荐 α 取 1.57；Q 为一次单段最大药量，本爆破为 15.4 kg；R 为爆源至保护物的距离，距砖混楼房 65。

将以上数据代入公式：

$v = K\ (Q^{1/3}/R)^\alpha = 32.1 \times (15.4^{1/3}/6)^{1.57} \approx 0.6\ (\text{cm/s})$。

（2）塌落振动速度 v（案例中未给要保护对象的距离，因此不作计算）

$$v = K\ [(2MgH/\sigma)^{1/3}/R]^\beta \tag{2-84}$$

式中，M 为塌落构件质量；H 为构件所在位置高度；σ 为构件材料的破坏应力；R 为着地点与测点的距离；K 为系数，实测整理数据，$K = 1.0 \sim 1.86$；β 为指数，实测整理数据 $\beta = 1.24 \sim 1.4$。

8.5 水压爆破设计

8.5.1 建（构）筑物的水压爆破拆除[2]

1. 概述

对能够灌注水的容器状构筑物，如水槽、管道、水塔、碉堡、桩基杯口、储罐、煤斗、碉堡、防空洞等的拆除，由于壁薄，或有较密的钢筋网，如果采用钻孔爆破会十分困难，也不安全。起爆悬挂在水中的药包，利用水作为中间介质，传递爆炸压力，达到破坏构筑物的目的，称为水压爆破。

水压爆破的发展历史：20 世纪 40 年代末，瑞典和挪威等国用水压爆破拆除建筑物取得了成功。70 年代末，日本应用于隧道掘进和石材切割，发明了 ABS 法，降低了炸药单耗和振动。80 年代，铁道科学院用于炸地堡和拆除楼房，与此同时冶金部门用于中深孔爆破，提高资源利用率。

2. 水压爆破的技术特点[12]

与其他爆破法相比，水压爆破的特点是：

（1）水压爆破不需钻孔，药包少，炸药能量利用率高，对介质破碎均匀；起爆网路简单，施工简便，省时省力，加快施工进度，工程费用低。

（2）水压爆破较浅孔爆破的防护简单，飞石易控制，且噪声低，粉尘少，安全性较好。

（3）水压爆破对爆破器材的防水要求高，要用一定数量的水，而且对被爆物要能盛水，还要考虑爆破时的泄水。

（4）安全性好能有效地控制飞石、冲击波、噪声且显著降低粉尘和有毒气体，对环境污染小。

（5）爆破时需耗费大量的水，爆后需及时排水；对爆破体防漏水的要求高；要求爆破器材有较好的抗水性能。

3. 水压爆破施工工艺

1）开口的封闭处理

对于有开口的构筑物，如人防工事的出入口、枪眼等，要做封闭处理。封闭处理的方法很多，可采用钢板和钢筋锚固在构筑物壁面上，并用橡皮圈作垫层以防漏水；可砌筑砖石并以水泥砂浆抹面进行封堵；也可浇灌混凝土或用木板夹填黏土夯实。不管采用什么方法，封闭处理的部位仍是整个结构中的薄弱环节，还应采取诸如在封闭部位外侧堆码沙袋等防护措施。具体采取什么方法应根据开口的情况和盛水的部位来确定。

2）孔隙漏水的封堵

构筑物的边壁上往往有一些肉眼不易发现的孔隙，随着注水深度的增加、水压的加大而出现漏水，而且往往越来越厉害。对这些小的孔隙可以用水玻璃加水泥等快干防水材料进行快速封堵。

塑料袋防漏。将单层或双层高强度聚氯乙烯塑料袋放置在容器内，水注入袋内，在水压下塑料袋会紧贴容器壁，这对存在孔隙的容器也是一种有效的防漏方法。在放置塑料袋前，应尽可能将容器壁清理干净、平滑，否则在注水后，容器壁上的任何小颗粒刺都可能对塑料袋造成损坏。为保证防漏效果，一般应放置双层塑料袋。

3）注水

对小容量的构筑物，可以采用自来水或消防车注水，大容量的构筑物应采用加压泵注水。考虑一般构筑物都有漏水现象，而且随着水位的加高和时间的推移，漏水现象往往越来越严重。只有注水流量大于漏水量，并尽可能将起爆前的停水时间缩短，才能保证容器内有尽可能高的水位。

4）排水

大容量构筑物的水压爆破，应该考虑爆破后大量水的顺利排泄问题。由于这部分水流具有一定的势能和动量，水流速度和流量都较大，要防止其对爆破体周围的建筑物、构筑物和地面设施造成损伤，必要时应修筑挡水堤控制水流的方向；应采取适当措施防止大块爆碴冲击下水道造成堵塞，可以在下水道口用钢筋笼作防护。

5）药包的加工和防水

水压爆破宜选用密度大、耐水性能好的炸药，有助于药包的定位。目前一般采用的抗水炸药有乳化炸药（密度 $\rho = 1.05 \sim 1.39$ g/cm^3）、水胶炸药（密度 $\rho = 1.1 \sim 1.25$ g/cm^3）、TNT 熔铸块（军用品，雷管感度，密度 $\rho = 1.15 \sim 1.39$ g/cm^3）。如果只有铵梯炸药（密度 $\rho = 0.95 \sim 1.10$ g/cm^3），则要严格做好药包的防水处理，药量小的药包可采用盐水瓶或大口瓶，药量大的药包也可采用塑料桶。采用多层高强度的塑料袋包装时，应在每层塑料袋上涂抹黄油防水，各层塑料袋相互倒置并捆绑牢固。由于起爆雷管的脚线要反复曲折，故塑料袋防水仅适合电雷管。加工后药包的密度 $\rho < 1$ g/cm^3，应在药包上加上配重，以保证药包到位。

6）爆破体临空面的开挖[12]

水压爆破的构筑物一般具有良好的临空面。但对某些情况，如地下防空洞，一定要注意开创好爆破体的临空面，否则会影响爆破效果。

与爆破体有联结而又不拆除的构筑物部分，应事先切断其与爆破部位的联结杆件。对管道等构筑物的不破碎部分，可采取填砂或预加箍圈等方法加以保护。

当底面基础不允许破坏时，水压爆破的药包离底面的距离不得小于水深的1/3，同时在底面上应敷设粗砂防护层，其厚度不小于 20 cm。当底面基础要求与上部容器一起拆除时，考虑底面基础仅靠水压爆破的药包是不能很好地破碎的，可先对底面基础进行钻孔，并与水压爆破同时起爆。

8.5.2　案例1：圆柱形容器的水压爆破[2]

1. 药包布置

当直径与高度相当时，只在中心下一定高度悬挂一集中药包，也可对称布置几个药包。对于高宽比大于1.2，可设置2～3个药包。药包间距 $a = (1.3～1.4)R$，R 为药包中心到容器壁的最短距离。药包入水深度 $h = (0.6～0.7)H$，H 为注水深度。注水深度应不低于结构净高的0.9倍。药包最小入水深度 $h_{min} \geq 3Q^{0.5}$，或 $h_{min} \geq (0.3～0.5)B$，B 为容器直径。当计算值小于0.4 m时，一律取0.4 m。

2. 药量计算

冲量公式：

$$Q = K \times \delta^{1.6} \times R^{1.4} \tag{2-85}$$

式中，K 为药量系数，一般取 $K = 2.5～10$，对于砖、钢筋混凝土、混凝土取 $K = 2～3$。碎块要求飞出20 m内时，$K = 4～5$；碎块要求飞出20～40 m时，$K = 6～12$。

3. 考虑结构物截面面积的经验公式

1）钢筋混凝土水槽的药量计算公式：

$$Q = f \times s \tag{2-86}$$

式中，Q 为装药量，kg。s 为通过装药中心平面的槽壁断面积，m^2。f 为爆破系数，即单位面积炸药消耗量，kg/m^2：混凝土，$f = 0.25～0.3$；钢筋混凝土，$f = 0.3～0.35$；群药包装药时，$f = 0.15～0.25$。水压爆破药量计算如图2-155所示。

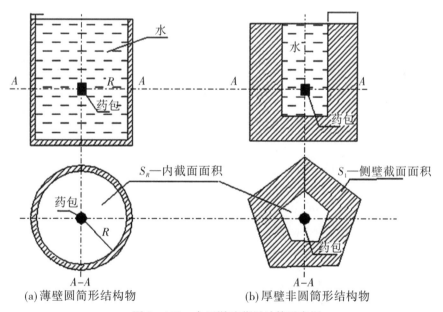

图2-155　水压爆破药量计算示意图

2）爆破管柱时采用的体积法药量计算经验公式

$$Q = KV \qquad\qquad (2-87)$$

式中，Q 为装药量，g；K 为单位体积用药量，按常规拆除爆破，钢筋混凝土 $K = 250 \sim 330$ g/m³；V 为爆破体体积，m³。

4. 药包布置主要原则

水压爆破设计主要是合理布置药包，包括确定药包数量、重量和位置。药包布置的主要原则有：

（1）水压爆破中容器壁的另一侧应是临空的。没有临空面的边壁和底面，靠水中药包不能良好地进行破碎。

（2）如果同一结构物容器两侧的壁厚不等或强度不同，爆破时应布置偏炸药包。

（3）当容器式构筑物内有立柱等非均质构造时，应在这些部位用炮孔法装药或水中裸露药包，与水压爆破主体药包同时起爆。

8.5.3　案例 2：水压爆破拆除案例[18]

1. 工程概况

需要采用水压爆破拆除的水池，在其西及西北方向有储气罐和变电所，其他方向为工厂围墙，围墙外 100 m 内无其他设施。水池周围环境示意图如图 2 - 156 所示。水池为矩形半地下连体结构，地下部分深 2.0 m，地上部分高 2.0 m，水池平面结构尺寸如图 2 - 157 所示。

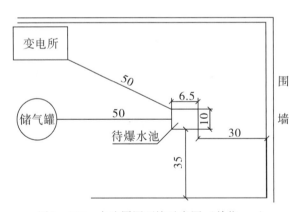

图 2 - 156　水池周围环境示意图（单位：m）

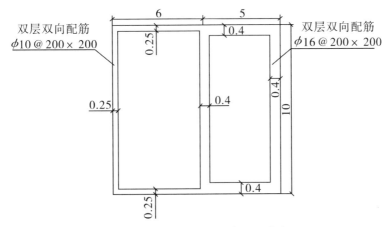

图 2 - 157　水池平面结构示意图（单位：m）

（1）结构。

钢筋混凝土水池为矩形半地下连体结构，地下部分深 2.0 m，地上部分高 2.0 m。右侧水池外长 10 m，宽 5 m，壁厚 0.4 m；左侧水池外长 10 m，宽 6 m，壁厚 0.25 m。

（2）环境。

西及西北方向 50 m 有储气罐和变电所；其他方向在工厂围墙外 100 m 内无其他设施。

（3）爆破设计内容。

爆破设计内容包括：爆破方案选择；爆破参数与装药量计算；起爆网路设计；爆破安全设计；药包布置图。

设计要求：做出可实施的爆破技术设计，设计内容应包括但不限于爆破方案选择、爆破参数设计、药量计算、起爆网路设计、爆破安全计算等，及相应的炮孔布置图、爆破网路图、药量计算表等。

水压爆破药量计算公式有多个，设计者可根据需要和习惯任意选择，下面的冲量计算公式是其中之一，仅供参考。

冲量准则公式 $Q = K\delta^{1.6}R^{1.4}$ 中，Q 为药包重量，kg；K 为破坏程度经验系数，对素混凝土 $K = 2 \sim 4$，钢筋混凝土 $K = 4 \sim 11$，被爆容器强度高、配筋密、要求破碎块度小，取大值，反之取小值；R 为容器特征尺寸，药包破坏半径，m；δ 为容器的壁厚，m；对于非圆筒形结构物（如正方形、矩形）的药量计算内半径 R_d 和 δ_d 取代以上公式中的 R 和 δ，即

$$R_d = \left(\frac{S_R}{\pi}\right)^{\frac{1}{2}} \tag{2-88}$$

$$\delta_d = R_d \times \left[\left(1 + \frac{S_\delta}{S_R}\right)^{\frac{1}{2}} - 1\right] \tag{2-89}$$

式中，S_R 为爆破体内容积的横截面积，m^2；S_δ 为爆破体内容器壁的横截面积，m^2。

2. 爆破参数设计

（1）左右两池壁厚不同，分别进行单独设计。

（2）左右两池高宽比：左 $H/B = 4/6 \approx 0.67$、右 $H/B = 4/5 = 0.8$，均小于 1，采用单层多药包配置较合理。

（3）左右两池长与宽比：左 $L/B = 10/6 \approx 1.67$、右 $L/B = 10/5 = 2$，沿池长向配置单层多药包较合理。

（4）基于（2）、（3），装药量用冲量准则修正公式 $Q = K (K_1\delta)^{1.6}R^{1.4}$ 计算比较合理。

（5）左右两池连体，左池可较右池提前 50 ms 起爆，以保证右池的爆破效果。

爆破参数与装药量计算如表 2 - 53 所示。

表 2 - 53   爆破参数与装药量计算

爆破参数	左侧池	右侧池
长 × 宽 × 高/m³	$10 \times 6 \times 4$	$10 \times 5 \times 4$
壁厚 δ/m	0.25	0.4
注水系数与注水深/m	$0.95 \times 4 = 3.8$	$0.95 \times 4 = 3.8$
药量公式	$Q = K (K_1\delta)^{1.6}R^{1.4}$	$Q = K (K_1\delta)^{1.6}R^{1.4}$
破坏半径 R/m	1.6	2.1
破坏程度系数 K	8（飞石距离 W25 m）	8（飞石距离 W25 m）
壁厚修正系数 K_2	$0.94 + 0.78/R = 1.04$	$0.94 + 0.78/R = 1.07$
单药包药量/kg	1.8	5.8
药包间距 a/m	$a = 1.3$, $R = 2.1$	$a = 1.2$, $R = 2.5$
药包个数	4 个纵向药包 + 2 个横向药包	3 个纵向药包
药包入水深度 h/m	$1.5R = 2.7$	$1.5R = 3.2$
单体药量/kg	10.8	17.4
总药量/kg	乳化炸药 28.2	

3. 起爆网路

（1）每个药包内装 2 发毫秒导爆管雷管，左池用 MS2、右池用 MS4 毫秒导爆管雷管，左池较右池提前 50s 起爆。

（2）起爆网路如图 2 - 158 所示。

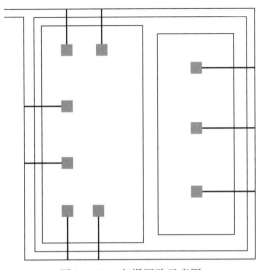

图 2 - 158　起爆网路示意图

（正方形：药包；粗线：导爆管）

4. 爆破安全技术

1）爆破振动安全计算

计算公式 $v = K\left(\dfrac{Q^{\frac{1}{3}}}{R}\right)^{\alpha}$。根据《工程爆破理论与技术》，水压爆破的 K 值取 95.1，α 值取 1.48，单段最大药量为 17.4 kg，煤气罐、变电所 $R = 50$ m，代入算得 $v = 1.19$ cm/s，满足安全要求。

2）安全技术措施。

（1）提前做好结构物的防渗处理。

（2）药包应装在有一定抗压强度且防水的容器中，起爆药包装入后，用石蜡、沥青、防水胶等封口，然后用数层加厚防水塑料袋层层捆扎密封。

（3）药包的设置可采用支架法或悬吊配重法。药包入水深度一定要满足设计要求。

（4）起爆网路应拉至结构物以外进行连接，以便于连接点防水和对网路的随时检查。

（5）在基础四周开挖深 2.5 m、宽 2 m 的沟槽，为爆破创造临空面，并兼作减振沟。

（6）药包布置如图 2 - 159 所示。

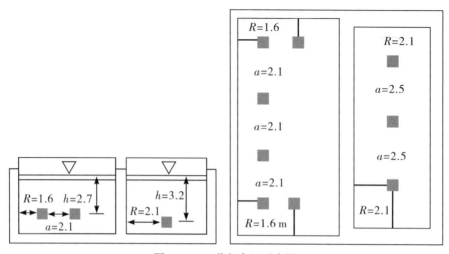

图 2－159　药包布置示意图

（正方形：药包）

8.6　钢筋混凝土结构拆除设计方案

8.6.1　混凝土机台拆除爆破

1. 案例 1：某钢厂钢筋混凝土基础爆破设计[3]

1）工程背景

四川省川威钢铁集团公司轧钢车间钢筋混凝土基础拆除爆破。该项目由中铁二局新技术爆破公司承担完成。

2）设计要求

以 2 号钢筋混凝土基础（长 50 m、宽 2 m、高 2.5 m）为例进行爆破设计，包括：爆破参数设计、炮孔装药结构设计、起爆网路设计、安全防护措施，并画出炮孔平面布置图。

（1）设计提示：采用浅孔爆破，垂直钻孔，孔径 42 mm。

（2）3 号基础的爆破参数，以 2 号基础为例进行设计。

3）爆破参数设计

假设钢筋混凝土中钢筋较密。炮孔直径 D，取 $D = 40$ mm，最小抵抗线 $W = 40$ cm，孔矩 $a = 50$ cm，排距 $b = 40$ cm，深 $l = 2.3$ m，用药量取 $q = 1$ kg/m³。单孔药量 $Q = qabH = 1 \times 0.5 \times 0.4 \times 2.5 = 0.5$ kg；分两层装药，上层 0.2 kg，下层 0.3 kg；填塞高度 L_t，$L_t = 25D = 1.0$ m。

4）炮孔布置

按 $a = 0.5$ m、$b = W = 0.4$ m，布置成矩形，长 50 m、宽 2 m，共布 99 排，396 孔。炮孔平面布置图如图 2－160 所示。

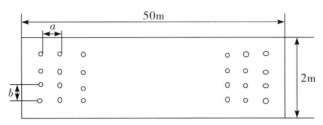

图 2 – 160　炮孔平面布置图

5）装药结构

装药结构示意图如图 2 – 161 所示，采用分两层装药，孔下部装药 $Q_{\text{下}} = 0.6Q_1 = 0.6 \times 0.5 = 0.3$（kg）；孔上部装药 $Q_{\text{上}} = 0.4Q_1 = 0.4 \times 0.5 = 0.2$（kg）；填塞长度 L_t 按 $L_t = 25D = 1.0$ m，按此进行装填，装药结构如图 2 – 164 所示。每把 20 个炮孔，分成两段，每段 10 个孔，每孔装药 0.5 kg，最大段起爆药量 $Q_{\max} = 10 \times 0.5 = 5$（kg），最大一次起爆 100 个炮孔，则共需炸药 50 kg。

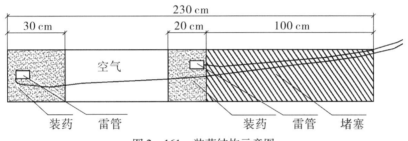

图 2 – 161　装药结构示意图

6）起爆网路

采用导爆管毫秒延期雷管起爆网路，共 4 排孔，靠近临空面两排孔用 MS6，中间两排用 MS7，间隔 50 ms。孔内延期，孔外用 MS3 接力。每 20 根导爆管抓成一把，共 25 把，每把用 2 发 MS1 段捆绑在雷管上，25 把共 100 根管，每 5 把用 2 发 1 段捆绑在 2 发雷管上，形成并联复式起爆网路，如图 2 – 162 所示。

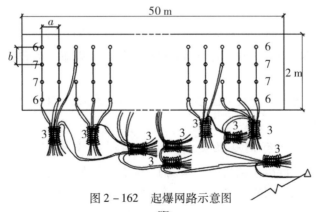

图 2 – 162　起爆网路示意图

代表雷管段数；∘代表炮孔；▓代表孔外接力雷管；△代表四通）

7) 安全校核

(1) 爆破振动影响距离 R。

在轧钢车间内的设备都为重型钢铁构件，安装在钢筋混凝土中，抗振强度大，又是采用浅孔爆破，近距离频率高，其抗振能力更大。按下式计算：

$$R = (K/v)^{1/\alpha} \cdot Q^{1/3} \qquad (2-90)$$

式中，R 为爆源中心到保护对象的距离，m；K、α 为与地质及爆破方式有关的系数和衰减指数，根据《工程爆破理论与技术》，基础拆除爆破 K 的建议值为 116.2，α 的建议值为 1.74；v 为允许振动速度，cm/s；取 $v=10$ cm/s；Q 为单响最大段药量，$Q=5$ kg。

将以上数值代入公式计算：

$R = Q^{1/3} \cdot (K/v)^{1/\alpha} = 5^{1/3} \times (116.2/10)^{1/1.74} = 7$ （m）。

表明保护对象距爆源 7 m 以上，最大单响药量 5 kg 是安全的。

(2) 飞石距离计算。

$R = v_0^2/2g$，v_0 为飞石初速度，$v_0 = 10 \sim 30$ m/s，此处取为 30 m/s；g 为重力加速度，$g = 9.8$ m/s²。代入公式计算得：$R = 46$ m。

因为是在车间内爆破，所以必须对飞石采取有效的防护措施。

(3) 冲击波、噪声和烟尘。

因为是在车间内爆破，针对冲击波、噪声和烟尘等都必须进行防护。

8) 安全防护

(1) 爆破振动防护措施。由爆破振动速度计算，按照 100 孔分成 10 段，最大段装药量 5 kg，1 m 以外的保护对象是安全的，因此，不用采取爆破振动防护措施。

(2) 飞石距离计算。采用多层直接覆盖防护，这是主要的防护措施。注意覆盖物应互相衔接，层与层相互错开，覆盖严密不留空间；周边要伸出爆破炮孔 0.5 m 以上。对飞石较敏感的设备，对保护对象采取单体防护处理。

(3) 冲击波、噪声和烟尘的防护措施。

①冲击波和噪声的防护。采取加强炮孔的堵塞，确保堵塞长度和堵塞质量；对炮孔直接覆盖防护时采用既能防飞石又能吸收冲击波和噪声的材料，如竹笆、胶皮帘、旧棉絮、沙袋等。

②烟尘的防护。钻孔时，钻机采用消音装置、湿式凿岩；爆破时，在爆破体四周安装喷雾洒水，以降低爆破烟尘。爆破时选用合格爆破器材，以减少爆破有毒气体量。

9) 爆破安全警戒

爆破时设置安全警戒，警戒半径为 100 m，爆破时在爆区四周设置人员警戒，所有人员撤出 100 m 外避炮。

2. 案例 2：厂房内有钢筋混凝土机台拆除爆破设计[3]

某厂房内有一钢筋混凝土需拆除。东侧 15 m 有一钢筋混凝土机台、西侧距离 8 m 为钢筋混凝土立柱、南侧距钢筋混凝土大门柱子 8 m、北侧为空场地。

结构物长 16 m、宽 10 m、厚 4 m，其中 3 m 露出地面，1 m 埋在地下。采用爆破法进行拆除，对其进行方案选择、参数计算、装药结构、网路连接、安全校核、安全防护、安全警戒设置。

1）方案选择

根据上述条件，选择采用浅孔爆破方案施工，并用挖掘机将埋入地下的泥土清除。

2）爆破参数设计

（1）钻孔直径：选择直径 $D = 40$ mm；

（2）孔深 $l = 2.0$ m；

（3）炸药单耗 $q = 0.7$ kg/m³；

（4）延米装药量 $P = 1.0$ kg/m³；

（5）孔距 $a = 1.0$ m；

（6）排距 $b = 0.7$ m；

（7）抵抗线 $W = b = 0.7$ m；

（8）孔装药量 $Q_孔 = qabl = 0.7 \times 1.0 \times 0.7 \times 2 = 0.98$（kg），取 $Q_孔 = 1.0$ kg；

（9）装药长度 $L_2 = Q_孔/P = 1/1 = 1$（m）；

（10）填塞长度 $L_1 = l - L_2 = 2 - 1 = 1$（m）；

（11）一次起爆药量 99 kg，最大段药量 22 kg。

第二层剩 2 m，炮孔只打孔深 $l = 1.8$ m 即可，按以上步骤进行布孔装药等工作。

3）炮孔布置

按孔距 $a = 1$ m，排距 $b = 0.7$ m 布置成矩形，9 排、22 列，共 198 个炮孔，一次起爆炮孔总数的一半，如图 2 – 163 所示。

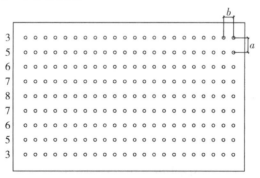

图 2 – 163　炮孔布置示意图

4）装药结构

本案例采用连续柱状装药结构如图 2 – 164 所示。每孔装 1 kg，装药长度 $L_e = 1$ m，填塞长度 $L_t = 1$ m。

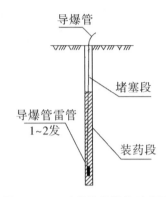

图 2 - 164　连续装药结构示意图

5）起爆网路

采用导爆管毫秒雷管孔内延期簇联起爆网路，从两面临空面分别为 3、5、6、7、8 段向中心雷管段数依次提高，一次起爆炮孔总数的一半，即 11 列共 99 个炮孔，分成 6 组，每组 2 列 18 个炮孔，最后一组仅为 1 列，9 个炮孔，每组用 2 发 1 段雷管起爆，6 组共 12 发，再用 2 发 1 段雷管连接到一个四通上，最后用起爆器起爆整个网路，如图 2 - 165 所示。

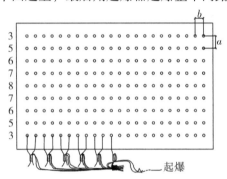

图 2 - 165　起爆网路示意图

（数字代表雷管段数；○代表炮孔；⊓代表孔外接力雷管；△代表四通）

6）安全校核

（1）个别飞石距离 R_f 的计算：

$$R_f = 16D = 16 \times 4 = 64 \text{ m}。$$

（2）爆破振动速度计算：

爆破点距大门立柱 8 m 为最近距离，根据《爆破安全规程》规定，新浇混凝土（C20），对于浅孔爆破 $v = 10 \sim 12$ cm/s，对于钢筋混凝土，其抗振速度应大于此值，此处允许振速 $v_允 \geq 10 \sim 12$ cm/s，取 $v_允 = 12$ cm/s。

根据《工程爆破理论与技术》，基础拆除爆破振速公式为

$$v = K \ (Q^{1/3}/R)^\alpha$$

式中，v 为爆破振速，cm/s；K、α 为与拆除的材质及爆破方式有关的系数与衰减指数，拆除爆破，取 $K = 116.2$，$\alpha = 1.74$；最大段装药量 $Q_{max} = 22$ kg；R 为爆破中心到保护对象距

离，$R = 8$ m。

将上述数值代入公式计算：

$v = K\ (Q^{1/3}/R)^{\alpha} = 116.2 \times\ (22^{1/3}/8)^{1.74} = 18.7$ cm/s $> v_{允} = 12$ cm/s，因此，爆破振动时应减少最大段药量或采取综合降振措施。

7）安全防护

（1）爆破振动防护措施：①减少单响起爆药量；②对最近的保护对象在爆区与保护对象中间开挖减振沟。

（2）爆破飞石防护措施：对爆破体采用三层（沙袋、自行车胎帘、建筑用尼龙网）直接覆盖。

8）安全警戒

严格覆盖，取警戒半径 $\geqslant 50$ m。在四周布设警戒人员，警戒声响信号为警报器加口哨。3 次警戒信号（预备信号、起爆信号、解除信号）采用对讲机联系。

3. 案例 3：基础拆除爆破设计[3]

某轧钢车间主厂房长 200 m、宽 40 m，内部的 2#设备基础需要爆破拆除。2#基础为钢筋混凝土结构平板基础，长 30 m、宽 10 m、厚 1.5 m，基础表面与地面平，C30 混凝土，基础顶面、底面及四面均网状配筋，均为 $\phi20$ mm，间距 300 mm × 300 mm，保护层厚度5 cm。混凝土基础布置平面图如图 2 – 166 所示。爆破时厂房的爆破振动速度不超过 2.0 cm/s。

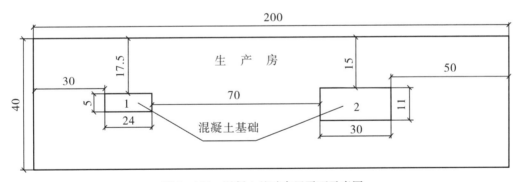

图 2 – 166　混凝土基础布置平面示意图

1）设计要求

做出可实施的爆破技术设计，设计文件应包括（但不限于）：爆破方案选择、爆破参数设计、药量计算、起爆网路设计、爆破安全设计计算、安全防护措施等，以及相应的设计图和计算表。

爆破设计条件为：

（1）钢筋混凝土基础在厂房内，长 30 m、宽 10 m、厚 1.5 m。

（2）基础表面与地面齐平，C30 混凝土，基础顶面、底面及四面均为 $\phi20$ mm 网状配筋，间距 300 mm × 300 mm，保护层厚度 5 cm。

（3）基础距厂房最近距离 15 m，爆破时厂房的爆破振动速度不超过 2.0 cm/s。

2）爆破设计内容

（1）选择爆破方案；

（2）设计爆破参数与计算装药量；

（3）设计装药结构；

（4）设计起爆网路；

（5）爆破安全设计计算；

（6）安全防护措施。

3）爆破方案选择

（1）采用城镇浅孔爆破方法。

（2）采用排间延时起爆技术，由基础的西端开始向东推进，使最小抵抗线指向厂房内较空旷的方向。

（3）爆破前在基础四周开挖宽 2 m、深 2 m 的沟槽，起到增加自由面和减振作用。

（4）爆破参数与装药量计算如表 2-54 所示。

表 2-54　爆破参数与装药量

项　目	计算公式	设计成果
基础高度 H/m	H	1.5
孔径 d/mm	d	40
最小抵抗线 W/m	W	0.5
孔深 L/m	$L = 0.8H$	1.2
孔距 a/m	$a = 1.4W$	0.7
排距 b/m	$b = W$	0.5
每排孔数/个	基础宽/a $-1 = 10/0.7 - 1$	13
排数 n/排	基础长/b $-1 = 30/0.5 - 1$	59
单耗 q/（g·m^{-3}）	q	500
单孔药量 Q/g	$Q = qabH$	260
总药量 Q/kg	$13 \times 59 \times 0.26$	199.4

（5）允许单段起爆的最大药量。

$$Q_{段} = R^3 \left(\frac{[v]}{K} \right)^{3/\alpha} \tag{2-91}$$

根据《工程爆破理论与技术》，基础拆除爆破的 K 建议值为 116.2，α 建议值为 1.74；单排药包几何中心距厂房排架最近距离 $R = 20$ m；厂房的允许振速 $[v] = 2$ cm/s；将上述数据代入式（2-91），算得 $Q_段 = 7.2$ kg。

4）装药结构设计

采用轴向分段装药结构如图 2-167 所示，填塞长度 $\approx 1.1W$。药量分配参数如表 2-55 所示。

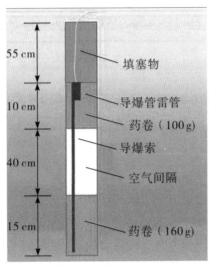

55 cm 填塞物

10 cm 导爆管雷管

药卷（100 g）

导爆索

40 cm 空气间隔

15 cm 药卷（160 g）

图 2-167　装药结构示意图

表 2-55　药量分配参数

L/W	分层数	药量分配	
		上层	下层
1.2/0.5 = 2.4	2	0.4Q，取 100 g	0.6Q，取 160 g

5）起爆网路设计

（1）采用逐排起爆的导爆管网路。

每排的炮孔数为 12 个，排齐爆的段药量为 $260 \times 12 = 3.12$ kg，远小于厂房的允许段药量 7.2 kg，所以采用逐排起爆的导爆管网路满足安全要求。

（2）逐排起爆导爆管网路示意图如图 2-168 所示。

6）爆破安全设计计算

（1）爆破振动速度 v 的计算。

$$v = K \left(Q_段^{1/3} / R \right)^\alpha$$

将 $K = 116.2$，$\alpha = 1.74$，$R = 20$ m，$Q_段 = 3.12$ kg 代入上式计算的结果：

$v = 1.22$ cm/s < 2 cm/s，满足安全要求。

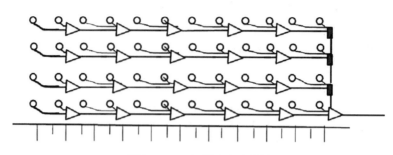

图 2 - 168　起爆网路示意图

○—孔内导爆管雷管MS10　　■—排间传爆导爆管雷管MS4

▷—导爆管四通连接件

（2）个别飞石距离计算

$$R_\mathrm{f} = \frac{v_0^2}{2g} = \frac{30^2}{2 \times 10} = 45 \text{ m}$$

7）安全防护措施

（1）紧贴爆破基础四周挖减振沟，沟宽 2 m，深度超过基底 0.5 m。

（2）采用炮孔压沙袋 + 废席梦思弹簧垫覆盖 + 沙袋压重的贴身防护。

（3）采用在距基础 5 m 处搭设钢管架，并在其上挂竹架板和篷布的近体防护。

8.6.2　混凝土地坪爆破[18]

1. 概述

地坪类的拆除物包括公路路面、机场跑道、广场地坪和薄板类构造物。这类拆除物，厚度通常只有 20～40 cm，其材料强度高，人工、机械破碎难度大，特别是在没有大型机械破碎设备时，当厚度大于 20 cm，宜选择爆破法拆除。

地坪爆破的主要特点：

（1）厚度小、面积大，孔深浅，孔距小，孔网参数密，增加了钻孔工作量和爆破器材消耗量。

（2）材质和厚度难以把握，给设计和钻孔带来较大困难，影响爆破效果。

（3）一般只有一个或两个自由面，最小抵抗线方向与自由面方向一致，再加上炮孔浅，爆破很容易发生冲炮，造成安全事故。钻孔过深，爆破时就可能造成穿孔透气，使炸药能量泄漏而达不到破碎的效果。

2. 地坪类拆除爆破设计方案选择（图 2 - 169）

1）成块爆破切割法

把薄板划分成能用人工或机械搬运的大小块度，沿着分割线钻密集孔爆破切割，爆后一般沿着分割线混凝土破碎并裂开一条缝，人工或用风镐清除碎渣后再把钢筋割断。在清渣和割断钢筋时要注意周围和下面人员的安全。

2）填埋药包爆破法

这种方法是将集中药包置于计划爆破的钢筋混凝土板或墙上，周围用砂土填埋，使炸药包爆炸的能量直接作用于破碎对象，使之受到破坏。由于药包周围有一定厚度的砂土覆盖，大大降低了空气冲击波和噪声的强度，而飞散物只能向内飞出，因此在安全上是有保证的。

3）地坪破碎爆破设计参数

使用破碎爆破法，为了增强破碎效果，可以应用斜孔爆破或板底爆破。

（1）孔深

当用垂直钻孔时，孔深 l 公式为：

$$l = (0.7 \sim 0.8) H \qquad (2-92)$$

当用倾斜钻孔时，孔深公式为：

$$l' = L/\sin\alpha \qquad (2-93)$$

式中，l 为垂直钻孔深度，m；l' 为倾斜钻孔深度，m；H 为破碎高度，m；α 为炮孔倾斜角度，一般 α 取 $60°$ 左右。

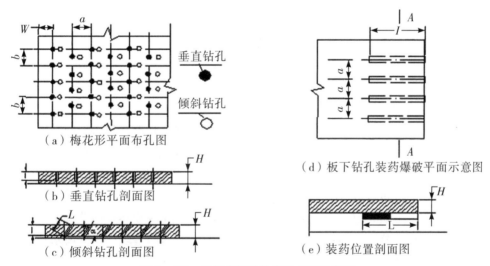

图 2-169　地坪类拆除物布孔方面示意图

对于混凝土路面周边炮孔距施工缝 50～80 cm，当基层需保护时，炮孔深度为厚度的 85%。

（2）孔网参数

孔距 a：一般采取梅花形布孔，$a = (0.8 \sim 0.1) l$；

排距 b：采用梅花形时，$b = 0.87a$。

（3）单孔装药量

应用体积公式计算：$Q = KWaH$ 或 $Q = KabH$。其中的单位用药量系数 K 要加大。对于钢筋混凝土取 $900 \sim 1200$ g/m³；对于混凝土取 $800 \sim 900$ g/m³；对于石质取 $900 \sim 1000$ g/m³；对于三合土混凝土取 $600 \sim 800$ g/m³。

3. 基底爆破法

钻孔穿透混凝土路面，在孔底装药爆破。

孔深 l：$l = B + h$，B 为路面厚度，h 为超钻，$h = (0.3 \sim 0.5) B$。

孔距和排距：$a = b = (1 \sim 2) B$。

单孔药量 $Q_1 = K'abB$，其中 $K' = (1.5 \sim 2.0) K$。

例如，北京原科技馆地坪基础 $B = 30$ cm，采用常规爆破法，取 $l = 25$ cm，$a = b = 25$ cm，$Q_1 = 20$ g，爆破时有个别孔"冲炮"；后钻孔穿透路面，调整参数为 $L = 40$ cm，$a = b = 60$ cm，$Q_1 = 100$ g，爆破后地坪底部的整个钢筋网成"钟形"鼓起，约高 2 m。爆后采用人工或机械清理均十分方便。

4. 特殊材质结构物拆除爆破

浆砌块石构筑物爆破拆除的主要特点：对于爆破拆除浆砌块石构筑物及非均质结构体，应根据其结构特点，采取特殊措施。

（1）在浆砌块石构筑物上钻孔比较困难，遇有沟缝，容易卡钻。因此在爆破设计中，宜采用较大的孔网参数，尽量减少钻孔数量，在实际布孔时，要尽量避开浆砌块石夹缝。

（2）由于浆砌块石构筑物中存在空洞、空隙，爆破单位体积的耗药量比较高，且不容易掌握，影响爆破效果；同时要重视对爆破个别飞散物的防护。

（3）对于需要保留一部分浆砌块石构筑物的切割爆破，在爆破时容易波及和撕破保护部分，采用预裂爆破也难以取得好的效果。有效的办法是预留一定的保护层，并对保护部分修补和灌浆进行加固处理。

（4）对厚度不大的浆砌块石圬工，如河岸护坡等，将药包布置在圬工底部以下，乃至采用小药壶（集中药包）进行松动控制爆破，可有效减少钻孔数量，取得好的爆破效果。

（5）对非均质结构体，由于其结构不均匀，针对不同部位，应按其材质的力学特性，选用不同的单位用药量系数，采用分层、分段的装药方法。

（6）非均质结构体间往往存在充填层或空气层，在施工中要尽可能掌握情况，避免将药包置于该处，而应将充填层或空气层作为分层分段装药的填塞段，并将填塞长度延伸到相邻的非均质结构体内。

（7）在一些大型块体、圬工中，有时还包含有其他结构体或设施，例如包管混凝土。在爆破拆除设计中，应充分重视内含结构物对爆破效果的影响，在孔网参数与装药量计算中予以调整和考虑。特别是当内含结构物不能破坏时，则应采取必要的技术措施，精心设计、精心施工。

8.7　基坑内支撑梁爆破[2]

8.7.1　支撑梁爆破特点

（1）环境复杂，大部分在城镇区域内，对爆破有害效应都较敏感。

（2）支撑梁从浇筑到拆除时间短，其强度、完整性很好。

（3）支撑梁拆除时间紧，炮孔数量大，起爆网路复杂，一次爆破量可能较大。施爆过程中，与楼房施工交叉进行，给爆破警戒带来较大难度。

（4）爆破对象均为钢筋混凝土，支撑梁规格多，硬度大、单耗高，不同规格的单耗难以准确控制，飞石防护难度大。

8.7.2　支撑梁拆除爆破设计

1. 设计安全原则

（1）一般先炸支撑，后炸围檩，切断振动波向外传播的途径；或用微差爆破先切割开围檩和支撑，再进行破碎爆破。

（2）支撑沿纵向分段，限定一段药量，支撑的节点断面大，布筋密，应当单独成一个爆破体，由外向内延期起爆。

（3）围檩爆破要严格控制单响药量，先沿纵向分成若干区，区间延时，每区从外向内，再分排延时起爆。

（4）由于每次起爆延期段数都多达百段，时间要延续几秒钟，为保护网路，防止先爆飞石破坏后爆网路而造成拒爆，可对爆破体及网路均进行严格覆盖，各段之间用孔外双雷管延期，同段各排之间用导爆管闭合网路。

（5）为控制个别飞散物不出基坑，降低空气冲击波、噪声及粉尘，爆破设计应使飞碴朝下向、侧向运动，除对最上层支撑作爆破体防护外，坑口还要作双层防护。

2. 炸药单耗

炸药单耗如表 2 – 56 所示。

表 2 – 56　炸药平均单耗 q 值表[2]

项　目	支撑梁	围檩	冠梁	灌注桩	连续墙
配筋率为 1.0%	700	900	800	1100	900
配筋率为 1.5%	850	1020	900	1300	1000
配筋率为 2%	900	1125	1000		1200
配筋率为 3%	1100	1450	1200		1500

注：当配筋率在两挡之间时，可采取插值法。

说明：①表中为 C30 混凝土数值，q 应增加约 10%；②表中为混凝土炸散值，但混凝土仍被主、箍筋包裹着，若混凝土脱笼，q 应增加约 20%。

3. 起爆网路

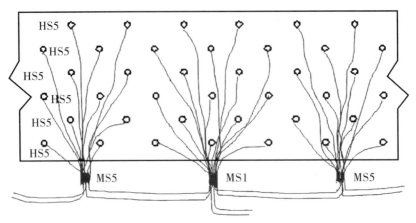

图 2 - 170　支撑梁起爆网路示意图

该起爆网路（图 2 - 170）在第一组孔内雷管起爆时，已可靠传爆至第 18 组，双向为 36 组，将这 36 组作为一条独立支路，若干支路拉到指定的闭合点，便构成多支路的起爆网路。

8.7.3　案例 1：支撑梁爆破拆除设计[19]

1. 工程概况

1）周边环境

东：距离 80 m 为同一基坑其他标段，再往东 25 m 为电力大厦（在建）。

南：东南侧 120 m 为项目活动房，南侧 40 m 为其他标段在建项目。

西：西侧为商务区内环路宽 30 m，为其他标段在建项目，再往西 200 m 范围内为空地。

北：北侧 20 m 为银行中央商务大楼在建项目。

据上所述，本工程重点保护对象为东侧电力大厦，距离基坑最近约 110 m。

技术要求：

需爆破的范围为二道（两层）支撑。待地下室底板或顶板混凝土浇筑完毕达到强度后，按总包方的要求进行支撑爆破拆除，使钢筋与混凝土分离，混凝土粒径控制在 40 cm 以下，同时保证围护系统的结构稳定。

2）拆除对象结构及爆破工程量

基坑内需爆破的钢筋混凝土支撑、环梁和围梁等共二道，混凝土强度为 C30。第一道支撑位于 -2 m，第二道支撑位于 -6.8 m。具体方量依按支撑平面图及截面图计算，暂定为 1500 m³。计划工期 174 天。

各种支撑梁结构如表 2 - 57 所示。

表 2 - 57　支撑梁结构

序号	名称	宽/m	高/m	主筋	箍筋
1	S1 - 1	0.85	0.75	$20 \times \phi22$	8@200
2	S1 - 2	0.7	0.75	$16 \times \phi22$	8@200
3	S1 - 3	0.6	0.7	$14 \times \phi22$	8@200
4	S1 - TL	0.7	0.8	$16 \times \phi22$	8@200
5	S2 - 1a	1.1	0.8	$22 \times \phi25$	8@200
6	S2 - 1	0.95	0.8	$20 \times \phi25$	8@200
7	S2 - 2	0.7	0.8	$16 \times \phi22$	8@200
8	S2 - 3	0.6	0.75	$14 \times \phi22$	8@200
9	S2 - TL	0.7	0.85	$16 \times \phi22$	8@200
10	WL	1.2	0.8	$16 \times \phi25/6 \times \phi18$	8@200

3）质量、安全控制目标

（1）控制爆体的破碎程度（块度不大于 40 cm），采取封闭式作业，将飞石控制在基坑范围内。

（2）控制孔位、孔深、炸药单耗、布孔方式和爆破参数等，确保爆破后钢立柱、地下结构的安全。

（3）按工期按时完成，且爆破施工不影响总包方的整体施工进度。

（4）严格控制爆破振动，确保基坑自身结构稳定和周边安全。

（5）采取封闭式施工并加柔性材料对爆破体进行覆盖，尽可能减少噪声，做到不扰民或少扰民。

（6）爆破时开启预先安装的高压喷雾装置，采用喷雾除尘，控制爆破扬尘对环境的影响。

（7）加强爆炸物品管理，杜绝爆破器材丢失、被盗等安全事故和爆炸物品流失现象。

2. 方案选择

1）人工拆除适用于支撑规格较小、无围檩支护，且工期要求不紧的工程。采用风镐凿除钢筋混凝土，其缺点有施工噪声大、耗电量多、混凝土块径大、粉尘大、扬尘时间长、人工在高空作业危险性大、劳动强度大、人员多不便管理、效率低下等。

2）采用爆破方式比人工有明显的优势：

（1）爆前准备工作基本在无噪声中完成。

（2）爆前准备工作与现场其他施工不冲突，不影响总包方的主体施工进度。

（3）每次爆破后，从防护架拆除再到切割钢筋回收、清渣只要 10 天。

（4）可以在甲方指定的时间分次爆破，每次爆破持续时间大约 5 s。

（5）爆破后混凝土与钢筋大部分分离，混凝土大部分呈碎块状，粒径约30 cm，适宜于清渣和回填料。

综上所述，采用爆破方式拆除将会大大缩短工期，提高功效，加快工程进度；爆堆分散，可防止地下室底板局部过载。

3. 爆破参数设计

1）炸药单耗的选择

根据爆体混凝土标号、主筋数量及规格、箍筋规格及布设、爆体断面大小、临空面状况、爆体所处的位置等选取单炸药单耗（表2-58）。一般情况下支撑及连梁直线段等的炸药单耗取600～800 g/m³。同等含筋量，结构尺寸越小，单耗越高。围檩及环梁和节点处因布筋粗且密，因此单耗高，取$q = 1000 \sim 1250$ g/m³，基本上可获得较为满意的爆破效果，但必须强调：

（1）为准确控制药量，可选择几种不同配筋、梁柱不同断面的爆破体进行试爆，以调整爆破参数。

（2）对特殊位置的爆体，如靠近塔吊、地下连续墙体或围护桩处的爆体，应采用不对称的炸药单耗，实现一侧炸透，另一侧松动，以保护施工设施、围护桩等结构的安全。

（3）若爆体下方或上方距地下室顶板很近时，且炸药单耗不变，为获得较好的爆破效果和加快施工进度，可改变装药位置（炮孔超深或抬高药包位置），并采取相应的防护措施，以控制爆破飞石方向，保护爆体下方或上方的构件免受飞石冲击。

（4）炸药单耗确定之后，单孔药量的计算为：

$$q = kV \tag{2-94}$$

式中，q为单孔装药量，kg；k为炸药单耗，kg/m³；V为单孔负担的体积，m³。

表2-58　不同规格的支撑梁的爆破参数表

名称	宽/m	高/m	孔距 a/m	排数	孔深 l/m	抵抗线/m	单孔装药量/g	单耗药量/（g·m⁻³）
S1-1	0.85	0.75	0.8	2	0.52	0.3	175	686
S1-2	0.7	0.75	0.8	2	0.52	0.25	150	714
S1-3	0.6	0.7	0.4	1	0.5	0.3	120	714
S1-TL	0.7	0.8	0.8	2	0.56	0.2	175	781
S2-1a	1.1	0.8	0.8	2	0.56	0.3	250	710
S2-1	0.95	0.8	0.8	2	0.56	0.35	215	707
S2-2	0.7	0.8	0.8	2	0.56	0.25	150	670
S2-3	0.6	0.75	0.4	1	0.52	0.3	125	694
S2-TL	0.7	0.85	0.8	2	0.6	0.25	167	702
WL	1.2	0.8	0.8	4	0.56	0.3	230	1198

2）孔网参数设计

孔网参数包括孔距 a、排距 b 和孔深 l。设计必须依据孔径、炸药的品种以及爆体的结构强度等相关参数。本工程中采用孔径 $\phi40$ mm，药径 $d32$ mm 的乳化炸药，结合爆体的结构和炸药单耗，选择孔距 a 单排孔为 $a = 40$ cm，多排孔为 $a = 80$ cm（节点部位孔距 $a = 30 \sim 40$ cm），排距 $b = 20 \sim 30$ cm，周边抵抗线 W 取 $W = 20 \sim 35$ cm。孔深 $l = 0.7H$，H 为梁高。

炮孔成孔方式有 2 种：①预埋孔，即在支撑浇捣时插入纸管，爆破前清孔，不合格的进行补孔；②在爆破前用钻机打孔。前者施工进度快、无钻孔粉尘污染，不影响基坑内其他施工作业等优点，故已在支撑爆破作业中广泛推广。采用梅花形布孔，且炮孔呈圆形，无应力集中处。大量工程实践表明，预埋孔对支撑梁的承载力无不良影响。

本工程成孔方式为：爆前预埋孔，如图 2-171 所示。不同宽度爆体布孔的示意图如图 2-172～图 2-174 所示，四排孔布孔如图 2-175 所示，结点布孔如图 2-176 所示。

图 2-171 人工预埋孔图

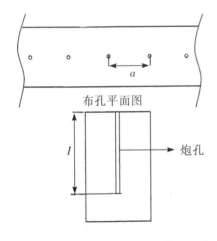

图 2-172 宽度小于 0.6 m 爆体的示意

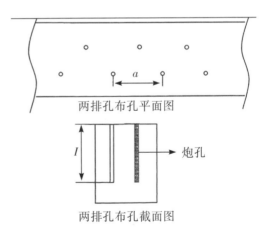

图 2-173 宽度小于 1 m 爆体的布孔示意图

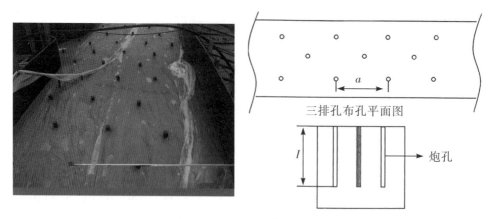

图 2 - 174　宽度大于 1 m，小于 1.2 m 爆体的布孔示意图

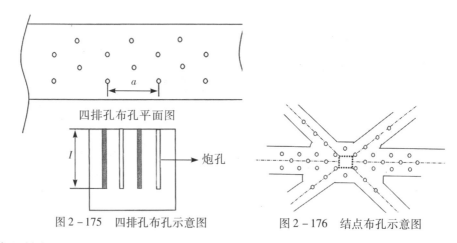

图 2 - 175　四排孔布孔示意图　　　图 2 - 176　结点布孔示意图

综上所述：

（1）平均布孔数约为 5 孔/m³。

（2）布孔所占体积小于爆体总体积的 5%，任一截面所占面积小于爆体截面的 8%。

（3）炮孔呈圆形，无应力集中处，其力学特征对支护体系承载影响很小。

4. 装药结构与填塞

（1）装药。一般情况下，孔内采用连续装药结构，药包位于炮孔底部，起爆雷管位于装药全长下部的 1/3 ～ 1/2 处，如图 2 - 177 所示。

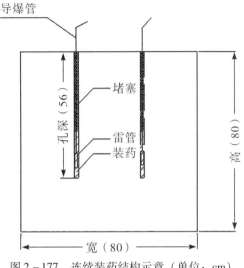

图 2 - 177　连续装药结构示意（单位：cm）

（2）填塞。填塞材料一般采用带有部分黏土的黄沙，也可采用现场合适的填塞材料。分层装入，分层用木棍捣实，确保填塞质量和填塞长度。

5. 起爆网路

（1）设计原则：

①采用孔内非电半秒雷管、孔外低段位非电雷管传爆的网路，以保证起爆网路的安全、可靠，防止先爆部分的飞石损伤传爆网路。

②严格控制单段齐爆药量，以控制爆破振动。

③起爆主线和支线应基本上同步前行，以免损坏邻近的传爆网路。

④网路设计避免重段或爆破振动的叠加。

⑤主线采用双雷管传爆，以提高网路的可靠性。

（2）网路设计。本工程支撑共两道，其中第二道支撑先拆除，第二道全部拆除完毕以后再拆除第一道，每道支撑分四次拆除。每一次拆除顺序如图 2 - 178 所示（具体施工时随总包方施工进度安排作适当调整）。

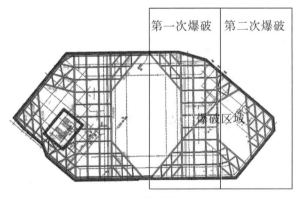

图 2 - 178　爆破顺序示意图

起爆网路采用孔外 MS3 段非电雷管延时传爆网路，设计孔内采用 HS4 段非电雷管，延期时间为 1.5 s，遇有支线时采用 MS5 段雷管进行连接。孔外延期共 28 组时差为 1400 ms，孔内延期 1500 ms，起爆总时差为 2900 ms。网路设计如下：

①支撑网路设计：如上所述，一般 8～10 孔为一组。单段最大单响药量为 2 kg，如图 2 - 179 所示。

②围檩及环梁网路设计同上，6～8 孔为一组。单段最大单响药量为 1.6 kg，如图 2 - 179 所示。

③支撑节点网路设计同上，6～8 孔为一组。单段最大单响药量为 1.6 kg，如图 2 - 180 所示。

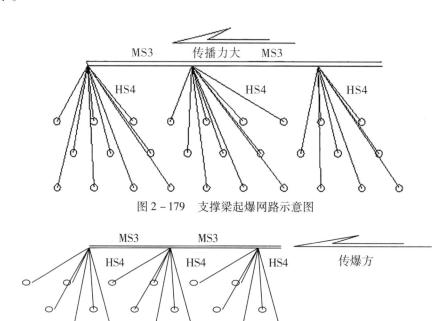

图 2 - 179　支撑梁起爆网路示意图

图 2 - 180　围檩及环梁网路示意图

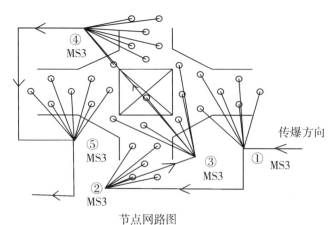

图 2 - 181　支撑节点网路示意图

334

节点网路图如图 2 – 181 所示，具体网路根据实施方案再画制。

6. 爆破安全技术

据周边环境、爆体结构，主要考虑爆破对东侧在建框架结构建筑物影响，其次，项目部活动房为抗震结构，且如若爆破对其造成损坏可进行修复。

1）爆破振动速度的控制

主要是控制保护建（构）筑物的振速，允许按 $v \leqslant 2 \text{ cm/s}$。振速 v 计算公式：

$$v = K\left(\frac{\sqrt[3]{Q}}{R}\right)^{\alpha} \tag{2-95}$$

式中，R 为爆破振动安全距离，R 取 110 m（电力大厦距离最近处约 110 m）；Q 为单响药量，kg；K、α 为与爆破地形、地质条件有关的系数或衰减指数，本次爆破支撑取 $K=40$，$\alpha=1.67$，围檩取 $K=80$，$\alpha=1.67$。

支撑爆破时在距保护对象 110 m 处，起爆药量为 20 kg 时，振速 $v=0.16 \text{ cm/s}$，远小于控制振速 $v=2 \text{ cm/s}$。因此，爆破对周边建筑物是安全的。

围檩爆破时距保护对象 110 m 处，起爆药量为 3 kg 时，振动速度 0.057 cm/s，小于控制振动速度 2 cm/s，满足国家爆破安全规程规定的爆破振动安全允许标准，故爆破作业可以保证周边建筑物的安全。

2）个别飞石的距离计算

在城市控制爆破梁或柱时飞石的飞散距离可按下式计算：

$$R_{\mathrm{f}} = 70q^{0.53} \tag{2-96}$$

式中，R_{f} 为飞石在无阻挡情况下的最大飞散距离，m；q 为炸药单耗。当 $q=1.3 \text{ kg/m}^3$ 时（即节点爆破时的单耗），计算得 $R_{\mathrm{f}}=80.44 \text{ m}$。故应采取防护措施，以便将爆破飞石基本控制在基坑以内。

飞石防护是控制爆破中的关键工序，未符合爆破设计要求时，禁止爆破。

防护措施如下：本工程采用隔离防护。

（1）防护棚顶部：用 $\phi48$ 钢管做支撑骨架，支撑面必须距离爆体 2.5 m 以上，支撑面钢管的纵横间距为 0.6 m × 1.5 m，钢管之间用扣件连接牢固；顶部骨架上铺设二层竹篱笆，在二层竹篱笆上再铺设一层安全绿网，然后在安全绿网上用"井"字形钢管压牢，压杆须在下部纵横钢管骨架之间，纵横钢管必须用扣件连接在支撑立杆钢管骨架上，以保证防护棚的牢固性。在单耗较大部位如节点、围檩顶部防护加强，采用三层竹笆如图 2 – 182 所示。

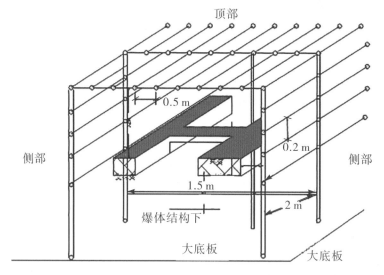

图 2-182 防护骨架示意图

（2）防护棚侧部。

①侧向防护棚应距离支撑外侧 2.0 m 以上，钢管骨架的横纵间距为 0.5 m×2.0 m，横道钢管应放在内侧。在钢管骨架内侧挂一层竹篱笆，并用铁丝绑牢，下部竹篱笆距离爆体下 0.5 m 即可，以利于卸压。在骨架外侧挂安全绿网，下部扫地杆 1m 的位置应和钢立柱连成一体，如图 2-183 所示。

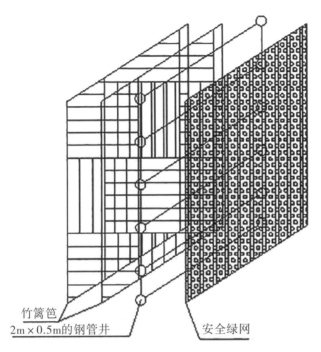

竹篱笆

2m×0.5m的钢管井

安全绿网

图 2 – 183 防护棚侧部层次示意图

图 2 – 184 防护棚侧部照片

②在侧部围檩爆破处，侧部防护棚也应距离爆体 2.5 m 以上，如图 2 – 184 所示。

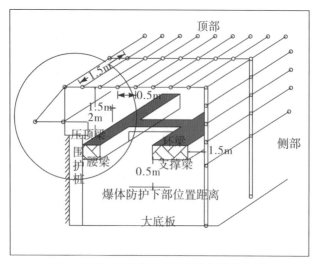

图 2 - 185　支撑内部钢管纵横间距示意图

（3）支撑骨架内部距离要求：在支撑内部钢管纵横间距为 3 m × 3 m，如图 2 - 185 所示。在特殊区域可具体情况而定（如可用斜拉支撑来加固），防护棚顶部照片如图 2 - 186 所示。

图 2 - 186　防护棚顶部照片

3）冲击波的影响

由于是露天钻孔爆破，炮孔密实填塞、敞开空间大、单响药量较小，又是采用封闭式爆破，而且爆破作业处于地表以下，故冲击波的影响可忽略。

4）爆破对基坑内建（构）筑物的安全防护措施

（1）对底板的影响：爆破时对底板的影响主要有飞石的撞击，产生撞痕。工程实践显示，当底板距爆破点在 1.5 m 以上时，未发现产生浅部碎裂或延伸裂缝的事故。

（2）对相距较近的立柱模板、不允许弯曲的竖筋等的影响：支撑爆破时飞石主要是向两侧水平飞散，应采用竹笆等材料进行防护。

（3）当支撑下口与大底板相距 0.5 m 以内时，或大底板、立柱为光面混凝土（不再进行粉饰）时，应采用竹笆或模板进行覆盖、围挡，以免影响外观质量。

（4）当支撑与顶板几乎相互接触时，可采用龟裂松动爆破（放入少量炸药爆破），使支撑混凝土爆破后，仅产生裂隙，然后采用人工凿除。

综上所述，基坑支撑爆破作业基本上不会引起结构件的损伤，对局部撞痕、止水层开裂等现象，可采取在构件上覆盖防护、在后期设置应急堵漏构件予以解决。同时加强对基坑围护及土体位移的监测。

7. 爆破施工工艺

1）拆除方量与火工品用量（表 2 − 59）

根据上述设计方案，本工程爆破拆除约 1500 m³。

表 2 − 59　爆破规模及火工品用量

爆破顺序	爆破方量/m³	32 乳化炸药/kg	雷管数量/发	导爆管数量/m
第 1 次爆破	300（暂定）	300	3000	300
第 2 次爆破	300（暂定）	300	3000	300
第 3 次爆破	450（暂定）	450	4500	300
第 4 次爆破	450（暂定）	450	4500	300
小　计	1500	1500	15000	1200

具体的爆破日期，将根据总包方的施工进度及要求，经各方协调后确定。

2）工期安排

按合同工期严格控制施工进度，提前做好安全防护措施并对防护质量验收合格后按计划完成。

8. 爆破安全警戒

1）装药时警戒

爆破器材到场后，警戒范围现场技术负责人，立即制定警戒范围，并派出警戒人员，非爆破作业人员不得进入警戒区内；装药警戒区域停止其他一切施工作业，无关人员、车辆、易燃易爆物品、重要的机械设备等撤离至装药施工区域外，警戒区域拉红白警戒绳，立警示牌。各出入口设置岗哨，派人警戒。

2）爆破警戒

爆破警戒范围由设计确定。爆破前安全员带领所有的警戒人员观察地形，明确各自的警戒位置、警戒范围。内场人员在爆前 30 min 撤离，外场人员在爆前 10 min 撤离。警戒半径不小于 100 m。

3）警戒人员配置

城镇复杂环境的爆破，安全警戒需请当地公安部门配合，在各交通路口及所有通道均需安排人员警戒，每个警戒岗位安排 2 名人员，在预备信号发出之前，警戒人员均从内向外清场，清场后到达指定警戒地点，实行警戒任务。

4）安全警戒的实施

（1）爆破警戒清场分内场和外场。工地为内场，包括基坑内和基坑外的临时设施、临时活动房等。外场为本工地围墙外，爆破清场时，所有人员撤离至警戒线外。

（2）爆破当天，围墙外各道路上派人看守，告知社会车辆不得停放在爆破警戒区域内，确保爆破时的清场工作正常进行。

5）安全警戒、撤离区域及信号标志

（1）爆破信号。

①视觉信号——红旗。爆破警戒在所有警戒点插上红旗，让所有人员都能看到警戒标识。②听觉信号——车载警报从预备信号到解除信号都拉响装在汽车上的警报器。汽车在警戒范围内来回行走，让所有人员都能听到警戒信号。所有警戒人员都带有口哨，用口哨声催促所有警戒范围内人员离开警戒区。

（2）方法：

预警信号：车载警报一次长声；

起爆信号：短促短音三声；

解除警戒信号：车载警报一次长声。

6）爆后检查

爆破后等待 5 min 后，派 2 名有经验的爆破员进入爆区检查：非爆破人员不得进入内场，同时外场车辆、人员可以放行，若无盲炮，解除警报，警戒完毕。未发出解除信号之前，非检查人员不得进入内场。

若检查发现盲炮，须重新开始外场的警戒，警戒程序同上，待排除盲炮后，方可解除警报，警戒完毕。

8.8 围堰拆除爆破[2]

8.8.1 围堰的分类

（1）按构筑材料分：土、岩石、钢筋混凝土、土袋、套箱、竹或铁丝笼、钢板桩、钢板围堰等。

（2）按围堰与水流方向的相对位置，可分为横向和纵向围堰。

（3）按围堰是否可以过水分，可分为过水和不过水围堰。

8.8.2 围堰拆除爆破的特点

围堰拆除是特殊的临水爆破作业，具有如下特点：

（1）围堰由于具有挡水作用，至少有一面处于有水的状态。

（2）要求一次爆破成功，满足泄水、进水等要求。

（3）围堰主体拆除爆破，在有水的情况下，产生的冲击波、动压力比无水情况下大，而且破碎体落入水中会激起冲浪效应，因此必须对周围建筑物设施加强保护；在不充水情况下爆破，围堰外水流将从爆破切口中下泄，携带大量破碎体涌入堰内基坑。因此无论围堰是否充水，都要采取安全防护措施，如气泡帷幕或临时屏障；确保爆区附近各种已建成的永久建筑物的安全。

（4）满足爆破块度、爆碴堆积形状、过流条件及清碴要求等。

（5）类似水下爆破，围堰拆除爆破所选用的器材应为抗水、抗压爆破器材；所有雷管脚线在孔内或有水的孔外均不能有接头。

8.8.3 围堰拆除爆破方法

1. 常用方法

围堰拆除爆破有两种方法：①炸碎法，使被爆围堰充分破碎；②倾倒法，使被爆围堰定向倾倒或滑移至水中。

2. 围堰拆除的特殊性

（1）钻孔直径一般选用 80～110 mm，遇有水或易塌孔时，增加 PVC 套管。孔深度一般较深，国内围堰水平孔最大达 50 m 以上。一般情况下宜取：垂直孔深小于 20 m，水平孔深小于 30 m。

（2）炸药单耗值与孔网参数选取应考虑下列原则：

①爆破充分破碎，便于清渣或冲渣；施工过程中因少量孔无法装药或装药深度不够，相邻炮孔爆破仍能将该少量孔负担的岩体破碎，不致留埂或留坎。

国内围堰爆除的单耗值一般选取 $1.0～2.0$ kg/m^3。底部取大值，上部取小值；硬岩取大值，软岩取小值。当孔深超 10 m 时，选用 $1.5～2.0$ kg/m^3。特殊部位也有采用大于 2.0 kg/m^3 单耗值的实例。

②孔网参数的选取应以能装入所选单耗值的炸药量为原则。

此时，往往满足底部装药量要求，而造成上部钻孔过密。可将上部部分孔不装药进行调整。炮孔填塞长度一般取 $(0.7～1.2)W$，被保护物距爆源较近时取大值，反之取小值。

③如果有冲渣要求，必须使堆积体形成最低缺口，以便过流冲渣，最低缺口可在爆破网路中进行安排与调整。

参考文献

［1］ GB6733—2014，爆破安全规程［S］.

［2］ 汪旭光，中国工程爆破协会. 爆破设计与施工［M］. 北京：冶金工业出版社，2015.

［3］ 汪旭光，中国工程爆破协会. 《爆破设计与施工》复习指南［M］. 北京：冶金工业出版社，2015.

［4］ 汪旭光. 爆破手册［M］. 北京：冶金工业出版社，2010.

［5］ 赵东波. 核电项目3、4号机组取排水工程中的箱涵和工作井深基坑爆破开挖［R］. 北京：核工业井巷建设集团公司，2020.

［6］ 厦裕帅，朱振江，韦凯. 复杂环境下基坑开挖深孔爆破［A］.//张志毅. 中国爆破新技术［M］. 北京：冶金工业出版社，2016.

［7］ 隧道爆破开挖设计［R］. 玉环：浙江新纪元爆破工程有限公司，2008.

［8］ 艾肯隧道出口段及斜井隧道工程爆破设计方案［R］. 福建：福建鑫祥建设工程有限公司，2022.

［9］ 赵东波. 桩井爆破设计［R］. 台州：温岭隧道工程有限公司，2013.

［10］ 某港区域作业区8号、9号泊位工程码头水下钻孔炸礁设计［R］. 福州：福宁爆破工程有限公司，2014.

［11］ 陈怀宇. 舟山定海凤凰湾船闸水下钻孔爆破工程设计方案［R］. 舟山：鸿基建设工程有限公司，2012.

［12］ 雒军林. 取水工程水下岩塞爆破设计［J］. 甘肃水利水电技术，2011，47（06）：52－53.

［13］ 刘美山，童克强，余强等. 水下岩塞爆破技术及在塘寨电厂取水工程中的应用［J］. 长江科学，2011，28（10）：156－161.

［14］ 于亚伦. 工程爆破理论与技术［M］. 北京：冶金工业出版社，2004.

［15］ 余兴春，任少华，杨建春，赵端豪，马世明. 210钢筋混凝土结构烟囱爆破拆除［A］. 见：张志毅. 中国爆破新技术［M］. 北京：冶金工业出版社，2016.

［16］ 董云龙，林元棒，董明明. 平阳县鳌江港口开发有限公司5座散装水泥罐拆除爆破设计［R］. 温州：鸿基建设工程有限公司，2016.

［17］ 刘伟哲，张世洪，宁德兵等. 雅安市羌江大桥爆破拆除设计［R］. 雅安：中铁三局集团爆破公司，四川雅安化工厂爆破公司，2012.

［18］ 湖南省，海南省. 爆破技术人员考核［M］，2012.

［19］ 邵世明，李兆华. 某支撑梁爆破拆除设计［R］. 宁波：浙江恒荣建设工程有限公司，2012.

［20］ SC/T 9110－2007，建设项目对海洋生物资源影响评价技术规程［S］.

第三篇

爆炸物品销毁作业

1 爆炸物品的销毁[1-2]

爆炸物品销毁：利用爆炸、焚烧、溶解、化学分解等化学、物理技术手段，使爆炸物品彻底失去爆炸性能的销毁作业。

1.1 爆炸物品销毁的一般规定

1. 销毁作业组织机构及岗位职责

因销毁爆炸物品危险性大、不确定因素多，在销毁处理过程中，要设立组织机构，下设多个工作小组。参与销毁工作的人员必须熟悉并遵守《民用爆炸物品安全管理条例》《爆破安全规程》等法律法规、标准，使销毁作业更科学、严谨、可靠并安全地实施。

（1）组织机构（图 3-1）

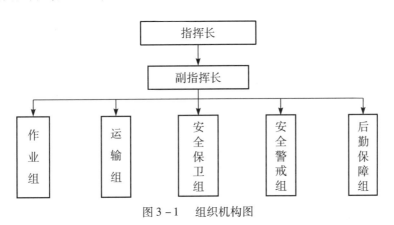

图 3-1 组织机构图

（2）销毁组织机构岗位职责

①指挥长职责：指挥长负责销毁作业的全面工作并对各岗位人员进行分工，指挥长由委托单位人员担任，应设指挥长 1 名。

②副指挥长职责：副指挥长负责销毁作业具体工作，包括人员组织、爆炸物品运输、销毁作业等工作，副指挥长应设若干名，其中应有 1 人为销毁作业单位项目技术负责人。

③作业组职责：作业组负责销毁作业实施，对各作业组现场技术指导，确保销毁作业安全和质量符合销毁方案要求，应设组长 1 人。

④运输组职责：运输组负责待销毁爆炸物品的包装、装车、运输等工作，确保符合危害品装运和销毁方案要求，应设组长 1 人。

⑤安全保卫组职责：安全保卫组负责爆炸物品从装车运输至销毁作业完毕全过程的安全保卫工作，应设组长 1 人。

⑥安全警戒组职责：安全警戒组负责从待销毁爆炸物品运至销毁地点开始至销毁作业完毕全过程的安全警戒工作，应设组长1人。

⑦勤务保障组职责：勤务保障组负责后勤工作，应设组长1人。

2. 爆炸物品销毁基本流程（图3-2）

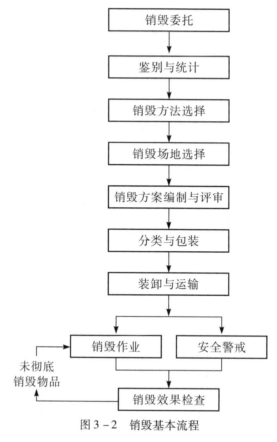

图3-2　销毁基本流程

3. 爆炸物品鉴别[3]

（1）爆炸物品鉴别可通过资料比对或专家认定等方式进行，应包括性质鉴别、品种鉴别和现状鉴别。

（2）通过品种鉴别，对销毁方法、有害效应控制及安全防护等提供依据。

（3）通过性质鉴别，应明确待销毁爆炸物品是否适用于民用爆炸物品销毁方法，对生物化学类或性质不明的爆炸物品，应上报主管部门并移交军队或专业机构处理。

（4）通过现状鉴别，明确待销毁爆炸物品安全状态，若存在以下情况时应进行必要的处理。当所需预处理要求超出销毁作业单位资质范围时，应上报主管部门协调军方或其他专业机构，如：

——失去安全保障；

——处于敏感状态；

——性质相抵触爆炸物品相互混合；

——火炸药包装泄漏或混入杂质；

——敏感火炸药防挤压、振动、摩擦措施失效；

——弹药重要组件缺失、结构松散或损坏；

——其他不能销毁处置的情况。

（5）废旧弹药的鉴别

①枪弹的鉴别。从销毁的角度如按口径大小区分，口径小于 20 mm 的为枪弹，大于 20 mm 的（除特殊口径信号弹外）为炮弹。根据枪弹鉴别色带，可以认定弹种，也便于分类销毁。国产枪弹弹种色带如表 3−1 所示，色带位置如图 3−3 所示。图 3−4 所示为国产 57 式 26 mm 夜用信号弹。

表 3−1 国产枪弹弹种色带[3]

序号	弹种名称	鉴别色带		色带涂刷位置
		原用色带	现用色带	
1	普通	不涂	不涂	无
2	钢心弹	银白色	不涂	弹头白色
3	曳光弹	绿色	绿色	均匀涂于弹尖部
4	燃烧弹、试射燃烧弹	红色	红色	
5	穿甲燃烧曳光弹	紫色或红色	紫色	
6	瞬爆弹	白色	白色	
7	穿甲弹	黑色	黑色	
8	穿甲燃烧弹	黑色、红色	黑色	
9	高压弹	黄色	绿色	弹头全部
10	强装药弹	黑色	黑色	
11	普通空包弹	黑色	黑色	收口部
12	枪榴信号弹用空包弹	红色	红色	
13	反坦克枪榴弹用空包弹	白色	白色	

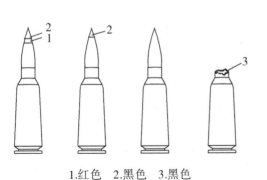

1.红色 2.黑色 3.黑色

图 3−3 国产枪弹弹种色带位置

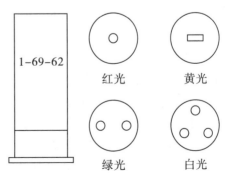

图 3−4 国产 57 式 26 mm 夜用信号弹

②信号弹的鉴别。信号弹分日用发烟信号弹和夜用发光信号弹。夜用发光信号弹的顶部盖片上涂有与光种相应的色漆，并有鉴别突起，纸壳上有制造"批次－年份－工厂"如图 3－4 所示，弹种及标志如表 3－2 所示。日用发烟信号弹纸壳上有一条与烟种相应的色带，色带下方有制造"批次－年份－工厂"。

表 3－2　弹种及标志[3]

光　种	顶部盖片颜色及凸起
红光	红色一个凸起
绿光	绿色两个凸起
白光	白色三个凸起
黄光	黄色一个长凸起

③废旧炮弹的鉴别。废旧炮弹的弹体上都有标志。炮弹外表上的文字、代号、色带、涂漆和压印是表示炮弹的构造、性能和用途。因炮弹的构造和使用方法比枪弹复杂，所以文字和代号也多，在此不作详细介绍。

4. 爆炸物品销毁场地要求[1]

（1）爆炸物品销毁场地应设在有天然屏障的地域、硐室等与外部环境相对隔离，或设置在滩涂、戈壁等开阔独立的场地，并满足以下条件：

——远离城市和人员集聚区域、风景名胜区和重要设施；

——无妨碍安全作业的因素，易于采取安全防护措施；

——应有平坦道路与外部交通连接，便于安全运输；

——通信联络信号良好；

——销毁区域附近无易燃物品、杂草与林木。

（2）爆炸法销毁场地还应满足：

——场地面积直径不宜小于 300 m，有天然屏障时可以适当减小；

——销毁点地面平整，无易抛掷飞散的硬物体；

——易于爆后检查销毁效果。

（3）焚烧法销毁场地还应满足：

——场地面积直径一般不小于 100 m；

——处于工业建筑物、居民区、山林或其他防火要求高的区域的下风向位置；

——地势平坦，无杂物，便于焚烧销毁作业和事后清理。

（4）水溶解法和化学分解法销毁场地由设计确定。

5. 爆炸物品销毁作业的一般安全要求[1-2]

（1）严格执行相应的作业安全规范。销毁爆炸物品作业时，在爆炸物品存储、保管、检验、车辆运输、装载、行驶、作业现场运送、现场保管、领取发放、加工堆药、布网、引爆或引燃等作业时，操作人员应当熟练并严格遵守相应的安全规定。

（2）妥善处置、尽早销毁。为避免待销毁的爆炸物品化学稳定性下降、敏感度升高，甚至自燃引爆，不得将待销毁爆炸物品暴晒、受热、受淋，注意保持通风、降温，尤其是在高温、高湿季节；不得将性质相抵触的物品混放，不得受污染、接触杂质；应当尽早安排销毁。

（3）正确选择销毁方式并采取有针对性的安全措施。对焚烧不会引起爆炸且焚烧过程中不会产生剧毒物质危害人类健康及严重污染环境的爆炸物品，可用焚烧法销毁。焚烧前应认真检查，严防混入雷管及其他起爆器材。不抗水的硝铵类炸药和黑火药可用溶解法销毁，但不应直接丢入江湖河海、大坝、水库、池塘及下水道。采用化学分解法销毁爆炸物品时，应待其完全分解，并且按有关规定处理溶液后方可排放到下水道。

（4）选择安全可靠的销毁场地。用爆炸法和焚烧法销毁爆炸物品时，应在专用销毁场进行，场地应符合《民用爆破器材工程设计安全规范》（GB 50089—2007）的规定。销毁军用爆炸物品，应当参考《废火药、炸药、弹药、引信及火工品处理、销毁与储运安全技术要求》（GJB 5120—2002）执行。

（5）销毁作业人员应持有公安部颁发的《爆破作业安全许可证》方能参与销毁。销毁完成后，经2名以上销毁人员现场检查，确认无废旧爆炸物品后，签名确认并建立台账。

（6）检查销毁现场时，必须细致、彻底。在销毁结束后、警戒解除前，要组织足够的人员，对销毁场地、抛掷范围、销毁前的临时存放部位、作业地点、容器等，进行"过筛式""地毯式"密集检查，确认无未销毁的爆炸物品遗留，熄灭余火并排除复燃的可能性后，才可解除警戒。

6. 方案编制

（1）爆炸物品销毁应编制销毁作业技术实施方案。

（2）爆炸物品销毁作业技术实施方案内容应包括：

——待销毁爆炸物品鉴别情况、统计情况；

——销毁方法选择；

——销毁场地选择及总平面布置；

——销毁技术设计；

——有害效应分析与安全防护措施；

——待销毁爆炸物品分类、包装、装卸、运输方案；

——销毁作业实施流程与操作要点；

——安全警戒方案；

——应急处置预案；

——销毁作业组织机构；

——附图：销毁场地总平面布置图、运输行经路线图和安全警戒示意图等。

1.2　爆炸物品销毁方法[1-2]

国内外对爆炸物品销毁方法常用的有：爆炸法、焚烧法、水溶解法和化学分解法等4种。

1.2.1 爆炸法

爆炸销毁法是利用待销毁爆炸物品的爆炸性能，使用其他爆炸物品将其安全引爆从而达到销毁目的。

1. 爆炸法的主要特点

爆炸法销毁是指用威力大的炸药来引爆或直接销毁待销毁弹药（包括工业炸药、雷管、导爆索等）的方法。

在销毁大口径弹药，尤其是装填高性能炸药和白磷弹药时，爆炸法是常被选用的方法，也能用于运输危险性高的弹药（如未爆炸弹或腐蚀情况严重的弹药）。

露天爆炸销毁法是比较简单的做法，可将弹药单层置于浅坑，将引爆的炸药放在弹药上。露天销毁的安全问题一定要严格做好。对环境的影响包括短期的空气污染，比较严重的是爆炸不完全和白磷等残余物可能产生地面污染。此外还有噪声污染以及地面振动、冲击波反射等问题。

2. 爆炸法的安全技术要求[1]

适用于具有爆炸性能的废旧弹药和民用爆炸物品（如雷管、炸药、导爆索、黑火药等），销毁时要选择一安全场地，用炸药或聚能药包将其诱爆。销毁时应分堆或坑进行，并考虑爆炸产生的空气冲击波、振动、飞石、有毒气体、爆炸噪声和碎片等危害，以保证工作人员及周边环境安全。每堆所含炸药量不应超过 40 kg（民爆物品不应超过 20 kg）。

该法具有操作简便，处理彻底，而且便于远距离起爆，作业相对安全等优点；其缺点是对销毁场地要求高、警戒范围大，须有专业技术人员指导。

3. 爆炸法适用对象

适用于销毁能完全爆轰或被爆轰所毁坏的爆炸物品。包括：

①各种具有爆炸性能的爆炸品，如带有引信装置的地雷、爆破筒、手榴弹、枪榴弹、投抛弹、鱼雷及民用爆破器材，各类工业炸药、雷管、导爆索、射孔弹、黑火药、礼花弹等。

②各种口径的军用弹类，如迫击炮弹、火炮炮弹的弹头、火箭弹等。

③不便于拆卸的航弹及其他大型弹类等。

4. 爆炸法作业安全要求

将待销毁的各种爆物品按设计数量放置在事先挖好的坑或干枯的池塘中，再将起爆体及炸药敷设在其上面，用塑料导爆管雷管或电子雷管远距离引爆起爆体及炸药，诱爆待销毁的废旧弹药及民用爆炸物品。在土坑或砂石坑、干枯的池塘坑销毁的可以采用土或细沙将爆坑填平，再在上面用沙袋或水袋等进行覆盖的防护措施。

1）起爆体的制作

制作起爆体时应注意以下事项：

（1）导爆索、雷管等起爆器材要事先经过检查和试验，确保性能良好。为了保证起爆体能起爆，每一个起爆体要采用复式起爆系统，以提高起爆可靠性。

（2）不应在阳光下暴晒待销毁的民用爆炸物品。

（3）销毁场应符合 GB 50089 的规定。

（4）销毁前必须逐项登记造册，编写书面报告。说明被销毁的名称、数量、原因、销毁方法、地点、时间和采取的安全措施等，报上级主管部门批准。应按销毁技术方案进行，方案由单位爆破技术负责人批准并报当地公安机关备案。

（5）根据单位领导人的书面批准进行销毁。操作人员需专职并经专门培训且不应单人进行。销毁后应有 2 名以上销毁人员签名确认，并建立台账。

（6）禁止在夜间、雷雨天、雾天和三级风以上的天气中进行销毁。

（7）要使用猛度和爆速较高的炸药制作起爆体。

（8）起爆体尽量加工成球形、圆柱形、正方形或短柱状。对于金属外壳较厚的废旧弹药，最好采用聚能药包，以有效诱爆。

（9）摆放原则是：起爆体在上，被销毁物在下；被销毁物中，大的、易起爆的在上，小的或零散的、不易起爆的在下。

（10）严禁实施未采取防护措施的裸露爆炸销毁操作。

2）炸药的销毁作业

炸药一般采用爆炸法销毁。操作时应注意以下几点：

（1）确定待销毁的炸药能起爆，而且有符合安全要求的场地。

（2）起爆体的药量可以适当减少，起爆方式根据条件确定。

（3）待销毁的炸药尽量堆成集团状，长度不应超过宽度和高度的 4 倍；每堆或每坑待销毁炸药量不应超过 20kg。

（4）包装炸药用的纸张、袋子等不应回收，应予以焚烧。

3）雷管的销毁作业

雷管的销毁作业要极为细心和规范，为了保证装、卸和运输的安全，要特别注意以下事项：

（1）接触、使用雷管的整个过程及各环节都是高度危险的，需要细心、稳妥、少量进行。因为金属壳雷管经过长期储存，有的已失去安全性能。

（2）销毁坑场地宜较平坦，尽量少碎石、荒草等，以利于收集被抛散未爆、半爆雷管。对收集的雷管，要集中加大引爆药量，重新进行销毁。

（3）销毁雷管时控制每坑数量不宜超过 4000 发。

（4）宜采用爆坑。摆放雷管和引爆的炸药后，坑上部的剩余深度在 1 m 以上，全部用沙（土）袋压满，沙（土）袋中不得混有块状物。在野外小坑内销毁雷管时，每坑不宜超过 400 发。在安全地点将脚线剪下并作简单的包装，再放入爆破坑内。摆放要紧密，有利于完全引爆，防止和减少未爆雷管的抛掷。如果雷管体与雷管体可以在爆破坑内紧密靠在一起，也可以不剪断脚线。起爆体要放在雷管堆的顶部，销毁用的炸药量 1 kg 左右即可。工业火雷管的原有包装较为紧密，也可以不用起爆体，但必须紧密堆放，以便于起爆和爆炸完全。

4）其他起爆器材及礼花弹的销毁作业

（1）其他起爆器材如：导爆索、射孔弹、矿山排漏弹、起爆弹等均应在爆坑内销毁，每坑的数量不宜超过 10 kg。其中导爆索不宜超过 1000 m，而且要与其他爆炸物品分开销毁。并且用沙（土）将爆破坑盖好。

（2）礼花弹、高空礼花弹的销毁安全距离不应小于 500 m。

5. 爆炸法销毁爆炸物品用药量确定[3]

炮弹的种类很多，有前堂炮弹，主要是各种口径的迫击炮弹；有后堂炮弹，主要是各种榴弹，还有其他有堂炮弹，如火箭弹、穿甲弹、无后坐力炮弹、燃烧弹、发烟弹等。销毁炮弹，采用挖坑法，或利用天然坑穴或山洞进行。销毁发烟弹数量，按其总装药量计算，每坑一次控制在 TNT 当量 40 kg 以下。在平原和开阔地的爆破坑，坑深不小于 2 m，如果多坑同时起爆，坑之间的距离不小于 30 m。安装时，把弹壳薄的、炸药量大和威力大的弹头放在中央和上层，紧靠起爆体。弹壳相对厚的，药量少的弹头，放在坑周围和下层。也可混合在一起放置，以充分利用弹内的炸药销毁，有效克服爆炸不完全现象，且可节省引爆药量。发烟弹数量不多时，采用立式装坑法，如图 3-5 所示，弹头均向中央靠拢，弹与弹之间靠紧，周围填土固定，以防邻坑爆炸振动使弹体倒塌。

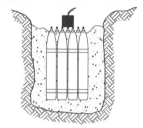

图 3-5　弹药立式装坑法销毁示意图

炮弹的种类、口径不一，数量多时，采用辐射状设置装坑法（图 3-6），摆放原则、装坑方法同上。

一些本身爆炸威力不大的特种弹，一般的起爆药包，常难以一次销毁完全。若加大起爆体药量，要警惕空炸造成安全事故。用爆炸法销毁的引爆药量应根据销毁物品种类和数量来确定。表 3-3 所示是以榴弹计，炸药以 TNT 当量计的引爆用药量。穿甲弹和装药变质的榴弹，所需引爆用药量应增加一倍。

爆炸法销毁炮弹单坑最大用药量（待销毁爆炸物品含药量以及引爆药量）不应超过 40 kg TNT 当量。

单体超过 40 kg TNT 当量的炮弹/弹药/爆炸物品应单坑单颗销毁，且销毁坑深度不应小于 2 m。

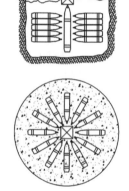

图 3-6　辐射状装坑法

表 3-3　炮弹销毁引爆用药量表[3]

炮弹直径/mm	单发引爆用药量/kg	成堆引爆用药量/kg
37～76	0.2	0.8～2.0
80～105	0.4	1.6～2.5
105～150	0.6	2.0～3.0
150～200	0.6～1.0	3.0～3.5
200～300	1.0～2.0	3.5～4.0
300～400	2.0～3.0	
400 以上	>3	

当其种类、口径比较单一且数量较多时，可采用直线状装坑法，如图 3 - 7 所示。炮弹分两排设置，弹头底部均朝向中央，弹与弹之间靠紧，引爆炸药沿两排弹底部成直线设置，弹药周围填土固定，以防邻坑爆炸振动使弹药倒塌。

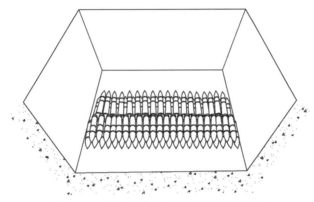

图 3 - 7　爆炸销毁法直线状设置销毁炮弹

1）航弹的销毁方法

航弹包括各种空投的爆炸杀伤弹、穿甲弹、燃烧弹等。

从空中投下的爆炸杀伤航弹通常都在 30 kg 以上。一般爆炸杀伤航弹的弹头、弹尾均有引信，个别还有侧部引信。因此在挖掘及搬运中，要有专家指导。

一般爆炸装药为全弹重量的 50%，穿甲弹的 30%，半穿甲弹和杀伤弹的 15%，爆炸杀伤弹的弹体通常厚 10 ~ 25 mm，稍薄于大口径混凝土破坏弹。

（1）运至安全地点诱爆。

销毁场地应选择在距仓库、工矿、铁路、输电线、广播电视通信设施、交通要道、居民点等 2km 以上的安全地区。尽量选择在便于运输和布置警戒，有天然屏障的山沟、丘陵等地形。

采用爆炸法诱爆航弹外用药量如表 3 - 4 所示。

表 3 - 4　销毁航弹引爆药量（TNT）当量[3]

航弹全重/kg	25 ~ 50	100	250	500
引爆药量/kg	0.5	1	2	5

销毁航弹的方法与销毁普通炮弹基本一样，也需在爆破坑内进行，如图 3 - 8 所示。

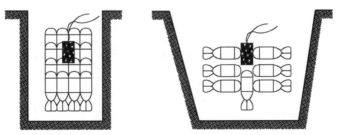

图 3 - 8　航弹装坑示意图

（2）起爆体的制作。

起爆体由炸药和雷管组成，一般制成圆柱形、方形等，如图3-9所示。待销毁弹药在下，起爆药在上。聚能爆破弹示意图如图3-10所示。

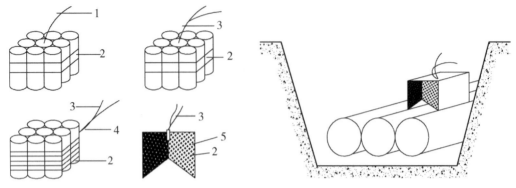

图3-9　起爆体示意图图　　　　图3-10　聚能爆破弹示意图

1—起爆脚线；2—炸药；3—雷管；4—导爆索；5—药形罩

爆炸法销毁炮弹时一般采用装坑爆炸法，可开挖爆炸坑或利用天然坑穴。每坑爆炸数量，TNT当量的总装药量根据现场环境条件确定，一般控制在40 kg以下。

（3）密闭引爆。

密闭引爆是在密封的容器或隧道和山洞内对弹药进行销毁。各种弹药都能处理，但在密闭容器内一次最多能处理15 kg的爆炸物。此外，每次爆炸均需大量的引爆炸药。从环境保护角度而言，它优于露天销毁，但对废料回收可能性极低。用隧道或洞坑销毁，不能保证销毁彻底完全。

（4）爆炸法销毁废弃弹药的最小安全距离。

爆炸法销毁废弃弹药，必须充分考虑爆炸冲击波及弹片的冲击杀伤作用，可参考表3-5的取值。

表3-5　爆炸法销毁各种废弹时限定数量与安全距离参考值[3]

弹药种类	每坑销毁弹数/个	爆炸时破片最大飞散距离/m	对一般建筑物玻璃的安全距离/m	警戒安全半径/m
各种手榴弹	100	100～250	1200	500
50 掷榴弹	80	100～250	1200	500
60 迫击炮弹	40	100～250	1200	500
70 步兵炮榴弹头	20	200～400	1200	500
75 山野炮榴弹	14	200～500	1200	1000
81、82 迫击炮弹	20	150～300	1200	500
90 迫击炮弹	20	150～300	1200	500
105 榴弹头	4	500～1000	1200	1500

弹药种类	每坑销毁弹数/个	爆炸时破片最大飞散距离/m	对一般建筑物玻璃的安全距离/m	警戒安全半径/m
150 榴弹头	2	600～1250	1200	1500
150 以上榴弹头	2	1250～1500	1200 以上	2000
81 烟幕弹	5	50～150	800	400
75 瓦斯弹头	5	50～150	800	3000

1.2.2　焚烧法[1,3]

焚烧法：利用待销毁爆炸物品的可燃性、易燃性，将其安全地焚烧而达到销毁目的，包括露天焚烧销毁法和罐（炉）焚烧销毁法。

露天焚烧销毁法：将待销毁的爆炸物品在露天开阔场地用火焰直接引燃的销毁方法。

罐（炉）焚烧销毁法：将待销毁爆炸物品置于专用罐（炉）中焚烧销毁的方法。

1. 焚烧法的安全技术要求

适用于销毁已失去爆炸性能或虽有爆炸性能但在燃烧时不会由燃烧转为爆轰的爆炸物品（如乳化炸药、导爆索、导爆管等）。主要包括：各种燃烧剂、单质炸药、混合炸药以及低百分比的硝化甘油类炸药；起爆药、击发药、烟花爆竹及其半成品；各种火帽、底火、拉火管、导火索，及已将引信拆除的内装 TNT 或以 TNT 炸药为主的敞口航弹，如航燃弹、航弹、照明弹、航标弹和其他特种弹等，但必须确认这些弹药在燃烧时不会产生爆炸。

2. 焚烧法销毁爆炸物品的主要优缺点及安全风险

相对于爆炸法，主要优点是对销毁场地要求低，警戒安全距离小，操作简单和经济，相对安全。

缺点主要是：无法控制环境污染。一是生成大量高浓度致癌物和较多的氮氧化物；二是焚烧烟火剂时，可能生成许多潜在危险的化学物质，它们将随空气或水土流失侵害人类和环境。

焚烧法的主要风险是燃烧中的爆炸危险品可能由燃烧转为爆轰，也有可能因未发现待销毁物品中带有的雷管等起爆器材，在燃烧中爆炸，引爆销毁中的爆炸物品，造成爆炸事故。

3. 焚烧场的选择、布置及安全管理要求

（1）地形。要求与爆炸法基本相同，但范围可以小些。

（2）环境：

①处于保护对象的下风方向，避免火势蔓延和空气污染的有害作用；同时还要防止风向突然改变的可能性。

②具有不小于 200 m 的最小警戒半径的安全距离。

③警戒距离需考虑由燃烧转为爆轰的风险，但与爆炸法销毁场相比可适当缩小。

（3）设施：

①对于固定的常设露天焚烧销毁场地，为了防止未燃尽物的飞散，在焚烧部位上方设置铁丝网。

②在距销毁场地150 m以上的上风方向，设置半埋式掩体，并开防爆观察孔。

（4）防火、防毒：

①其周围200 m范围内无树木、灌木丛、荒草等易燃物。

②点火材料应放置在焚烧点上风方向的安全地带，逆风向点火。

③配置足够的、有效的消防器材及用具，一旦出现意外火情可立即扑救。

④销毁对象含有毒有害成分时，作业人员应穿戴防毒防腐蚀手套、护目镜、工作服等防护用品。

（5）露天焚烧法销毁数量控制如表3-6所示。

表3-6　露天焚烧法销毁一次数量控制

序号	待销毁物品	一次最大销毁量
1	硝化纤维素	100kg
2	吸收硝化甘油的木粉	100kg
3	TNT	100kg
4	黑索金及其混合炸药	100kg
5	奥克托今、泰安	100kg
6	工业炸药	100kg
7	引信	1kg
8	击发药	1kg
9	工业导火索	1000m
10	工业导爆索	500m
11	塑料导爆管	40kg

4. 焚烧法销毁爆炸物品的作业安全要求

焚烧法销毁爆炸物品的作业安全要求与爆炸法的要求基本相同。同时，要针对其燃烧转爆轰的风险，采取避免数量过大和高温、高压的有效措施，使其安全焚烧。

（1）点火药包的制作。点火药包主要是电点火药包，即在药包中插入一根电线和电阻丝制作的电点火装置，用于远距离通电点火。特别注意以下问题：

①对制成的电点火药包要试验，确认可靠性。

②要有足够的、稳定的电流。

③如果是非电的点火药包，点燃的方式必须简单、可靠，并且要保证点火人员在点火后能从容地撤离到安全地点。

④严禁在点火药包内混入雷管。

（2）火炸药的焚烧作业：

①将待销毁的火炸药和被其污染的材料分散堆放，火炸药铺成厚度不大于 10 cm，宽度不大于 30 cm 的长条，药条要顺风铺直，总药量不超过 10 kg。如铺设几条药条时，各药条之间的距离不小于 5 m。

②在药条的上风方向端头铺设引燃物，逆风向点火。

③用点火装置远距离引燃。

④如果在原地再次铺药销毁，须待场地冷却后再铺药。

（3）起爆药、烟花爆竹火药的钝化和焚烧销毁作业。这些火炸药的特点是极为敏感，遇火即爆，故应先做钝化处理，使其可控地燃烧。

①起爆药的钝化处理和铺层焚烧。先将起爆药放在装有机油的桶中，废药与机油的重量比大约为 2∶1，需浸泡半天或一昼夜使其浸透，可有效降低敏感度，然后铺成薄层长条，在上风方向用点火药包远距离点燃。

②硝基重氮酚的钝化和桶（箱）内销毁。每次销毁二硝基重氮酚的重量不得大于 2000 g，所需机油约 1000 g，先钝化后再进行销毁作业。

③烟花爆竹火药的钝化和销毁。在药粉上喷少量的水进行钝化处理。但是，喷水前应查明火药中不含铝粉、镁粉等遇水产生剧烈放热化学反应的物质，严防发生自燃引发爆炸事故。

（4）导爆索和导爆管的燃烧销毁。导爆索可以放在干柴上焚烧。一次导爆索的数量不得超过 500 m，导爆管的数量可不受限制。在焚烧时，严防混入雷管等起爆器材。

（5）烟花爆竹的燃烧销毁作业。

①分类销毁。烟花类、爆竹类分开；升空火箭与地面烟花分开。不能拆卸的高空礼花弹，不能用焚烧法而只能用爆炸法销毁。

②焚烧少量的烟花爆竹时，可以在空旷区域用燃烧方式处理。数量较大的，可在空旷区域将火力较强的引燃物放在烟花爆竹下面点燃。

为了安全起见，焚烧炸药时不要把药层铺得过厚，大的药块要用木棒粉碎，同时不得在洞穴或密闭环境中进行。大规模焚烧炸药前，要先取少量或由少到多进行试焚烧。因此，对需要用焚烧法销毁的物品，要经过认真的检查，确认不会由燃烧转为爆炸。对有可能由燃烧转为爆炸而且必须用焚烧法销毁的民爆器材，在销毁时的安全问题应严格按照爆炸法对待。严禁在燃烧的药条中添加任何物质。

（6）用焚烧法销毁民用爆炸物品，要制作点火药包，以保证点火人员能安全点火。点火药包必须满足 3 个要求：

①用电力点火时，点火地点与焚烧场要有足够的安全距离，或在上风向的掩体内点火；

②点燃的方法要简单、可靠地点燃；

③要有足够的能量将被销毁的物品点燃。

点火药包主要是电点火药包，在药包中插入一个电点火装置，用电线远距离通电点火。电点火装置用电线和电阻丝制作，要有足够的电流。制成的电点火药包要经过试验。电点火装置要与药包中的火药密实接触，且要捆牢，严防脱落或移位。严禁在点火药包内混入雷管。

5. 焚烧罐（炉）的要求

①罐体材料应采用抗强冲击、耐高温高压的钢板制成，并满足安全要求。

②罐体应均匀分布足够的泄气孔，易于安拆的顶盖，并便于搬运。

1.2.3 其他销毁方法及其安全技术要求[1]

水溶解销毁法：利用待销毁爆炸物品的重要成分易溶于水或在水中悬浮、沉淀的不同特征将其分离，使其爆炸性组分丧失爆炸性能，达到销毁目的。

1. 水溶解法销毁爆炸物品

（1）水溶解法的一般概念：

水溶解法是将火炸药溶于水，使之失去燃烧和爆炸性能的一种销毁方法。

水溶解法销毁的优点是：操作简单、安全经济、不需要太大的销毁场地。

水溶解法销毁的缺点：容易造成污染。

（2）水溶解法销毁的主要安全风险：

①接触火炸药的操作过程中有可能发生燃烧爆炸危险。

②含镁、铝、钠等遇水剧烈放热化学反应的火药，可能遇水燃烧爆炸。

③溶液中可能仍有可燃爆的残渣，如未彻底清除，将留下燃烧爆炸事故隐患。

（3）水溶解法销毁的使用对象：凡是能溶于水而失去燃烧和爆炸性能的、不含遇水产生剧烈放热化学反应成分的、又不造成污染危害的火炸药，均可用于水溶解法销毁。这些对象主要有：①黑火药；②粉状硝酸铵类混合炸药；③不含铝、镁组分的硝酸盐类烟火剂。

（4）水溶解法销毁的场地设施。通常需要两个场地：一是含有水溶解池的场地，不需要太大的安全距离；二是焚烧残渣的场地。如果水溶解和焚烧残渣同时进行，两个场地之间要保持100 m以上的安全距离。如果不同时进行，也可利用同一个场地。水溶解池和残渣焚烧场地都要选择在水源丰富、交通方便、不污染水源的野外。

（5）水溶解法销毁作业。水溶解法销毁通常在容器中进行，可用水桶、水缸或水池做容器。水溶解时应分批进行，水溶解完成一批后再运一批。不可直接将爆炸物品投入江河湖海或采取挖坑掩埋的方式，以防造成污染留下后患。

①将待销毁的火炸药倒入容器中，加10倍以上的水，充分搅拌至火炸药主要成分（如硝酸盐）溶解。

②将水面上的木粉、灰等漂浮物捞出，再将水排出，取出底部沉淀物。

含有氮、钾而无其他污染危害的水溶液，可作为花草树木的肥料。

2. 化学销毁法销毁爆炸物品[1]

化学分解法：利用一种或多种工业化学药剂与火炸药发生化学反应，破坏爆炸基团，使之生成无爆炸性物质的销毁方法。该方法主要适用于各种起爆药。该方法成本较高，操作复杂、专业性强，仅在需要绝对保证处置工作安全时才采用此种方法，一般很少使用。

2　实例

2.1　实例1：爆炸法销毁废旧枪弹及自制爆炸物品[4]

1. 概述

某地集中销毁各县（市）、区收缴的废旧炮弹、子弹若干及自制鱼雷。其中：废旧炮弹10枚、子弹2526发（其中信号弹100发、步枪弹1发、ϕ5.6 mm运动步枪子弹2300发、步枪子弹98发、五四式子弹5发、猎弹22枚分为红绿色）和自制鱼雷10 011枚（表3-7）。

本次销毁的废旧炮弹（含子弹）和自制鱼雷，性质不同，自制鱼雷在封闭状态机械感度不高（露在外面就感度高），运输及装运时应严禁烟火、撞击。

表3-7　待销毁爆炸物品明细表

序号	爆破物品名称	图　片	数量/枚
1	鱼雷	图3-11～图3-15	10 011
2	82舰炮弹	图3-17	1
3	150普通迫击炮弹	图3-18	1
4	普通榴炮弹	图3-19	1
5	子弹	图3-20	若干
6	子弹	图3-21（其中猎弹22枚分为红绿色）	若干
7	60迫击炮弹	图3-23	1
8	航空炮弹	图3-22	若干
9	82迫击炮弹	图3-24	1
10	手榴弹	图3-25	1
11	普通榴炮弹	图3-26、图3-27	1
12	鱼雷	图3-16	1

待销毁的废旧炮弹图片如下：

图 3 - 11　小尺寸土雷外观

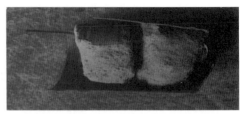

图 3 - 12　小尺寸土雷内部结构

外壳为塑料材质，厚度约 2 mm，端头为圆弧形，底部装有爆炸性能的火药，口部用水泥封堵，并留有点火引线。

图 3 - 13　自制鱼雷样式

图 3 - 14　自制鱼雷样式

图 3 - 15　自制鱼雷样式

（块状、粉状都是鱼雷中的炸药）

图 3 - 16　鱼雷图片

图 3 - 17　82 舰炮弹

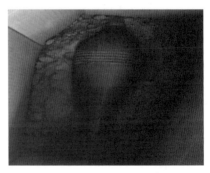

图 3 - 18　150 迫击炮炮弹

图 3 - 19　普通榴炮炮弹

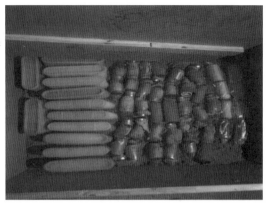

图 3 - 20　废旧子弹

图 3 - 21　废旧子弹
（其中猎弹 22 枚为红色、蓝色）

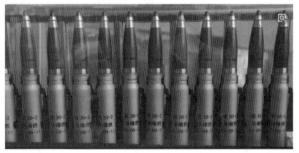

图 3 - 22　航空机关炮炮弹

图 3 - 23　60 式迫击炮炮弹

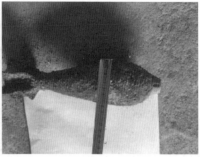

图 3 - 24　82 式迫击炮炮弹（长 32 mm，直径 82 mm）

各榴弹重量为：53 式 82 mm 迫击炮杀伤榴弹，3.226 kg；53 式 82 mm 迫击炮长榴弹，8.072 kg；53 式 82 mm 迫击炮 110 长炮榴弹，14.471 kg；53 式 82 mm 迫击炮 150 长炮榴弹，14.471 kg。

图 3 - 25　销毁的手榴弹　　　　　　　图 3 - 26　销毁的普通榴炮弹

图 3 - 27　各种榴弹炮炮弹图片

2. 销毁技术方案

1) 销毁地点选择

经现场勘察并与当地公安局沟通，选择某集聚区（滨海工业区）一处渣土填筑场北侧作为销毁场所。该处为四周空旷场地，选择的销毁点东侧距离海堤大于 800 m，北侧距离 860 m 处有水闸，西侧 900 m 为已建道路，南侧为海涂湿地，在建道路距离销毁点 700 m 范围内无居民建筑及其他重要设施。区域内杂草丛生，仅有一条施工道路通过，易于警戒。

从销毁场周边环境看，销毁条件较好，基本能满足处理爆炸产生的各种危害因素的要求。

同时，须细致地警戒清场工作，确保警戒范围内没有垂钓的人员和车辆通行。

销毁场地如图 3 - 28、图 3 - 29 所示。

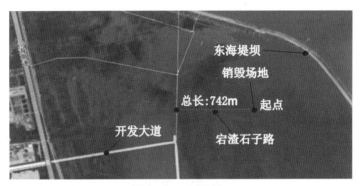

图 3 - 28　环境图 1

图 3 - 29　环境图 2

2) 销毁方式的确定

待销毁的废旧炮弹基本上都未丧失爆破能力（自制鱼雷爆炸能力不确定），因此，销毁方法采用爆炸法销毁。本次销毁炮弹数量大、种类多。根据炮弹的种类、口径和数量来确定单坑销毁数量。对各型号炮弹如舰弹，按照型号分坑放置，再根据口径数量大小分别同鱼雷、子弹放置销毁，按每坑一次齐爆破药不超过 20 kg TNT 当量为宜来设置爆破坑的数量。

根据废旧炮弹类别、型号，共挖坑 11 个，由北往南按顺序排列 1#至 11#坑，坑的长、宽、深分别为 1.5 m、1.5 m、1.5 m。1#坑内装待销毁的废旧 82 舰炮弹 1 枚和自制鱼雷 1000 枚。2#坑销毁废旧 150 迫击炮弹和 700 枚自制鱼雷。3#坑销毁废旧普通榴炮弹和 1000 枚自制鱼雷。4#坑销毁 60 迫击炮弹和 1000 枚自制鱼雷。5#坑销毁 82 迫击炮弹、子弹和 1000 枚自制鱼雷。6#坑销毁普通榴炮弹和 1000 枚自制鱼雷。7#坑销毁榴炮弹和 1000 枚自制鱼雷。8#坑销毁航空炮弹、手榴弹和 1011 枚自制鱼雷。9#坑销毁航空炮弹和 1000 枚自制鱼雷。有炮弹的弹头朝向正东（海边）并向下倾斜。10#坑销毁 600 枚自制鱼雷、信号弹和子弹若干（其中信号弹 100 发、步枪弹 1 发、Φ5.6 mm 运动步枪子弹 1000 发、步枪子弹 98 发、五四式子弹 5 发、猎弹 22 枚分为红绿色）。11#坑销毁销毁鱼雷和自制鱼雷 700 枚。具体如表 3 - 8 所示。坑底采用彩条布铺设，每个坑内布置两层诱爆药包，每层诱爆药包药量为 6～8 kg；11 个弹坑共计诱爆药包药量 168 kg。

表 3 - 8   待销毁废旧炮弹明细表

坑号	废旧炮弹名称及数量	销毁炮弹的图片编号	自制鱼雷数量/枚	诱爆硝铵药量换成 TNT/kg	单坑 TNT 炸药当量/kg
1	82 舰炮弹	图 3 - 17	1000	12.0/1.4 = 8.6	19.5
2	150 普通迫击炮弹	图 3 - 18	700	12.0/1.4 = 8.6	19.4
3	普通榴炮弹	图 3 - 19	1000	13.0/1.4 = 9.3	19.7
4	60 迫击炮弹、子弹	图 3 - 23	1000	14.0/1.4 = 10.0	19.15
5	82 迫击炮弹、子弹	图 3 - 24	1000	12.5/1.4 = 8.9	19.8
6	普通榴炮弹	图 3 - 26	1000	12.5/1.4 = 8.9	19.8
7	榴炮弹	图 3 - 27	1000	12.5/1.4 = 8.9	19.8
8	航空炮弹、手榴弹	图 3 - 22、图 3 - 25	1011	14.0/1.4 = 10.0	18.77
9	航空炮弹	图 3 - 22	1000	13.0/1.4 = 9.3	19.7
10	信号弹、子弹	图 3 - 20、图 3 - 21	600	14.5/1.4 = 10.4	19.2
11	鱼雷	图 3 - 16	700	14.0/1.4 = 10.0	19.9
备注	各坑中间放置炮弹，鱼雷靠紧炮弹码放，然后放置诱爆药包及炸药				

药包布置完毕，采用覆盖沙袋，每个坑内覆盖 20 个以上的沙袋，如图 3 - 30 所示。

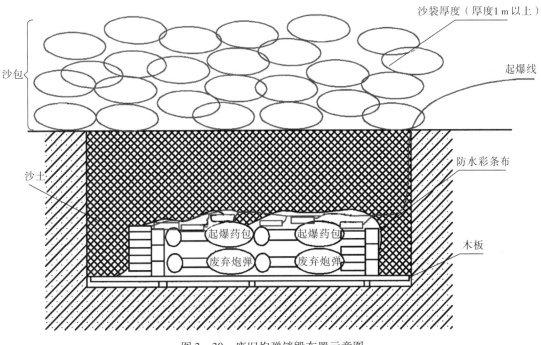

图 3 - 30　废旧炮弹销毁布置示意图

3）安全计算与安全距离

废旧炮弹销毁首先要考虑的是弹片的飞散距离，然后再考虑空气冲击波和爆破振动对周围环境的影响。

（1）弹片飞散安全距离。

按有关标准对无覆盖的炮弹销毁的安全距离可参照表 3 - 9。如无挖坑覆盖，安全警戒距离大于 700 m。由于本次销毁采用了挖坑（坑处于软基 – 海涂）和加强沙袋覆盖（覆盖厚度 1.0 m 以上）的销毁方式，弹片飞散距离将减小 300～400 m。鉴于该场地空旷，便于警戒，故安全警戒距离定为 700 m。

表 3 - 9　无覆盖销毁场地的安全距离

炮弹种类	销毁作业场边缘至场外建筑物的安全距离/m
废旧手榴弹	500
口径小于 57 mm 的废旧炮弹	650
口径小于 85 mm 的废旧炮弹	910
口径 150 mm 榴弹头及航弹、水雷	600～1250

注：销毁场地周围有自然屏障时，销毁作业场边缘至场外建筑物的安全距离可以适当减少；

覆盖坑式销毁，销毁作业场边缘至场外建筑物的安全距离可减半，则警戒半径按大于 700m 设置。

（2）空气冲击波安全距离。

最大段药量 30.0 kg 乳化炸药，空气冲击波安全距离按照下式计算：

$$\Delta P = 14 \frac{Q}{R^3} + 4.3 \frac{Q^{\frac{2}{3}}}{R^2} + 1.1 \frac{Q^{\frac{1}{3}}}{R} \qquad (3-1)$$

式中，ΔP 为空气冲击波超压值，10^5 Pa；Q 为单段爆破炸药量，30.0 kg；R 为爆源至保护对象的距离，m。

表 3 – 10　不同距离的冲击波超压与人员、建筑物安全对应值

距离 R/m	ΔP（10^5 Pa）	人员安全（≤0.02）	建筑物安全（<0.02）
200	0.020	不安全	不安全
300	0.011	较安全	无破坏
400	0.009	安全	安全无破坏
500	0.007	安全	完全无破坏

由表 3 – 10 可知，爆破销毁空气冲击波在 500 m 外，对人员和建筑物是安全的，由于本次销毁采用了挖坑和加强沙袋覆盖（覆盖厚度 1.5 m 以上）的销毁方式，冲击波衰减一半以上，冲击波在 700 m 左右，故对起爆站是安全的。

（3）爆破振动校核。

由于每个坑采用毫秒延期起爆，最大单段药量小于 30.0 kg，计算爆破振动安全距离。《爆破安全规程》确定的安全距离公式为：

$$R = \sqrt[\alpha]{\frac{k}{v}} \sqrt[3]{Q} \qquad (3-2)$$

式中，R 为爆破地震安全距离，m；Q 为炸药量，kg，微差爆破取最大一段药量；v 为地震安全振速，1.0 cm/s；K、α 为与爆破区域地形、地貌、地质等条件相关的系数和衰减指数 $K = 150$、$a = 1.5$。

计算得：$R = 88$ m。可知，在 100 m 距离上，30.0 kg 单段药量爆破振动对一般砖房和大型砌块建筑物是安全的，这对 700 m 外的建筑物，爆破振动的影响可以忽略不计。

（4）起爆网路。

采用导爆管起爆网路。坑内采用导爆管毫秒雷管 MS3，坑与坑之间用雷管 MS3 接力，起爆总线放至 700 m（双线），如图 3 – 31 所示。

（5）爆破器材计划。

ϕ32 mm 乳化炸药：168 kg。导爆管毫秒雷管：MS3 雷管 300 发（脚线长 10 m）。

塑料导爆管：1500 m。辅助器材：沙袋 450 个，每袋装沙土约 30kg；防水彩条布 11 块，木板或夹板 11 块。

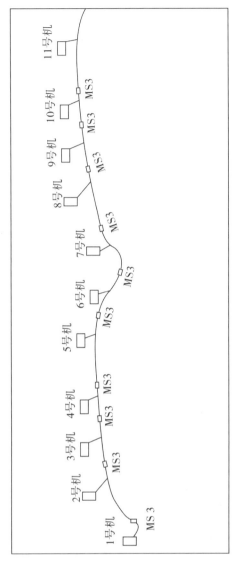

图 3 - 31   销毁坑的平面布置图和起爆网路示意图

4）装箱及运输

（1）废旧炮弹装车。

人员在搬运时，应轻拿轻放，严禁混合搬运炮弹和爆破器材，相互之间保持相应的安全距离；同时在搬运现场严禁携带火种，不得吸烟，禁止使用手机、对讲机；作业人员禁止穿化纤类衣服、拖鞋及带钉子的鞋子。

为了防止废旧炮弹在汽车运输过程中因意外冲击、振动而产生误爆，炮弹摆放时必须做到以下几点：

①所有废旧炮弹放置在特制的木箱内，在车厢内紧密摆放，以确保行车过程中箱体不会在车厢内滑动。

②弹体必须与车体行驶方向保持垂直，不得指向车头或车尾。

③弹体应放置在装有沙子的木箱内，弹体之间以及下方铺放一层木屑或沙子，保证弹体在车辆行驶中不会产生相对移动。

④运输时应将废旧炮弹与自制鱼雷分开装运，一辆车运输废旧炮弹，一辆车运输自制鱼雷。自制鱼雷存在不稳定性，装运时要特别小心，注意安全。

（2）废旧炮弹运输。

它是销毁作业中非常重要的环节，整个运输由一个车队负责。车队由以下车辆组成：1辆引导车，担负引路、清障等工作；1辆运输车，负责运输废旧炮弹；1辆指挥车，随时与上级保持联系、协调各路段的警戒工作；1辆消防车，负责运输途中可能发生意外燃烧事故时及时灭火。途中，运输车与前后车辆需保持50 m以上的距离，车速控制在30 km/h以内，各交叉路口应保证车队绝对畅通。选择车况良好的车辆作为废旧炮弹运输车辆，同时驾驶员必须技术好、政治觉悟高。

尤其是XX区运输时应由两辆车运输，一辆车运输废旧炮弹，一辆车运输自制鱼雷。XX区在海上运输应严格按照规范要求装运，密切注意天气情况，碰到不良天气不得运输或提前运至安全地点。

运输路线应避开闹市区、交通繁忙地段及人口稠密处，还应避开上下班高峰，途中由警车开道护送，确保平安运抵销毁场地。

因销毁场地附近有捕鱼及施工，拟定于12月13日8：00—11：38进行爆破销毁，因此，废旧炮弹运达时间应在当天8点左右，最迟不得超过8点半。请各大队安排好时间，以便销毁工作按计划完成。

5）安全技术措施

（1）销毁方案编制后，经专家评审通过后报公安机关批准。

（2）执行销毁的公司应组织强有力的领导班子并至现场指挥。

（3）主要设计人员应至现场指导作业。

（4）参与销毁作业的人员应持证上岗、穿不产生静电的工作服、导电鞋，及时释放人体静电。关闭手机、对讲机等无线通信工具。其他通信联络器材应距作业点50 m以外。

（5）安放诱爆药包时，由两名技术人员或爆破员操作，按设计方案实施，其余人员应撤至安全处。操作按照坑的顺序依次装填，装填数量按照表3-8待销毁废旧炮弹明细表中数据实施，不得更改。若有与方案不符之处，应得到技术负责人同意。

诱爆药包放置完毕后将弹体及药包用彩条布覆盖，再在上面用沙子铺垫平整，然后压沙袋。

（6）起爆用的导爆管事先应试爆，放线过程中不允许有弯曲、打结。按照实施方案连接爆破网路。

（7）事先在爆区周围张贴安民告示，爆前应对警戒区认真清场，并按顺序发布爆破信号。警戒半径为700 m。

（8）一切准备就绪后由指挥员下达起爆令。

（9）起爆后至少等候15 min方可进入现场作业检查。

（10）对爆炸坑、销毁现场四周进行认真、细致搜查，确认已无未销毁的爆破物品。经全面检查确认已无隐患时解除警戒。

3. 施工组织设计

本次废旧炮弹销毁工作由某市公安局组织，总指挥XXX，XX工程有限公司负责实施，当日作业展开前，由销毁指挥部集合全体作业人员下达任务，明确被销毁的废旧炮弹品种、数量。进行人员分工，明确各人员的工作内容及安全警戒范围；提出安全作业要求及安全防护注意事项等。各项废旧炮弹用爆炸法销毁时限定数量与安全距离的参考值如表3-11所示。

设立销毁临时指挥部，下设爆破作业组、警戒组、运输组、器材保管组、销毁现场摄像记录组。

（1）销毁保卫（警戒）总指挥：XXX；

（2）保卫（警戒）组长：XXX；

（3）销毁作业负责人：XXX，负责销毁作业全面工作；

（4）爆破作业组长：XXX，按照方案负责销毁作业；

爆破作业组：XXX（爆破员XXX0000100315），负责废旧炮弹的清点、搬运、装填炮弹、安装起爆药包、沙袋覆盖、连接网路、起爆。

（5）安全保卫（警戒）组组长：XXX，各警戒点由XX区治安大队派员、爆破公司配合（共16人）；

（6）运输组：由各区、县公安局治安大队分管的副大队长负责，并组织专人装运、专车运输，各废旧炮弹的编号按照原发图片的编号不变，运至待销毁场地；

（7）爆破器材保管组：XXX（保管员XXX0000300189），负责爆破器材和废弃炮弹的现场管理工作。

表3-11　各种废旧炮弹用爆炸法销毁时限定数量与安全距离参考值

弹药种类	单坑销毁数量/个	爆炸时弹片最大飞散距离/m	对一般建筑物玻璃的安全距离/m	警戒安全半径/m
各种手榴弹	100	100～250	1200	500
50掷榴弹	80	100～250	1200	500
60迫击炮弹	40	100～250	1200	500
70步兵炮榴弹头	20	200～400	1200	500
75山野炮榴弹	14	200～500	1200	1000
81、82迫击炮弹（轻弹）	20	150～300	1200	500
90迫击炮弹	20	150～300	1200	500
105榴弹头	4	500～1000	1200	1500
150榴弹头	2	600～1250	1200	1500
150以上榴弹头	2	1250～1500	1200以上	2000
81烟幕弹	5	50～150	800	400
75瓦斯弹头	5	50～150	800	3000

4. 警戒方案

1）周边环境

选择某区集聚区（滨海工业区）作为销毁场所，该处为空旷场地，方圆 700 m 范围内无居民建筑及其他重要设施，仅有一条施工道路通过，有一处场地进行渣土填筑施工，易于警戒，符合销毁作业的基本要求。

2）销毁日程安排

销毁日期为 2017 年 12 月 13 日上午。13 日早晨 6：30 将废旧炮弹进行装车，6：35 出发，8：35 前运输至销毁场所进行销毁作业，12：35 前销毁工作准备完毕并开始实施警戒。

3）销毁组织设置

销毁保卫（警戒）总指挥、销毁工作负责人、起爆点及警戒点人员安排：

本次销毁保卫（警戒）总指挥 XXX ，保卫（警戒）组组长 XXX，销毁工作负责人 XXX。

4）安全警戒的实施

（1）爆破销毁警戒分为装药时警戒和爆破时警戒。

（2）爆破销毁装药期间，聚宝大道东侧销毁点东西两端及南侧"丁"字路口拉设警戒线，根据现场实际情况设置 2 个装药期间警戒区域，警戒区域内停止其他一切施工作业，无关人员、车辆、易燃易爆物品、重要的机械设备等撤离至装药施工区域外。

（3）爆破时警戒，爆破警戒线内所有人员、车辆全部撤离至警戒线外。

本次销毁起爆点设置在 2#警戒点位置附近，共设置六个警戒点和一个瞭望哨，另外，防波堤设置 2 个流动岗哨。

1#警戒点位于西南侧开发大道路口，距离销毁点 1000 m，警戒负责人：XXX（另加公安民警或协警 1 人）；

2#警戒点位于西侧新建道路路口（起爆站：XXX），距离销毁点 900 m，警戒负责人：XXX（另加公安民警或协警 1 人）；

3#警戒点位于北侧（水闸处），距离销毁点 860 m，警戒负责人：XXX（另加公安民警或协警 1 人）；

4#警戒点位于东侧海堤上，距离销毁点 800 m，警戒负责人：XXX（另加公安民警或协警 1 人）；

5#警戒点位于道路东南侧，距离销毁点 850 m，警戒负责人：XXX（另加公安民警或协警 1 人）；

6#警戒点位于南侧在建道路路口，距离销毁点 700 m，警戒负责人：开发区民警或协警 1 人；

瞭望台位于销毁场地北侧的堤坝的水闸处，距离销毁点 860 m，负责人：XXX、协警 1 人；

起爆人员：XXX。

爆破警戒时，各警戒点使用对讲机进行通信，确保通信畅通。

5）爆炸销毁程序

废旧炮弹销毁区域示意图如图 3 - 32 所示。爆破前 30 min，发预备警报，内场开始由内向外清场，告知行人撤离，人员、车辆只出不进。警戒人员到达各自的警戒岗位。

爆破前 10 min，确认清场完毕。

爆破前 5 min，各警戒点向指挥部汇报警戒情况，再次确认警戒清场情况。

爆破前 2 min，确认符合安全起爆条件后，发出起爆警报，总指挥发令—接线—充电。

爆破前 10 s，倒计时 5—4—3—2—1—起爆。

爆破后 5 min，起爆人员进入内场检查爆破现场，警戒人员不能撤离，若检查无盲炮，发出解除警报，警戒完毕。

图 3 - 32　废旧炮弹销毁区域示意图

5. 应急预案

1）基本情况

为确保销毁作业的安全，顺利实施，对可能出现的各种意外情况，制定本预案。

2）主要危险源

据初步分析，可能出现的主要危险源包括：

（1）弹丸破片及爆破飞石损伤周边人员、财产、设施。

（2）爆破声响对无心理准备人员造成恐慌。

（3）可能出现的燃烧剂引燃周边草木。

3）应急措施

（1）组织应急事故处置领导班子，由 XXX 担任总指挥，安全保卫（警戒）组组长：XXX 同志；XXX 任销毁工作组组长，并于销毁作业前召开协调会，明确分工及各自职责。另公司组成销毁工作班子，技术组组长：XXX；爆破作业组组长：XXX；应急抢险组组长：XXX。

（2）弹丸破片及飞散物安全防护措施：

——爆体采用 100 cm 厚以上的沙袋覆盖。

——安全警戒范围为周边 700 m，依地形地貌设置 6 个警戒点和 1 个瞭望哨，警戒范围区域内的人员、设备、设施一律撤离。

——装填时，设置道路东西两端"丁"字路口的警戒。

——装填时，严禁使用手机、对讲机。在 150 m 警戒范围内严禁使用数码相机、摄像机等带闪光的设备。

——配置相应的消防器材。每个作业班组配备 2 个以上对讲机，爆破警戒时使用对讲机进行通信，确保通信畅通。

——派一辆援助车，供现场调配。

——事先通知各级政府及相关部门做好周边居民的解释工作，并在心理上有所准备，防止引起恐慌或误入警戒区域引发事故。

——要求参与安放废旧炮弹及起爆体的人员穿戴全棉的工作服，以防止静电。

——爆后对周边环境进行地毯式搜查，防止有未诱爆或已失去爆破性能的爆破物品废旧。

——将销毁作业的情况整理上报。

2.2 实例 2：爆炸法销毁废旧炮弹及民用爆炸物品[5]

1. 概况

销毁废旧炮弹及其他民爆物品是一项特殊的爆破作业，废旧炮弹及其他民爆物品一般超过储存期，或长年埋藏在地下，来源不详，炮弹内填装药不明，品种繁杂、形状多样、危险性大，牵涉面广。现某市收缴的各类废旧炮弹及民爆物品进行集中统一销毁。

2. 设计依据

（1）《危险化学品安全管理条例》；

（2）《民用爆炸物品安全管理条例》；

（3）《爆破安全规程》（GB 6722—2014）；

（4）《废火药、炸药、弹药、引信及火工品处理、销毁与贮运安全技术要求》（GJB 5120—2002）；

（5）《易制爆危险化学品名录》（2017 年版）；

（6）《公安机关处置爆炸物品工作安全规范》。

3. 拟销毁的废旧炮弹及民爆物品的品种、数量

（1）废旧炮弹：炮弹 11 枚、航弹 1 枚；

（2）民爆物品：黑火药 148 kg，乳化炸药 47.7 kg，雷管 1441 发，鱼雷 10 发，导火索类 801 m（表 3 - 12、图 3 - 33 ～图 3 - 46）。

表 3 - 12　待销毁的废旧炮弹及民爆物品的名称、数量表

序号	爆炸物品名称	数量（规格）	民爆物品来源
1	废旧炮弹	9 枚	当地公安机关收缴
2	黑火药	148 kg	当地公安机关收缴
3	乳化炸药	47.7 kg	某项目剩余
4	电子雷管	281 发	当地公安机关收缴
5	鱼雷	10 发	当地公安机关收缴
6	纸雷管	10 发	当地公安机关收缴
7	导火线	1 m	当地公安机关收缴
8	导爆管雷管	1150 发	某项目剩余
9	变色普通导爆管	800 m	某项目剩余
10	航弹	1 枚，长 90 cm、直径 45 cm	当地公安机关收缴
11	82 式迫击炮弹	1 枚	当地公安机关收缴

图 3 - 33　待毁废旧炮弹图片：1#航弹

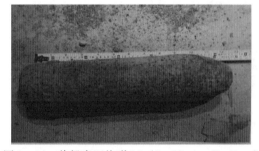

图 3 - 34　待毁废旧炮弹 2#（L：30 cm，D：7 cm）

图 3 - 35　待毁废旧炮弹 3#（L：28 cm，D：8 cm）

图 3 - 36　待毁废旧炮弹 4#（L：14 cm，D：5 cm）

图 3 - 37　待毁废旧炮弹 5# （L：36 cm，D：8 cm）

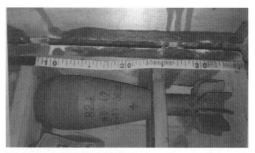

图 3 - 38　待毁废旧炮弹 6# （L：22 cm，D：6 cm）

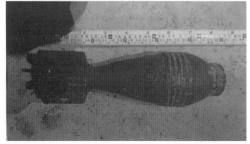

图 3 - 39　待毁废旧炮弹 7# （L：21 cm，D：5 cm）

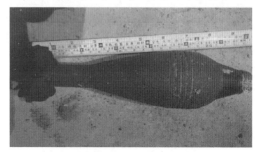

图 3 - 40　待毁废旧炮弹 8# （L：24 cm，D：6 cm）

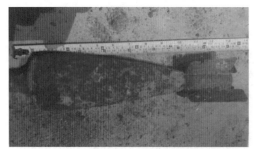

图 3 - 41　待毁废旧炮弹 9# （L：35 cm，D：8 cm）

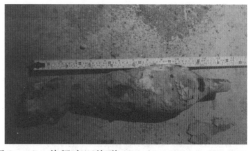

图 3 - 42　待毁废旧炮弹 10# （L：34 cm，D：8 cm）

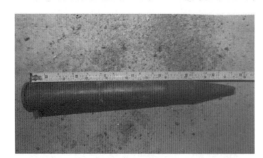

图 3 - 43　待毁废旧炮弹 11# （L：39 cm，D：4.5 cm）

图 3 - 44　待毁废旧炮弹 12# （L：8 cm，D：4 cm）

图 3-45 待销毁的黑火药 (148 kg)　　　图 3-46 待销毁的各种雷管 (281 发)

4. 拟销毁的废旧炮弹、民爆物品和销毁方法

某市公安机关在近年来收缴的一批废旧炮弹及其他民爆物品拟进行销毁，其中有废旧炮弹、手雷、电雷管、导爆管雷管、炸药、黑火药等民爆物品。经认真分析其特点，决定采用爆炸法销毁。其优点是操作简单，处理彻底，不留隐患，且便于远距离起爆。缺点是警戒范围大。

（1）废旧炮弹。

此类民爆物品有弹壳，爆轰感度较低，一般难以用单发雷管引爆，故需以一定数量的炸药做起爆体加强引爆。将需要销毁的炮弹置于 2～3 m 深的坑内，弹头（引信部位）方向斜插向石壁根部。起爆体捆扎放置在被销毁炮弹的上部（横卧位），采用上部引爆。起爆网路连接无误后，用沙土回填（回填深度超过 3 m）。

（2）炸药、黑火药、索类等民爆物品。

此类民爆物品对炸药的爆轰感度高，易被炸药引爆，且爆后几乎无废旧物，采用深埋诱爆法销毁。此法可降低爆破冲击波对周围环境的危害。

5. 销毁场地的选择

销毁场地应尽量选择在有天然屏障的山区，如山沟、丘陵、盆地，远离铁路干线、高速公路、通航河道、高压线和居民点，以及企业、城镇等。

（1）为了保证销毁的安全和效果，应开挖深度不小于 2～3 m 土坑，其大小根据单次销毁量确定。

（2）起爆人员应在安全地点，在没有可利用的天然屏障作为掩体时，采用人工设置。掩体应设在销毁场地的上风方向，距离爆炸中心不小于 300 m，以防有害气体对作业人员的伤害。

（3）为了防火和便于收集未爆飞散物，爆破中心半径 50 m 范围内的易燃品和杂草应清理干净。

（4）爆炸警戒范围取半径距离爆破中心应不小于 700 m。

基于以上要求，本次销毁地点选择在某建材有限公司露天采石场废弃采坑，此处东北、东南、西南三面均有 30～50 m 高的开采遗留石壁，东南、东北两面石壁外为荒山，无人员进入，西南面石壁外也为荒山，但 300 m 外有一条乡道，西北面为正在开采的工作区域，500 m 以外有一通信信号发射塔（需重点防振保护），800 m 以外有职工宿舍，正西方向 200 m 以外有破碎设备生产线，正南方向 485 m 外有部分民房。爆炸中心设置在南西面石壁下沿底部，利用石壁天然屏障有效阻挡弹片向南西方向飞散，不致危及生产设备及人员安全。

爆坑开挖时，应尽量靠近西南方向石壁，将石壁边所有石渣均清理干净，以防被炸飞伤人。长度 20～25 m（共设置两处爆点）、深度 2～3 m、底部宽 1～2 m。爆坑开挖完成后，在底部均匀铺设 20～30 cm 的石粉，平整备用。在爆坑东南方向尽头外，靠近石壁挖掘 3 个 2×2m 的土坑，深 2～3 m，间隔 10 m 以上，供销毁炸药、黑火药用。爆坑、土坑外备石粉若干，装袋备用，用于销毁废旧炮弹、炸药、黑火药时覆盖。壕沟位置如图 3－47 所示。

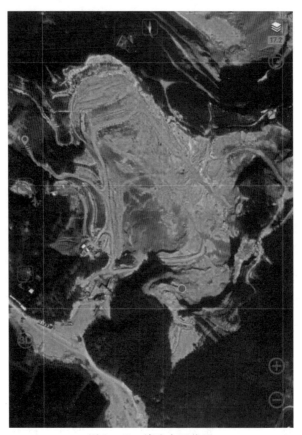

图 3－47　壕沟布置位置

爆坑布置位置于：距西南方向石壁大于 30 m，距东南方向石壁大于 30 m，距东北方向石壁大于 50 m，在西北方向开采区域 500 m 外有通信信号发射塔。

6. 废旧炮弹销毁实施方案

（1）根据废旧炮弹的种类及大小分类分组，放置在爆坑中分批分次销毁。本次销毁的废旧炮弹分两组，逐组引爆，在西南面石壁下沿挖掘一条长 15～20 m、深 2～3 m 的爆坑，1#航弹一组（坑）、其余废旧炮弹集中码放成一组（坑），共设置 2 处爆源，联网逐组延时引爆。起爆网路示意如图 3-48 所示。

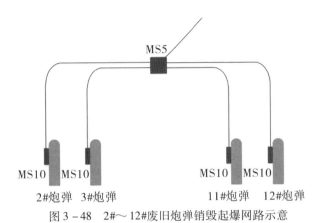

图 3-48　2#～12#废旧炮弹销毁起爆网路示意

（2）起爆方法。

采用炸药包诱爆。起爆体放在被销毁炮弹的弹体（横卧位）上部，采用上部起爆。

（3）起爆药量。

以保证诱爆为原则，通常每个起爆体的炸药量为 1～3 kg，较大型航弹的销毁则不应小于 3 kg。据此，1#航弹使用炸药 6 kg，2#～12#废旧炮弹使用炸药 0.5～2 kg 作为起爆药量。

据文献资料，爆破钢结构通常采用接触装药，装药量计算公式为：

$$C = 2AFh \tag{3-3}$$

式中，C 为中级炸药装药量，g；A 为材料抗力系数，对于钢结构材料，取 $A = 5$ g/cm^3；F 为钢结构炸断面面积，cm^2，对于炮弹（钢管），$F = \pi dh$，取 $\pi = 3$，h 为弹壁厚度（估算 2.5 cm），d 为弹径。

经计算，本次销毁的 1#航弹体积最大，其销毁起爆药量为 3375 g。为保证诱爆，加大药量至 6 kg。其他的废旧炮弹适量诱爆，取炸药 0.5～2 kg。

（4）单次销毁炮弹药量。

一般为每批次销毁量为 20 kgTNT 当量，在条件允许的情况下，也不应超过 40 kgTNT 当量。

可根据下列公式估算航空炸弹和其他炮弹的等效 TNT 当量，该公式中的有关系数是根据对各类弹种的统计回归得到的。

$$Q = 0.786 \times d^2 (L - L_1) \beta r \tag{3-4}$$

式中，Q 为等效 TNT 当量，g。d 为弹径，cm。L 为弹体长度，cm。L_1 为弹头长度，cm。β 为当量系数，对于航弹：普通爆破弹或低阻式爆破弹取 1.35，半穿甲弹和穿甲弹取 1.00；对于炮弹：口径 175 mm 以下榴弹取 1.35，其他取 1.00。r 为装药换算系数，对于航弹：普通爆破弹或低阻式爆破弹取 1.64，半穿甲弹和穿甲弹 0.99；对于炮弹：榴弹取 0.99，其他取 0.26。

根据以上公式，选取最大的 1#航弹（弹径 45 cm，弹长 90 cm，弹头长度忽略）测算，测得该航弹等效 TNT 当量为 31.72 kg。需要单独引爆，使用 6 kg 炸药覆盖在弹体上部引爆。

2#～12#炮弹的等效 TNT 当量都在 3 kg 以下，可以集中引爆，每枚弹体上部覆盖 0.5～2 kg 炸药一次联网引爆。

爆源间距参考公式：

$$L = K \sqrt[2]{Q_{总}} \qquad (3-5)$$

式中，K 取 1.2；$Q_{总}$ 为单坑内销毁炸药和引爆体炸药的总和，$32+6=38$（kg）。计算得出 $L=7.4$ m，取 >10 m。

（5）起爆网路。采用导爆管雷管复式起爆方式，如图 3-48 所示。

7. 民爆物品销毁实施方案

根据炸药、黑火药、索类民爆物品的性质分为两类：炸药类和雷管类，把它们分别放置在 2～3 m 深的土坑中，分批分次用雷管引爆。埋填药量及埋填深度根据以下公式进行校核。

$$Q = eKW^3 \qquad (3-6)$$

式中，Q 为每次销毁药量，kg；e 为炸药换算系数，2#岩石炸药 $e=1.0$；黑火药 $e=1.8$；K 为松动爆破炸药单耗，$K=0.5\text{kg/m}^3$；W 为炸药埋填深度，m。

据此，在 2 m×2 m×2 m 的土坑内，每次可销毁乳化炸药 64 kg、115 kg 的黑火药。

根据销毁民爆物品的品种的重量，黑火药 148 kg（据研究表明，黑火药的 TNT 当量值约为 0.45，约为 67 kgTNT，分 2 坑）、乳化炸药 47.7 kg（炸药的 TNT 当量值约为 0.687，约为 32.8 kgTNT，一次引爆），计划分三次逐坑（乳化炸药一次、黑火药两次）爆炸销毁。在销毁乳化炸药的土坑内，将各式雷管（导爆管雷管的塑料导爆管、电雷管的脚线预先剪掉）、索类顺便一同销毁。销毁时要用黄土或矿石粉覆盖（超过 3 m）。

由于现场挖掘难度较大，故在南面石壁下沿壕沟东南方向尽头挖掘三个土坑（2 m×2 m×2 m），进行黑火药、乳化炸药的销毁。销毁炸药、黑火药时，备用石粉进行覆盖，覆盖层超过 3 m，尽量减少噪声传播及个别飞散物的飞散范围。

炸药、黑火药引爆采用复式网路，逐坑起爆。总起爆图如图 3-49 所示。

土坑间隔 L 计算参考公式：

$$L = K \sqrt[2]{Q_{总}} \qquad (3-7)$$

式中，K 为系数，取 1.2；$Q_{总}$ 为单坑内销毁炸药和引爆体炸药的总和，$47.7+4=51.7$（kg）。计算得出 $L=8.6$ m，取 >10 m。

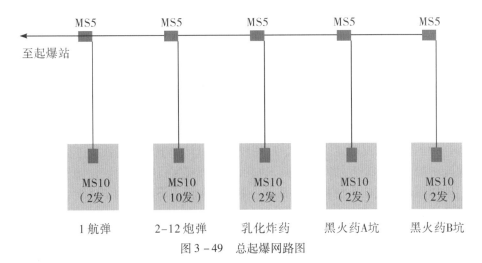

图 3 - 49　总起爆网路图

为确保安全引爆，每个爆源都设置两个起爆药包，2#～ 10#炮弹设置多个起爆药包。

8. 安全校核与警戒

（1）销毁爆炸冲击波与振动。

销毁地点选择在三面环山的废弃采石场内进行，警戒半径大于 500 m，对于人员、建筑物，空气冲击波的安全距离按以下公式计算：

$$R = K \sqrt[3]{Q} \qquad (3-8)$$

式中，R 为人员及建筑物距爆源的安全距离，m；Q 为销毁炸药最大一段的药量，kg；K 为系数，无掩体时，$K = 30$，取 $Q = 50$ kg，计算得：$R = 110.52$ m。可知冲击波危害可控。

因爆破引起的振动速度计算公式为：

$$v = K \left(\frac{\sqrt[3]{Q}}{R} \right)^{\alpha} \qquad (3-9)$$

式中，v 为振动速度，cm/s；Q 为最大一段起爆药量，kg；R 为测点至爆源的距离，m；α 为地形、地质条件及衰减系数，取 $K = 150$，$\alpha = 1.8$。

根据《爆破安全工程》规定，爆源西面通信信号发射塔（约 500 m）的安全允许振动速度为 3.5 ～ 4.5 cm/s，最大起爆药量为 50 kg，距离 500 m，计算得：$v = 0.0217$ cm/s，小于 3.5 cm/s。通信信号发射塔是安全的。正南方向 480 m 以外有部分民房，其安全允许振动速度为 2 ～ 2.5 cm/s。据计算：$v = 0.0234$ cm/s，小于 2 cm/s。民房安全。

（2）噪声防护。

销毁废旧炮弹、黑火药、乳化炸药时，采用沙土覆盖消音。

（3）安全警戒。

警戒半径取 500 m，在①西面和②西南面乡道南、北方向均应实行交通管制（配备警力协助）；③西北方向原宝盛石场方位，负责清理无关人员。

警戒通信：本次销毁作业配备 6 部对讲机，总指挥、起爆站各 1 部，警戒点 4 部。

警戒信号：各警戒点人员到位后，立即进行人员、设备清理、撤离，完毕后向总指挥报告，总指挥下达警戒命令，同时开启警铃，警戒开始。总指挥向起爆站下达起爆命令

（10 s 倒计时），爆炸发生 10 min 后，派人（进入人员佩戴防毒口罩）进入爆源检查，确认无危险后，由总指挥下令解除警戒，关闭警铃。

9. 销毁民爆物品的装运

（1）销毁民爆物品的分类包装。

对销毁的民爆物品要进行分类包装，以便运输。包装一律采用木箱，使之稳固。封装好后，在木箱上面要标明所装爆炸物品的种类、数量及其他注意事项，并分类放置；木箱尺寸根据炮弹的实际情况确定。木箱最好用胶进行封粘，不容许用铁皮进行包裹。

对保险解除、起爆装置外露、引信未脱落的炮弹要实行特殊包装，即外用牢固木箱装入弹药，四周用木屑或软质材料填充固定，使弹药在箱内不能滚动，保险、引信、起爆装置不要触及炮弹，以保证安全。

（2）销毁民爆物品的运输。

在装卸和运输时严禁磕、碰、摔、撞、滚、抛掷，要轻拿轻放；尤其对引信部位，更要保证其绝对不与其他物体碰撞。

①选用减振性能、刹车性能好的专用车辆运输民爆物品。

②尽量控制车速小于 20 km/h，减轻车辆的颠簸程度，也可在车厢中放置适量细沙，将木箱埋入细沙中。木箱间要保持 30 cm 左右的间距。

③木箱要人工装卸，严禁抛掷，要轻拿轻放。

④部分废旧炮弹的运输需要通过市区的，应有警车开道护送，避免在人口密集区域堵车、停留，以防发生不测。

10. 废旧炮弹及民爆物品销毁的组织措施

由于废旧炮弹销毁危险性大、不确定因素多，在销毁处理过程中，要设立技术处理、安全警戒、弹药运输、后勤保障等部门。参与销毁工作的人员必须熟悉并遵守《民用爆炸物品安全管理条例》和《爆破安全规程》。使销毁方案更科学、严谨、可靠并得以实施。

（1）组织机构（图 3-50）。

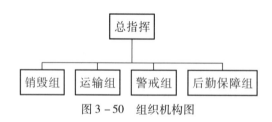

图 3-50　组织机构图

（2）各机构职责（略）。

11. 材料、工具、设备

（1）民爆物品：φ70 乳化炸药两箱 48 kg、10 段导爆管雷管 20 发、5 段导爆管雷管 20 发、变色导爆管 1000 m、连接四通、胶布若干。

（2）防护材料：石粉若干。

（3）通信工具：对讲机 6 部。

（4）专用运输车辆 4 台。

12. 其他注意事项

销毁作业应选择在天气晴朗时进行，禁止在雷雨天气作业。

严格按照技术方案作业，同时做好安全警戒工作。

销毁作业全部完成后，要对销毁现场进行详细检查，检查无误再撤离现场。

13. 应急预案

同实例1，略。

2.3　实例3：爆炸法销毁废旧炮弹及燃烧法销毁子弹[6]

1. 概述

为推进城市平安建设，护航经济社会发展，XX市计划在2021年12月底之前销毁收缴的废旧炮弹。现委托我公司对上述废旧炮弹进行销毁，拟定于12月2日实施销毁。

本次待销毁的废旧炮弹由于长期在地下掩埋，多数弹体已锈蚀，但仍具有较大杀伤力，在受到外力作用（如撞击）后极易引起爆燃、爆炸。

经鉴定，本次拟销毁的废旧炮弹不是生物化学武器，可作为常规弹药销毁。废旧炮弹在封闭状态的机械感度不高（火药露在外面感度高），装卸及运输时严禁烟火、防撞击。

本次销毁实施方案于2021年10月14日经专家评审通过，根据专家建议意见进行修改完善。本次拟销毁的废旧炮弹分类如表3-13所示，实物图如图3-51～图3-58所示。

表3-13　废旧炮弹及子弹分类表

序号	炮弹名称	图片编号	数量/枚	弹药质量/kg
1	130迫击炮弹	图3-51	1	5
2	日式100山炮弹	图3-52～图3-55	4	12
3	迫击炮弹	图3-56、图3-57	2	2
4	自制土雷	图3-58	1	0.1
5	子弹		1128	7
			5	0.2
6	子弹		665	4
			43	0.2

图 3 - 51　130 迫击炮弹

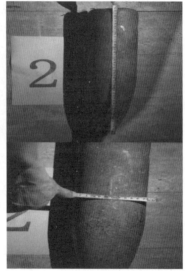

图 3 - 52　日式 100 山炮弹

图 3 - 53　日式 100 山炮弹

图 3 - 54　日式 100 山炮弹

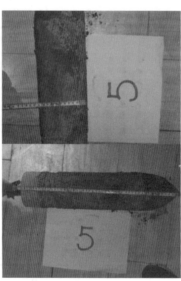

图 3 - 55　日式 100 山炮弹

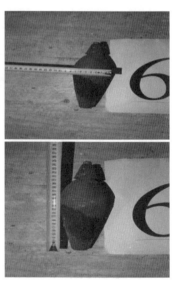

图 3 - 56　迫击炮弹

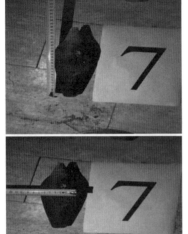

图 3 - 57　迫击炮弹　　　　　　图 3 - 58　自制土雷

2. 设计依据

（1）《危险化学品安全管理条例》；

（2）《民用爆炸物品安全管理条例》；

（3）《爆破安全规程》（GB 6722—2014）；

（4）《民用爆炸物品工程设计安全标准》（GB 50089—2018）；

（5）《废火药、炸药、弹药、引信及火工品处理、销毁与贮运安全技术要求》（GJB 5120—2002）；

（6）《易制爆危险化学品名录》（2017 年版）；

（7）《公安机关处置爆炸物品工作安全规范》。

3. 废旧炮弹销毁方案

1）销毁方式的确定

（1）废旧炮弹的销毁方式：待销毁的废旧炮弹不一定丧失爆炸能力（只有部分爆炸性能不确定），根据以往经验对废旧炮弹采用爆炸法销毁。

（2）废旧子弹的销毁方式：根据以往经验对废旧子弹采用燃烧法销毁。

2）销毁场地选择

（1）废旧炮弹的销毁场地选择：经多处寻找销毁场地并与局领导沟通，选择某市坦屿塘作为销毁场地，该场地四周空旷，只有一条道路进和一条道路出，东侧为东海，南侧、西侧、北侧均为海涂，各方位 1000 m 范围内均无建（构）筑物，易于警戒（图 3 - 59、图 3 - 60）。

（2）废旧子弹的销毁场地选择：选择 XX 市城东街道锦屏岩仓。

从周边环境来看，该场地销毁条件较好，销毁时产生的爆炸效应及危害均在可控范围，采取危害控制措施。

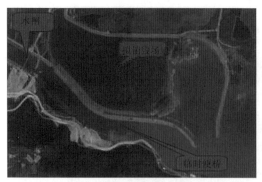

图 3-59　废旧炮弹拟销毁场地卫星截图　　　　图 3-60　废旧子弹拟销毁场地卫星截图

3）废旧炮弹销毁技术参数设计

（1）销毁坑参数设计。根据废旧炮弹类别及型号，采取相应挖坑方式设置 2 个销毁爆坑。其中，1#爆坑长×宽×深 = 1.5 m×0.8 m×1.0 m。

（2）废旧炮弹销毁作业。爆坑底部先放置彩条布，彩条布上面铺 8～10 cm 细沙，上面放置单层废旧弹药，炮弹与炮弹之间靠紧（弹头向下倾斜，弹头朝东），炮弹上面放置诱爆药包（φ32 乳化炸药），起爆药包的导爆管（脚线）从坑角引出，然后用彩条布覆盖，用细沙将爆坑填平，上面堆压 3 层沙袋。示意图如图 3-61、图 3-62 所示。

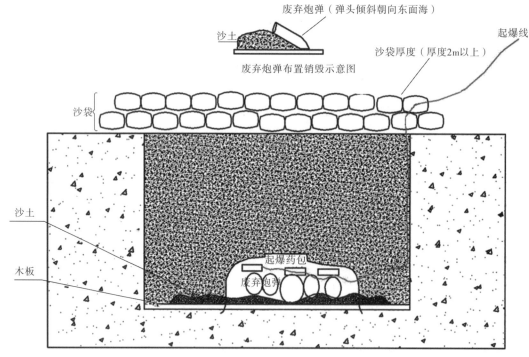

图 3-61　1#爆坑炮弹放置、装药及覆盖示意图

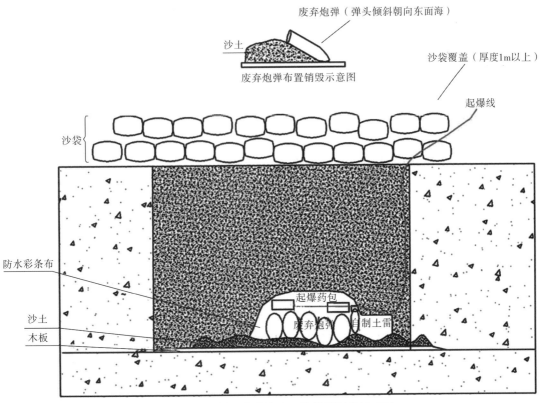

图 3 - 62 2#爆坑炮弹放置、装药及覆盖示意图

（3）待销毁废旧炮弹分坑及爆破器材计划用量（表 3 - 14）。

表 3 - 14 待销毁废旧炮弹明细及爆破器材用量表

销毁坑号	拟销毁炮弹名称	拟销毁炮弹编号	数量/枚	引爆民爆物品
1	130 迫击炮弹、日式 100 山炮弹	图 3 - 51～图 3 - 55	5	炸药 5 kg、雷管 10 发
2	自制土雷、迫击炮弹	图 3 - 56～图 3 - 58	3	炸药 5kg、雷管 10 发

①各爆坑待销毁炮弹数量。

1#爆坑放置待销毁表 3 - 15 中"序号 1"的废旧炮弹 5 枚。

2#爆坑放置待销毁表 3 - 15 中"序号 2"的废旧炮弹 3 枚。

②爆破器材计划用量。

导爆管雷管 30 发（MS3 段 30 发，脚线长 7 m）。

乳化炸药 24 kg。

导爆管 1000 m。

（4）起爆网路设计及连接方式：

①起爆网路：采用导爆管起爆网路。

②连接方式：坑内采用 MS3 段导爆管雷管装置簇联，即"大把抓"，用 2 发 3 段雷管绑扎，用 MS3 段导爆管雷管连接，用四通连接至主线。用起爆总线放至 600m，起爆器起爆，见起爆网路连接示意图（图 3 - 63）。

图 3 - 63　起爆网路连接示意图

（5）其他材料计划：沙袋 60 个，防水彩条布 2 块。

4）安全计算与安全距离

炮弹销毁首先要考虑的是弹片的飞散距离，然后再考虑空气冲击波和振动对周围环境的影响。对于废旧炮弹，应考虑空气冲击波、振动和爆燃对周围环境的影响以及对未爆炸物的处理等。

（1）弹片飞散距离计算。

按照有关标准参考，对于无覆盖的炮弹销毁安全距离可参照表 3 - 15。本次销毁采用挖坑、加压沙袋覆盖（覆盖厚度 0.6 m 以上）的方式，根据多次销毁经验，销毁弹片飞散距离将小于 300 m，鉴于该场地空旷，便于警戒，故安全警戒距离定为不小于 600 m。

表 3 - 15　无覆盖销毁场地的安全距离

弹　种	销毁作业场边缘至场外建筑物的安全距离/m
废旧手榴弹	500
口径小于 57 mm 的废旧炮弹	650
口径小于 85 mm 的废旧炮弹	910
口径 150 mm 榴弹头及航弹、水雷	600 ~ 1250

注：销毁场地周围有自然屏障时，爆炸销毁作业场边边缘至场外建筑物的安全距离可以适当减少；覆盖式爆炸销毁，销毁作业场边缘至场外建筑物的安全距离可减少。因此，本设计警戒半径不小于 600 m。

（2）空气冲击波距离按下式计算

$$\Delta P = 14\frac{Q}{R^3} + 4.3\frac{Q^{\frac{2}{3}}}{R^2} + 1.1\frac{Q^{\frac{1}{3}}}{R} \qquad (3-10)$$

式中，ΔP 为空气冲击波超压值，10^5Pa；Q 为一次爆炸总药量，kg；R 为爆源至保护对象的距离，m。

全部拟销毁炮弹弹药质量为 19.1 kg，乳化炸药起爆药包共计 10 kg，经计算最大段炸药量为 19.1 + 10/1.4 = 26.24（kg）。

表 3 - 16　不同距离上的冲击波超压与有关人员、建筑物安全对应值

距离 R/m	$\Delta P/10^5\,\mathrm{Pa}$	人员安全（≤0.02）	建筑物安全（<0.02）
100	0.033	不安全	次轻度破坏
200	0.017	安全	基本无破坏
300	0.011	安全	基本无破坏
400	0.008	安全	基本无破坏

由表 3 - 16 可知，以上裸露爆炸，爆炸销毁空气冲击波在 200 m 外。本次销毁采用在爆坑上面加强沙袋覆盖的销毁方式，使冲击波大大衰减。根据以往类似销毁经验，可控制在 200 m 范围内。警戒范围按不小于 600 m 设置，起爆站设置在 600 m 外，故对警戒范围以外及起爆站的人员是安全的。同时，人员应尽量不要处于下风向。

（3）振动校核。

1#销毁爆坑药量（按照乳化炸药计算）为 $17 \times 1.4 + 5 = 28.8$（kg），计算爆炸振动安全距离。《爆炸安全规程》确定的安全距离公式为：

$$R = (K/v)^{1/\alpha} Q^{1/3} \qquad (3 - 11)$$

式中，R 为爆炸振动安全距离，m；Q 为炸药量，kg；毫秒延时爆炸取最大一段药量；v 为爆炸安全振速，1.0 cm/s；K、α 为与爆炸区域地形、地貌、地质等条件相关的系数和衰减指数 $K = 180$、$\alpha = 1.7$。

根据公式及数据，计算得出：$R \approx 65$ m。

由上述内容可知，28.8 kg 单段药量爆炸产生的振动对 65 m 以上距离的一般砖房和大型砌块建筑物是安全的，对 500 m 外的民房及建（构）筑物的爆炸振速 $v \le 0.036$ cm/s，安全可控。

4. 子弹销毁方案

1）本次销毁概况

本次销毁子弹情况如表 3 - 17 所示。

表 3 - 17　子弹类别

序号	类别	数量	备　注
1	子弹	1128	
2	猎枪弹	5	具体数量以现场清点接收为准
3	64 式子弹	665	
4	其他子弹	43	

2）采用燃烧法销毁，销毁工艺流程

弹头与弹壳不能分解的枪弹，在专用的焚烧炉中焚烧。装于燃烧罐中的枪弹受到罐底火焰和底壁传递热量的加热，弹体吸热使弹壳膨胀，弹内的发射药温度逐步升高，当达到

燃点时，火药燃烧并产生高温高压气体，高压气体推出弹头达到弹头与弹壳分解的目的。由于燃烧罐孔壁泄压孔孔径小于弹头直径，发射出的弹头被阻挡在燃烧罐内，高温高压气体经泄气孔排出，使燃烧罐泄压并保证罐体强度和安全。子弹销毁的施工工艺包含选址、安全防护措施、销毁设施安装、装弹、燃烧销毁、热罐搬移、冷却、效果检查、废渣处理，详见流程图 3-64。

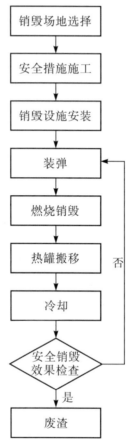

图 3-64　燃烧法销毁子弹工艺流程

3）场地选择

废旧枪弹销毁有一定的危险性，安全要求高，为保证销毁工作的安全进行，销毁场地应满足以下条件：

（1）废旧枪弹燃烧法销毁应在露天进行；销毁点 50 m 范围内无重要建（构）筑物及设施、100 m 内无居民，销毁场地应便于安全警戒。

（2）销毁罐安放处 5 m 范围内不应有杂草、灌木及其他易燃物质，若有易燃物质，销毁前应清理干净。

（3）销毁场地与主要交通道路应有便道连接，方便销毁车辆的进出。销毁作业场地定于 XX 市锦屏废弃岩仓，作为销毁场地。该处为四周空旷场地，矿区四周 500 m 范围内均无永久建（构）筑物（图 3-60）。

4）安全防护措施

在销毁场地中划定燃烧销毁区域、人员工作区域、热罐冷却区域、废弃物临时堆放区域。各个区域根据安全需要应采取相应的安全防护措施，各个区域的安全防护应在子弹销毁前布置完成。

5）销毁设施及安装

（1）燃烧罐。燃烧罐可用四周钻有小孔的钢板桶加工而成，装入枪弹后将桶口用钢板盖牢固，在桶体下方用木柴和柴油燃烧销毁桶内枪弹。

枪弹用燃烧罐由 5 mm 厚钢板卷制而成，直径 500 mm，高 500 mm，四周和底部泄压孔孔径 5 mm，上底设有 200 mm 可拆卸活动盖，盖与罐之间用螺杆连接并留有 5 mm 环形泄气间隙。

（2）燃烧罐安装时应注意以下事项：

①燃烧罐宜安装在地面平整的区域；

②燃烧罐附近应具备灭火器或其他灭火材料。

本次销毁燃烧罐安装在场地平整处作为燃烧销毁区，并距离其他人工操作区至少 50 m，确保作业安全。

6）子弹移交及装弹

拟销毁场地子弹销毁前应做好子弹移交工作，移交时双方应做好移交记录并签字确认。子弹分类应依次按照子弹种类及完好程度进行，装弹前应按照猎枪弹、气枪弹、射钉弹、军警用子弹进行分类，若同一种类子弹的数量较多，宜按照子弹的完好程度进行细分。子弹装入销毁罐前还应对销毁罐进行检查：

（1）销毁罐的泄气孔是否堵塞；

（2）销毁罐钢板是否破损、焊缝是否脱焊；

（3）螺栓和螺帽是否完好。

单个销毁罐单次装弹量应参照表 3－18、表 3－19 所示的标准。装弹时严禁超标，装弹结束后枪弹的总体积不得超过销毁罐容积的 1/3。

表 3－18　典型枪弹装罐数量及销毁时间表

序号	枪弹种类	口径/mm	罐装数量/发	燃烧时间/min
1	射钉弹、气枪弹	≤6	3000	15
2	手枪子弹	≤7.62	2000	15
3	机枪子弹	≤12.7	1500	15
4	猎枪弹	≤18.5	500	25

表 3－19　设计一次销毁子弹数量及销毁时间表

序号	枪弹种类	口径/mm	罐装数量/发	燃烧时间/min
1	射钉弹、气枪弹	≤6	≤1000	15
2	手枪子弹	≤7.62	≤1000	15

（续表）

序号	枪弹种类	口径/mm	罐装数量/发	燃烧时间/min
3	机枪子弹	≤12.7	≤1000	15
4	猎枪弹	≤18.5	≤300	25

装弹后应由技术人员检查确认装弹的种类和弹药的数量，经技术人员检查无误后才允许盖销毁罐顶盖并拧紧螺栓。

7）燃烧销毁

装弹结束后将销毁罐抬至木柴上，统一点火后操作人员应迅速撤离至安全位置，多个罐体同时加热，应同时点火。随着温度的升高，子弹内发射药达到燃点后燃烧，产生高温高压气体，将弹头推出，实现弹头与弹壳的分离，同时发出噼啪的声响。

因子弹种类及完好程度的差异，燃烧时子弹销毁所需的时间也不同，通常完好子弹的销毁时间比锈蚀子弹要短很多。一般情况下，子弹可在 15～20 min 内完成销毁。枪弹销毁加热时间根据销毁罐内噼啪声来确定，噼啪声基本结束后继续加热的时间不得小于 5 min。

8）热销毁罐搬移及冷却

搬移加热后的销毁罐应注意避免烫伤，搬移必须由 2 人完成：将长约 1.5 m 的毛竹或钢筋穿过销毁罐的 2 个吊环，将销毁罐抬起后搬移。搬移过程中操作人员应戴好劳保手套，并采取措施防止销毁罐在毛竹上滑动。

销毁罐冷却方法：受销毁场地的限制，一般采用自制蓄水容器或整理箱储水，用工具车将水运至冷却场地，销毁罐自然冷却一段时间后，用水从多个角度对销毁罐进行浇淋，使销毁罐基本冷却。销毁罐水冷却前，严禁触摸或打开销毁罐。

9）效果检查

打开销毁罐将燃烧后的废渣倒在 1.5 m×1.5 m 的土工布上，先由本小组人员对废渣进行检查，通过逐个子弹检查的方式，确保弹头弹壳完全分离后才允许收集废渣；弹壳和弹头没有分离的子弹应收集在一起，下次销毁时进行二次燃烧销毁，若经过两次燃烧后弹头与弹壳仍没有分离，说明该子弹为教练弹或发射药已完全失效，可直接用老虎钳将弹头拔出，采用人工作业销毁子弹。

10）交叉作业

为加快销毁工作的效率，部分销毁工作可交叉进行：在第一批子弹加热过程中，完成第二批子弹的分类及拆除子弹包装工作；第一批子弹冷却并倒出后，对第二批子弹装罐并点火加热；在第二批子弹加热时，进行第一批子弹的效果检查工作和回收工作，同时对第三批子弹进行分类和拆除子弹包装工作。依此循环方式，穿插进行销毁工作。

5. 安全措施

1）销毁罐防护

根据选择的销毁场地的具体条件，将销毁罐放在平整场地，与其他作业区保持较远距离，销毁罐附近应备有灭火器或其他灭火器材。子弹销毁主要材料实物如图 3-65 所示。

朝向作业区的一侧使用人工堆垒的沙包作为掩体，将销毁罐和作业区的水平方向隔离开，消除子弹飞射出来的安全隐患。

图 3-65　子弹销毁主要材料

2）安全要求

（1）罐内禁止装入炸药雷管等爆炸性器材，并严格控制一次销毁的清单数量。

（2）每次销毁，一次性加足木柴，并浇柴油。点火燃烧过程中禁止添加木柴和柴油。

（3）燃烧罐销毁时周边安全距离不得小于 50 m，清理干净安全范围内的易燃物，防止引发火灾。

（4）罐内子弹销毁后，对燃烧罐浇水降温，并将罐内燃烧过的弹壳、弹头清理干净。

（5）多个燃烧罐同时销毁时，应等全部罐体燃烧后才可进行降温和清理。

3）操作人员防护

操作人员在销毁施工过程应穿戴好劳动防护用品，尤其应戴好安全帽及劳保手套；加热过程中，操作人员距销毁罐不应小于 50 m。

4）安全警戒

废旧枪弹销毁时安全警戒距离为 150 m，销毁施工时无关人员不得入内。

安全警戒区域出入口设置警戒绳和岗哨，外部人员不得进入。销毁警戒图如图 3-66 所示。

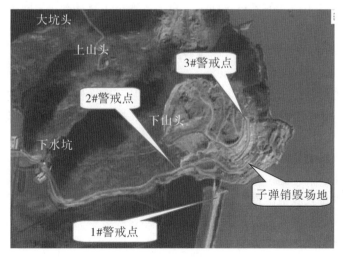

图 3-66　子弹销毁警戒图

5）消防安全措施

（1）在销毁区域内，清除周边的杂草和易燃物品，确保销毁不会造成周边失火，带来安全隐患。

（2）在销毁区域内放置多个灭火器，并设置储水容器，作为必要的防火和灭火设施。

（3）设置销毁区域使用警戒绳隔离，无关人员不得随意进入销毁区。

6）组织管理机构

（1）施工组织管理机构（图3-67）。

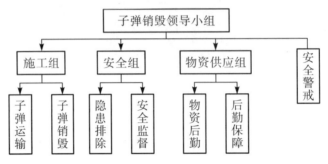

图3-67　组织管理机构图

（2）施工组织机构职责。

①项目负责人：

项目负责人作为项目管理的第一责任人，对项目管理实施阶段全面负责：

——主持项目部的全面工作，协调其他部门的关系，征询公安对子弹销毁工作的建议和要求；及时向公司本部领导汇报工程进展情况。

——负责协调项目部内部工作和外部重要事宜的工作接口。

——负责下达点火、熄火、销毁罐的搬移及打开口令。

——对现场销毁记录表进行复核，对销毁效果进行复检。

②安全组：

——负责子弹销毁施工安全管理制度的制定，专项安全措施制定。

——组织危险源辨识、安全隐患排除；对进场施工人员进行安全教育。

——检查安全制度、措施的执行情况；对销毁施工的关键工序进行现场监测。

——负责对一般质量、安全事故的调查处理。

③施工组：

——负责销毁前安全措施施工、销毁设施安装及子弹在销毁场地的安全运输。

——负责子弹销毁工作中的装弹、点火、熄火、搬移、冷却及销毁效果的检查等施工工作；

——对销毁现场的实际情况进行详细记录，并填入现场记录表。

④物资供应组：

——负责销毁罐及其他配件工具的订购。

——负责劳保用品及安全防护设施的购买。

——为销毁现场施工做好后勤保障。

⑤警戒组：

负责销毁现场无关人员的疏散及进入施工现场路口的安全警戒。

⑥设施及人员配置：

子弹销毁主要设备有销毁罐、工具车、柴油、木柴、灭火器、毛竹及钢筋、编织袋、蓄水箱、小盆、榔头、老虎钳、土工布等，如表3-20所示。

子弹销毁人员主要有项目负责人、施工组、安全组、物资供应组、安全警戒组；各组人员数量应根据销毁子弹数量及设备数量确定，如表3-21所示。

表3-20 主要设备表

序号	名称	数量	单位	备注
1	柴油	20	升	
2	销毁罐	3	套	
3	工具车	2	辆	
4	灭火器	5	个	
5	编织袋	150	个	含沙袋
6	蓄水箱	4	个	
7	水桶	4	个	

表3-21 主要人力资源表

序号	名称	数量	备注
1	项目负责人（技术负责人）	1	主持全部工作
2	安全组及警戒组	3	安全保卫、警戒
3	施工组	4	销毁子弹操作
4	物资供应组	2	物资购买等操作

6. 装卸及运输

1）废旧炮弹装卸搬运

（1）装卸搬运作业应在白天进行，如确需在凌晨进行作业的应有足够的照明设施；现场严禁携带火种，不得明火照明，保证作业安全。

（2）装卸搬运作业区域应划定警戒范围，有专人警戒，禁止无关人员入内。

（3）装卸作业前应核对待销毁废旧炮弹的品种、规格、数量，并检查确认箱体及搬运部件牢固可靠。

（4）装卸搬运时应有安全管理人员在场监督，作业人员不得穿化纤类衣服、拖鞋及带钉的鞋，搬运人员数量不超过6名。搬运路径宜平整，视野良好，通行顺畅。

（5）待销毁废旧炮弹装车应满足弹药轴线方向与行车方向垂直。

（6）装车的包装箱体应采取固定、防滑、防翻滚措施。

本次废旧炮弹分3辆车运输，炮弹与子弹不得同车运输，各车装运物品如表3-22所示。

表 3 - 22　装运废旧炮弹及子弹情况

车号	拟销毁炮弹名称	数量/枚	重量/kg
1	130 迫击炮弹	1	8
	日式 100 山炮弹	4	24
	自制土雷	1	0.15
2	迫击炮弹	2	8
	子弹	1128	11.5
	猎枪弹	5	0.1
3	64 式子弹	665	7
	其他子弹	43	4.5

2）废旧炮弹运输及安全要求

（1）运输。

运输是销毁作业中非常重要的一项环节，整个运输过程由一个运输车队负责。车辆组成：第 1 辆引导车（此辆车可作为指挥车），在运输车前承担引路、清障等先导工作，并随时保持与上级部门的联系，同时协调各 XX 市收缴的废旧炮弹销毁实施方案路段的警戒工作；第 2 辆运输车，负责运输废旧炮弹。运输废旧炮弹车队装好物品，经检查一切物品装载符合安全要求后，从各自的仓库出发，按照路线往销毁场地行驶。

——废旧炮弹运输车辆驾驶人员应具备相应资格，同车至少配备 1 名押运人员，无关人员不得搭乘。

——禁止性质相抵触的废旧炮弹同车运输、人货混装、载运无关货物。

——废旧炮弹运输应按照规定的时间和路线行驶，应避开人员密集区域。

——两辆及以上废旧炮弹运输车的行驶间距宜保持 50 m 以上，上山或下山时间距应不小于 300 m，保持安全车速。

——废旧炮弹运输应配备警务车辆，并设置明显标志，夜间挂红灯。

——废旧炮弹运输应选择良好天气时工作，中途不得在人口密集区停留。

——运输开始前和结束后均应做好待销毁废旧炮弹的移交记录并签字确认。

——运输过程中发生火灾时，应将车辆转移至危害最小的区域或进行有效隔离，不能转移、隔离时，应组织人员疏散。

——运输过程中若发现丢失、遗漏等情况，应立即向有关部门报告并采取相应措施。

（2）运输路线。

XX 市运输队从 XX 市危险物品收缴库出发驶入城南镇坦屿塘销毁场地。

各车辆之间需保持安全距离，车速按照危险品运输控制。选择车况良好的专用车辆运输，驾驶员必须技术好、政治觉悟高。待销毁废旧炮弹的摩擦感度、机械感度比较高，运输路线应避开闹市区、交通繁忙地段及人口稠密处，还应避开上下班高峰，途中由警车开道护送，确保平安运抵销毁场地。

因销毁场地为沿海滩涂，要赶在当天潮水涨潮之前进行销毁。定于 12 月 2 日 10:00—15:00 进行爆炸销毁，因此，废旧炮弹运达时间应在当天 10:30 点左右。请大队安排好时间，以便销毁工作按计划完成。

7. 安全措施

（1）本次销毁实施前以书面形式向公安部门报备。

（2）公司应组织强有力的销毁工作领导班子并至现场指挥销毁实施。

（3）主要设计人员应至现场指导作业。

（4）安置诱爆药包时应严格控制作业人数，其余人员撤至安全处。操作人员应由爆炸销毁工程技术负责人指导，爆破工程技术人员、爆破员按照实施方案操作，按照设计的顺序依次装填，装填数量按照表3-23待销毁废旧炮弹明细表中的数据，不得更改，若有与方案不符的，应得到技术负责人同意。

（5）坑内放置彩条布，然后放置待销毁的废旧炮弹。废旧炮弹弹头朝向东海，炮弹紧贴放置，诱爆药包安置在弹体表面，并固定牢靠，用彩条布覆盖，再在上面用沙铺垫平整，然后压沙袋。

（6）起爆用的导爆管放置过程中不允许有弯曲、打结，按照实施方案连接爆破网路。

（7）弹丸碎片及飞石防护：在爆坑的爆体上面铺设0.5 m的细沙至爆坑口，再在上面覆盖3层沙袋。

（8）爆炸销毁安全警戒范围为不小于600 m，设置4个警戒点和1个瞭望哨。爆炸销毁前在现场周围张贴爆破公告。

（9）起爆后至少等候15 min方可进入现场作业检查。

（11）应对爆坑位置、现场等进行仔细搜查，经全面检查确认销毁完全无安全隐患后解除警戒。

（12）在销毁场地还应做到以下几点：

①在销毁区域内，清除周边的杂草和易燃物品，确保销毁不会造成周边失火带来的安全隐患。

②在销毁区域内放置多个灭火器，并设置储水容器，作为必要的防火和灭火设施。

③设置销毁区和作业区，将这两个区域使用安全警戒绳隔离，作业人员在销毁过程中，不得随意进入销毁区。

8. 施工组织设计

（1）销毁领导小组。

废旧炮弹销毁工作由XX市公安局组织，成立销毁领导小组，由XX市局治安大队副大队长XXX担任组长，XXX担任副组长。当日销毁作业展开前，由销毁领导小组组长集合全体人员下达各岗位任务。销毁实施单位为核工业井巷建设集团公司，明确被销毁的废旧炮弹品种、数量。进行人员分工，明确工作内容及安全警戒范围；提出安全作业要求及安全防护注意事项等。销毁领导小组，下设爆破作业组、保卫（警戒）组、运输组、保管组。具体构成如下：

保卫（警戒）组组长：XXX，负责保卫警戒工作。

运输组组长：XXX（XX05000200310），负责运输安全工作。

销毁作业组组长：XXX，负责销毁作业实施工作。

销毁作业副组长：XXX，按照方案负责销毁作业。

销毁作业组：XXX（爆破员XX05000101057）、XX（爆破员XX05000100699）。包括

废旧炮弹的清点、搬运，装填炮弹，安装起爆药包，沙袋覆盖，连接网路，起爆；各警戒点由治安大队和销毁实施单位各派 1 人（共 9 人）。

运输组：由 XXX 负责，并组织专人装卸，专车运输，按指定路线运输至销毁场地。

保管组：XX（保管员 XX05000300358），负责民爆物品和废旧炮弹的现场管理工作。

9. 爆后检查

（1）对销毁爆坑及周边进行检查，确认是否有无盲炮及未引爆的废旧炮弹。

（2）根据检查结果立即向负责人汇报。若发现有未爆现象，应按照原方案进行销毁。

10. 盲炮处理

若发现有盲炮（废旧炮弹），立即按照销毁方案进行处理。

预留一定的爆炸物品以处理未爆的废旧炮弹。若确认废旧炮弹全部销毁，则处理预留爆炸物品。

11. 销毁警戒方案

1）周边环境

拟定于 12 月 2 日对 XX 市收集收缴的废旧炮弹（表 3-23）进行销毁。经现场勘察，选择 XX 市坦屿塘作为销毁场地，该场地四周空旷，只有一条道路进和一条道路出，东侧为东海，南侧、西侧、北侧均为海涂，各方位 1000 m 范围内均无建（构）筑物，易于警戒。

表 3-23　废旧炮弹及子弹分类

序号	炮弹名称	图片编号	数量/枚	重量/kg
1	130 迫击炮弹	图 3-51	1	5
2	日式 100 山炮弹	图 3-52～图 3-55	4	12
3	迫击炮弹	图 3-56～图 3-57	2	2
4	自制土雷	图 3-58	1	0.1
5	子弹		1128	7
			5	0.2
5	子弹		665	4
			43	0.2

2）销毁计划

拟定于 2021 年 12 月 2 日进行销毁作业，于当日早晨 8：30 将废旧炮弹进行装车，9：00 出发，10：30 左右运输至销毁场地，15：00 前销毁工作准备完毕并实施警戒。

3）警戒组织机构

本次销毁保卫（警戒）组组长：XXX；

销毁实施小组组长：XXX。

4）销毁警戒的实施

（1）废旧炮弹销毁警戒的实施：

①爆炸销毁警戒分为装药警戒和爆炸销毁警戒。

②爆炸销毁装药期间，销毁点两侧设置装药警戒点（如图 3-68 中的警戒点 3、4），

警戒区域内停止其他一切施工，无关人员、车辆、爆炸物品、机械设备等撤离。

③警戒，警戒线内所有人员、车辆全部撤离至警戒线外。

（2）起爆点设置在1#爆炸警戒点处，共设置3个警戒点和移动瞭望哨（图3-68）。

1#爆炸警戒点（瞭望哨）位于销毁区域南侧道路上，距离销毁点800 m，警戒人员：XXX（13968506XXX）、XXX；起爆站：XXX；瞭望哨为XXX。

2#警戒点位于东侧道路上，距离销毁点650 m，警戒负责人：XXX、XX。

3#警戒点位于西侧道路上，距离销毁点650 m，警戒负责人：XXX、XX。

4#警戒点位于北侧道路上，距离销毁点650 m，警戒负责人：XX、XXX。

爆破警戒时，各警戒点使用对讲机进行通信，确保通信畅通。

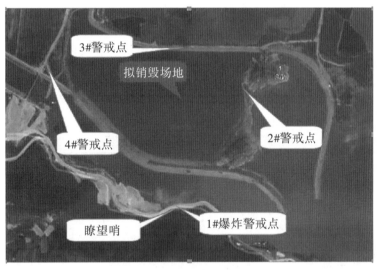

图3-68 销毁警戒示意图

（3）废旧子弹销毁警戒的实施。

废旧枪弹销毁时安全警戒距离为150 m，销毁施工时无关人员不得入内，销毁区如图3-69所示。

安全警戒区域出入口设置警戒绳和岗哨，外部人员不得进入。

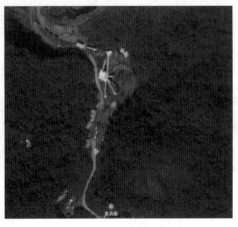

图3-69 销毁区

（4）警戒时，各警戒点使用对讲机进行通信，确保通信畅通。

2.4 实例4：爆炸法销毁废旧航弹及炮弹[7]

1. 概述

为"推进城市平安建设护航经济社会发展"，XX市计划在2021年12月底之前销毁收缴的废旧炮弹（表3-24）。现委托我公司对上述废旧炮弹进行销毁，拟定于12月2日实施销毁。

待销毁的废旧炮弹由于长期在地下掩埋，多数弹体已锈蚀，但仍具有较大杀伤力，在受到外力作用（如撞击）后极易引起爆燃、爆炸。

经鉴定，拟销毁的废旧炮弹不是生物化学武器，可作为常规弹药进行销毁。废旧炮弹在封闭状态机械感度不高（火药露在外面感度高），装卸及运输时应严禁烟火、撞击。

销毁实施方案于2021年10月14日经专家评审通过，根据专家建议意见进行修改完善。拟销毁的废旧炮弹分类如表3-24所示，炮弹实物图如图3-70～图3-72所示。其中，航弹长约1 m，直径超过0.3 m。

表3-24 废旧炮弹及子弹分类表

序号	炮弹名称	照片编号	拟销毁炮弹图片编号	数量/枚	弹药质量/kg
1	航弹	1	1#	1	50
2	舰炮弹	2	2#	2	2
3	60榴炮弹	3	3#	1	3

图3-70 航弹（炮弹编号：1#）

图 3 - 71　舰炮弹（炮弹编号：2#）

图 3 - 72　60 榴炮弹（炮弹编号：3#）

2. 设计依据

同前例，略。

3. 废旧炮弹销毁方案

1）销毁方式的确定

根据以往经验对废旧炮弹采用爆炸法销毁。

2）废旧炮弹的销毁场地选择

经多处寻找并与当地公安局领导沟通，选择某市建筑石料（宕渣）矿区作为销毁场地，该场地四周空旷，矿区周边北侧约 700 m 处有红脚岩渔港建设工程石料矿，南侧约 650m 处为防洪提水闸及海堤坝，其余各方位 700 m 范围内均无其他建（构）筑物，易于警戒（图 3 - 73）。

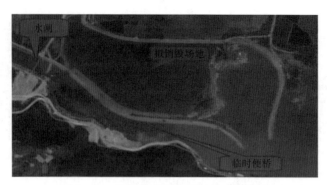

图3-73 废旧炮弹拟销毁场地卫星截图

3）废旧炮弹销毁技术参数设计

（1）销毁坑参数设计。

根据废旧炮弹类别及型号，按照相应挖坑方式设置1个销毁爆坑。1#爆坑长×宽×深=1.5 m×0.8 m×1.0 m。

（2）废旧炮弹销毁作业。

爆坑底部凿平，在坑底先放置彩条布，彩条布上面铺8～10 cm细沙，上面放置单层废旧弹药，炮弹与炮弹之间靠紧（弹头向下倾斜，弹头朝东），炮弹上面放置诱爆药包（φ32乳化炸药），起爆药包的导爆管（脚线）从坑角引出，然后用彩条布覆盖，用细沙将爆坑填平，上面堆压4层沙袋，示意图如图3-74所示。

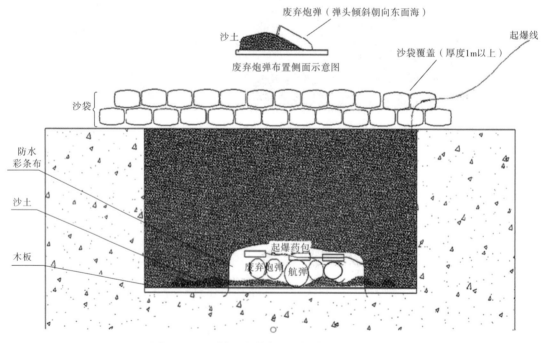

图3-74 1#爆坑炮弹放置、装药及覆盖示意图

（3）待销毁废旧炮弹分坑及爆破器材计划用量如表3-25所示。

400

表 3 – 25 待销毁物明细及爆破器材用量表

销毁序号	拟销毁炮弹名称	拟销毁炮弹编号	数量/枚	引爆物品
1	航弹	1#	1	炸药 10 kg、雷管 16 发
	舰炮弹、60 榴炮弹	2#、3#	3	

①各爆坑待销毁炮弹数量

1#爆坑放置待销毁表 3 – 25 中的 4 枚废旧炮弹。

②爆破器材计划用量

导爆管雷管 20 发（MS3 段 30 发，脚线长 7 m）。

乳化炸药 24 kg。

导爆管 1000 m。

（4）起爆网路设计及连接方式。

①起爆网路：采用导爆管起爆网路。

②连接方式：坑内采用 MS3 段导爆管雷管装置簇联，即"大把抓"，用 2 发 3 段雷管绑扎，用 MS3 段导爆管雷管连接，用四通连接至主线。起爆总线放至 700 m，用起爆器起爆。起爆网路连接示意图如图 3 – 75 所示。

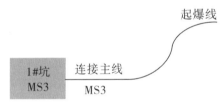

图 3 – 75 起爆网路连接示意图

（5）其他材料计划。

沙袋40 个，防水彩条布 1 块。

4）安全计算与安全距离

炮弹销毁首先要考虑的是弹片的飞散距离，然后再考虑空气冲击波、振动和爆燃对周围环境的影响及未爆炸物的处理等。

（1）弹片飞散距离计算。

按照有关标准参考，对于无覆盖的炮弹销毁安全距离可参照表 3 – 26。本次销毁采用挖坑、加压沙袋覆盖（覆盖厚度 0.6 m 以上）的方式。根据多次销毁经验，销毁弹片飞散距离将小于 300 m，为确保安全，鉴于该场地空旷便于警戒，安全警戒距离定为不小于700 m。

表 3 – 26　无覆盖销毁场地的安全距离

弹种	销毁作业场边缘至场外建筑物的安全距离/m
废旧手榴弹	500
口径小于 57mm 的废旧炮弹	650
口径小于 85mm 的废旧炮弹	910
口径 150mm 榴弹头及航弹、水雷	600 ～ 1250

注：销毁场地周围有自然屏障时，爆炸销毁作业场边缘至场外建筑物的安全距离可以适当减少；覆盖式爆炸销毁，销毁作业场边缘至场外建筑物的安全距离可减少。因此，本设计警戒半径不小于 700 m。

（2）空气冲击波距离按以下公式计算：

$$\Delta P = 14 \frac{Q}{R^3} + 4.3 \frac{Q^{\frac{2}{3}}}{R^2} + 1.1 \frac{Q^{\frac{1}{3}}}{R} \qquad (3-12)$$

式中：ΔP 为空气冲击波超压值，10^5Pa；Q 为一次爆炸总药量，kg；R 为爆源至保护对象的距离，m。

已知：全部拟销毁炮弹弹药质量为 55 kg，乳化炸药起爆药包共计 10 kg，经计算最大段炸药量为 $55 + 10/1.4 = 62.14$（kg）。

表 3 – 27　不同距离上的冲击波超压与有关人员、建筑物安全对应值

距离 R/m	$\Delta P/10^5$ Pa	人员安全（≤0.02）	建筑物安全（<0.02）
100	0.051	不安全	次轻度破坏
200	0.032	安全	基本无破坏
300	0.015	安全	基本无破坏
400	0.011	安全	基本无破坏

由表 3 – 27 可知，以上裸露爆炸销毁空气冲击波在 200 m 外。若销毁采用爆坑上面加强沙袋覆盖的销毁方式，冲击波可以大大衰减。根据以往类似销毁经验，可控制在 200 m 范围内。起爆站设置在 700 m 外，故对警戒范围以外及起爆站的人员是安全的。同时，人员应尽量不要处于下风向。

（3）振动校核。

1#销毁爆坑药量（按照乳化炸药计算）为 $55 \times 1.4 + 10 = 87$（kg），计算爆炸振动安全距离。《爆炸安全规程》确定的安全距离公式为：

$$R = (K/v)^{1/\alpha} Q^{1/3} \qquad (3-11)$$

式中：R 为爆炸振动安全距离，m；Q 为炸药量，kg；毫秒延时爆炸取最大一段药量；v 为爆炸安全振速，1.0 cm/s；K、α 为与爆炸区域地形、地貌、地质等条件相关的系数和衰减指数 $K = 180$、$\alpha = 1.7$。

根据公式及数据，计算得出：$R \approx 94$ m。

由上述内容可知，87 kg 单段药量爆炸产生的振动对 94 m 以上距离的一般砖房和大型砌块建筑物是安全的，对 6500 m 外的海堤及建（构）筑物 $v \leqslant 0.037$ cm/s，爆炸振动对周边建（构）筑物的安全可控。

4. 装卸及运输

（1）废旧炮弹装卸搬运。

①装卸搬运作业应在白天进行，如确需在凌晨进行作业的应有足够的照明设施；现场严禁携带火种，不得明火照明，保证作业安全。

②装卸搬运作业区域应划定警戒范围，有专人警戒，禁止无关人员入内。

③装卸作业前应核对待销毁废旧炮弹的品种、规格、数量，并检查确认箱体及搬运部件牢固可靠。

④装卸搬运时应有安全管理人员在场监督，作业人员不得穿化纤类衣服、拖鞋及带钉的鞋，搬运人员数量不超过 6 名。搬运路径宜平整、视野良好，通行顺畅。

⑤待销毁废旧炮弹装车应满足弹药轴线方向与行车方向垂直。

⑥装车的包装箱体应采取固定、防滑、防翻滚措施。

废旧炮弹分 1 辆车运输，各车装运物品如表 3-28 所示。

表 3-28　装运废旧炮弹及子弹情况

车号	拟销毁炮弹名称	数量/枚	重量/kg	性质
1	航弹	1	125	爆炸物品
	舰炮弹	2	8	
	60 榴炮弹	1	6	

（2）废旧炮弹运输及安全要求。

①运输（类似前述，此处略）

②运输路线（运输途中注意事项同前述）

XX 市运输队从 XX 市危险物品收缴库出发驶入建筑石料（宕渣）矿区销毁场地。

5. 安全措施

（1）本次销毁实施前以书面形式向公安部门报备。

（2）公司应组织强有力的销毁工作领导班子并至现场指挥销毁实施。

（3）主要设计人员应至现场指导作业。

（4）安置诱爆药包时应严格控制作业人数，其余人员应撤至安全处。操作人员应由爆炸销毁工程技术负责人指导，爆破工程技术人员、爆破员按照实施方案操作。按照设计的顺序依次装填，装填数量按照表 3-28 待销毁废旧炮弹明细表中的数据，不得更改，若有与方案不符的，应得到技术负责人同意。

（5）坑内放置彩条布，然后放置待销毁的废旧炮弹，废旧炮弹弹头朝向东海，炮弹紧贴放置，诱爆药包安置在弹体表面，并固定牢靠，用彩条布覆盖，再在上面用细沙铺垫平整，然后压沙袋。

（6）放置起爆用的导爆管的过程中不允许有弯曲、打结。按照实施方案连接爆破网路。

（7）弹丸碎片及飞石防护：爆坑的爆体上面铺设 0.5 m 的细沙至爆坑口，再在上面覆盖 4 层沙袋。

（8）爆炸销毁安全警戒范围不小于 700 m，设置 4 个警戒点和 1 个瞭望哨。爆炸销毁前在现场周围张贴爆破公告。

（9）起爆后至少等候 15 min 方可进入现场作业检查。

（10）应对爆坑位置、现场四周进行认真搜查，确认爆炸完全无安全隐患时解除警戒。

6. 施工组织设计

本次废旧炮弹销毁工作由 XX 市公安局组织，成立销毁领导小组，由 XX 市局治安大队副大队长 XXX 担任组长，副组长：XXX。当日销毁作业展开前，由销毁领导小组组长集合全体人员下达各岗位任务。销毁实施单位为核工业井巷建设集团公司，明确被销毁的废旧炮弹品种、数量。进行人员分工，明确工作内容及安全警戒范围；提出安全作业要求及安全防护注意事项等。

销毁领导小组，下设爆破作业组、保卫（警戒）组、运输组、保管组。

销毁保卫（警戒）组组长：XXX，负责保卫警戒工作。

运输组组长：XXX（XX05000200310），负责运输安全工作。

销毁作业组组长：XXX，负责销毁作业实施工作。

销毁作业副组长：XXX，按照方案负责销毁作业。

销毁作业组：XXX（爆破员 XX05000100699）、XX（爆破员 XX05000101057）。包括废旧炮弹的清点、搬运，装填炮弹，安装起爆药包，沙袋覆盖，连接网路，起爆；各警戒点由治安大队和销毁实施单位各派 1 人（共 9 人）。

运输组：XXX 负责，并组织专人装卸，专车运输，按指定路线运输至销毁场地。

保管组：XX（保管员 XX05000300358），负责民爆物品和废旧炮弹的现场管理工作。

7. 爆后检查

（1）对销毁爆坑及周边进行检查，确认是否有无盲炮及未引爆的废旧炮弹。

（2）根据检查结果立即向负责人汇报。若发现有未爆现象，应按照原方案进行销毁。

8. 盲炮处理

若发现有盲炮（废旧炮弹），立即按照销毁方案进行处理。预留一定的爆炸物品以处理未爆的废旧炮弹。若确认废旧炮弹全部销毁，则处理预留爆炸物品。

9. 销毁警戒方案

1）周边环境

拟定于 12 月 2 日对 XX 市收集收缴的废旧炮弹进行销毁。经现场勘察，选择 XX 市建筑石料（宕渣）矿区作为销毁场地，该场地四周空旷，北侧约 700 m 处有红脚岩渔港建设工程石料矿，南侧约 650 m 处为防洪提水闸及海堤坝，其余各方位 700 m 范围内均无其他建（构）筑物，易于警戒（图 3 - 76）。

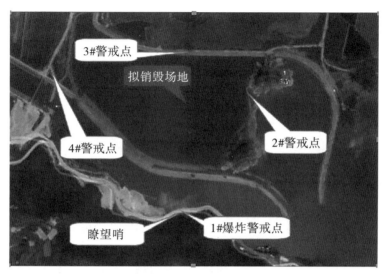

图 3 - 76　销毁警戒示意图

2）销毁计划

拟定于 2021 年 12 月 2 日进行销毁作业，于当日早晨 8：30 将废旧炮弹进行装车，9：00 出发，10：00 左右运输至销毁场地，15：00 前销毁工作准备完毕并实施警戒。

3）警戒组织机构

本次销毁保卫（警戒）组组长：XXX；

销毁实施小组组长：XXX 。

4）销毁警戒的实施

（1）废旧炮弹销毁警戒的实施：

①爆炸销毁警戒分为装药警戒和爆炸销毁警戒。

②爆炸销毁装药期间，销毁点两侧设置装药警戒点（图 3 - 76 中的警戒点 3、4），警戒区域内停止其他一切施工，无关人员、车辆、机械设备等撤出警戒区离外。

③爆炸销毁警戒，警戒线内所有人员、车辆全部撤离至警戒线外。

（2）起爆点设置在 1#爆炸警戒点处，共设置 3 个警戒点和移动瞭望哨（图 3 - 76）。

1#爆炸警戒点（瞭望哨）位于销毁区域南侧海堤上，距离销毁点 700 m，警戒人员：XXX（13968506XXX）、XXX；起爆站：XXX；瞭望哨为 XXX。

2#警戒点位于西南侧进料场的运输道路上，距离销毁点 950 m，警戒负责人：XXX、XX。

3#警戒点位于西侧山体上，距离销毁点 650 m，警戒负责人：XXX、XX。

4#警戒点位于北侧红脚岩采石场的进料场的运输道路上，距离销毁点 750 m，警戒负责人：XX、XXX。

爆破警戒时，各警戒点使用对讲机进行通信，确保通信畅通。

5）警戒程序

同前述，此处略。

2.5 实例5：水溶解法销毁危化物品、爆炸法销毁民爆物品与废旧炮弹

1. 概述

（1）基本情况。

某地在民爆物品、危化物品、废旧弹药等管控方面非常严格，当地公安局集中收缴了一批废旧炮弹、危化物品、民爆物品（雷管引线207 m、雷管2249枚、导火索62.6 m、硝铵炸药6.5 kg、人影火箭弹3枚），危化物品（硫黄8 kg、黑火药26.3 kg、镁粉22.35 kg）和废旧弹药（手榴弹16枚、训练手榴弹48枚、炮弹头2枚、TNT炸药9块合计1800 g、地雷2枚、手雷训练弹66枚）。该收缴物品存在很大的安全隐患，经过局领导开会研究决定给予销毁处理。根据《民用爆炸物品安全管理条例》第四十三条"剩余物品或失效物品，应当及时清理出库，并予以销毁"的规定，某爆破工程有限公司受当地地区公安局治安支队的委托对该局收缴的民爆物品、危化物品、废旧弹药进行安全销毁。为确保销毁工作安全有效地进行，特制定销毁实施方案。具体品种、数量及其特征归类如表3-29～表3-31所示。

表3-29　民爆物品销毁统计表

序号	名称	规格型号	单位	数量	备注	特征
1	雷管引线		m	207	遗留物品	敏感、易爆
2	雷管	铜质、纸制	枚	2249	遗留物品	敏感、易爆
3	导火索		m	62.6	遗留物品	敏感、易爆
4	硝铵炸药	直径32	kg	6.5	遗留物品	敏感、易爆
5	人影火箭弹		枚	3	遗留物品	敏感、易爆

表3-30　危化物品销毁统计表

序号	名称	规格型号	单位	数量	备注	特征
1	硫黄	粉末状	kg	8	遗留物品	敏感、易爆
2	黑火药	粉末状	kg	3	遗留物品	敏感、易爆
3	镁粉	粉末状	kg	22.35	遗留物品	敏感、易爆

表3-31　遗留弹药销毁统计表

序号	名称	规格型号	单位	数量	备注	特征
1	手榴弹		枚	16	废旧物品	敏感、易爆
2	训练手榴弹		枚	48	废旧物品	敏感、易爆

（续表）

序号	名称	规格型号	单位	数量	备注	特征
3	炮弹头		枚	2	废旧物品	敏感、易爆
4	TNT炸药	9块、200g/快	kg	1.8	废旧物品	敏感、易爆
5	地雷		枚	2	废旧物品	敏感、易爆
6	手雷训练弹		枚	66	废旧物品	敏感、易爆

（2）销毁场地选择。

销毁场地应远离市区、铁路、公路、通航河流、输电和通信线路，场地应为无树木杂草等易燃物的土质地，直径不小于500 m。

为确保本次待销毁爆炸物品的销毁工作安全完成，拟计划在某矿区露天无人区进行爆炸销毁，销毁场距离最近保护对象800m，场地符合安全要求。

（3）销毁时间确定。

本次销毁爆炸物品的销毁时间安排在：XX年XX月XX日。

2. 设计依据、目的

1）设计依据

（1）《危险化学品安全管理条例》；

（2）《民用爆炸物品安全管理条例》；

（3）《爆破安全规程》（GB 6722—2014）；

（4）《废火药、炸药、弹药、引信及火工品处理、销毁与贮运安全技术要求》（GJB 5120－2002）；

（5）《易制爆危险化学品名录》（2017年版）；

（6）《公安机关处置爆炸物品工作安全规范》。

2）设计目的

（1）使待销毁爆炸物品完全失去爆炸性能，达到预期目的。

（2）安全、高效完成任务。

3. 组织机构

根据有关要求，销毁作业设总指挥、副总指挥及下属技术组、安全组、保障组、警戒组。

1）总指挥

总指挥：XXX　由委托方领导担任。

职责：

（1）负责本次销毁的全面工作。

（2）负责协调各有关部门、单位的关系。

2）技术组

组长：XXX；

组员：XXX、XXX。

职责：

（1）编制销毁实施方案和施工组织设计。

（2）对作业人员进行技术交底。

（3）负责销毁实施作业过程安全。

（4）清理销毁作业场地有无废旧爆炸物品。

（5）做好销毁记录。

3）安全组

组长：XXX；

组员：XXX。

职责：

（1）根据销毁实施方案，承担装卸、运输、销毁作业等工作。

（2）负责现场销毁警戒工作。

（3）设置警示标志。

（4）负责现场消防工作。

4）保障组

组长：XXX；

组员：XXX。

职责：

（1）负责本次作业的物质供给。

（2）承担爆炸物品的运输、保管和发放。

（3）配齐应急救援物资。

5）警戒组

（1）由当地公安机关负责落实警戒工作；

（2）负责销毁现场警戒，销毁作业的清场工作；

（3）负责销毁警戒的安全保卫工作。

4. 销毁方法的选择

根据收缴的民爆物品、危化物品、废旧弹药本身具有的特性和原理，危化物品采取水溶解法，其他物品都采取一次性爆炸法进行销毁。为了确保本次销毁的安全彻底可靠，另外新购 $\phi32$ 乳化炸药 72 kg、导爆管雷管 200 枚，用于制作起爆药包、敷设起爆网路，对本次收缴的民爆物品、废旧弹药进行安全销毁。本次销毁作业场地空旷（周边 1 km 范围之内无任何建筑物和基础设施），适宜进行溶解法和爆炸法销毁。

5. 销毁方案设计

1）危化物品的销毁

按照操作规程要求，根据销毁现场的实际情况，待专用车辆把黑火药运达销毁现场后，爆破员先领取 3 kg 黑火药小心轻轻倒入事先准备好的水容器中（纯净水桶），然后用木棍轻轻搅拌，直至全部溶解失效为止，整个完成时间估计在 60 min。

2）其他民爆物品、废旧弹药的销毁

根据销毁场地实际情况，结合销毁的民爆物品、废旧弹药数量，开挖 1 个长度 5 m、宽度 2 m、深度 1.5 m 的爆炸坑，施行一次性起爆。

（1）销毁场地选择与构筑。销毁场地必须选择空旷空地，周边 800 m 范围平整且无任何建筑物和机械设备，在场地中心开挖 1 个爆炸坑。

（2）销毁前的准备。危险品专用运输车把需要销毁的民爆炸物品、所需的乳化炸药一次性运送到安全地点（距离爆炸现场有足够的安全距离）。同时划定警戒区，无关人员等不得入内。

（3）起爆药包加工和放置：涉爆人员从销毁临时存放点领取民爆物品（雷管引线 207 m、雷管 2249 枚、导火索 62.6 m、硝铵炸药 6.5 kg、人影火箭弹 3 枚、起爆器 2 件）和废旧弹药（手榴弹 16 枚、训练手榴弹 48 枚、炮弹头 2 枚、TNT 炸药 9 块合计 1800 g、地雷 2 枚、手雷训练弹 66 枚，以上约含 TNT 当量 28 kg），搬运至销毁作业现场（在搬运过程中必须轻拿轻放，严格按照要求进行），将待销毁的爆炸品轻轻拿出平放在爆炸坑中，等待销毁物品全部放置在爆炸坑中后，再从存放点领取 72 kg 乳化炸药制作引爆药包，引爆药包在距离爆炸坑 10 m 处进行加工，引爆药包加工好后用胶布进行包装，然后把加工好的引爆药包放置在爆炸坑内的民爆物品、废旧弹药的上部和中部位置。爆炸坑中安放 3～5 个起爆药包进行引爆，剩余的乳化炸药依次平铺到待销毁的爆炸物品上部和四周，待爆炸坑加工完毕后，最后进行起爆网路的连接，连接完毕后进行清场并作安全警戒。具备安全起爆条件后，一次性起爆。整个完成时间约 3 h 左右。

（4）起爆网路设计。采用复式起爆网路，每个起爆药包用导爆管复式连接，确保引爆可靠，用起爆器引爆整个网路。

6. 安全距离与校核

本次销毁爆破的危害主要是爆破空气冲击波与爆破个别飞散物。

（1）空气冲击波的安全校核。销毁单段最大起爆药 $72 + 28 \times 1.4 = 111.2$（kg），根据裸露药包空气冲击波对人体安全距离，$R = 25 \times 111.2^{1/3} = 120.2$（m），爆破空气冲击波的安全距离不小于 150 m。

（2）爆破个别飞散物的安全校核。按下式计算：

$R = 20Kn^2W = 20 \times 1 \times 3^2 \times 2.5 = 450$（m），爆破个别飞散物的安全距离不小于 450 m。

（3）综合爆破空气冲击波与爆破个别飞散物的安全距离，确定警戒半径 800 m。

7. 安全技术措施

同前例，略。

8. 安全警戒

同前例，略。

9. 应急预案

同前例，略。

参考文献

［1］ 公安部治安管理局. 爆破作业技能与安全［M］. 北京：冶金工业出版社，2014.

［2］ GB 6722—2014 爆破安全规程［S］.

［3］ 湖南省公安厅治安警察总队. 危险物品的应用与安全管理［M］. 2004.

［4］ 赵东波. 爆炸法销毁废旧枪弹及自制爆炸物品［R］. 温岭市：温岭市隧道工程公司，2017.

［5］ 爆炸法销毁废旧炮弹及民用爆炸物品［R］. 潮州：广东潮州市竞安爆破工程有限公司，2019.

［6］ 赵东波. 爆炸法销毁废旧炮弹及燃烧法销毁子弹［R］. 北京：核工业井巷建设集团公司，2021.

［7］ 赵东波. 爆炸法销毁废旧航弹及炮弹［R］. 核工业井巷建设集团公司，2021.